科技社团研究报告

法意澳新科技社团研究

中国科协学会服务中心　编著

中国科学技术出版社
·北京·

图书在版编目（CIP）数据

法意澳新科技社团研究：科技社团研究报告 / 中国科协学会服务中心编著 . —北京：中国科学技术出版社，2020.8

ISBN 978-7-5046-8736-4

Ⅰ. ①法… Ⅱ. ①中… Ⅲ. ①科学研究组织机构—社会团体—研究—国外　Ⅳ. ① G321

中国版本图书馆 CIP 数据核字（2020）第 132882 号

策划编辑	王晓义
责任编辑	罗德春
装帧设计	中文天地
责任校对	邓雪梅
责任印制	徐　飞

出　　版	中国科学技术出版社
发　　行	中国科学技术出版社有限公司发行部
地　　址	北京市海淀区中关村南大街16号
邮　　编	100081
发行电话	010-62173865
传　　真	010-62173081
网　　址	http://www.cspbooks.com.cn

开　　本	710mm×1000mm　1/16
字　　数	390千字
印　　张	19
版　　次	2020年8月第1版
印　　次	2020年8月第1次印刷
印　　刷	北京瑞禾彩色印刷有限公司
书　　号	ISBN 978-7-5046-8736-4 / G·863
定　　价	68.00元

（凡购买本社图书，如有缺页、倒页、脱页者，本社发行部负责调换）

编写委员会

主　编　申金升
副主编　朱文辉　褚松燕
编撰组（以姓氏笔画为序）
　　　　王丽娜　王晓艳　邓国胜　齐志红　孙　琢　李阳阳
　　　　杨书卷　吴　迪　吴　蕾　宋天琪　宋甲英　张丽杰
　　　　张金岭　张琦铭　张敬一　陈天昊　高　洁　高　然
　　　　曹德龙　崔维军

课题主持人

　　法国科技社团发展现状及管理体制研究课题组
　　邓国胜　清华大学公共管理学院教授

　　意大利科技社团发展现状及管理体制研究课题组
　　高　洁　北京化工大学马克思主义学院副教授

　　澳大利亚科技社团发展现状及管理体制研究课题组
　　崔维军　南京信息工程大学商学院教授

　　新加坡科技社团发展现状及管理体制研究课题组
　　宋甲英　中国科学技术出版社有限公司中科数创（北京）数字传媒
　　　　　　有限公司副总经理

前　言

当今世界正处于百年未有之大变局，我国正处于中华民族伟大复兴的关键时期，全球科技革命、产业变革与我国经济社会转型、高质量发展形成历史交汇。科技社团作为科技发展和社会变革的产物，是科技治理体系的重要支撑力量，在我国科技强国建设中发挥重要作用。

工业革命以来，欧美等发达国家和地区的科技社团凭借其与日俱增的科技影响力、专业带动力和社会号召力走在了世界前列，不仅构建了科技领域的规则体系和话语体系，而且为相关国家国民科技素质的提升和科技公共服务的供给做出了贡献，也为全球科技社团的发展提供了重要的参考路径。中共十九届四中全会强调，要厘清政府和社会关系，创新公共服务提供方式，鼓励支持社会力量兴办公益事业，推进国家治理体系和治理能力现代化。这为科技社团提供了广阔的制度空间和行为空间。考察发达国家科技社团的发展历程，研究其治理方式和管理制度，对于正处在深化改革进程中的我国科技社团而言，具有重大的现实意义和实践指导价值。

2018年，中国科学技术协会学会服务中心编辑出版《美英德日科技社团研究》，对4个国家科技社团的发展现状和特点进行了全面梳理。在此基础上，2019年再次组织多所高校的专家学者对法国、意大利、澳大利亚、新加坡等4个国家的科技社团进行研究，对其发展历程、发展现状、运行特点及政府管理制度等方面进行了系统梳理和深入剖析，进而编成本书，以期为深化我国科技社团治理改革、优化管理模式、创新运行机制提供参考和启示。

需要说明的是，本书中有关4个国家科技社团的内容各有侧重，旨在突出各个国家科技社团的亮点和特色，因此虽然各个社团的内容框架大体相似，但各章的重点和篇幅不尽相同。此外，本书对于各国科技社团的论述均基于研究对象所在国家的语境语义和社会组织形态进行调整和说明，相关论点难免存在偏颇和疏漏，恳请有关学者和读者批评指正。

目录 CONTENTS

第一章　法国科技社团发展现状及管理体制　1
　　一、法国科技社团的发展历程　1
　　二、法国科技社团的发展现状　7
　　三、法国科技社团的管理体制　20
　　四、法国科技社团的内部治理　29
　　五、法国科技社团的主要职能和业务活动　37
　　六、法国科技社团的个案比较　41
　　七、法国科技社团的发展经验及其对中国科技社团改革的启示　65
　　附件一　《法国非营利社团法》　67
　　附件二　法国公共事业社团组织科技社团名录　72
　　参考文献　77

第二章　意大利科技社团发展现状及管理体制　79
　　一、意大利科技社团的发展历程　80
　　二、意大利科技社团的发展现状　101
　　三、意大利科技社团的管理体制　107
　　四、意大利科技社团的内部治理与运作　116
　　五、意大利科技社团的活动特色　129
　　六、典型案例　139
　　七、对我国科技社团建设的启示　151
　　附件一　部分意大利科技社团及相关机构名称　153
　　附件二　意大利卫生部认定的医学类科技社团　154
　　参考文献　165

第三章　澳大利亚科技社团发展现状及管理体制　175
　　一、澳大利亚科技社团的发展历程　175
　　二、澳大利亚科技社团的发展现状　177
　　三、澳大利亚科技社团的管理体制　189
　　四、澳大利亚科技社团联盟案例——澳大利亚科学技术联盟　206
　　五、澳大利亚科技社团组织运作案例　214

  六、澳大利亚科技社团的管理与发展对我国的启示 242
  参考文献 243

第四章 新加坡科技社团发展现状及管理体制 245
  一、新加坡科技社团的发展历程 245
  二、新加坡科技社团的发展现状 248
  三、新加坡科技社团的管理体制 250
  四、新加坡科技社团的内部治理 257
  五、新加坡科技社团的主要业务活动 259
  六、新加坡科技社团案例 262
  七、新加坡科技社团的发展特色 292
  参考文献 293

CHAPTER 1 第一章
法国科技社团发展现状及管理体制

一、法国科技社团的发展历程

法国作为现代科技强国之一，其科学技术发展拥有悠久的历史，建立了卓越的科研体系。截至 2017 年，法国的研究人员数量约为 29.7 万人。截至 2019 年，法国共产生 13 名菲尔兹奖获得者，排名世界第二，共获得 9 个诺贝尔奖，排名世界第四[1]，专利申请数量排名欧洲第二，在 2018 年世界创新指数评估中，法国科学出版物的质量位列世界第四，巴黎地区还被评为世界十大最具创新性的集群之一[2]。法国的科技社团同样具有悠久的历史，许多科技社团在法国科学技术的繁荣、衰落以及复兴的过程中，历久弥新，焕发着新的生机。

17 世纪，法国科学刚刚起步，科技社团的组织化开始萌芽；18 世纪，法国的科学团体发展达到全盛时期；到 19 世纪，学术团体的职能更为专业化，组织开展科学研究的职能逐渐由各专业和职业的科学团体以及大学所替代。近现代以来，科技社团在法国的科学技术发展中，仍然是一股中坚力量，但更注重于学科的建设和影响力。值得一提的是，"自由、平等、博爱"的理念，不仅仅体现在法兰西红白蓝三色旗的标志中，也深深嵌入法国社会制度建设及其运行的方方面面。在推动科学技术发展的层面，与其说法国的浪漫主义人文精神在起作用，不如说是"自由、平等、博爱"理念在发挥作用，即

---

[1] The Nobel Prize [EB/OL]. [2019-12-10]. https://www.nobelprize.org.
[2] Global Innovation Index2018（France）[EB/OL]. [2019-12-10]. https://www.wipo.int/edocs/pubdocs/en/wipo_pub_gii_2018_fr.pdf.

人人应该享有同等的科学知识，法国的科技社团就是以实现这一目标为己任。追溯法国科学技术的历史，可以看到社团组织在推进科技进步中发挥的巨大作用，也可以看到上述理念不变的内核。

（一）中世纪的科技社团：大学[①]

在 11 世纪基督教神学禁锢和哲学教条的黑暗时代，欧洲思想自由受到限制、技术创新停滞不前，科学发展一度落后于伊斯兰世界、中国、印度等地区，到 12 世纪才有所好转。14—16 世纪的文艺复兴，引发数学学科突飞猛进地发展，为科学技术的发展奠定了基础。15 世纪中叶是欧洲历史上的重要转变时期，资产阶级革命为近代自然科学的诞生提供了社会条件。

中世纪的大学是西欧文明的重要组成部分，这一时期大学以社团性结构为主要特征，大学实际上是从事学术活动的学术性社团，可根据领导者类别分为教师型社团和学生型社团。以巴黎大学和博伦尼亚大学为代表，其中法国的巴黎大学是典型的"先生"社团，即由教师群体组成和管理。这一时期，科学为摆脱宗教的桎梏，争得自己的独立地位，进行了不屈不挠的斗争。例如，在与教皇的管控进行斗争的过程中，巴黎大学的影响力和权力逐渐加大，为这一时期大学学者的培养和学术自由空间的争取做出了重要贡献。实验科学的兴起，更使自然科学有了独立的实践基础。从此，近代自然科学开始了相对独立的发展新时代。当然，在这一过程中，技术的发展与积累始终在缓慢进行，并最终在自然科学的兴起中得到了巨大的助力。

（二）17—18 世纪：萌芽与发展[②]

贝尔纳在《科学的社会功能》中指出，法国的科学源起于 17 世纪，一直带有官办和中央集权的性质[③]。17 世纪 60 年代之前，法国科学的组织化在很大程度上仅限于民间团体，很少能吸引社会或政府资助。1662 年科尔伯特和路易十四等人促使文化上的重商主义和专制政府达到新的水平，一些官办学院得以重新建立或重获保护。自 16 世纪 80 年代以来，法国开始出现国家支持艺术和学术的倾向，建立科学院的模式日渐成熟，得到科学界的普遍认可，逐渐形成"科学的制度化"，或称为"体制化科学"。这也成为 17 世纪以来至 18 世纪科学团体的主要特征，即由政府主导成立且主要由政府出资资助的官办科学团体，其自主性和自治程度较低。为了将科学置于国家控制之下，并使科学

---

① 李秉忠.中世纪大学的社团性结构［J］.经济社会史评论，2010（1）：59-68.
② JAMES E, MCCLELLAN III. Science Reorganized：Scientific Societies in the Eighteenth Century［M］. New York：Columbia University Press，1985.
③ 贝尔纳 J D. 科学的社会功能［M］. 陈体芳，译. 北京：商务印书馆，1982.

第一章 法国科技社团发展现状及管理体制

的发展脱离党派争端，1666年巴黎科学院成立了[①]。巴黎科学院通过实施3个方面的措施，地位迅速超越了当时的英国皇家学会，成为欧洲大陆的学术中心，是欧洲1700年以后科学体制化最成功的实例。第一，公开会议，完全解除学院的封闭性，通过会议以及出现在欧洲各种期刊上的报告，进一步进入公共领域；第二，发布自己的会议记录，包含对年度学术活动的评论以及直接出版的科学论文集，为出版和传播科学著作提供了一个重要的新平台；第三，为科学作品设置奖项，从1720年开始，每隔一年针对数学、力学、航海领域举办内部成员不得参与的"外向型"竞赛，并提供奖品，这种社团赞助的有奖竞赛被广泛认知和接受。由此，巴黎科学院获得了很多社会和政治支持，从而加深了科学团体与政府之间的关系。巴黎科学院的模式也成了后来法国众多科技社团的运作模板，在当今科技社团的一些主要活动中仍可见到诸如公开会议、设置奖项等模式的影子。围绕着巴黎科学院，科学团体的外部刺激作用使得一些主要科学院在欧洲主要城市包括柏林、圣彼得堡、斯德哥尔摩、博洛尼亚，以及法国的区域中心如蒙彼利埃、波尔多、第戎和里昂等地建立起来，为后续发展的科学团体体系建立了制度基础，促使科学团体的体系在法国大革命前百花齐放。这些团体的组织形式通常分为两类：一类是按照英国皇家学会的"学会"形式，另一类是按照巴黎科学院的"学院"模式。通常按照固定时间举办会议，设有管理机构、自己的驻地，配有图书馆、陈列馆、植物园和（少数）天文台等设施，经常举办有奖竞赛，并在资源允许的情况下，发布论文集和汇刊。由于有些社团背后的扶持力量和资金支持较为强大，而有些仅为地方上的自发行为，这些团体之间存在着明显的等级差异。

从1700年开始，科学团体和学术团体持续增长，到18世纪中期科学团体的增长发生了大幅的飞跃。1793年，所有的法国学会关闭，在随后的拿破仑时期，许多机构遭到破坏（图1-1）。

1815年之后，法国地方科学院开始重新出现，其地方机构的身份进一步得到确定。

18世纪法国的科学团体主要包括官办和民办的科学学院、社团，以及文艺复兴时期建立的私人学院等科学组织。官办科技社团以巴黎科学院为代表，地位类似于英国皇家学会，代表组织化和体制化科学中最新和最先进的发展；民办科技社团既包括由仿照巴黎科学院模式建立的民间科学院，又包括文艺复兴时期遗留的、由身居高位的公爵或侯爵提供隐秘赞助的私人学院。官方和民间的科学团体在科学发展中互为补充，民间团体通常缺乏官方地位和法律认可，其形式类似于较为成熟的兄弟会和姐

---

① JAMES E, MCCLELLAN III. Science Reorganized: Scientific Societies in the Eighteenth Century [M]. New York: Columbia University Press, 1985.

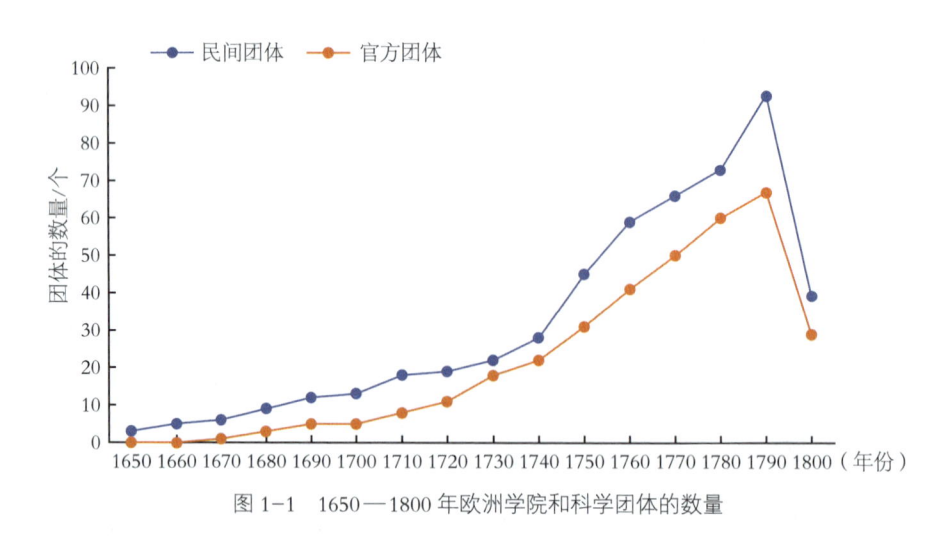

▶ 法意澳新科技社团研究

图 1-1　1650—1800 年欧洲学院和科学团体的数量

妹会①。

事实上，科学团体只是这一时期学术组织的一部分，除科学团体之外，学术社团或学习型社团也蓬勃发展。各种社会团体和文化团体通常由国家纳入学术体制，它们关注语言文字学、文学作品、纯文学、绘画、美术、历史、考古、文物、建筑、哲学、医学、农学、经济学、机械以及科学。其中，有些学术团体专门致力于科学研究，如巴黎科学院；有些团体根本不关心科学，如法兰西学院；有些团体将科学作为其关注的一个子领域，如许多科学院、纯文学学院和艺术学院；有些团体将科学视为其领域的辅助部分，如医学和农学团体，这也被视作 18 世纪科学制度化现象的特征之一②。

18 世纪下半叶，法国在历史和文化上都发生了巨大变化。在文化和思想史方面，18 世纪中叶启蒙运动为科学技术的开放和自由奠定了思想基础，包括孟德斯鸠的《论法的精神》、布冯的《自然史》等。一个公开支持启蒙运动价值观、思想和意识形态的新时代开启了，这使得法国成为欧洲的文化中心。以狄德罗为代表的启蒙运动者倡导民主与科学，引领了一场空前的思想解放运动，其中最具标志性的两个事件是法国百科全书的出版和国家综合工业学院的建立。"百科全书派"启蒙运动者反对天主教会对民众的蒙蔽，弘扬民主和科学的精神。他们倡导唯物主义，提倡基础教育和科学知识的普及，对法国科学技术的发展产生了重要的影响。

---

① 斯蒂芬·F. 梅森. 自然科学史 [M]. 上海外国自然科学哲学著作编译组，译. 上海：上海人民出版社，1977.

② JAMES E, MCCLELLAN III. Science Reorganized: Scientific Societies in the Eighteenth Century [M]. New York: Columbia University Press, 1985: 3-4.

（三）19 世纪至 20 世纪初：近代科技社团的全面繁荣

18 世纪末到 19 世纪初的法国资产阶级革命，使法国一举成为世界的政治中心，长期受封建思想禁锢的科学思想迸发出来，自由的科学探索拥有了宽松的环境，先进的市场意识大行其道，从而为工业技术的发明和工业化发展创造了有利条件，加之依靠国家政治与暴力实现了世界性的财富积聚，法国很快赶上了英国，成为世界上最重要的科学技术中心之一。19 世纪被称为"科学的世纪"，近代科学全面繁荣。19 世纪科学发展的规模和成熟度远远超过 17 世纪的科学革命，热力学、光学、电磁学、化学、地质学、生物学、人类学等学科都取得了重大的突破，新学说、新理论如雨后春笋般涌现，使 19 世纪成为名副其实的科学世纪。

在科学思想方面，梅茨在《十九世纪欧洲思想史》中指出，相较于德国对宏大景观和哲学思辨的重视，英国对事物特质和实践的关心，法国科学家更注重分析[1]。相似地，梅森和格特鲁德也都认为法国重视数理推论，推崇唯理论导向的理性意识形态[2]。法国大革命促进了政治民主化发展，这为科学的空前繁荣提供了基础，欧洲的科学中心逐渐从英国转移到了法国。

自 1808 年拿破仑的高等教育改革开始，法国的高等教育形成了全民教育体制建设的传统，教育的高度中央集权化以及文、理学院的分科，进一步促进了科学的发展[3]。因此，经历了启蒙运动、工业革命、教育改革等重大变革，特别是在 19 世纪后期，法国的科技社团越发活跃。直到第一次世界大战爆发前夕，法国科技社团的活动一直保持较高的活跃度和丰富度。本研究涉及的几个历史悠久的法国科技社团，都是在这一时期创建的。

19 世纪，法国的科学团体发生了 3 个方面的变化：第一，专业化。基于 18 世纪科学知识的井喷式增长和科学从业者团体的发展壮大，专注于所有科学的伞状科学院或科学团体趋于无效和同质化，科学按照学科开始分裂，专业化程度越来越高，诸如数学、天文学、医学等学科已经实现专门化，相应的社团也建立起来。第二，科学出版的蓬勃发展。随着 18 世纪科学团体的体系衰落，著名的《化学期刊》《植物学杂志》《物理学纪事》等专业科学期刊大量出现。越来越多开放性的学术期刊、报刊和会议记录等成为帮助科学家获取信息、展示成果的多元平台。第三，科学职业模式的巨变。18 世纪的科学事业以科学团体、政府部门和大学为中心，到了 19 世纪，新机构开始雇用科学家，一些新成立的或复兴的科学中心，如巴黎综合理工学院、法国经度管理局、法国自然历史博物馆等开始取代科学院，逐渐成为科学家开展科学工作的场所。

---

[1] 王明利，鲍叶宁. 拿破仑与法国的国民教育［J］. 法国研究，2009（1）：61-66.

[2] 同[1]。

[3] 同[1]。

（四）第二次世界大战后：现代科技社团的发展

第二次世界大战对法国政治、经济、社会都带来了巨大影响，经济体系濒临崩溃，科技发展也破坏殆尽。1958年12月，戴高乐将军当选法兰西第五共和国总统，上任伊始，戴高乐即以政治、经济、科技领域的独立发展为支柱，力图建立现代化的科技、工业和军事体系，提升法国的综合国力和科技竞争力[1]。第二次世界大战后，法国科技发展经历了国家统筹建设（20世纪60—70年代）——自由化管理（20世纪80—90年代）——再度集中建设（2000年以后）三个阶段，从集中工业创新、实现科技自主，到自由放任管理、科技发展动力不足，再到回归政府主导的科技创新发展。与此同时，科学家群体对自身科学使命的追求、集体利益的诉求也随着相关政策和政治环境的变化而变化，在右翼政党主政期间，伴随全球经济的疲软等因素造成了20世纪90年代以来法国科技的衰落，也为2004年的科学家群体抗争事件埋下了隐患[2]。科研经费的削减直接导致了科学家群体罢工和辞职浪潮的爆发，也暴露了第二次世界大战以来建立的"大科研机构为中心"的科研体制的弊端，即大机构的效率低下、科研人员的公务员身份带来的官僚主义、国有科研机构主导下企业的创新空间和动力不足等问题[3]。此后，法国进行了科研体制改革，重归国家集中工业科技规划，出台"科研规划法"，建立国家创新体系，加大科研经费投入，鼓励中小企业参与科学研究和创新活动，促进产、学、研的结合。

在第二次世界大战后法国科学技术的发展中，科技社团发挥了独特的作用，随着不同时期的政治、经济、社会环境的变化，法国科技社团在促进科学家联合体的发展壮大、向公众普及科学知识、加强青年人的培养等方面越来越发挥着重要作用。科技社团与高等教育机构和企业在教育、科学研究、技术创新、产业培育等方面的功能呈现了交叉、融合、互相促进的趋势。随着法国科学知识的广泛普及和科学思想深入人心，科学建制日益"去中心化"，地方性的科学团体和地方科研机构迅猛发展，许多学科的主导机构已遍布巴黎以外的省份，如图卢兹。[4]

在法国历史上，不同时期均产生了不同形式的专家型、学术型社团组织，有的是自

---

[1] 黄宁燕，孙玉明. 法国创新历史对我国创新型国家创建的启示[J]. 中国软科学，2009（3）：89-99.

[2] 王芳. 法国：科研机制改革路在何方[EB/OL].（2004-03-14）[2019-12-10]. http://www.people.com.cn/GB/guoji/14549/2389245.html.

[3] 同①.

[4] 感谢中国驻法国使馆二秘茹志涛先生对本次调研的支持与帮助，茹志涛先生启发了笔者关于法国国家格言与科学工作者的奉献精神、科学传统的思考和探索，并协助笔者联络调研了法国航空航天协会。

发产生的，有的是以政府或国家的名义推动建立的，有的甚至成了政府或国家的某个部门机构。与此同时，不同地区也根据各自所关心的问题，以及各自的历史、文化和传统等，建立了不同的学术社团组织。由于这些社团组织成立时的政治体制、历史背景、组织形式都有所不同，甚至由于其所属的学科领域不同，其具体的组建与运转方式也表现出差异。

二、法国科技社团的发展现状

（一）法国科技社团的类型与数量

1. 法国科技社团的类型

法国社会孕育着特殊的结社文化，社团组织数量众多，1901 年颁布的《非营利社团法》更是在法律机制、精神培育等方面为社团组织奠定了社会与文化基础。在今日法国，社团组织几乎覆盖每个人及其与社会生活相关的所有领域。据权威专业研究估计，截至 2017 年，法国共活跃着约 150 万家社团组织[1][2]。其中，有 15% 的社团组织位于首都巴黎所在的法兰西岛大区，另有 5 个大区（法国本土现有 22 个大区）的社团组织数量超过 10 万。

根据法国《非营利社团法》的规定，社团组织作为一种在两个及以上多人之间建立的社会契约，其自身包含三个方面的重要内容：一是结社人共同的知识或活动，这是他们结社协作的基础性要素之一；二是其长期性；三是其非营利性的目标[3]。一个社团组织可以用多种名称来为自己命名，如协会、联谊会、俱乐部、理事会、团、组、队、社、联盟、联合会等。

综合来看，活跃在法国社会中的社团组织大多数着眼于维护"人"及社会发展各个

---

[1] VIVIANE TCHERNONOG. Les Associations：État des lieux et évolutions，versquelsecteurassociatifdemain？［EB/OL］.［2019-07-25］. http://addes.asso.fr/wp-content/uploads/2018/10/Tchernonog_associations_FCC_2018.pdf.

[2] 也有统计数据显示：至 2017 年时，法国活跃着 130 万家社团组织。导致数据差异有多种原因：一是并非所有社团组织都会进行申报备案；二是法国社团组织登记管理机构设于各省级政府，并没有一个全国统一的专门统计机构，而根据抽样调查结果进行的数量估计客观上存在差异；三是在整个社团领域，会随时有新的社团组织建立，也有一些社团组织因故解散，社团组织的总体数量呈动态变化趋势。

[3] SUZANNE LANNERÉE S. Les Associations de la loi de 1901, les fondations (privée et d'entreprises，de la loi de 1987) constitution, statut, fonctionnement, dissolution.［EB/OL］.［2019-06-10］. http://www.legifrance.gouv.fr/texteconsolide/AAEBG.htm.

领域的公共利益，其业务活动范围涉及文化活动、体育运动、休闲娱乐、社会生活、健康卫生、教育培训、就业帮助、地方发展、经济互助、环境保护、生活质量，以及人道主义、友谊拓展、遗产保护、政治活动、宗教活动、科学研究、基本权利保护、国际关系等。其中，活跃在文化活动、体育运动、休闲娱乐等领域的社团组织所占比重较大，而进入21世纪以来，教育培训、环境保护、基本权利保护、地方发展等领域的社团组织在法国社会中发挥着越来越积极的社会影响。

科技社团虽然有其公益目标，但从整个社团领域来看则较为特殊。因为众多科技社团与普通人的生活实际距离较远，与在社会层面上所观察到的各类社团组织差别较大。科技社团属于专家型、学术型社团组织，成员主要是相关领域的专家学者与专业从业人员，他们的共同目的是着眼于某个专业领域的科学研究与知识进步，并以其学术成果造福于社会。

自18世纪以来，法国先后成立了众多学术团体，其中不乏科技领域的社团组织，涉及各个学科与行业，它们的出现极大地推动了法国在诸多领域的知识进步，尤其是思想与科技的进步。众多学者致力于科技领域的结社运动，促进了诸多团体与机构的发展。他们查阅资料，跑遍乡村、森林、矿山，记录下他们的观察，创办学术期刊传播研究工作的成果，并与其他社团组织的学者进行联系交流，举办各类学术会议，相互分享各自的研究发现，还组织游学活动拓宽视野、丰富研究思考。经历了数个世纪，为适应知识进步与社会的发展，有相当数量的专家型社团组织先后建立、合并或转型。这些社团组织在法国建立了不同层级的科学研究、知识交流与应用的学术与专家网络。

本书从以下几个角度来观察和分析法国科技社团的类型：

首先，从学科与专业领域来看，法国的科技社团几乎涵盖所有科学技术领域。不仅涵盖数学、物理、化学、医学、生物学与生态学、天文学、地质学与地球科学等传统学科，而且还涵盖各种各样的新兴交叉学科领域，比如信息技术、材料科学、人工智能等。在这些领域，既包括涵盖面较广的以传统学科命名的科技社团，又包括专门面向某个具体的学科方向或领域的科技社团，尤其是面向工程技术科学、生物学与医学及诸多新兴交叉学科领域的科技社团最为常见。

其次，从地域范围来看，法国的科技社团既有国家级层面的，也有地区级层面的，甚至还有以某个机构的学界同仁为主体建立的社团组织。国家级层面的社团组织，作为全国范围内业界同仁的学术共同体，在其所属专业领域具有很高的学术权威，是法国政府与该领域专业人士交流与合作的重要中介；地方性科技社团同样也在其所属范围内具有很高的学术声誉，但规模相对较小；机构性科技社团虽是由与该机构存在某种关系（比如员工、校友等）的业界同仁为主体所建，但由于其成员中往往有一些在学界、业

第一章 法国科技社团发展现状及管理体制

界具有很高学术声望的专业人士,其学术影响力也比较大。

最后,从名称来看,法国各类科技社团的命名方式不同,多数以协会或学会等为名,还有的是以委员会、理事会、中心等命名。另外,也有一些科技社团以联合会、协会、联合会或学院、团体等命名,这类社团组织往往是其他诸多同类社团组织的联合体。还有的科技社团以科学院、学院、研究院等命名[1],其中最为知名的是法兰西学院下属的科学院。

在诸多科技社团中,无论是学科覆盖面较广的社团,还是聚集于某个精专领域的社团,无论是国家级层面的组织,还是区域性组织,它们在科技的进步与知识的传播中一直扮演着重要角色。

2. 法国科技社团的数量

总体来看,法国的科技社团数量众多,涵盖了所有的科学与技术领域,但却缺乏全面、准确、权威的官方统计数据。法国有很多机构的业务范围涉及社团组织的统计,但其官方资料库中也没有关于科技社团的全面的统计数据。例如,早在1834年成立的历史与科学工作委员会,专门负责法国学术团体资料的搜集与统计工作。该委员会虽然建有学术团体数据库,但统计资料并不全面、完整。再如,由法国中央政府所建的社团组织统计资料库全国社团组织名录中,也没有专门以科技社团作为区分类别的统计数据。另外,在法国国立统计与经济研究院有关社团组织的全国大调查中,也没有关于科技社团的统计选项。在有关社团组织的各类专业性调查研究中,同样也难以寻觅到有关科技社团的统计数据。

通过比较法国历史与科学工作委员会有关社团组织的名录数据库、中央政府所建的全国社团组织名录、法国国立统计与经济研究院有关社团组织的调查统计,以及诸多有关社团组织的调查研究结果,可以发现法国针对社团组织类型的划分并不存在一个统一的标准。而且,不同统计名录对于社团组织类型的划分也时常变动。究其原因,除了相关统计工作不系统、不全面外,还有以下两个因素。

第一,在法国各类有关社团组织的统计中,没有专门以科技社团作为统计类别的设置。在社团组织类型划分中,一般也没有将科技社团作为一个单独的类别,而是通常跟文化类社团组织列为一类——文化与科学;在其他专业的分类中,科技社团还会被归入其他分类。

---

[1] 法国第一个专家型、学术型社团组织就是以学院命名的。早在1323年,法国图卢兹就成立了花卉运动学院,并于1694年被路易十四认定为专家型社团组织,这是欧洲最早一家学术团体,其成立的初衷即是集合各地的学者精英。

法意澳新科技社团研究

以全国社团组织名录①的分类为例，科技社团根据其宗旨与具体业务领域等，被归到文化类、研究类、教育培训类、健康类等分类。其中，文化与科学类社团组织既包括从事文化活动与人文社会科学领域的学术团体，也包括从事科技类活动的学术团体，还包括在社会层面致力于一般意义上的科技活动的社团，是一个非常宽泛的类别；研究类社团组织则主要是指教育与培训、文化、社会与政治生活、环境与气候、科学研究（含物理科学、人文科学等）等不同领域的社团，以及其他类型的研究类社团组织和诸多学术团体。由此看来，法国社团组织的划分存在明显的交叉性特征，因此导致诸多有关社团组织的类型归属与统计存在相对混乱的情况。

第二，法国人对于社团组织的一般性理解，似乎更加强调社团组织与社会的关联与互动，而科技社团则由于其专业属性以及成员的专业技术人员身份特征，使之看起来与社会的联系不是很大，更多地表现为科技工作者在不同领域内形成的同行组织特征。这也是诸多有关社团组织的研究并没有专门将科技社团列为研究对象的原因之一。然而，这并不意味着科技社团与社会的联系不够密切。相反，法国很多科技社团单独或与其他机构、社团等开展了很多面向广大社会民众的科普活动，发挥着相当重要的作用。

科技社团被归入不同的组织机构，在一定程度上反映出在法国的结社文化中，科技团体并没有作为一个专门的组织机构受到特殊的重视。相反，众多科技社团因其目标与宗旨不同，而被归入不同的类别。比如，被归入文化类的科技社团，多是以科学与技术爱好作为关键词，这些社团组织大多以推广与普及科学技术为己任；被归入研究类的科技社团，一般是致力于从事科学技术研究的社团组织，它由众多的学会或学院等团体组成；被归入健康与环境等类别的科技社团，其目标宗旨一般指向医学、环保等领域。

因此，对法国科技社团总体规模的考察，只能通过一些零散的统计或调查研究数据管窥。

---

① 在"全国社团组织名录"针对社团组织的类型划分中，共建有29个主要领域和297个次领域。但实际上，这29个主要领域之间也存在着明显的交叉。这29个类别包括：政治活动；俱乐部与思想社团；基本权利保护；司法与公正；信息交流；文化、艺术与文化实践；休闲俱乐部与关系；社会文化行动；遗产保护；运动与户外活动；狩猎钓鱼；联谊、友好团体与互助团体（不含基本保护）；教育培训；研究；健康；医疗社会服务与机构；社会干预；慈善与人道主义社团、发展援助与志愿服务；家庭服务、老年人服务；经济活动管理；经济利益代表、促进与保护；环境与生活；就业帮助、地方发展、促进经济团结、地方生活；住房、旅游；安全与民防；军事（包括军事训练与勋章）与退伍军人；宗教、精神与哲学活动；其他各类领域及需要重新划分的领域。

第一章 法国科技社团发展现状及管理体制

就整个社团领域而言，法国各类社团组织的数量及其所占比例一直在不断变化。跟踪研究结果[①]显示，法国整个社团领域的总体规模与不同类型社团组织2011年与2017年的比例有较大变化（表1-1）。

表1-1 法国社团组织的总体规模及其活动领域分布情况

活动领域	占全国社团组织总数的比例/%	2017年较2011年总体增减情况/%	2017年较2011年年均增减情况/%	无雇用员工社团组织比例/%	有雇用员工社团组织比例/%
人道主义、社会行动与健康	14.1	+13.9	+2.2	13.1	22.8
权益保护	11.5	+1.0	0.2	12.2	5.8
教育/培训/就业	3.2	+3.2	+0.5	2.7	7.3
体育运动	24.2	+14.7	+2.3	23.9	27.5
文化	23.0	+29.2	+4.4	22.8	24.3
休闲	21.4	+18.7	+2.9	22.9	7.9
地方发展	2.6	-9.1	-1.6	2.4	4.4
总计	100.0	+71.6	+10.9	100.0	100.0
社团组织数量/个	1 500 000	—	—	1 341 000	159 000
有/无雇用员工社团组织比重	—	—	—	88.1	11.9

* 数据来源：TCHERNONOG，2018。

另一项研究显示，2015—2018年法国新建社团组织的总体情况[②]如表1-2所示，有24%的新建社团组织在文化这一类别下登记。然而，由于科技社团被广泛地归并在29大类的不同领域类别内（表1-2），若要从文化、研究、环境、健康等领域内辨析出科技社团的规模及其所占比重，则比较困难。

[①] VIVIANE TCHERNONOG. Les Associations：État des lieux et évolutions，vers quel secteur associatif demain?［EB/OL］.［2019-07-27］. http://addes.asso.fr/wp-content/uploads/2018/10/Tchernonog_associations_FCC_2018.pdf.

[②] BAZIN C，DUROS M，LEGRAND F，et al. La France associative en mouvement. 16ème édition. Septembre 2018［EB/OL］.［2019-07-26］. https://www.associations.gouv.fr/IMG/pdf/la-france-associative-2018.pdf.

表 1-2　2015—2018 年法国新建社团组织领域分布情况

类别	全国社团组织名录中的 29 大领域类别	新建社团数量 / 个	占总体比重 /%
文化	文化、艺术与文化实践	16 970	24.0
运动	运动、户外活动	11 611	16.3
	狩猎钓鱼	786	1.1
休闲娱乐	休闲俱乐部与关系	5 792	8.1
	社会文化行动	2 477	3.5
社会	社会干预	1 146	1.6
	家庭服务、老年人服务	998	1.4
	慈善与人道主义社团、发展援助与志愿服务	3 230	4.5
健康	健康	2 746	3.9
	医疗社会服务与机构	401	0.6
联谊—互助	联谊、友好团体与互助团体（不含基本保护）	5 303	7.4
教育—培训	教育培训	4 191	5.9
环境	环境与生活	2 681	3.8
经济	经济活动管理	812	1.1
	经济利益代表、促进与保护	1 951	2.6
	就业帮助、地方发展、促进经济团结、地方生活	1 323	1.9
其他	军事（包括军事训练与勋章）	238	0.3
	俱乐部与思想社团	907	1.3
	政治活动	1 104	1.6
	宗教、精神与哲学活动	891	1.3
	信息交流	1 305	1.8
	司法与公正	78	0.1
	住房	408	0.6
	遗产保护	1 255	1.8
	研究	319	0.4
	安全与社会保护	207	0.3
	旅游	159	0.2
	基本权利保护与民事活动	826	1.2
	其他各类领域及需要重新划分的领域	968	1.4
	合计	71 083	100.0

* 数据来源：BAZIN et al.，2018。

根据法国历史与科学工作委员会公布的数据，目前法国学术团体（一般都是某行业领域内的专业学会）共有 3 700 余家（包括国家级和地方性学术团体）[①]。这些学术团体绝大多数是科技社团，而且在不同的科学技术领域内拥有重要的影响力。但是，法国的

---

① 历史与科学工作委员会所统计的学术团体，并非仅限于科技社团，还包括人文社会科学领域内的众多学术团体。从课题组在该委员会学术社团名录库中的搜索来看，目前共有 3 725 家学术社团登记在册（包括部分已经被合并或解体的学术团体）。其中，多数为科学技术领域内的学术团体，但是由于其数据库中对于学术社团组织的归类没有采用统一标准，无法准确检索出科技社团的数量。来源：历史与科学工作委员会 [EB/OL]．[2019-06-10]．http://cths. fr/_files/an/pdf/Vademecum_France_Savante.pdf.

第一章　法国科技社团发展现状及管理体制

科技社团并不局限于科技类学术团体，还有一些致力于实业发展、科技知识普及的社团组织[①]。

根据维基百科的相关信息，法国国家级科技社团大致可以分为形式科学、自然科学、工程与技术科学、医学、人文与社会科学5大领域，每一领域的社团数量分别为15、52、17、97、42个，总共223个（图1-2）[②]。需要说明的是，维基百科的这一分类数据可能存在局限性，数据不是很全面，但可以作为法国科技社团类型分布的一个参考。

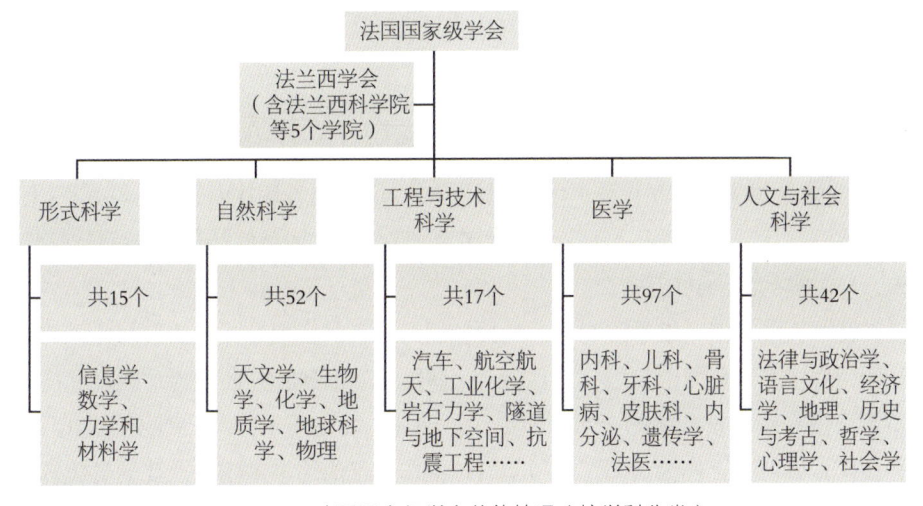

```
                    法国国家级学会
                         │
                    法兰西学会
                    （含法兰西科学院
                      等5个学院）
                         │
    ┌──────────┬──────────┼──────────┬──────────┐
  形式科学   自然科学   工程与技术   医学      人文与社会
                          科学                   科学
    │          │          │          │          │
  共15个     共52个     共17个     共97个     共42个
    │          │          │          │          │
  信息学、   天文学、生  汽车、航空  内科、儿科、  法律与政治学、
  数学、     物学、化    航天、工    骨科、牙科、  语言文化、经济
  力学和     学、地质    业化学、    心脏病、皮    学、地理、历史
  材料学     学、地球    隧道与地    肤科、内分    与考古、哲学、
             科学、物    下空间、    泌、遗传学、  心理学、社会学
             理          抗震工程    法医……
                         ……
```

图1-2　法国国家级学会整体情况（按学科分类）

* 数据来源：维基百科，https://fr.wikipedia.org/wiki/Liste_de_sociétés_savantes_de_France。

（二）法国科技社团的会员与员工规模

法国诸多科技社团聚集了特定范围（如行业、地域、机构等）内众多的专业人士，这些社团是科技工作者在其专业领域内进一步发展的重要平台。但由于各社团所属专业领域内科技工作者的数量差别，以及各社团组织所涵盖的地域范围不同，其会员规模存在较大差异。

例如，法国人工智能协会是活跃在人工智能领域的国家级学术团体。该社团成立于1989年，其宗旨是推动和促进不同形式的人工智能的发展，团结人工智能领域的学术共

---

① 法国虽然是一个中央集权体制非常明显的国家，但很多国家级层面的科技社团的总部并没有集中在首都巴黎，而是分散在全国各地。当然，这些社团组织总部所在地也是在其所属专业领域拥有专业、人才等学术优势的地方。比如，法国人工智能协会总部所在地是格勒诺布尔市。

② 感谢北京市科学技术情报研究所筱雪老师提供的支持，本数据来源于第二届科技社团发展理论研讨会筱雪老师关于法国学会整体情况的汇报内容。

13

同体并推动其成长，以及促进该学术共同体的知名度。法国人工智能协会会员的专业背景非常多样，包括科研工作者、工程师、教师、艺术家和学生等，他们往往拥有多个学科背景，并活跃在人工智能的多个领域；还包括集团企业、公共机构、科研院所等从事人工智能相关工作的机构或团体。

由于法国社会拥有浓厚的结社传统，诸多同类科技社团往往会在不同地域范围内形成不同层级的联合会，并在全国层面形成以"法国"命名的学术社团；一些国家级社团组织也会设立不同层级的区域性成员组织，例如以大区、省、市镇等作为区分单位。由此，各类科技社团的人员规模也会存在很大差异。

从国家层面来看，法国科技社团聚集了大量与其专业领域密切相关的科技人员，甚至还包括正在学习某学科专业知识的青年学生和业余科技爱好者，因此其总体会员规模是很大的。据历史与科学工作委员会统计数据[1]，包括科技社团在内的法国各类学术团体的会员数量从几十人到数千人不等。总体来看，各类学术团体的会员数量总计超过100万人，与法国不到6 800万的人口规模相比，这一数量可谓不小。

在法国，除了诸多以学院为名的科技社团对其会员人数有一定的限制外，其他科技社团一般没有对会员数量限制的规定，一些国家层面科技社团的会员规模往往高达数千名，还有些科技社团的会员规模更大。例如，成立于1848年3月的法国工程师与科技工作者协会，作为法国工程师与科技工作者组成的学术团体，其会员数量已经超过16万人，代表法国海内外80余万名工程师与科技工作者，在该协会登记注册的工程师与科技工作者超过100万名[2]。由于法国在科学技术领域拥有较为深厚的工程师培养传统，这家社团组织作为一个学术共同体，在法国的科技创新、科研管理、科学普及等方面具有重要的影响力。

除会员外，法国科技社团还有专门从事社团组织管理工作、负责社团组织运营的雇员。根据法国《非营利社团法》的规定，社团组织，尤其是那些规模较大的社团组织，可以拥有一定数量的领取工资报酬的雇用员工（但社团组织的主席和副主席不能领取报酬），这些雇员有的还是科技社团行政管理团队的成员。不同社团组织的雇员规模差异较大，多者可以达到几百人，一般情况下单个科技社团的雇员数量并不多，有的社团全职雇员规模只有个位数[3]。

---

[1] 历史与科学工作委员会［EB/OL］.［2019-06-10］. http://cths.fr/_files/an/pdf/Vademecum_France_Savante.pdf.
[2] 法国工程师与科技工作者协会［EB/OL］.［2019-06-10］. https://www.iesf.fr/.
[3] 社团组织在促进法国就业方面发挥着重要的作用。由于科技社团众多，社团活动非常丰富，整个科技社团领域为社会提供了大量的工作岗位。

（三）法国科技社团的资金来源与经费预算

与其他社团组织一样，科技社团的经费来源主要有以下几种渠道。

1. 会员会费

缴纳会费是各类社团组织会员维系其会员身份的重要手段，也是会员与社团之间维系契约关系的重要保障，会员一般在年度注册时缴纳会费。每个社团组织的会费额度不同。为鼓励人们积极结社，一些社团组织还会针对某些特定群体提出会费减免或优惠政策，例如正处于学习阶段的学生、已经退休的科技工作者等[①]。

2. 各类公共津贴

公共津贴是法国社团领域最为常见的一种资金支持形式。大量社团组织受公共津贴的资助，同时社团组织公益实效与社会影响也很大，尤其是在鼓励社会创新、回应日新月异的社会需求等方面。

通常来说，公共津贴意味着公共资金帮助，由政府部门或公共机构单向颁发，且无代价抵偿，其目的是为公益事业提供支持。2014年7月31日，法国在《社会经济法》中对"公共津贴"的概念进行了相对正式的定义。这部法律所给出的定义是一种描述性的界定，其核心要素包括：公共津贴来源于多种形式的非强制性资助，由权力机关和负责公共服务的管理机构决定并颁发，其目标必须是服务于公益事业，帮助实现一项行动或一个项目，也可为私有领域内相关机构所实践的各项公益事业的发展或整体的财政运转提供支持。这些资助不能用于支付颁发公共津贴的权力机关或公共机构所需要的个体酬劳补助。

在法国的制度理念中，公共津贴的发放由资助部门自由裁定，但必须要以实现一定的公益目标为目的，而且也须遵循一定的行政手续。法国各级政府机构与公共部门设立各种各样、名目繁多的公共津贴，资金总额十分巨大。中央政府与各级地方政府部门及其附属的公共机构，均可面向社会提供公共津贴且涉及众多领域。公共津贴作为一种公共资助，有多种形式，有的以货币资金的形式发放，有的以实物（如提供场地、材料、设备、免费咨询等）支持的形式发放。

法国各级政府部门与公共机构提供的公共津贴流向不同社会领域内社团组织的情况存在较大差异，这些津贴基本上是与社团组织所承担的具体工作任务、项目规划密切相关，有的通过常规性的年度拨款机制发放，有的根据具体的项目申请发放。一些获得公共事业类社团身份的科技社团因其会承担一些公共事业性的项目任务，往往更容易获得各类公共津贴的支持。

---

① 享受优惠政策的具体条件等情况在不同领域内的社团组织之间存在差异。

3. 企业或个人赞助

法国社会中有相当一部分财物捐赠流向社团组织，很多科技社团开展科学技术研究的经费支持就是来自社会各界的捐款。

早在17世纪，法国就建立了较为成熟的文艺、科学与体育事业赞助制度，旨在通过减免税收的政策，鼓励企业对文化、科学与体育事业发展进行捐助。这项非常有法国特色的制度设计，允许企业或个人以资金或实物的方式，面向从事公共事业服务或保护国家文化遗产的相关机构提供捐赠。作为回报，企业可以享受税收优惠政策。科技社团由于业务活动与各类企业存在密切联系较多地受惠于这一制度。

从20世纪80年代开始，法国曾就此密集修法，逐步完善文艺、科学与体育事业赞助制度。2003年颁布的《阿亚贡法》[①]又进一步深入推进了这项制度的变革，不但加大了对企业和个人赞助文化事业的减税额度，还将享受减税优惠的时间延长至随后的5年。这一改革进一步提高了法国企业与个人面向包括科技社团在内的众多公益社团组织捐赠的热情[②]。

目前，在公共财政投入相对紧缩的情况下，这项赞助制度成为法国文艺、科学与体育事业发展所依赖的重要的资金来源。据统计，2012年，在法国所有雇员数量超过20人的企业中，有共约4万家企业（占比31%）有过为文化、科学与体育事业发展提供赞助的行为，当年流向社团组织的赞助资金共计190亿欧元。[③]

4. 经营性收入

按照法国《非营利社团法》规定，社团组织的活动必须以非营利为目的，但是为了维持其自身的运作与发展，可以从事一些营利性的活动，可以通过各类方式（如经营活动等）获得适当的收入。在大多数情况下，这种经营活动是不需要纳税的[④]。但法律对社团组织进行经营性活动所获利润的用途是有限定的——不能在社团组织成员之间分配，只能用于社团组织的活动及其自身发展。因此，社团组织的"创收"活动主要是为其自身赢取活

---

① 法国政府社区生活官方网站［EB/OL］.［2019-06-10］. http://www.associations.gouv.fr/IMG/pdf/mecenat_guide_juridique.pdf.

② 以法国工程师与科技工作者协会（IESF）为例，2018年该协会获得的各类公共津贴与赞助捐赠总额为10.51万欧元。

③ 同①。

④ 但在有些情况下，依照法国的税收制度，非营利性社团组织的经营活动也需要交税。这是一个比较繁复的问题，例如它们有时可以不用交商业税，但需要缴纳法人税，同时法律对其经营活动的额度有数量上的限定，一旦超过一定的额度，则需缴纳某些税种。如，社团组织从事餐饮、住宿等活动，或售卖其财产的年营业额超过76 224欧元，或者在其他各类服务性经营活动中年获利超过26 680欧元，则需缴纳增值税。如果年营业额超过38 112欧元，需要缴纳营业税。

动经费。

法国科技社团的经营性收入一般来源于所承办的相关科研课题、工程建设项目，以及设备或场地的租赁收入等，部分大型社团组织也会有一定的资本收益。另外，还有些社团组织编辑出版一些重要的学术期刊，这些刊物的出版发行亦可带来一定的收入。

科技社团的经费预算因其所属学科领域、规模、学术影响力等方面的差异而有所不同。据相关研究[①]显示，2017年，法国全部150万家社团组织的经费预算总额达1133亿欧元，但其中有四分之一的社团组织年度经费预算低于0.1万欧元，近一半的社团组织预算额度为0.1万～1万欧元；预算总额超过50万欧元的社团组织仅占整个社团总数的1.3%，但它们的经费总量却占到社团整体经费的71.2%。也就是说，1.3%的社团组织拥有71.2%的经费。由此看来，在法国的社团领域内，经费流向相对比较集中（表1-3）。

表1-3　2017年法国社团组织经费预算情况对照

年度预算额度/欧元	占整个社团领域预算比重/%	社团数量比重/%
少于0.1万	0.2	25.6
0.1万～1万	3.8	49.0
1万～5万	8.4	18.9
5万～20万	7.6	3.9
20万～50万	8.9	1.3
50万及以上	71.2	1.3
总计	100.0	100.0

数据来源：TCHERNONOG，2018。

综合来看，法国社团组织的经费主要来源于经营性收入和公共津贴、政府采购等，这几项经费来源占整个预算经费的85%（表1-4）[②]。

表1-4　社团组织经费来源构成

经费来源	会员会费/%	捐赠/%	经营性收入/%	公共津贴/%	政府采购/%
2011年	11	4	36	25	24
2017年	9	5	42	20	24

数据来源：TCHERNONOG，2018。

---

① VIVIANE TCHERNONOG.Les Associations：État des lieux et évolutions, vers quel secteur associatif demain?［EB/OL］.［2019-07-27］. http://addes.asso.fr/wp-content/uploads/2018/10/Tchernonog_associations_FCC_2018.pdf.
② 同①。

▸ **法意澳新科技社团研究**

从不同领域社团的经费预算情况（表1-5）看出，无论是2011年还是2017年，法国有一半左右的经费流向人道主义、社会行动与健康领域内的社团组织；其次是教育、培训与就业领域，占比为13%；再次是体育运动领域与文化领域，占比约为10%。

表1-5 不同领域社团经费预算比较

活动领域	占全国社团组织总数的比重/%	2017年预算占当年整个社团预算比重/%	2011年预算占当年整个社团预算比重/%
人道主义、社会行动与健康	14.1	51	48
权益保护	11.5	6	6
教育/培训/就业	3.2	13	13
体育运动	24.2	12	11
文化	23	10	10
休闲	21.4	6	7
地方发展	2.6	4	5

数据来源：TCHERNONOG，2018。

由于科技社团通常被归并到不同范畴，难以准确估计科技社团领域预算的总体情况，只能从个案来窥测。以法国工程师与科技工作者协会为例，2018年该协会经费预算与决算情况如下[1]：支出预算总额为83.48万欧元，实际支出决算79.87万欧元；收入预算总额为68.89万欧元，实际收入决算总额为63.74万欧元（表1-6）。如此看来，2018年法国工程师与科技工作者协会的收支并不平衡，尽管实际支出比预算少3.61万欧元，但实际收入也少了5.15万欧元，总体亏16.13万欧元[2]。

表1-6 法国工程师与科技工作者协会2018年预算与决算情况

支出	2018年预算/万欧元	2018年决算/万欧元	收入	2018年预算/万欧元	2018年决算/万欧元
公共支出	52.37	46.07	缴费收入	33.12	33.92
员工成本	32.00	30.63	社团缴费	29.00	27.98
商品	0	1.01	科技工作社团缴费	0.80	0.61
税费	2.00	2.36	地区社团缴费	0.80	0.72

---

[1] 法国工程师与科技工作者协会［EB/OL］.［2019-07-04］. https://www.iesf.fr/offres/doc_inline_src/752/IESF_AGO_2019-Diaporama.pdf.

[2] 2017年，法国工程师与科技工作者协会亏27.42万欧元。

第一章　法国科技社团发展现状及管理体制

续表

支出	2018年预算/万欧元	2018年决算/万欧元	收入	2018年预算/万欧元	2018年决算/万欧元
研究工作	0	0	国外机构缴费	0.12	0
信息工作	3.65	2.04	房租	0.45	1.32
装修与外部服务	12.72	9.44	赠予	0.20	0.85
对外联系	2.00	0.59	会议室出租	1.75	2.45
与收入有关的直接支出	15.94	9.29	经营收入	16.87	9.73
社会—经济调查	9.5	8.6	社会—经济调查	10.00	7.65
面向工程师与科技工作者的服务（含保险）	0	0	面向工程师与科技工作者的服务（含保险）	0	0
拉蒙内俱乐部	0.25	0	拉蒙内俱乐部	0.25	0
工程师与科技工作者协会杂志与指南手册	0	0	工程师与科技工作者协会杂志与指南手册	3.00	0.81
欧洲工程师	1.12	0.38	欧洲工程师	0.12	0.37
学术活动（研讨会等）	4.00	0.19	学术活动（研讨会等）	0.50	0.13
信封	0.20	0.12	信封	1.00	0.67
企业俱乐部	0.05	0	企业俱乐部	1.00	0
工程师名录	0.82	0	工程师名录	1.00	0.11
外部行动	4.24	3.66	国内与国际津贴	10.50	10.51
区域运转	0.50	0.17	公共津贴/捐赠	10.50	10.51
地区差旅	0.70	1.16			
国际注册	2.24	2.25			
国际差旅	0.80	0.08			
委员会/工程师与科技工作者职业推广	0.80	0.86	委员会/工程师与科技工作者职业推广	0.04	0.06
委员会	0.30	0.50	委员会	0.02	0.06
工程师与科技工作者职业推广	0.50	0.36	工程师与科技工作者职业推广	0.02	0
折旧/预付金	4.00	3.68			
折旧费	4.00	3.68	URIS结转	0	0
经营成本总额	77.35	63.56	经营收入总额	60.89	54.22
			经管收益决策	-16.46	-9.34
转让费用	0	0.37	转让收益	0	6.27
折旧费	0	7.28	折旧费回转	0	0
银行费用与自由职业者酬金	0	0.15	动产收益	8.00	1.11
金融成本	0	7.80	金融收入	8.00	7.38
其他成本	0	2.23			
发展支出	6.13	6.27	额外收入	0	2.14
额外成本	6.13	8.51	额外收入	0	2.14
成本总额	83.48	79.87	收入总额	68.89	63.74
			合计	-14.59	-16.13

数据来源：法国工程师与科技工作者协会，2019。

由表1-6也可以看出，2018年法国工程师与科技工作者协会的会费等收入有所减少，但房租等租赁收入大幅度提升，经营性收入大幅度减少，实际获得的公共津贴与捐赠等则与预算基本持平，表明该社团所获得的来自政府机构与公共部门、企业等方面的资金支持较为稳定。

三、法国科技社团的管理体制

在法国，结社是宪法赋予公民的基本权利之一，法国的社团组织数量庞大，涉及范围广泛、活动领域众多，与法国民众的生活息息相关。社团组织在日常运行中享有组织自治，即政府不会对社团组织的日常运行进行过多干涉，但这并不意味着法国政府与社团组织之间的关系疏远。事实上，法国政府与社团组织之间具有较强的联系，政府通过制定相关的法律法规以及采取经济手段等方式对社团组织的行为进行约束和影响。科技社团也需要遵守与社团组织相关的法律、法规和规章制度。因此，明确法国社团组织管理的法律框架和管理体制，对于理解法国科技社团所处的发展环境具有一定的参考价值。

（一）法国社团的法律基础

《非营利社团法》是管理和调节法国的社团组织行为最重要的一部法律。在这部法律颁布之前，虽然曾经有过一些法律的部分条款对公民结社进行了规定，但都没有形成单独的法律。1901年颁布的《非营利社团法》从根本上对社团组织的行为进行了规范，在法国全境，除了在下莱茵、上莱茵和摩泽尔三个省社团组织的注册还要受地方性法律约束之外，所有社团组织均需要遵守《非营利社团法》[1][2]。《非营利社团法》于1901年7月1日生效，整部法律包含3部分，共有19个条款[3]。这部法律不仅规定了非营利社团的性质、设立要求、无效行为、会员义务、社团的权利和义务，同时还规定了社团在违反规定时的处罚要求、社团解散和进行清算的原则以及该法律所适用的范围等内容。1901年8月，法国政府又对《非营利社团法》的内容做了更具体的解释和规定。除《非

---

[1] 由于历史原因，在这3个省中，社团组织的注册成立需要通过其所在省的初审法庭（Tribunal d'instance）申请。初审法庭在通过社团组织的申报材料后，将之转到省政府，由省政府审查是否符合法国的法律，尤其是否有悖于公共安全。在省政府批准同意并在相关政府公报中公示后，社团组织才算是正式成立。

[2] 张金岭. 法国社团组织的现状与发展 [M] // 黄晓勇. 中国民间组织报告（2011—2012年）. 北京：社会科学文献出版社，2012.

[3] Legifrance [EB/OL]. [2019-06-10]. https://www.legifrance.gouv.fr/affichTexte.do? cidTexte=LEGITEXT000006069570&dateTexte=vig#LEGISCTA000006084157.

营利社团法》以外，社团的行为还受到《合同法》《债法》以及《刑法典》中相关原则和规定的约束。

根据《非营利社团法》第1条的规定，"社团是一种社会契约，由2人或者2人以上，以其知识或者能力为实现非营利目的而形成长期存续的团体"。由此可见，在法国2人及以上即可成立社团组织，加入社团组织的成员不仅包括自然人，也包括法人。法国的社团组织具有3个重要特点：一是结社人之间具有共同的知识或者活动，这是进行结社的基础；二是这个社会组织应该长期存续；三是其存在的目的是非营利性的。法国的社团组织在设立和解散时都没有硬性的登记要求，但是想获得法人地位以进行相应的民事活动则需要进行登记。

《非营利社团法》强调了公民加入社团组织和退出的自由。根据第4条的规定，加入社团组织的成员有退出的自由，"所有参加社团的成员如果没有特定存续时间限制，在清偿未支付的会费或本年会费之后，不论是否存在相反的条款，都可以随时退出"。

《非营利社团法》规定了社团组织在行为不当时应受到的处罚。如果社团想参加诉讼程序、接受捐赠、获得报酬或者其他的优惠待遇等就需要进行登记，如果没有按要求进行登记，则会受到罚款3 000～6 000法郎的处罚。如果社团的负责人在社团解散后继续经营社团或非法改造社团；社团的工作人员为已经解散的社团提供召开会员大会的场地等行为都会受到相应的处罚。

关于社团组织的解散，《非营利社团法》规定：社团组织可以自愿，或根据社团章程，或基于法院法令解散，并不需要向政府部门进行申报。解散后社团财产的处分可以按照章程条款进行，章程没有规定的按照会员大会决议进行。

《非营利社团法》体现了法国政府在管理社会组织方面的3个特点：第一，在对社团组织的管理中贯彻了自由的原则，无论是社团组织的成立还是成员的加入和退出，政府都不会进行直接干预。除了法律禁止的行为，社团组织具有较大的自主性，充分保障了公民的结社自由。第二，政府虽然不会对社团组织的运行进行直接干预，但通过登记备案、规定权利义务等方式实现了对社团组织的管理。社团组织若要获得法人资格、行使法人权利就需要在相关的政府机构进行登记备案，并承担相应的义务。在一些特殊情况下，法律还规定了司法救济渠道，确保能够对社团的运行进行有效的管理。第三，政府利用控制经济资源的方式实现对社团组织的有效管控，而资金对于社团组织的生存和发展具有重要意义。①

---

① 胡仙芝. 自由、法治、经济杠杆：社会组织管理框架和思路——来自法国非营利社团组织法的启示［J］. 国家行政学院学报，2008（4）：95-98.

《非营利社团法》自生效以来进行了多次修订。1981年10月9日颁布的第81-909号法令，废除了关于外国协会的第22-35条条款，不再对法国和外国协会进行区分管理。1987年7月23日颁布的第87-571号法令，规定了至少3年的试运行期后，协会才可以被认定为公共事业类，即公益性质；如果协会在3年内提供可预见的资源能够确保其财务平衡，则可提前批准认定。2000年9月19日颁布的第2000-916号法令，在规定或提及罚款及其他经济制裁的文本中，将以法郎表示的金额由以欧元表示的金额代替。这一法令还对《非营利社团法》第8条的内容进行了修订，根据《刑法》第131-13条第5款中规定的关于会费处罚的5种罚款类别，将对初犯的行为处以最高1500欧元的罚款；如果再次违反该法条，应依法处以最高3000欧元的罚款。2004年10月29日颁布的第2004-1159号法令细化了宗教团体财务账目、动产、不动产清单、会员信息等要求。2012年3月22日颁布的第2012-387号法令，规定了"协会的任何会员在缴纳会费后，也可以随时退出"，还简化了关于审计人员任命的行政流程要求。2014年7月31日颁布的第2014-856号法令，简化且明晰了慈善、科学研究或医学研究性质的协会接收捐赠的程序；新增了关于协会分裂、解散、合并的相关规定及其在商法典中适用的条款；新增了"被认定为公共事业性质的协会可以进行其章程中未禁止的所有民事行为，由社会保障法典授权、代表机构和工会从事保险活动的协会有资格使用其基金资产进行投资行为"；可以接受自然人与遗嘱者的捐赠。此外，还提出"经国务委员会批准，由于合并或分裂而消失的、被公认为公用事业的协会解散无须清算或公示"。2015年7月23日颁布的第2015-904号法令，简化了协会和基金会的制度，减轻了1901年《非营利社团法》的约束。2017年1月27日颁布的第2017-86号法令，增加了"任何未成年人均可自由成为协会成员"的内容。

（二）法国社团组织登记制度

根据《非营利社团法》第2条的规定，"社团可以自由设立，并不需要进行核准和事先宣告"，但如果想成为享有法人地位、享受税收优惠的社团，则需要进行事先宣告（公开化），即向政府部门进行登记。同时《非营利社团法》第3条还规定，"违反法律、公序良俗，危害国家领土和政府共同政体等不具备合法性的社团组织，可以依法予以取缔"。由此可见，虽然法国没有社团组织向政府进行登记的强制要求，但如果这一组织想要进行一定的社会活动，向政府登记获得法人身份是必不可少的，而政府通过对社团组织进行登记管理，能够掌握社团组织发展的基本情况。

在法国，一个社团组织想要获得法人地位，成为具备民事行为权利和责任的主体，需要向政府部门申请登记。法国将社会组织分为两类，一类是社团法人，可以追求私人或公共目标，不拥有自己的财产；一类是财团法人，只能追求公共目标，必须拥有自己的财产。

社团法人的登记注册程序非常简单，仅需向总部所在的省政府或专区政府警察局申报登记。申报的内容包括社团法人的名称、目标、总部所在地、组织负责人的姓名、职业、住址和国籍，同时还需要提交社团的章程。省政府（或专区政府）会提供社团章程的模板，社团法人可以使用这个模板，也可以根据自身的情况来确定章程的形式和内容，但章程当中必须包含社团组织的名称、地址、宗旨以及涉及其组织本身的其他重要文件。社团法人是否具有完备的治理结构并不是其获得法定身份的必要条件，根据《非营利社团法》的相关规定，负责人是创建社团组织时唯一需要设定的职位，其名称可以是会长、主席、主任等。当社团组织的章程或者社团组织负责人的相关信息出现调整和变动时，需要在省政府或专区政府进行登记，但政府对于组织本身的内部事务没有控制权。政府的官方公报是社团组织获得法定身份的标志。向政府进行过申报的社团组织可以获得法人资格，并具有以下权利：进行法律诉讼、获得直接捐赠、向组织成员收取会费、管理机构和成员大会所需的建筑场所、管理为实现组织使命而必须置备的不动产、雇用工作人员等。

法国财团法人的登记相对复杂。首先，财团法人需要向法国最高行政法院提出申请；其次，由最高行政法院审核该财团法人的宗旨是否符合公共目标；最后，最高行政法院再向总理府内政部提出建议，由内政部决定是否准许登记。

（三）法国社团组织监管制度

作为社会组织，其行为的公信力和透明度是影响组织运行和发展的关键因素。因此，在实际的运行过程中，法国社会组织需要受到来自政府、社会公众和行业3个层面的监督。

一是政府监管。法国政府通过制定一系列的法律法规来对社团组织的活动进行规范，除了《非营利社团法》之外，还包括《民法》《法国商会法》等。在社团组织的实际运行中，政府一般不会通过行政性手段对科技社团的内部具体活动进行干预，但是会通过其他一系列方式对组织的运行进行监管。社团组织如果想获得法人资格需要向政府机关进行登记；政府可以通过认证的方式，确定社团组织是否属于公共事业类社团，获得认证的机构可以享受政府经费的支持和一定的税收优惠。社团组织需要向登记部门和业务主管部门提交财务报告，对于获得政府补贴的社团组织，相关部门会审核其预算执行情况，这在一定程度上监督了社团的行为。综上，社团组织会受到多个部门的监管：首先，内政部、警察局的合法性审查；其次，税务部门的财务审查；最后，接受公共资金支持的社团还会受到相关政府部门和审计法院的监管。例如，法国地质学会需要向全国社团组织的主管部门内政部及其总部所在地的巴黎警察局报告，向负责教育、研究、工业和可持续发展的部门报告。

二是社会公众的监督。非营利组织提供的部分产品或者服务具有公共性，部分获得公共事业类资格认证的组织在发展中会利用公共资源，因此，有义务向社会和组织成员报告有关活动和财务状况。社会组织一般通过在网站上公布相关的年度报告和财务报告来实现公众对组织运行的监督。但法国科技社团信息公开的程度并没有想象的高，本研究中选取的研究对象均未在网站上公布最新的年度报告和财务报告。但是，科技社团会定期向其会员发送简报，会员可以通过这一渠道了解和监督组织的行为。

三是行业监督。法国的社团组织数量庞大、种类繁多、涉及不同的社会领域，规模上也存在较大的差异，类别、性质、活动领域相同或相近的社团组织可能会在市镇、省、大区（区域）、全国乃至欧洲层面上形成联盟或者联合会，这样的聚合便于社会组织进行集体活动，这一模式被概括为"社团组织—地方联盟—全国联盟"[1]模式。联盟型组织的形成，一方面便于组织之间进行联系和沟通，"抱团"维护相似群体之间的共同利益，另一方面在交往的过程中，社团组织相互之间也形成了一种监督的关系。

（四）法国政府与科技社团的对话与合作

在法国，许多社团组织虽属于"第三部门"，却与政府保持着密切的关系。总体来说，社团组织与法国政府之间的关系基本上可以概括为两个方面。

一是公民性对话。社团组织与政府部门之间的互动，一定程度上保障了公民的基本权益，使得公民能够依靠社团组织这样的群体性机构，在国家既有的制度框架下拓展自己的社会关系，并为谋求某些权益主张、推进制度政策变革提供了条件。

二是合作。政府与社团组织的合作，为社团组织的发展与公民的结社实践提供了保障，同时社团组织也是政府在诸多领域落实政策、实施治理、推动创新的重要伙伴，其活动实践是政府行为的有益补充。就社团组织的经费来源而言，它们与法国各级政府之间的合作非常密切，公共机构为社团组织的发展提供了大量经费支持。

具体到法国政府与科技社团的关系，从行政、法律等方面而言，相较于其他类型的社团组织，并没有什么特殊性，基本上保持着上述两方面的关系。一方面，众多科技社团作为不同领域内的学术共同体，是广大科学技术工作者自由结社的重要平台，是他们与政府保持沟通与对话的媒介，来自诸多科技社团的政策建议与诉求，在一定程度上影响着政府在科学技术领域内的决策；另一方面，在众多科学技术领域内的学术研究、技术开发等方面，政府又与科技社团保持着密切的合作关系。在法国社会的发展过程中，

---

[1] 祝建兵. 发达国家支持型社会组织发展的现状、特点及启示 [J]. 广东行政学院学报，2015，27（2）：28-33.

一些重要的基础设施建设、技术研发、科技创新、企业发展、人才培养等，都有科技社团及其动员的科技工作者的积极参与。

总体来看，除了体育类、休闲娱乐类社团组织，其余社团组织在财务方面对政府的依赖性很强。政府对社团组织的经费支持主要是通过各类补助津贴和购买服务实现的：一是政府给予社团组织的补助津贴以后者设计提出的项目计划为主要参照依据来发放，即政府通过审查社团组织在某些领域内的项目计划及其能力资质，来确定是否向其提供补助津贴，以及相应的数额等；二是政府向社团组织购买服务，主要发生在规模比较大的一些社团组织中，尤其是在养老、教育、就业、培训、社会行动等领域内常见。社团组织对多样性社会需求的敏感反应，在提供相关社会服务过程中所表现出来的与普通民众之间的亲和力，及其实践操作的灵活性、高效率特征等，均使得社团组织日益成为政府从事社会治理的有益助手。

当然，社团组织从政府机构与其他公共部门那里获得的公共津贴是受到严格监管的。提供公共津贴的政府部门与公共机构有权监管公共津贴的使用情况，对相关项目进行评估，以确保公共资金用到实处。一般通过财务审查、行政监督或法律介入等方式进行监督。社团组织在接受公共津贴资助期间所接受的系统监管主要涉及两大方面：一是确保公共津贴的使用必须要与其颁发时所明确的使用目标一致，即保证公共资金被切实用于公益项目，为社会提供相应的公益服务；二是公共津贴资金的使用必须有根有据，即资金使用必须符合财务规范，确保社团组织能够合法、合理地使用公共资金。

（五）法国公共事业类社团组织

在政府与科技社团的合作中，政府不但会通过公共津贴[①]等机制动员公共资金为科技社团提供财政支持，而且还会通过"身份政治"赋予某些科技社团特殊的身份，以显示其作为政府合作伙伴、优先获得政府财力与物力支持的优先地位。这种"身份政治"尤其体现在政府对科技社团"公共事业"身份的认定上。

在科学技术领域内，那些历史悠久且具有重要影响力的国家级科技社团基本上都是被政府认定的"公共事业类社团组织"。这样的身份使之与政府的合作关系更加密切，

---

① 在法国，很多政府部门或公共机构建有机制化、常态化的公共津贴制度，它们在各自的权能范畴内制定了具体的公共津贴管理制度，拥有专门用于颁发公共津贴的常规预算，并定期发布公共津贴的申请公告，严格审核社团组织提交的材料。但是，对于政府部门与公共机构来说，即便是没有设立常态化的公共津贴制度，依然可以根据实际需求，通过一定的法定程序，临时划款专门财政经费，用于颁发公共津贴，以保证向社会力量购买服务的需求。这实际上也是及时回应社会需求，借助社会力量拓展政府部门与公共机构社会服务能力的一种有效途径。如此一来，就为政府因地制宜地利用社团组织提供社会服务，在制度层面上留出了很大的空间。

法意澳新科技社团研究

在获取公共资源支持（尤其是经费支持）、承接政府委托项目等方面具有优先权。例如，法国科学促进会成立于1872年，1876年就被赋予了"公共事业类社团组织"的身份[①]。再如，法国工程师与科技工作者协会早在1860年就被认定为"公共事业类社团组织"，并与法国政府合作推动了一些重要工程的建设，是法国早期铁路的建造者[②]。

从制度视角来看，一些致力于公益行动、影响力较大的社团组织往往会被认定为"公共事业类社团组织"。一个社团若要被认定为公共事业类社团组织，须向中央政府内政部提交申请材料，通过层层审核后，由国家最高行政法院以政府法令的形式确认其公共事业类社团组织的身份，多数社团组织有积极意愿获取此种身份。

对于一个社团组织来说，若要被认定为公共事业类社团组织，需要满足一定的条件：具有非营利性的公益目标；其活动影响不局限于其所在地区（一般须拓展到全国范围内）；拥有200人以上的成员；财务透明；经费独立且来源稳定，自身拥有的年度经费一般不低于4.6万欧元；其章程还须符合国家最高行政法院所要求的相关规定。若要获得这一资质，一般要经历至少3年的身份试验期。

根据法国政府公布的统计数据，截至2018年4月底，法国共有1 885个[③]社团组织被国家最高行政法院认定为"公共事业类社团组织"，涉及29个领域（表1-7）。通过类别的名称可以发现，法国的公共事业类社团组织主要集中于教育、科技、医疗、文化、卫生等领域，其作用主要是向社会提供基本的公共产品和服务。

表1-7　法国公共事业类社团组织的分类及数量分布

序号	编号与分类	数量/个
1	01000 政治活动	9
2	02000 俱乐部	6
3	03000 维护权利	16
4	04000 司法	2
5	05000 信息通信	2
6	06 社会	3

---

① 法国科学促进会［EB/OL］．［2019-06-10］．http://www.afas.fr/.
② 该协会最初名称为土木工程师中央协会，后更名为法国土木工程师协会。
③ 这是目前课题组可以获得的最新名单，但存在数据不全的可能性（如法国土木工程师协会就没有包含其中，但该协会在官网上已经明确了自己公共事业类社团组织的身份）。此类社团组织名单是会有变动的，据此前统计，2011年7月时，"公共事业类社团组织"曾达到1 982个。

第一章　法国科技社团发展现状及管理体制

续表

序号	编号与分类	数量/个
7	06000 文化	104
8	07000 休闲俱乐部	12
9	08 文化与科学	180
10	09000 社会文化行动	57
11	10 宗教	13
12	10000 保护遗产	75
13	11000 体育	32
14	14000 友好团体	61
15	15000 教育培训	285
16	16000 研究	46
17	17000 健康	294
18	18000 医疗和社会服务	161
19	19000 社会干预	113
20	20000 人类慈善	76
21	21000 老年家庭服务	50
22	22000 经济活动	10
23	23000 经济利益	77
24	24000 环境	92
25	30000 就业援助	11
26	32000 住房	1
27	34000 旅游业	4
28	36000 安全	14
29	38000 退伍军人	79
总计		1 885

数据来源：法国政府网站 data.gouv.fr。

在获得名录的基础上，课题组根据其中社团组织的名称、职能描述及所属类别，按照科技社团的标准，对 1 885 个公共事业类社团组织进行了筛选，从中梳理出 66 个科技

27

社团（附件二）。这66个科技社团的类别（图1-3）主要集中于健康、文化与科学、研究，分别为39个、16个和6个，其中健康类的科技社团主要与医学、营养学和疾病治疗等领域相关。这些科技社团中有15个于19世纪就获得了"公共事业社团"的身份，其中历史最悠久的是于1829年获得认证的农业、科学和艺术模拟学会，该学会关注科学、文学、艺术和农业，属于研究型的科技社团。由此可见，在科技社团领域，有影响力的组织在政府那里所获得的"官方"身份基本是"公共事业类社团组织"，而且一些历史悠久的社团组织早在19世纪创立之初就获得了这样的身份。

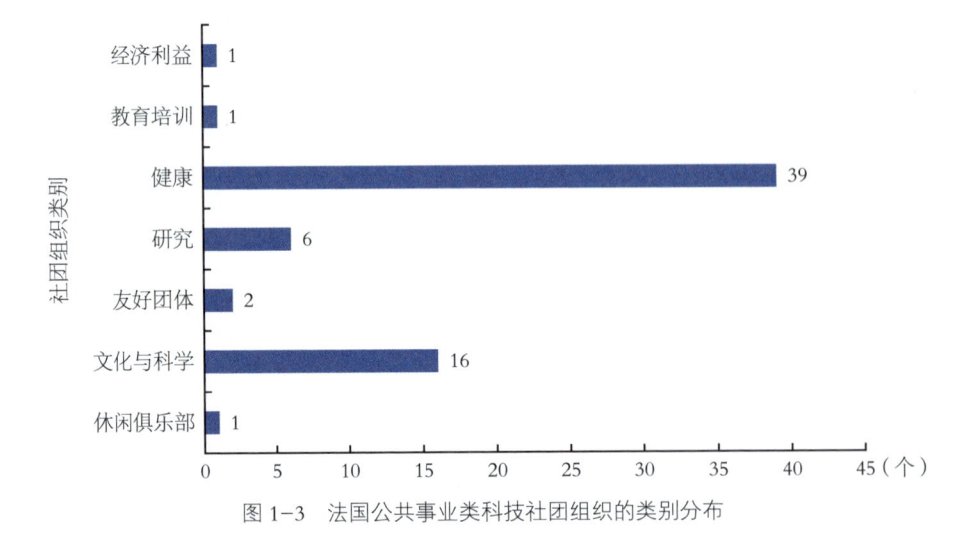

社团组织类别	数量（个）
经济利益	1
教育培训	1
健康	39
研究	6
友好团体	2
文化与科学	16
休闲俱乐部	1

图1-3 法国公共事业类科技社团组织的类别分布

此外，法国还存在一种具有政府"特许"身份的社团组织，它们通常由法国中央政府的各部（委）认定，是伴随着法国在诸多领域内的法律变革逐步出现的。法国政府各部着眼于国家需求与政府工作的开展，赋予在相关领域中较为青睐的部分社团组织"特许"身份，目的是寻找在社会管理与发展方面的合作伙伴。一个社团组织是否能获得这种身份，除了其自身能力建设与资质（如社团组织的目标、活动能力与社会影响力、民主运作的程序、管理机制等）外，还需要看其活动实践所属领域是否与政府的某些工作目标相一致。具有这种"特许"身份的社团组织可以有更多的机会获取公共资源、可以优先获取相关公共部门的支持，如可以更为容易地获得公共津贴、被授权履行一定的民事行为、代行公共职责、维护公共利益等。实际上，具有此种资质的社团组织，在某种意义上是法国政府在特定领域内认定的具有优先资质的合作伙伴，它们在提供社会服务、参与社会治理方面可以发挥更大的作用。

四、法国科技社团的内部治理

（一）法国科技社团的宗旨

明确法国科技社团的宗旨对研究法国科技社团的社会价值和发展方向具有重要的意义。为了明确法国科技社团的宗旨，课题组选取了在法国具有较高影响力的14个科技社团[1]，通过访问这些社团网站，获取社团宗旨，通过分析对法国科技社团的宗旨进行了归纳（表1-8）。

表1-8 科技社团名录汇总

科技社团名称	科技社团名称
法国植物学学会	法国消化道癌症联合会
法国昆虫学学会	法国肿瘤心理学学会
法国渔业学会	法国血管生成学会
法国公共卫生学会	法国核能学会
法国地质学会	法国航空航天学会
法国数学学会	法国科学促进会
肌萎缩、恶病质和消耗性疾病学会	法国国际宇航联合会

根据科技社团及其对应的宗旨和提取的关键词（表1-9）分析可以发现，在宗旨中出现频率最高的是"促进学科发展"，这是科技社团组织的基础，体现了其作为"互益"组织的根本特点。在宗旨的表述中出现的另一个高频关键词是"交流"，这种交流主要出现在同行业人员之间，如会员之间的交流、国内外同行业研究者之间关于行业相关议题的交流；与"交流"相近的词还有"传播"，在向其他领域或本领域非专业人士进行本学科知识的传播，科普是进行知识传播的一种典型形式。此外，部分学会在宗旨中还强调向社区或者政府进行政策倡导。根据以往的研究，科技社团作为"互益"组织，团结会员、为会员提供服务应该是宗旨的重要部分。但是根据分析，只有两家科技社团在

---

[1] 感谢西安交通大学孟凡蓉老师研究团队的支持，部分影响力较高的科技社团是根据这些社团出版前期刊的影响因子排序获得的，包括法国植物学学会、法国昆虫学学会、法国地质学学会、法国公共卫生学会、法国地质学会、法国数学学会、肌萎缩、恶病质和消耗性疾病学会、法国消化道癌症联合会、法国肿瘤心理学学会和法国血管生成学会，其他学会为专家建议进行研究的重点学会，包括法国核能学会、法国航空航天学会和法国科学促进会。

法意澳新科技社团研究

宗旨中强调了针对会员本身的工作,其中法国植物学会强调促进会员开展研究和相关工作,法国地质学会强调代表和保护相关领域研究人员的利益。此外,在宗旨中,还提到了推动学科在实践领域的应用,以及科技社团与企业和公共部门进行交流,获得更多研究支持等。在众多的学会中,值得关注的是法国科学促进会,该会是一个由学会组成的机构,其自身定位为中立机构,不代表任何一方的利益,是为公众在科学家之间搭建交流的平台,解决公众对于科学的困惑和担忧。诚然,科技的进步极大地改善了人类的生活,但其带来的环境污染、就业率下降等问题也影响着社会和经济的发展,如何正确认识科技带来的影响,成为法国科学促进会的重要宗旨之一。除此之外,吸收更多的青年人加入相关行业,让他们明确自身的发展方向,融入相关领域也是许多学会的宗旨。

表1-9　法国科技社团的宗旨及工作内容

社团名称	宗　　旨	工作内容
法国植物学会	推进本学科和相关学科的发展; 促进会员的研究和工作	为植物学和与之相关的科学进步做出贡献; 通过所掌握的一切手段促进成员的研究和工作
法国昆虫学会	促进学科发展; 促进国内外学科交流; 促进科学的应用	促进昆虫学各方面的发展,特别鼓励对动物的研究; 将昆虫学应用于农业等多个领域或医学; 加深对昆虫与自然环境关系的认识
法国数学学会	促进学科发展和知识传播; 政策倡导; 培养年轻人	任务非常多样化,但都是为了促进数学和研究,推动和传播理论数学与应用数学的研究; 组织科学活动; 反思数学的训练和教学工作; 保留所有促进数学的地方和国家倡议; 将社区的话语带到媒体和政治领域; 参与知识的传播; 帮助青年人融入数学领域
法国心理肿瘤学会	促进学科发展; 进行行业内培训; 支持相关研究	促进肿瘤学心理保健的发展; 促进所有年龄段的患者在肿瘤学和肿瘤血液学中的心理和关系维度的整合; 促进本领域特有的心理问题的多学科方法; 为肿瘤学和肿瘤血液学行业开发信息和进行培训; 支持本领域的研究
肌萎缩、恶病质和消耗性疾病学会	促进学科发展	提高认识、教育和研究水平

第一章　法国科技社团发展现状及管理体制

续表

社团名称	宗　旨	工作内容
消化道癌症联合会	提高对罕见病的认识水平； 促进罕见病治疗水平的提高； 改善患者的健康状况； 预防和治疗疾病	进一步研究恶病质和肌肉减少症以及消化紊乱，为全球医疗保健团队提供切实可行的解决方案； 旨在改善全球患者的健康状况，并鼓励预防和治疗这些疾病
法国血管生成学会	促进学科的发展和交流； 向企业和公共部门提出建议，获得研究支持	促进实验室之间的交流； 建立专家网络和专家库； 向企业和公共部门提出建议，获得研究支持
法国地质学会	促进学科发展； 代表研究人员利益； 促进学科的交流和传播	促进地球和地球科学的发展，包括该学科与工业、农业、环境和教育的关系 学会特别关注：更好地代表和保护地球科学学科和专业人员；促进青年人和业界的交流；在地球科学的不同领域传播知识
法国核能学会	知识传播； 学术提升； 技术完善； 争议解决； 专家联合	促进所有对核能感兴趣的人的知识传播： 分享、通知、发布； 促进核工业的科学卓越和技术严谨； 为解决有争议的问题做出贡献； 联合核能领域的专家
法国航空航天学会	研究人员聚集； 专家评价； 成员沟通； 信息交流； 对外交流	汇聚航空航天科学技术的自然人和法人； 在成员中选择推荐具有国际顶尖水平的专家； 鼓励成员之间，特别是与年轻成员之间的沟通； 开发重要的专业信息来源； 为成员提供分享观点和开展工作的论坛； 代表所有成员、其他科技公司，以及航空航天联合会
法国科学促进会	促进公民与科技界之间的交流； 指导青年人的职业选择	回答公众提出的问题。普及、传播知识，还有科学界与公民之间的对话 影响青年人的职业选择，吸引更多年轻人投身科技领域。促进青年人对科技相关工作的了解和参与

综上所述，法国科技社团的宗旨主要包括：①促进学科发展；②促进会员的职业发展；③促进国内外的学科交流；④促进学科内容的传播；⑤代表和保护本领域专业人员的利益；⑥促进本领域内技术水平的完善与提升；⑦支持青年人在本学科领域的发展；⑧向公众普及相关知识；⑨向公众解释与本学科相关的问题；⑩进行政策倡导。

（二）法国科技社团的内部治理结构

与其他社团组织一样，法国科技社团的治理结构组织架构如下：

会员大会：会员大会是社团组织的最高权力机构与议事机构，由全体会员组成。社团组织的基本政策、重要的人事任命（比如理事会选举）、业务活动安排和预算编制等重大事项，均由会员大会讨论并做出最终决议。

理事会：理事会是社团组织的最高决策机构，也是会员大会决议的执行机构，负责确立社团组织的总体政策，并提交全体会员大会审议。一般情况下，理事会成员除了社团组织的会员外，还包括一部分外部人员，比如来自政府相关部门、合作机构的人。

行政管理团队：行政管理团队是社团组织运转与管理的具体执行机构，一般由主席、数名副主席、财务主管等相关人员组成。行政管理团队人员组成的具体情况，依据各社团组织之间的差异而有所变化。按照法国的法律规定，成立一个社团组织，必须要明确一名主席作为法人代表，另外还必须有一名财务主管负责社团组织的财政事务。

除上述机构之外，不同的社团组织还会根据自己的具体情况（专业领域、规模等）设立一些特殊的机构，尤其是一些专门委员会，其职责是协助理事会负责特定领域相关政策的决策，比较常见的此类委员会有学术委员会、出版委员会、教育委员会、国际关系委员会和青年科技人员委员会等。

我们可以通过以下几个科技社团的组织体系来具体了解其治理结构。

1. 法国临床生物学会[①]

作为一家服务于临床生物学及其从业人员的学术社团组织，法国临床生物学会聚集并代表法国与世界各地讲法语的临床生物学家，其会员包括来自公共部门与私营部门的专业人员，如大学老师、科研机构的研究人员，以及企业的研究人员和从事实业开发的生物学家。该科技社团的业务领域包括：在临床生物学领域开展相关研究工作；对临床生物学分析结果与测量技术进行评估；提供科学与技术信息交流与传播的平台；组织开展学术年会；组织多学科信息与培训；编辑期刊《临床生物学年鉴》；评选学会学术奖；建设学会网站，向生物学工作者介绍学术共同体研究工作进展，向公众介绍临床生物学知识等。[②]

[①] 法国临床生物学会［EB/OL］.［2019-07-05］. https://www.sfbc-asso.fr.

[②] 在法国，那些历史悠久、成员多、影响大的科技社团，基本上是其所属领域多数专业人士所组成的学术共同体，并且在专业方面具有公认的权威。这些科技社团组织不但办有影响大、权威性的学术期刊，还会面向所有会员设置专业奖项，以鼓励相关专业人员取得专业方面的进步。如法国临床生物学会，作为一个全国性的临床生物学领域的生物学科技工作者共同体，它设立的学会专业奖每年颁发一次，旨在奖励临床生物学领域的某项或一系列科技成果。自2016年以来，该学会也为一些住院实习医生和青年生物学家提供科研津贴，以资助他们参与各类国际学术会议。受资助人在参加完相关学术活动后，须向学会提交一份报告，阐述其在参加学术活动期间所获得的对医学生物学家而言特别有意义的相关内容。再如法国人工智能协会从2009年起评选并颁发人工智能优秀博士论文奖，还组织开展各类培训、科普活动，如暑期夏令营等。与此同时，法国人工智能协会还对各类机构举办与工人智能有关的学术科研等活动提供学术与经费支持，此类活动的举办人可以向该协会提出申请，经审核后发放支持经费，额度300～500欧元。

第一章　法国科技社团发展现状及管理体制

依据会员大会的决策和理事会的管理，法国临床生物学会的日常运营由6个团队组成（图1-4）：行政管理团队负责执行理事会决议；学术委员会负责学术政策方面的工作；教育委员会负责继续教育方面的工作；专业实践评估委员会负责对相关专业领域的实践活动进行评估；国际关系委员会负责协调学会在国外的行动和与其他科研机构的关系；特殊工作团队专门处理学会与医院、医疗中心的关系和青年科学家事务。

图1-4　法国临床生物学会结构

2. 法国工程师与科学家协会[①]

就法国工程师与科学家协会的管理结构而言（图1-5），其特色在于设立了众多的专门委员会，分别处理不同领域的学术科研、会员职业发展和社团事务等方面的具体问题。

会员大会	· 最高权力机构
理事会	· 由会员大会选举产生，任期4年；28名成员
行政管理团队	· 共9人，包括主席1名、副主席4名、作为地方政府代表的副主席1名、秘书长1名、副秘书长1名、财务主管1名
专职工作团队	· 包括1名总负责人和4名项目专员

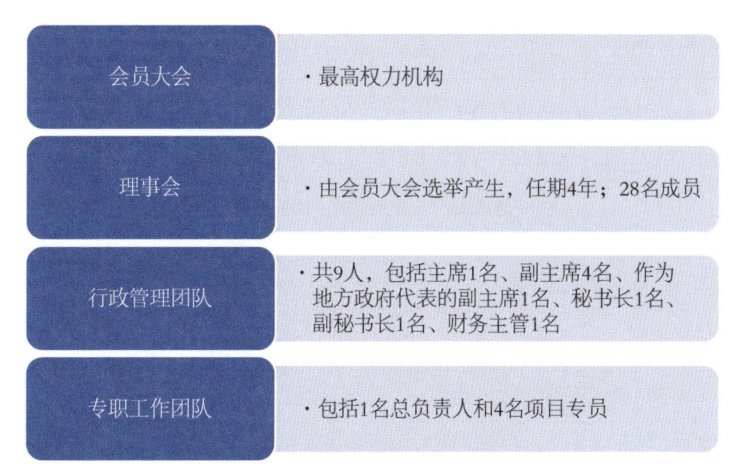

图1-5　法国工程师与科学家协会的管理结构

法国工程师与科学家协会的最高权力机构是会员大会，理事会由会员大会选举产

---

① 法国工程师与科学家协会［EB/OL］．［2019-07-04］．https://www.iesf.fr.

法意澳新科技社团研究

生，任期4年，成员有28名，其中包括9名行政管理团队成员。他们分别归属4个团组：团组A，包括19名成员，代表全体个人会员；团组B，包括5名成员，分别代表不同地区的工程师与科技工作者群体；团组C，包括3名成员，代表致力于科研工作的工程师与科技工作者组成的社团组织；团组D，包括1名成员，从作为合作机构的社团组织中产生。行政管理团队共9人，包括主席1名、副主席4名、作为地方政府代表的副主席1名、秘书长1名、副秘书长1名、财务主管1名。专职工作团队包括1名总负责人和4名项目专员。值得注意的是，法国工程师与科学家协会特别注意其理事会成员的代表性，以及与政府、会员（包括团体会员）等各方面的关系，既照顾理事会成员中个体会员、团体会员的代表性（包括其专业领域、所在地区等），也照顾本社团与其外部合作机构的关系等。这样一种机制，既有利于协会自身的合法性建设，也有利于其对外合作关系的拓展。目前，法国工程师与科学家协会设立了16个行业委员会，分别负责不同专业领域内的学术事务（表1-10）。

表1-10 法国工程师与科学家协会行业委员会

行业委员会名称	职责与使命
航空航天委员会	为航空领域学术共同体的诸多问题提供答案，重点关注航空工业发展的"创新"问题，研究行业的可持续发展等
农业食品委员会	负责有关农业食物生产、安全、消费、管理等方面的事务
化学委员会	负责在化学学科领域有关的学术与工业问题
防务委员会	致力于探讨军事官员与工程师共同关心的相关问题
水资源委员会	致力于为水资源的利用、保护提供学术贡献
经济委员会	关注为法国产业发展带来问题的诸多经济与金融议题
能源委员会	致力于从学术、科技与经济的角度推动与能源有关的创新性研究
环境委员会	研究气候变化、农业发展与各类污染等方面的问题，并及时向工程师、科技工作者、广大民众等及时传播相关知识
土木工程与建筑委员会	在建筑与规划方面回应诸多技术、经济与环境问题
创新与研发委员会	致力于更好地了解发明者、创新者，激励他们成为再工业化的推动剂
经济与战略情报委员会	从经济情报的角度，开展与管理、工程师和企业有关的社会现象研究
操作风险管理委员会	致力于企业风险管控方面的研究
机械委员会	在机械领域推动相关议题的讨论，致力于传播对工程师有用的信息，参与重要的社会议题的辩论，以便让公众更好地了解工程师这一职业群体

第一章　法国科技社团发展现状及管理体制

续表

行业委员会名称	职责与使命
纳米技术委员会	致力于推动纳米等新兴技术负责任的发展，推动诸多利益相关者接受这些技术，组织开展一些课程、讨论，建立相应的工作组
数字委员会	组织学术反思与建议，以促进法国数字经济的发展
交通委员会	业务领域涉及所有的交通模式与系统，包括使用多种技术，对土地、环境与能力的影响，以及对经济与社会行动主体的挑战等

同时，法国工程师与科学家协会还设有4个交叉委员会，分别负责多个领域的相关事务（表1-11）。

表1-11　法国工程师与科学家协会交叉委员会

交叉委员会名称	职责与使命
职业履历管理委员会	负责与成员职业发展相关的事务
工程师观察委员会	负责了解工程师这一职业群体的社会地位和职业情况
高等教育事务委员会	负责加强协会与高等教育界的交流与合作事务
名录委员会	负责建立法国工程师与科技工作者名录，以加强学术共同体之间的交流与合作，并提高学术共同体整体声誉

（三）法国科技社团的志愿服务

在法国社团组织的治理实践中，还有一个特别重要的因素——志愿服务，法国众多社团组织的运转主要依赖志愿服务，这是法国社团组织所凝聚的一种重要的社会资源。尽管一些大型社团组织雇有专职的工作人员，社团组织运转中的一般性日常工作由专职工作人员负责，但在组织大型活动时，则主要依赖会员提供的志愿服务。总体来看，在法国，有89.4%的社团组织的运转仅仅依靠志愿服务；2011—2017年，社团志愿服务的参与人次平均每年增长4.5%，志愿服务时间平均每年增长4.9%。① 法国科技社团的志愿服务与一般社团组织的志愿服务相似，因此未进行区分。

在法国人的结社实践中，志愿者是那些把自己的一部分时间与精力投入社团实践

---

① VIVIANE TCHERNONOG. Les Associations：État des lieux et évolutions, vers quel secteur associatif demain？［EB/OL］.［2019-07-27］. http://addes.asso.fr/wp-content/uploads/2018/10/Tchernonog_associations_FCC_2018.pdf.

而不计报酬的人。志愿者与雇用人员不同，与法国社会提供志愿性民事服务的人也不一样，后者有一定的报酬，但其性质与雇用人员所领取的工资或其他薪酬不一样。如今，在法国有超过 1 400 万的志愿者活跃在社团领域。志愿者参与的活动范畴非常广泛，如体育运动、文化活动、休闲娱乐、人道主义、健康与社会行动、权益保护、教育培训等，在各个领域都能见到志愿者的身影。志愿者提供志愿服务的动机是让自己成为有用的人，为他人与社会做些力所能及的事情。

对社团组织来说，向志愿者寻求帮助，让他们为社团组织提供服务，而不是雇用专职工作人员，这一点很重要，这既有社会性的原因，也有税收方面的因素。社团的志愿服务与雇用工作有着本质区别：一是志愿者不能因志愿服务而获得报酬（货币或实物），但可以报销因志愿服务而发生的一些费用，如出差、住宿、购买相应材料等；二是志愿者与社团组织之间没有法律上的隶属关系（如工作合同），他们没有义务像雇用的工作人员一样听从社团组织的命令，也不能受到社团组织的惩罚（如开除）。志愿者的服务工作是自愿性的，他们可以自由地结束其志愿服务，不需要任何程序，也没有赔偿。但是他们需要遵守社团组织的章程，以及他们所从事的志愿活动所要求的安全标准等。

由于志愿服务质与量的重要性，法国有诸多法律为社团组织的志愿者提供制度性保障。如社会保险、休假、相关费用报销，以及在计算退休、预退休、失业等应得报酬或津贴的金额时，都会考虑提供志愿服务的情况，并给予一定的补偿。在有些情况下，志愿者可以享受工伤保护。在志愿者的财务报销方面，法国的相关法令有一些具体而明确的规定。伴随法国社会政策的改革，这种面向志愿服务的制度保障日益完善。

（四）法国科技社团的财务运营

法国社团组织的资金来源渠道和形式较为多样，包括政府部门的资助、企业或基金会的捐款、个人捐款、会员会费，还有来自欧盟层面的经费支持，如欧洲社会基金，以及各种形式的国外资金等。有些资金的来源渠道是有限制的，如政府津贴对社团组织的资质有所要求，申请政府资金的社团在活动领域、知名度、自身能力、项目目标等方面都会受到政府的考查；而企业或基金会的资助则倾向于选择与其目标定位关系密切的社团组织。

法国政府发放的公共经费支持是社团组织最大的资金来源，社团组织的经费有一半以上直接或间接地来源于公共资源，但往往不是以直接经费的形式，有一部分是通过政府购买服务的形式获得。① 活动进款是社团组织主要的经费来源，其活动进款来源可

---

① 张金岭. 法国社团组织的现状与发展［M］// 黄晓勇. 中国民间组织报告（2011—2012 年）. 北京：社会科学文献出版社，2012.

能是公共资源，也有可能是私人资源。总的来说，法国的社团组织经费来源有34%的经费直接源自公共资源的津贴，有49%是通过各类公共服务、私有服务等活动形式获得的"经营性"进款，会员会费的占比约为12%，远大于捐赠所占的比例（5%）（表1-12）。此外，法国允许社团对特定比例的净收入进行资本化运营，通常是社团财政年度运营剩余部分，以扩大收入①。

表1-12 法国社团组织经费来源构成

经费来源	源自公共资源的津贴②	活动进款（公共、私有）	捐　赠	会员会费
比例/%	34	49	5	12

资料来源：https://www.associatheque.fr/fr/fichiers/lpa/LPA_nov2007.pdf。

法国科技社团的收入来源与其他社团相似，包括捐赠、会员缴纳的会费、社团持有地产的出租收入、举办活动的收费等。有些科技社团为了拓展其自身的资源，提高在社会上的知名度，会组织一些经营性的活动，以获取维系自身运作的经费支持。在这种情况下，社团可以根据相关法律的具体规定享受一些特殊的税收政策。对于特定领域的科技组织，其收入来源及支出构成与前述的总体结果有所不同。以法国航空航天学会为例，③其收入来源主要为会员费（个人会员、荣誉会员）、座谈会、其他资助、举办特殊活动等4个方面，其中，召开会议的收入占比最大。其支出主要包括工资、房屋和运营、网站维护、区域和国际活动、技术委员会—青年—中小企业活动、奖项设置、其他收费以及举办特殊活动的费用，其中，工资支出占总支出的50%以上。④

在税收上，各社团组织受到财政部的管理和监督，需要定期提交财务报表。一般来说，社团组织需要每年提交损益表、资产负债表和总分类账，由相应的警察局、内政部和所在领域的相关部门审核上一财政年度所有拨款的使用情况。

五、法国科技社团的主要职能和业务活动

有研究将科技社团的主要工作职能概括为以下几个方面：学术交流、科技奖励和人

---

① 法国地质学会章程［EB/OL］.［2019-06-10］. https://www.geosoc.fr/.
② 在此仅指以津贴形式发放的经费支持，并不包括各种以合同的形式签订的与政府向社团组织购买各类社会服务而拨付的款项。
③ 法国航空航天学会为本次调研中少数几家在其官网上公开披露财务年报数据的科技社团之一。
④ 3 AF-Association Aéronautique et Astronatltique de France［EB/OL］.［2019-06-10］. https://www.3af.fr/.

才评价、科学传播、科学教育、专业认证、政策倡导和建言献策。[①] 这些工作根据服务对象的不同可以分为两类：一类是学术交流、科技奖励和人才评价，面向该学科的从业人员，主要是科技社团的会员。通过会员之间的沟通和交流，促进科技创新和产业发展；同时在学科当中选拔优秀的人才，树立学术权威，建立行业标准，形成专家或者研究团队在学科中的公信力，从而促进学科领域创新发展。另一类是科学传播、科学教育、专业认证、政策倡导和建言献策，主要面向社会公众、企业和政府机构，服务的人群范围宽泛，数量庞大，体现科技社团的社会作用。

（一）面向会员的业务活动

由于组织机构的扁平化、机构工作人员较为精简，许多科技社团开展活动都是针对和围绕会员的需求进行的。总的来说，包括以下几个方面的活动：第一，提供咨询服务。许多专业社团都有自己的数据库和图书馆，通过会员订阅等形式向公众提供咨询。第二，组织行业会议和培训。许多社团通过组织行业会议来扩大收入、提升业界影响力，一般为每年举办1~2次大型行业会议，以及按月或按季度举办小型研讨会。开展培训的社团通常与全国各地的大学、科研机构合作，对象通常是所属学科的大学生、中学生和教师群体。第三，出版行业期刊。第四，组织评奖。如法国地质学会每年举行地质学领域的评奖活动，评选出2个优秀博士论文奖项和3~4个地球科学专业奖项，针对学术研究、行业贡献、公民社会贡献等指标来评奖。第五，组织行业社交活动。通过沙龙、研讨会、招聘发布、展览等形式开展行业社交活动，为青年学生、学者、科学家、企业搭建交流互动平台。

借助巴黎在文化、艺术、科技和经济等方面的核心地位，许多社团的活动还与大型以及常年举办的展览活动相结合，与博物馆、艺术中心等建立密切的伙伴关系，将科普、创新等活动与文化艺术活动有机地结合起来，效果良好。例如，法国科学促进会常年与各类展览活动合作，在巴黎大皇宫、巴黎小皇宫博物馆、卢浮宫博物馆等著名场馆开展活动。不同领域的社团在活动内容、活动规模、活动范围上有所不同。

（二）面向社会的业务活动

1. 面向社会公众的科学普及

科技社团面向社会公众开展的服务主要是科学传播和科学教育。科学传播是指科技社团利用本领域的资源和优势，对公众进行科学知识的传播，提升公众对科学的兴趣，促进公众了解科学知识，解除公众对相关领域问题的疑惑，从而形成良好的科技

[①] 中国科协学会服务中心. 美英德日科技社团研究［M］. 北京：中国科学技术出版社，2019：6-7.

和创新环境。科学传播有两种形式：一种是科学普及，这也是较为常见的一种形式，许多科技社团都承担这样的职责。诚然，科学技术具有一定的"门槛"，对于不了解该学科的人需要获得一些基本的知识，才能了解科学的范式，形成科学的思维方式。但这种形式将科学置于一种相对"高级"和"神秘"的地位，公众因为缺乏相关的知识，从而需要更多的认识和了解。另一种形式是在科学界和公众之间进行平等的对话，如法国科学促进会的使命之一就是"回答公众的疑问"。进入 21 世纪，由科技进步主导的社会发展是一把"双刃剑"，除了改变人们的生活方式、提升生活水平，也引发了公众对科技进步在经济、社会和环境等方面可能带来的负面影响的担忧。法国科学促进会希望以中立的立场，为科学界和社会公众提供一个交流和讨论的平台，实现二者之间的对话。

2. 面向政府的政策倡导

随着科学技术的发展，政府进一步意识到科技在社会治理过程中所应发挥的重要作用，而科技的进步也离不开政策的引导和支持。科技事业的发展不仅仅受到科技界的关注，一些与科技发展相关的社会问题和经济问题也越来越需要政府的干预。科技社团作为专业的学术团体，可以从专业的角度对政府的决策提出建议，同时，也可以根据现实情况向政府提出改进政策的建议，进行政策倡导。这样，一方面可以提升政府决策的科学性，使政府的决策能够更加适应科技和社会发展的需求；另一方面也可以加大学会的话语权，使学会能够争取到更多的支持和资源，从而更好地促进相关学科的发展。如法国数学学会在其宗旨中提到"将社区的话语带到媒体和政治领域"。法国数学学会由于拥有众多成员代表社区，是媒体和政府的特权对话者。学会经常就具有重大意义的主题向媒体和政府提出异议，并将当地出现的问题转发给政府当局。法国血管生成学会在章程中提到，"要向公共部门提出相关的政策建议，以获得研究支持"。

3. 面向企业的成果转化

作为最具活力的市场主体，企业的盈利能力毋庸置疑，但若要寻求长远的发展，尤其是对于科技相关企业，就需要与科技工作者之间形成一种良性的互动。科技社团本身就是一个学术交流的平台，这种交流一方面是为了促进学科的发展和学者网络的形成，另一方面也是为了提升科技转化的能力。一些科技社团，如国际宇航联合会，除了个人会员之外还包括团体会员，企业也可以成为学会的会员。企业成为会员之后，学会的各项活动或者会议就成了产学研融合的平台。企业和学者之间有机会进行深入交流，一方面，学者可以为企业的业务运行提供科学支持，解决其存在的问题；另一方面，学者本身的研究成果也有可能通过企业转化为产品投入市场。同时，企业也可以为科技社团的发展提供支持，如缴纳会费、提供捐赠、协助承办会议、支付服务费用等。

4. 营造科学氛围的社会作用

在法国，许多科技社团都具有上百年的历史，有的甚至是在19世纪科学大繁荣时期成立的，因此这些社团对自身的定位往往具有历史使命感。例如，法国科学促进会在章程的第一句话就明确提出了，"协会唯一的目的就是从理论和实践应用发展的角度促进科学的进步和传播，特别是在与其他学科相交叉的领域"。在其网站的首页，法国科学促进会就对自身的首要任务进行了明确阐述："回答公众提出的问题是法国科学促进会的首要任务。"法国科学促进会认为，在第三个千年开始之际，科学和技术的进步主导着社会的发展，公众有时会对科技发展可能造成的经济、社会和环境后果感到担忧，因此，科学家必须回答公众的问题，不仅要进行科学的普及和传播，还要进行科学界与公众之间的真正对话。"法国科学促进会是一个与任何私人或机构利益集团无关的独立协会，能够平静地在这场辩论中保持中立立场，每个人都认为这是必要的"。许多科技类社团的使命中融入了促进公平公开、促进创新、推动科学发展、为人类做贡献的远大目标。在实践中，由于专业化和自由度较高，法国的科技社团往往还起到了建立和维系某领域科学家关系网，为科学家、产业从业人员和后来学者提供了交流和职业互动的平台。

（三）合作伙伴关系

每个科技社团与众多法国国内的其他科技社团、欧洲的科技社团以及非政府组织和国际组织之间存在合作伙伴关系。尤其是一些国家层面的科技社团，它们拥有众多的团体会员，这些团体会员多为一些区域性社团组织或者分支学科、交叉学科的社团组织。例如，法国工程师与科技工作者协会的团体会员中有180家由各类工程师学校校友组成的社团、30余家工程师与科技工作学会和25个地区及海外工程师与科技工作者联合会。协会设有一个社团委员会，专门负责处理该协会与其团体会员之间的关系等事务。法国地质学会与行业内的30多个学会形成了伙伴关系，彼此之间通过签订合同和协议的形式联合开展项目。国际宇航联合会则与11家来自不同国家的非政府组织和政府间组织建有合作关系。

与其他各类社团组织一样，法国的科技社团同样也建有非常密切的合作伙伴网络，这也是其治理体系的一部分。由于科学技术领域众多分支学科、专业之间的密切关联性，各类科技社团之间的协作与交流非常密切。此外，诸多科技社团往往是欧洲乃至世界同一专业领域社团联合会的团体会员，由此也形成了广泛的专业协作网络。例如，法国人工智能协会就是欧洲人工智能协会的团体成员，法国工程师与科学家协会则是世界工程组织联合会中代表法国的团体会员。

以法国临床生物学会为例，该社团组织主要的外部合作伙伴有以下这些机构。

法国国内学术机构：法国国家健康与医学研究院、法国卫生高级机构。

国际学术机构：欧洲临床化学学会论坛、国际临床化学与检验医学联合会、世界病理学与检验医学学会、国际法语生物学与检验医学联合会、体外诊断工业联合会。

六、法国科技社团的个案比较

基于案例的可接近性和调研的可行性，课题组选取了法国较为发达的法国地质学会、法国核能学会和法国航空航天学会，以及法国科学促进会作为本报告的案例研究对象。通过这几个研究对象的网站、宣传手册、年报，以及参与研究对象举办活动、对相关工作人员和会员进行访谈等形式，开展实地调研，将文献资料与一手资料相结合，在分别描述四个科技社团基础上进行比较分析。

根据 1901 年颁布的《非营利社团法》的规定，法国境内注册的非营利组织需要向全国社团组织的主管部门——内政部及其总部所在地的警察局报告，本次调研的四个科技社团总部都在巴黎，因此，这些社团既要向内政部报告，又要向巴黎警察局报告。此外，凡接受了相关政府部门资助的社团组织，还应向提供资助的相关业务主管部门提交年报、财报等运营信息。

（一）法国地质学会

法国地质学会[①]成立于 1830 年 3 月 17 日，于 1832 年 4 月被认定为公共事业类社团，2011 年 11 月 4 日，法国地质学会与法国地质学家联盟和法国国家地质委员会两个机构合并，成立新的法国地质学会。

法国地质学会旨在促进地球和地球科学的发展、促进地球科学与工业、农业、环境和教育建立更紧密的联系。根据学会官网的相关信息，学会希望更好地代表和保护地球科学学科和专业人员、促进青年人和业界的交流、在地球科学的不同领域传播知识。为此，学会设立的行动方略是：组织科学会议和辩论、制作出版物、设置行业奖项进行激励和奖励的分配、建立基金会。学会的活动领域包括：矿产资源、能源资源、环境与工程教学研究、水与环境、环境与遗产等，以上领域涉及法国高等教育及研究部，法国生态能源可持续发展部、法国工业部等相关部门，为此，这些部门也在其相应职责范围内对学会的活动进行资助和监管。

1. 治理结构

学会的管理和运营由理事会负责，理事会人数由会员大会审议确定，最多为 24 名，

---

① 法国地质学会［EB/OL］.［2019-06-10］. https://www.geosoc.fr/.

其中至少四分之三是专业会员;理事会成员由会员大会通过无记名投票选举产生,任职期限为四年。理事会成员每两年更新一次,即将离任的顾问有资格连任一次。理事会制定学会的基本政策和财务政策,提交会员大会批准。理事会与学会主席拥有同等的、最广泛的政策执行权力,在学会允许的范围内,代表学会运营或授权运营以及开展活动,这些权力都无须经过会员大会审议。

会员大会由学会的所有成员参与,具有表决权。其中,每个实体机构成员在会员大会上只能有一名代表。会员大会每年召开一次,议程由理事会确定,介绍理事会的活动和管理情况、学会道德和财务状况;审议会计年度账目的结算、下一年的预算、其他列入议程的项目等,并对理事会成员的变更、学会章程的修订进行决议。此外,会员大会还具有一项特别权力:根据捐赠、抵押和贷款情况,会员大会对学会的动产和不动产的转让进行审议,转让行为仅在获得会员大会批准后方可生效。

会员大会是学会的最高权力机构,除定期举行会员大会之外,SGF的内部管理结构有决策层、管理层和执行层(图1-6)。

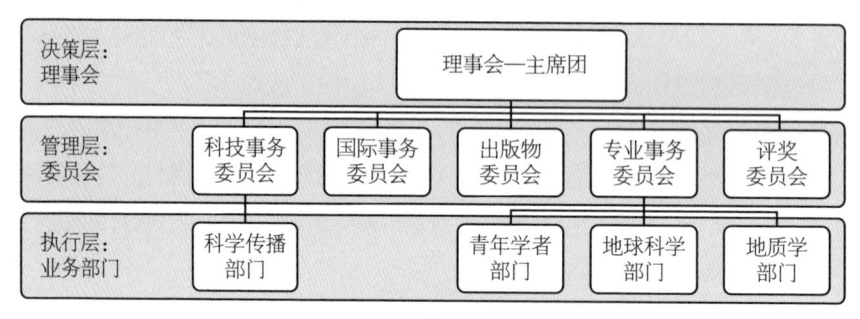

图1-6 法国地质学会内部治理结构

理事会是学会总体运营的决策层,理事会主席团由主席、专业事务副主席、科学传播副主席、国际事务副主席、财务和两名秘书组成,主席团每两年选举一次,成员从理事会中选举产生。委员会为学会的管理层,各专门委员会和区域委员会经由理事会审议、会员大会批准而设立,按照学会内部规章制度行事,每个委员会都设有一个由主席、秘书和财务组成的办公室。学会各分区也可以有一个委员会,由分区的成员按照每个分区的章程所规定的程序选举产生。各委员会的主席以顾问身份参加理事会的会议,每年向理事会报告该委员会的活动。在管理层,学会设立了科技事务、国际事务、出版物、专业事务、评奖5个委员会。在具体的执行层,委员会下设不同的业务部门,科技事务委员会下设了科学传播部门,专业事务委员会下设了青年学者、地球科学和地质科学3个部门,负责相应事务的日常运营。

2. 会员与伙伴关系

法国地质学会的会员类型包括专业会员、特别会员、荣誉会员、学生会员和业余会员5类。成为会员或合作伙伴需要经过两名会员推荐、缴纳会费、申请审核等程序。会费为模块化形式，根据不同类别、不同人数区分费率。合作伙伴关系有3类：行业伙伴、学会伙伴和机构伙伴。目前，法国地质学会有行业伙伴30个，机构伙伴10余个。学会开展合作的方式通常为每年签订合同或协议、与其他机构或组织联合开展项目等。

3. 财务情况

学会的收入包括：①不动产资产收入（不含捐赠）；②会员费、订阅费、期刊和出版物销售；③国家、地区、部门、市政以及其他机构的捐赠；④捐赠收益；⑤在特殊情况下获得的资源，并经主管部门批准后取得的收入；⑥学会所提供服务的销售收入和收费；⑦地球科学领域的公司和组织在活动中的赞助收入。会计审计要求每年提交一份损益表、资产负债表和包括总分类账在内的附件。每年由巴黎警察局、内政部和教育、研究、工业和可持续发展部门审核上一财政年度所有拨款的使用情况。

4. 人力资源

学会的人力资源主要由兼职的理事会成员和专职工作人员组成，根据学会网站的介绍，其专职工作人员目前为5人，以签订合同的形式建立雇用关系，主要负责学会日常活动的相关工作，包括会员管理与服务、订阅报刊、书籍销售、期刊编辑、图书馆接待、网络通信、会务和会议室租赁、团队和学会的管理。[①]

5. 主要活动

学会的主要活动包括6个方面：①咨询服务。提供地质学和地球科学领域的数据、资料，内部图书等。②组织评奖。包括2个优秀博士论文奖项和3～4个地球科学专业奖项，评奖标准为参评者的学术研究水平、行业贡献以及对公民社会的贡献，每年举行一次。③组织会议和调研。包括每两年一次的地球科学会议、特别会议、地质学会议等以及区域地质调研。其中，地球科学会议的主办方必须是省级大学，参会的研究人员、学生和专业人士需超过1 000名，为期5天；区域地质调研包括参观自然地质遗址和矿区，往往为期数天。此外，会议还包括其他科技主题的特别会议、旅行会议。学会还举办夏季培训，培训对象是地球科学领域的教师、学者及行业人员。④期刊、报告的出版。包括3种期刊及合作出版物：《地球科学杂志》《法国地质学会通报》《地质学家》。⑤参与科研项目。例如欧洲地平线2020计划第二期（2015—2018年）。⑥出租活动场地、会议室等其他活动。

---

① 法国地质学会［EB/OL］.［2019-06-10］. https://www.geosoc.fr/.

6. 主要功能及作用

学会专注地质学领域，汇集法国地质学界的学术和行业，促进法国地质学家和国际组织之间的交流，确保更好地代表地球科学学科，更有效地促进青年人和行业内的专业交流，提升学会在社会中的地位。

（二）法国核能学会

法国核能学会成立于1973年，是依据1901《非营利社团法》成立的非营利组织。该组织以科学为导向，汇集了包括核科学家、化学家和工程师、技术人员、医生和学生在内的近4 000名专业人员，以及工业企业和法国核研究组织。其宗旨是向所有对核能感兴趣的人进行知识传播。涉及业务涵盖法国核电、世界核电、世界范围的铀、核能相关部门四个主要领域，其中，核能相关部门包括核与环境、废物处理、能源服务研究与创新的进展、核医学、核的其他应用、核安全—放射性物质、核泄漏的预防措施、核事故等。法国核能学会是法国核能知识中心，为核能及其应用提供了交流平台。

1. 机构宗旨

法国核能学会在其网站上对宗旨进行了描述。

（1）核能知识的分享、传播、公开

为了使核能知识得到最广泛的关注，法国核能学会通过互联网和社交网络发布和传播有助于提升公众对核能及其应用认知的相关知识。为实现这一目标，法国核能学会自1975年以来连续出版了期刊《核参考评论》，旨在发现核能领域的知识创新，重温法国核能学会的重大事件，促进技术的进步。期刊内容涵盖了当前核能领域主要议题，以技术简报的形式发布有关能源核心技术的报告和解密，以及关于核能与社会关系的思考等。

（2）促进核工业的科学卓越性和技术严谨性

法国核能学会认为，如果没有知识的完整性，公众的信任就不可能存在。学会自创建以来对科学的卓越和技术的严谨都特别重视。学会在其出版物中承诺，仅使用法国、欧洲或国际核能领域的相关组织、政府或科学机构的数据。

学会希望保证其高质量的工作。学会专注于核研究和信息传播，并设立专门奖项鼓励法国核能行业取得卓越成就，奖励范围包括核科学与技术工作、与核装置安全有关的论文、有助于核能公共信息传播的工作等。

（3）为公众参与公共辩论做出贡献

公开辩论是法国公众参政议政的制度传统，诸如核电设施建设等涉及公共环境和区域发展的重要议题，一般由国家工作辩论委员会组织开展公开辩论。法国核能领域的

第一章 法国科技社团发展现状及管理体制

公开辩论包括核能新型工业反应建设项目或研究项目的设立、放射性废物储存地点的选址、核能法案的修订、全国性的能源辩论等。学会面向公众征集与核电有关的所有主题观点，提供合理严谨的指南，为公众提供最完整的信息，使每个人都能就核能相关议题做出明智的决定。

（4）联合核能领域的专家

学会积极参与科学知识的汇集和技术观点的争论，从而促进创新和进步。学会与法国及国际核能组织建立了合作关系，通过组织研讨会和座谈会分享知识和经验，展示成果和目标，参与科研主体和企业主体之间的知识交流。

2. 治理结构及人力资源

学会理事会由 12 名成员组成，他们都是法国核工业的专业成员，包括主席、第一副主席、第二副主席、名誉主席、出纳、总代表（类似于秘书长）各 1 名；来自法国—美国核能协会、法国新阿海珐集团、法国电力公司、法国原子能和替代能源委员会的高层管理者 6 名。理事会负责制定学会的发展战略，主席团成员共 15 名，由来自法国放射性废物管理机构、法国原子技术公司等企业的高层管理者和学会的前任主席、前任总代表等组成，全部以顾问身份出现，对理事会行使咨询和建议的职能，理事会下设常务委员会和具体业务部门。

学会的运行由总代表负责。常务委员会对理事会制定的战略进行总体协调和任务实施，成员包括核专业人员、科学家、工程师。总代表带领长期工作人员小组，负责学会的日常管理、为区域团体和技术部门提供支持、组织专业活动等。

3. 会员与伙伴关系

（1）会员

学会会员包括核专业人员、科学家、工程师、研究人员、教师及学生等。学会在法国各地组织会议和活动，以提高公众对核能技术的认识。成为会员可享有学会设置的"技术日"优惠，参与学会及其合作伙伴举办的会议享有 30% 的价格折扣。学会的年度会费按照不同身份实行不同费率制：教师 55 欧元；学生 10 欧元；35 岁以下专业人员 70 欧元；35 岁及以上专业人员 145 欧元；退休人员 55 欧元；学会还接受社会捐赠。

学会通过区域社群、技术社群、国家/国际社群（表 1-13）实施会员的管理和维护。会员入会时，要求选择所属的区域、技术和国家/国际社群，其中，区域和国家/国际社群只允许二选一，技术社群最多可选择 3 个。针对不同社群，学会设立不同的业务部门为会员提供专门服务，组织开展活动。

表1-13　法国核能学会的会员社群

区域社群	技术社群	国家/国际社群
01-阿尔卑斯山 38-73-74	01-教育和培训	01-APA-亚太社群
02-阿尔萨斯 67-68	02-材料科学与技术，CND，化学	02-CJI-年轻一代社群
03-阿基坦 24-33-40-47-64 没有（例如：国外居民）	03-核与生命科学	03-GIGA-原子工程工程师社群
04-Auvergne 03-15-43-63	04-安全，环保	04-GR21-21世纪的能源/环境社群
05-下诺曼底 14-50-61	05-核燃料循环	05-GTFA-法国奥地利社群
06-勃艮第 21-58-71-89	06-反应堆物理学	06-SFANS-法国美国社群
07-弗朗什-孔泰 25-39-70-90	07-技术和反应堆运营	07-WIN-世界核能妇女组织法国分部
08-布列塔尼 22-29-35-56	08-经济和能源战略	
09-香槟阿登 08-10-51-52	09-土木工程与核建筑	
10-埃松 91	10-法律和保险	
11-上诺曼底 27-76	11-辐射技术和工业开发	
12-塞纳河上的豪特 92	12-浪费和拆解	
13-法国东部 77-93-94	14-放射性物质的运输	
14-利穆赞 19-23-87	15-核能和可再生能源	
15-洛林 54-55-57-88	16-核与数字	
16-南比利牛斯山脉 09-12-31-32-46-65-81-82	17-人文与社会科学	
17-北部加莱/皮卡第 02-59-60-62-80		
18-巴黎 75		
19-普瓦图/夏朗德 16-17-79-86		
20-罗纳·安卢瓦尔河 01-42-69		
21-南/科西嘉岛 04-05-06-13-83-2A-2B		
22-卢瓦尔河谷 18-28-36-37-41-44-45-49-53-72-85		
23-罗纳河谷/朗格多克鲁西永 07-11-26-30-34-48-66-84		
24-瓦兹河谷省 78-95		

（2）伙伴关系

学会设置了7个主要业务部门来维系伙伴关系，包括区域部门、国际部门、青年部门、世界核能妇女组织部门、学生部门、智库部门和技术部门。

①区域部门。区域部门立足整个法国领土，将会员和合作伙伴通过当地的区域社群聚集在一起并开展活动。区域部门作为学会在法国各地的代表，就核能及其应用的问题为当地的公众和媒体提供咨询。

②国际部门。国际部门代表学会参与国际组织和国际活动，展示学会的核专业知识，是世界核文化的主要参与者之一。学会的3个国际部门确保了学会的跨界发展和国际影响力，这3个国际部门重视对法国核工业的研究和技术成果的全球推广，尤其关注

第一章　法国科技社团发展现状及管理体制

核能技术具有战略地位的地理区域。

亚太社群：伴随着亚太地区经济增长、生活标准的提升，能源消耗和电力需求不断增加，许多亚太国家的核能发展计划也正在进行中。为了应对可能的风险，学会创建了亚太社群，利用法国核工业的研究成果为亚洲的发展提供帮助。该社群已经与拥有核能计划的中国、韩国、印度、日本等国家相对应的协会建立了信任关系，还致力于加强同正在发展和计划发展核能的亚洲国家的联系，如印度尼西亚、泰国、越南，为他们的培训和科技合作提供方案。

法国—美国社群：它是美国核学会的法国部分，[①] 汇集了核工业领域的商业和专业人士。法国—美国社群希望加强法国和美国在工业、政府机构、大学和国家实验室等有关核能方面的联系，以提高美国和法国核工业的研究水平。为了促进知识交流，法国—美国社群组织专题会议、与美国国际专家的交流、信息发布会，以及对法国核设施的技术访问以及学生交流等活动。法国—美国社群确保了美国核学会在法国运营工作的开展。

法国—奥地利社群：法国—奥地利社群主要服务于身在奥地利及法国域外的大量法国人和法语使用者，促进核能知识及核相关文化在奥地利等地的广泛传播。法国—奥地利社群还致力于将法国的核能知识带给位于奥地利的国际原子能机构、全面禁止核试验条约组织等国际组织。

③青年部门。青年部门汇集了核工业的年轻专业人士，为建设核能的未来做准备。自2000年以来，法国核能部门的企业对专业技能的更新要求越发重视，每年有6 000多名从业者进入法国核电行业的队伍。青年部门将来自核能行业的学生和年轻专业人士聚集在一起，成员来自生产、基础和应用研究等部门，以及化学、中子学、力学、电子学等学科。青年部门的工作地点涵盖了法国各地的核电厂、制造厂、研究中心和工程办公室。青年部门建立了自己的组织架构，运行的独立性很高，包括主席、负责区域和国际网络的副主席，下设"青年部门技术部"以及里昂、诺曼底、埃克斯—马赛3个区域部门。青年部门的主要活动包括组织未来原子能年会、组织青年创新竞赛、举办青年部门月度访谈等活动。青年部门访谈活动定期会见核能行业的商业领袖、大使馆的核问题顾问、协会主席以及能源领域的其他参与者和市民。

④世界核能妇女组织法国分部。世界核能妇女组织汇集了来自100多个国家的25 000名专业人士，旨在提升核能行业女性从业者的地位和影响力。世界核能妇女组织法国分部的工作由法国核能学会的妇女组织部门专门负责。世界核能妇女组织法国分部在法国核能学会内部汇集了来自核能应用各个领域的专业人士，并致力于向公众特别是

---

① 美国核学会的法国部分，在法国核能学会的官方网站上被表述为"la section française de la Société d'énergienucléaireaméricaine（American Nuclear Society-ANS）"。

为女公众提供有关核问题的信息，鼓励年轻妇女在科学或技术专业方面提出观点。世界核能妇女组织法国分部是世界核能妇女组织国际网络的创始成员之一，世界核能妇女组织欧洲分部也是在世界核能妇女组织法国分部的倡议下创建的。世界核能妇女组织法国分部的主席、财务主管、秘书长等决策和管理职位都为女性。在法国的主要核应用地区，世界核能妇女组织法国分部与法国核能学会都开展了密切的区域合作。

同时，世界核能妇女组织法国分部也致力于促进青年的核能教育与行业培训，参与了工程学院和大学的专业和课程设置。世界核能妇女组织法国分部与法国核能学会青年部门、法国核能学会区域部门、法国本地的就业协会、卫生部门、研究组织和核能行业的企业家都建立了长期的合作关系。自 2009 年以来，法国电力公司、世界核能妇女组织法国分部和世界核能妇女组织欧洲分部设置了年度妇女核能奖，鼓励高中学生完成学业，以便进入核能部门实习，并帮助他们获得第一份工作；同时，也奖励在法国或欧洲核能行业工作的优秀职业妇女。

⑤学生部门。在每个区域部门，法国核能学会都建立了学生俱乐部，使学生能够与专业人士会面、互动。法国核能学会的青年俱乐部通常围绕当前的核能主题举办大型座谈会，邀请学生、年轻专业人士和年轻的专家学者参会，分享核能及工业、能源转型等相关领域的知识，为学生建立专业的核能职业印象。

此外，法国核能学会还建立了专门的智库和技术专家管理团队，致力于汇聚核能行业的智库、为行业发展和政策制定提供咨询和智力支持。

4. 主要活动

法国核能学会的主要活动包括定期出版行业期刊《核参考评论》，组织核能技术、研发、经济、政策等主题讲座与论坛①，组织晚餐会、鸡尾酒会等大量的非正式交流活动，以及颇具影响力的核能行业评奖。自 1983 年以来，法国核能学会每年都会颁发法国核能学会奖，以表彰在核能、工业应用和安全等方面的优秀工作。法国核能学会奖项授予的领域包括科学、技术、生物、医学、社会、信息或经济，奖项设置为 6 项：针对核能发展做出科学贡献的个人或集体的格伦奖；针对 35 岁以下的年轻研究人员的雅克·高森奖，奖金 1 000 欧元；针对优秀论文的让·布尔乔瓦奖，奖金 1 000 欧元；针对开展创新项目的团队的技术创新奖；针对优秀科学或技术教育工作的教学和培训奖；针对一般公众的宣传项目的公共信息奖。

此外，法国核能学会在前所述的国际核能领域、妇女与青年工作领域、学生培养和

---

① 法国核能学会每年组织许多非正式形式的交流活动，参会者大多数是核能行业退休人员。如 2019 年 5 月法国核能学会关于"中国核能的发展及挑战"社交酒会活动，是鸡尾酒冷餐会形式，而非正式的讲座形式。

教育领域都开展了卓有成效的活动。

5. 主要功能及作用

法国核能学会旨在促进核能技术进步和创新，从而应对气候变化、新兴国家的经济增长、为世界上 10.5 亿人口提供电力解决方案等诸多挑战，让核能成为持续可靠的"解决方案"的一部分。法国核能学会基于以下 4 个价值观开展行动：①智力和道德严谨：以科学事实为依据传播可靠信息，使每个人都能客观地评估核能技术。②开放性：与所有对核能及其应用感兴趣的专家或非专家进行沟通和交流，开展辩论和对话。③告知的义务：法国核能学会有责任回应所有公众的问询。法国核能学会向所有希望了解核能在能源领域中发挥作用的人传播信息。④尊重环境和健康：法国核能学会支持有助于应对气候变化的多种能源和技术的开发，包括可再生能源、碳捕获和储存、放射性生物效应研究等，支持改进辐射防护技术和核装置安全的工作。

通过多个子部门组织会员开展青年活动、妇女活动，参与国内国际事务，法国核能学会建立了卓越的国内和国际影响力，每年举办研讨会、学术会、讲座、沙龙、晚宴、午餐会、展览、参观调研、评奖等多种形式的活动，对法国的核能知识科学普及、公众参与核安全和核废物处置等关键问题的讨论做出了重要贡献，引领了核能领域的青年教育，提升了妇女在核能领域的影响力和职业发展水平，推动了国际核社群的交流和知识共享，促进了国际能源和气候变化领域的科技进步。

（三）法国航空航天学会

法国航空航天学会[①]创建于 1945 年，最初名为法国航空航天工程师与技术人员协会，是法国航空管理人员和技术人员为了重建航空业、恢复航空业在第一次世界大战前的卓越成就、联合起来支持法国航空业的背景下建立的。1961 年被认证为公共事业类社团。1971 年，法国宇航学会与法国航空航天工程师与技术人员协会合并，组建成今天的法国航空航天学会。

1. 机构宗旨

法国航空航天学会是法国航空航天领域的专业社团，其宗旨是汇聚航空航天科学技术领域的各种人才；汇聚业内国际优秀专家；鼓励成员之间、特别是年轻的成员之间的沟通与交流；开发重要的专业信息资源；为成员提供分享观点和工作成果的平台；代表所有成员与其他科技公司以及航空航天领域的机构建立联系与合作。学会的活力在很大程度上来自其工业和科研活动。学会立足于法国的航空、空间和相关高技术行业，与政府部门和公共机构保持密切联系。更为重要的是，学会为思想的起源和传播提供了一条

---

① 法国航空航天学会［EB/OL］.［2019-07-25］. https://www.3af.fr/.

与工业和政府不同的道路,即学术社会的道路。通过学会,无论是工程师、技术人员、研究人员还是学生,都可以展示自己的作品、观点、成果或表达他们的愿望。

2. 治理结构

法国航空航天学会由理事会进行管理,理事会成员人数由会员大会审议确定,最少为 21 名,最多为 26 名;理事会成员由会员大会无记名投票选举产生,任期为 3 年。与其他的学会或协会不同,法国航空航天学会的理事会由 3 个"学院"的代表构成:"个人会员学院""行业会员学院"和"科研会员学院"。理事会由以上 3 个学院的各 7 位代表共 21 人组成。

理事会通过无记名投票和简单多数原则选出不超过 8 名成员组成主席团,至少包括 1 名主席、2 名副主席、1 名财务主管、1 名秘书长。其中,主席团主席需由一个"学院"的主席担任;2 名副主席需由来自另外两个"学院"的主席或副主席担任,但要保证主席团副主席中至少有 1 位"学院"主席。主席团主席和成员不可同时兼任理事会成员。

学会的治理结构主要包括决策层和业务层。决策层由理事会和主席团构成。目前主席团包括 1 名主席、1 名副主席、1 名秘书长、1 名执行长、1 名高级科学委员会主席、1 名奖项和等级委员会主席、1 名国际事务干事。面向集体会员的两个"学院"分别由两位副主席直接领导,负责各自学院集体成员的利益。副主席不承担明确的行政或财务职责,而是专门负责所属学院的发展。业务层级由以下 4 个部门组成。

(1) 高级科学顾问委员会

主要负责对学会外部服务进行科学评价、编撰学会委员会的摘要文件、学会会议和座谈会的议程文件,在整体上提出建议,包括确定跨学科的工作主题、与学会委员会主席联络、参与奖项和组织评分委员会工作、与其他社团和国家科学院协调科学活动,进行科学推广。

(2) 技术委员会

技术委员会负责学会的核心业务,构成信息和交流的特别渠道,涵盖所有领域和学科的工程师群体。技术委员会关注行业发展,成为意见的"领导者"。技术委员会包括:商业航空、轻型航空和衍生机器、气动、无人机、高能试验、勘探与空间观测、直升机、战略和前瞻性智能研究、材料、战术导弹、知识产权、$\sigma-2$ 受体、战略与国际事务、光电系统和空间运输等分技术部门。

(3) 区域部门

学会的运营主要依托区域部门进行,区域部门是学会在航空和航天活动所在地区开展活动的主要力量,区域部门的任务是将学会理事会决定的一般政策转化为地方行动。它们代表学会对接当地个人和集体成员(研究组织、工业企业、培训机构、区域和市政机构),与政府沟通协调，组织专题讨论会、晚宴、辩论、展览、参观访问等，代表学会参加航空航天领域的活动，信息服务以及为协会刊物征集文章。每个区域部门的成员都是学会的组成部分，学会委托建立区域办事处，办事处由1名主席，1名或多名副主席，1名秘书长和1名财务主管组成。区域小组的设立由学会主席团提出，经理事会决定并得到会员大会的认可。

（4）青年委员会

青年委员会负责青年事务，在学会的所属区域展开青年工作。青年委员会旨在对年轻一代进行航空航天教育和职业培训，为学生提供工作和职业帮助，为技术委员会储备人才，向各个区域的学生宣传学会的活动。为了提高活动的互动性和效率，各个青年委员会的设置与区域部门协调一致。主要活动包括举办会议和公司参观。

3. 会员与伙伴关系

学会的会员包括来自航空和航天科学界的1 400多名成员，66家公司、机构或学校。学会每年组织召开10个年度国际专题讨论会和大会，出版航空航天领域的专业著作；设有20个技术委员会，涉及从工程科学到认知科学的多个领域；建立由决策者和媒体组成的咨询专家库。

学会建立了富有特色的会员管理方式，以3所"学院"的形式管理会员："个人会员学院""行业会员学院"（其中包括空中客车公司）和"科研会员学院"（其中包括法国航空航天研究中心），理事会的成员比例也按3所会员"学院"进行平均分配。学会通过为会员提供多种服务来维系会员和伙伴关系，包括：提供丰富的职业目标、组成涵盖1 500多名航空和航天部门成员的组织网络、通过出版物共享信息、学会专题讨论会和会议实行会员优惠、优秀的会员有机会被遴选为技术委员会成员进入决策层等。

4. 财务情况

法国航空航天学会官网公布的2013—2015年年度报告反映了学会的财务情况（表1-14），由此可以推测出基本的收入和支出情况。

表1-14 法国航空航天学会2013—2015年年度财务报表

	年 份	2013	2014		2015	
	预算项目	实际情况	预 算	实际情况	预 算	实际情况
收入	个人会员会费/千欧元	120	210	113	180	118
	荣誉会员会费/千欧元	182	180	162	180	171
收入	专题研讨会/千欧元	372	700	656	380	325
	其他资助/千欧元	50	2	2	2	0
	举办特殊活动/千欧元	0	10	73	0	26
	总收入/千欧元	724	1 102	1 005	722	641

续表

年 份		2013	2014		2015	
预算项目		实际情况	预 算	实际情况	预 算	实际情况
支出	工资与费用/千欧元	572	612	573	560	570
	房屋与运营/千欧元	156	174	140	148	137
	法国航空航天学会新闻信、年报、网站/千欧元	40	63	61	23	23
	区域和国际活动/千欧元	57	54	43	47	47
	技术委员会、青年、中小企业活动/千欧元	21	23	12	15	5
	奖励/千欧元	32	5	6	10	14
	其他费用/千欧元	6	6	−1	20	11
	举办特殊活动的费用/千欧元	0	25	84	0	19
总支出/千欧元		884	962	917	822	827
净收入/千欧元		−160	1 400	88	−100	−1 186
一般会议费用调整/千欧元		112	−100	−98	100	120
调整后净收入/千欧元		−48	40	−10	0	−66

数据来源：法国航空航天学会网站，2013—2015年年报。

法国航空航天学会的收入主要包括会员会费、举办专题研讨会、其他资助、举办特殊活动几方面的来源，其中，举办专题研讨会的收入占比最大。支出主要包括工资、房屋与运营、网站维护、区域和国际事务、技术等委员会活动、奖励、其他费用以及举办特殊活动的费用。从2013—2015年法国航空航天学会的收入（图1-7）和支出（图1-8）构成情况来看，会议和会员会费的收入几乎占总收入的90%以上，而工资费用的支出占总支出的50%以上，其次是房屋与运营的支出，而其余业务活动的支出总和才占总支出的30%左右。法国航空航天学会的年报中分析，收入低于预期的原因是会员会费低于战略计划的目标，会议期间赞助低于预期。

5. 主要活动及作用

法国航空航天学会在航空航天领域开展多种活动，主要包括组织学术活动、举办专题研讨会、参与国际组织和国际事务、进行专业评奖。法国航空航天学会的学术活动涵盖其技术委员会所辖的各个领域，并与大学、研究机构、企业、非营利组织开展密切合作。专题研讨会主要在法国、欧洲及其他国际层级开展，特别是与欧洲委员会、欧洲轮

第一章 法国科技社团发展现状及管理体制

图 1-7 法国航空航天学会 2013—2015 年的主要收入构成
数据来源：法国航空航天学会 2013—2015 年年度报告。

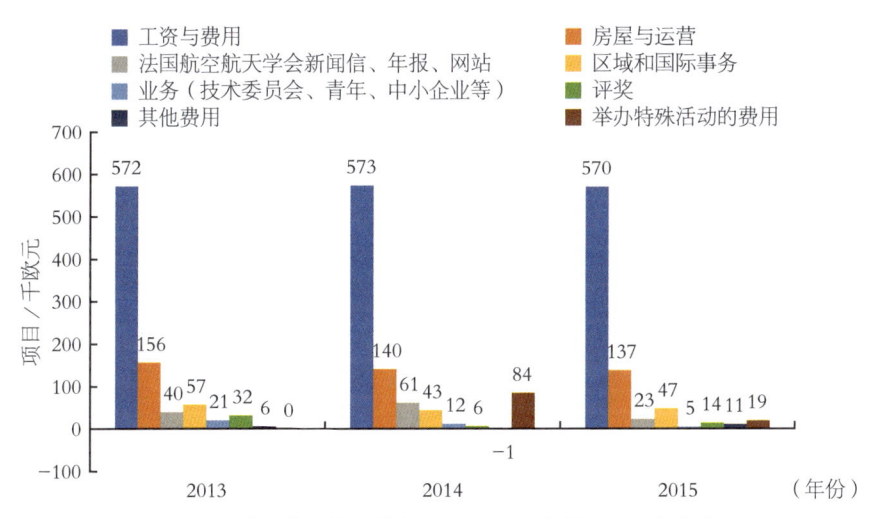

图 1-8 法国航空航天学会 2013—2015 年的主要支出构成
数据来源：法国航空航天学会 2013—2015 年年度报告。

转论坛和欧洲航天局等组织建立了良好的伙伴关系。法国航空航天学会在欧洲航空航天协会理事会中发挥着越来越大的作用，欧洲航空航天理事会是欧洲约 15 个航空航天协会的联合组织，共有约 25 000 名个人成员。目前，法国航空航天学会已取得与欧洲航空航天理事会共同举办会议的资质，共同举办的会议会标通常都有法国航空航天学会和欧洲航空航天理事会的标记。此外，法国航空航天学会与美国航空航天研究所有长期密切的关系。在专业奖励方面，法国航空航天学会设置了航空航天奖、青年和学生奖、"中小企业奖"和棕榈奖，分别奖励航空航天优秀科研成果、优秀青年和学生、优秀中小企业和为法国航空航天学会发展做出贡献的会员。通过这些活动，一方面提升了学会的学术和行业影响力，另一方面，使学会越来越多地代表法国航空业从业人员在国际上发声，为航空航天的科技进步做出贡献。

（四）法国科学促进会

法国科学促进会是法国最古老的科学协会，向所有认同科学和技术在当今社会发展中的作用的人开放，总部设在巴黎。法国科学促进会成立于1872年，1876年被认定为公共事业类社团。法国科学促进会从一开始就强调聚集所有学科的专家、向工业界开放。法国科学促进会对科学发展发挥了重要作用，是科学进步的典范。

1. 历史沿革

法国科学促进会有一个多世纪的历史。1872年，克劳德·伯纳德[1]，保尔·布罗卡[2]，夏尔·库布[3]，阿尔弗莱德·康纳[4]，夏尔·德罗尼[5]，夏尔·傅里德耳[6]，让·路易[7]，

---

[1] 克劳德·伯纳德（Claude Bernard，1813—1878年），19世纪杰出的生理学家，现代试验医学之父。他的方法学基本理论至今仍然是生物医学理论与实践的核心，他建立的试验医学原则至今仍然被科学家广泛地引用。哈佛大学历史学家伯纳德·科恩称其为"科学界最伟大的人物"。

[2] 保尔·布罗卡（Pierre Paul Broca，1824—1880年），法国外科医生、神经病理学家、人类学家，也是最早发现大脑左半球语言中枢的生理学家，人类大脑的运动性言语中枢（说话中枢）又称为布罗卡氏区，即以他的姓命名。

[3] 夏尔·库布（Charles Combes，1801—1872年），法国工程师，矿业监察长，巴黎矿业学院院长。他是顾问工程师的典范。埃菲尔铁塔上刻有姓名的72位具有卓越贡献的科学家、工程师之一。

[4] 阿尔弗莱德·康纳（Marie Alfred Cornu，1841—1902年），法国物理学家，法国科学院院长，法国天文学会（SAF）主席。物理学中用于计算菲涅耳近场衍射模型中光强度的图形设备康纳回旋线（也用于道路的几何设计、高速环道设计）即以他的姓命名。康纳消偏振器也以他的姓命名。

[5] 夏尔·德罗尼（Charles-Eugène Delaunay，1816—1872年），法国天文学家和数学家，曾历时20年进行月球运行轨迹演算，他的月球运动研究对于推进行星运动和数学理论研究十分重要。

[6] 夏尔·傅里德耳（Charles Friedel，1832—1899年），法国著名化学家、矿物学家，法国化学学会创始人之一。1896年，创办了著名的国立巴黎高等化学学院（Ecole Nationale Supérieure de Chimie de Paris）。有机化学中的烷基化与酰基化反应即以其和该反应的共同发现者美国化学家Crafts的姓氏命名，称为傅里德尔-克拉夫茨反应（简称"傅-克反应"，Friedel-Crafts reaction）。

[7] 让·路易（Jean Louis Armand·Quatrefages de Breau，1810—1892年），法国博物学家，法国科学院院士，自然历史博物馆人类学和人种学学会主席，英国皇家学会荣誉会员。

阿道夫·孚兹[①]等学者深感集中科学体制的不便，希望建立一个从巴黎延伸到所有城市、在城市中心建立科学促进团体，这个团体不仅面向科学家、实验人员和教师、企业家，而且面向更广泛的其他领域对科学研究感兴趣并认识到它的重要性的人群[②]。为了将所有热爱科学并为科学所深深吸引的人联合起来，促进科学进步，先驱们力图在全国范围内建立协会。受到英国科学促进会的成功的激励，1864年，法国科学协会成立了，奥本·尚·约瑟夫·勒维耶[③]是强有力的推动者，并且在去世之前一直担任主席。该协会一方面要在法国主要城市创建一个知识分子活动的社群，另一方面还聚集和鼓励科学研究。不幸的是，其活动逐渐减少，1872年后，协会的成员不再会面，会员仅仅收到名为"科学公报"的周报，该周报刊载了许多天文学和气象观测资料以及其他科学出版物的文章。1884—1885年，在时任法国科学协会主席米尔恩·爱德华兹的提案推动下，法国科学促进会与法国科学协会实现了合并，成为一个更强大的社团。一百多年来，法国科学促进会的历任主席中，都有许多伟大的科学家的身影。

2. 机构宗旨

法国科学促进会章程的目标和行动方式从未改变过。①目标是从纯理论和实际应用发展的角度促进科学的进步和传播，特别是整合不同的学科；②向所有认可科学和技术在当今社会发展中的作用，并认同科学、技术和文化是公民的基本权利的人开放。[④] 当今社会，科学越来越专业化、协作性越来越强，法国科学促进会认为章程目标的重要性如何强调都不为过，科学在全世界都受到重视，是社会进步的源泉，在任何国家、任何时期，无论战争与和平，人们都能感受到科学的影响。[⑤]

法国科学促进会的发展与时代发展相契合，目前的工作主要集中在两个方面：一是回应公众对科技问题的疑问；二是吸引和促进更多的青年人加入科学研究。

关于这两个方面，在法国科学促进会的网站上有更详细的表述。

第一，随着时代的发展，法国科学促进会的首要任务是回答公众提出的问题。

---

① 阿道夫·孚兹（Adolphe Wurtz，1817—1884年），法国化学家、作家、教育家。他最为人所知的是其长达数十年的原子理论倡导，法国化学会主要创始人，并担任第一任会长，是欧洲几乎所有科学学会的荣誉会员。埃菲尔铁塔上刻有姓名的72位具有卓越贡献的科学家、工程师之一。
② 法国科学促进会［EB/OL］.［2019-07-10］. http://www.afas.fr/histoire-de-lafas/.
③ 奥本·尚·约瑟夫·勒维耶（Urbain-Jean-Joseph Le Verrier，1811—1877年），法国天文学家和数学家，专门研究天体力学，最著名的成就是仅使用数学就预测了海王星的存在和位置，是19世纪科学界重要的发现之一。
④ 法国科学促进会章程［EB/OL］.［2019-07-10］. http://www.afas.fr/statuts-et-reglement-interieur/.
⑤ 法国科学促进会［EB/OL］.［2019-07-10］. http://www.afas.fr/histoire-de-lafas/.

"在第三个千年开始之际,科学和技术的进步主导着社会的发展。公众对科技发展可能引起的经济、社会和环境后果十分担忧,科学家必须回应这些问题。这不仅是普及、传播知识,而且是科学界与公民的对话。法国科学促进会是独立协会,具有中立的立场,具有存在的必要性。"

第二,影响年轻人的职业方向选择,鼓励他们投身科学事业。

"目前,年轻人对科学和技术领域缺乏兴趣,工科院校和技术培训机构存在生源不足、行业缺乏技术工人的现象,与此同时,整个社会的失业率却在上升。工作岗位匹配不到合适的工作人员,而很多人却找不到合适的工作。为了改变这一现象,法国科学促进会创建了卡鲁塞尔论坛,这是一个科学和技术的专业论坛,帮助大学在读、尚未就业的年轻人确定未来的工作方向,促进他们了解和参与与科技相关的工作。"

通过法国科学促进会的目标和使命可以发现,该机构虽然在本质上属于科技社团,但是已经摆脱了一般科技社团关注单一学科领域,促进单一学科发展的使命,成了科技社团的"社团",目的是寻求解决更多的伦理与社会问题。法国科学促进会将自身定位为一个"中立"的机构,不代表任何单方面利益,增加了学会在一些社会和科技问题上的权威性与话语权。法国科学促进会试图促进的不是单一学科领域的发展,而是实现整个法国科学水平的全面提升。一方面,法国科学促进会为社会公众和科学界提供了平等对话的机会,解决公众对于一些科技发展带来问题的困惑;另一方面,试图缓解科技人才紧缺与失业率上升的矛盾,为更多年轻人加入科学研究提供支持,为社会问题寻找解决方案。

3. 治理结构

根据法国科学促进会的章程规定,会员大会是该组织的最高权力机构,由有效会员组成,每年召开一次会议。理事会是学会的决策机构,根据大会的规定协调机构的活动,确保政策的实施。理事会成员从整个学会的会员中产生,要成为理事会候选人,须将个人介绍发给会员大会的所有成员,选举委员会及其主席团通过现场投票或通信投票的方式,无记名选出理事会成员。法国科学促进会的理事会由三部分组成,分别为主席团、顾问(理事)和前任主席。主席团负责学会的日常运作,根据章程规定主席团包括1名主席,1~3名副主席,1名秘书长,1名司库;顾问(理事)一共有12名;即将卸任的主席在其任期结束后的一年内担任理事会的成员。理事会每年至少召开3次会议,由理事会主席召集,或应四分之一成员的要求召开。

目前,法国科学促进会理事会共有17名成员,包括1名主席、2名副主席、1名秘书长、1名司库和12名顾问(理事)。这些理事会成员具有不同的背景,来自学术界、政界和企业界,他们社会职务包括教授、工程师、总裁、检察长等,理事会成员均具有较高的社会地位和社会影响力。

第一章　法国科技社团发展现状及管理体制

除此之外，法国科学促进会的治理结构中还包括科学委员会、地方分会、兴趣小组、传播委员会等，这些部门的成立都需要得到理事会的批准，部分部门的领导需要由理事会的成员担任，或者由理事会直接任命。科学委员会的主席由理事会主席担任，其组成成员来自法国科学促进会的相关机构、地方分会和兴趣小组。地方分会具有较强的自主性，可以遵循自己的章程运行，但是这些章程需要得到理事会和成员大会的批准，并需要向当地的政府部门报备。兴趣小组集中了不同研究领域的专业人员，每个小组需要指定一名代表参加科学委员会。传播委员会负责管理学会的期刊、网站以及其他对外的宣传活动，这需要工作人员具备一定的专业技能，因此可以通过雇用授薪人员进行。

学会理事会主席是法国科学促进会的法定代表，可以代表学会与法国或其他国家的科技社团进行交流。同时，理事会主席有权使用和支配学会的资源，但其行为需要受到理事会和成员大会的约束，在做重要决定时，需要得到二者的批准。通过分析法国科学促进会的治理结构可以发现，理事会是保证学会有效运行的关键机构，理事会主席对学会的运行负有直接责任，其行为需要得到理事会的监督。法国科学促进会理事会的规模在20人以内，主席团有5人，理事会的成员多为兼职，且为志愿服务，顾问（理事）一般都是在行业具有较高地位的专家，在成员中具有威信和影响力，能够获得其他会员的信任和支持。

4. 财务情况

由于法国科学促进会未在网站披露年报或财务报表，本次调研未获得它具体的财务收支数据，无法直观表达其收支情况，但通过法国科学促进会章程解读可以得出其大致收入分布。该会的活动以免费为主，因此活动不是其主要的收入来源。法国科学促进会章程显示，收入主要来自以下几个部分：第一，会员的会费和订阅费用。会员要保持身份，享受相应的利益需要向学会缴纳会费，缴费当年年龄在30岁及以上的会员会费为50欧元，不满30周岁或者学生的会费为10欧元。第二，国家、地区、部门、市政和公共机构的补贴。法国科学促进会是政府认证的"公共单位"，因此具备获得政府补贴的资格，同时，学会也会在政府部门的支持下举办一些活动。第三，投资收入。学会收到的捐赠可以按照相关法律的规定进行投资。第四，不包括在捐赠中的财产收入。第五，可以使用的免税收入。第六，在特殊情况下获得、经过主管部门批准可使用的收入。第七，捐赠收入。除此之外，学会在每一财年结束时，还会设置一定比例的储备金，这些资金既不用于人员的工资，也不是学会下一年运作所必需的资金。可见，虽然在活动方面没有较多的收入，但是法国科学促进会具有多方面的资金来源。除了政府的补助之外，还可以通过投资等方式提升学会的收益。

5. 主要活动

为了实现目标，法国科学促进会举办一系列活动。这些活动一方面能够促进科学

57

界内部，以及科学界与公众之间的交流，另一方面也为年轻人提供了了解和认识不同科学的机会。法国科学促进会的活动范围广泛，涉及能源与环境、数学、数字、物理与化学、健康与生命科学、科学与社会、地区与宇宙等7大领域。活动形式包括会议、"技术咖啡""行业论坛""作者的话""科学与创新早餐"、参观游览等，向不同领域关注科学发展和科技进步的人士开放。

（1）会议

会议是比较正式的活动形式，一般会针对某一与科技相关的主题进行，设置一个或多个发言人，发言的内容具有较强的学术性，举办的地点多为研究所或者大型酒店，持续时间为1~3天，参与人员多为业界或学界的专业人士，参加之前需要进行登记。

（2）技术咖啡厅

咖啡厅是公共空间的一种代表形式，借用这一概念，"技术咖啡厅"其实是一种小型的沙龙活动，旨在为科学家和社会公众提供对话的机会。根据法国科学促进会网站的相关信息，"技术咖啡厅"活动每次会设定一个主题，邀请一位学界或工业界的专家出席，与社会公众就相关主题进行讨论。这一活动每月举行1~3次不等，时间固定为星期四18:30—20:20，地点为工艺美术博物馆。这项活动可以免费参加，但需要提前在博物馆的网站上进行注册。

（3）行业论坛

选择科学作为职业是法国科学促进会的使命之一。2016年，法国科学促进会在巴黎市政府以及法国教育部的支持下举办了"行业论坛"。该论坛将企业界、学术界的专家、青少年（12~16岁）及其家长和教师集中于同一个场合，展示不同科技领域相关职业特点，以此为契机与青少年建立联系，让他们了解科技工作，为他们提供参与相关职业活动的机会，建立和挖掘他们对科技工作的兴趣和潜力，促进青少年热爱科学。

（4）作者的话

这一活动其实是读者见面会，科学研究人员在出版或即将出版新书之时，可以通过这一活动与读者见面并进行交流，该活动举办的时间、地点与"技术咖啡厅"相同，频率也与"技术咖啡厅"类似，可以看作另一种科技人员与社会公众交流的方式。

（5）科学与创新早餐

该活动由法国科学促进会与合作伙伴联合举办，每月选取一个星期四的早餐时间（8:30开始自助早餐，9:00—10:30进行会议）进行，旨在为工业界和学术界进行技术创新发展提供交流机会。

（6）参观游览活动

这项活动主要针对学会会员，是法国科学促进会与法国高等研究协会合作举办的参观游览活动，如参观国家植物标本馆等。参观过程中会邀请专家进行引导和讲解，并有机会看到一些不对外开放的展览。活动会根据具体情况免费或收取一定的费用。

6. 主要功能及作用

相对于一般的科技社团，除了促进科技工作者之间的交流、维护其基本权益、提升研究水平、促进学科发展外，法国科学促进会还发挥了一定的社会作用，体现了科技社团的"公共性"，承担了一定的社会责任。法国科学促进会将自身定义为"中立"机构，不仅关注科学问题，更关注社会问题和科学伦理问题，通过丰富多彩、适合不同类型人士的活动，为学术界、企业业界和社会公众之间建立沟通渠道和交流平台，实现三者之间的对话，解决社会公众在科技方面遇到的困扰，使学会在法国科技界具有不同于一般科技社团的作用和地位。

（五）基于案例的总结分析

1. 内部治理

根据对法国地质学会、法国航空航天学会、法国核能学会等社团的治理结构的调查，科技类社团一般包括三层管理结构（图1-9）。第一层为决策部门，通常包括理事会及主席团，负责社团的财政及事务性决策、政策和规则的制定，成员通过会员大会选举产生。主席团成员为10人以内，包括主席1名、副主席或专业副主席2名或以上、秘书长1名、秘书2~3名、财务主管1名、业务主管1名。第二层为管理部门，通常包括各种专业委员会。专业委员会由理事会任命，负责相关教育、出版、评奖、道德规则等业务。第三层为业务部门，通常由各个专业部门组成。一般常设的专业部门包括学科知识部门、青年学者部门、对外交流部门等。

社团的常聘员工往往在业务层，而理事会层和委员会层的职位多由业内专家兼职担任。社团的名誉主席、荣誉主席、专业副主席、秘书长等作为带领和驱动社团运行的核心动力，往往由业界著名科学家、学者或专家兼职担任。法国的科技社团内部治理结构较为扁平化，内部团队通常人数不多，本文涉及的几个有影响力的、

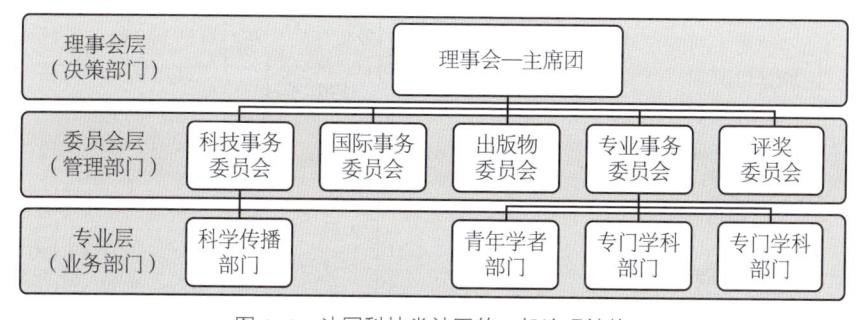

图1-9 法国科技类社团的一般治理结构

> **法意澳新科技社团研究**

会员人数在 1 000 ~ 2 000 的行业社团和学会，组织规模都不大，内部工作人员较少，一般有 10 ~ 20 名常设工作人员，多位兼职咨询专家。具体开展活动时，社团会大量使用志愿者。对于区域活动较多、影响力较大的法国核能学会和法国航空航天学会，其区域部门的设置与治理方式十分相似，每个区域部门都设置了完整的内部子结构，包括一个至少由主席、秘书和财务主管组成的办公室。区域部门办公室负责在当地组织开展学会的相关活动，并在活动组织和财务方面得到理事会授权，治理和运行较为独立。

比较法国地质学会、法国航空航天学会、法国核能学会和法国科学促进会等学会，法国科技社团的内部治理有三个特点：第一，机构精简。决策层的名誉主席和技术专家发挥引领作用，提高了管理层的专业性和效率，促进社团与大学和企业的合作，提高志愿者的参与效率和管理效率。第二，密切的会员网络。会员网络促进了企业、学术界、教育界的个人会员和机构会员的融合，扩大收入来源；同时，建立了专业志愿者的参与模式，提高学会的社会网络黏性；增进了与其他文化、艺术、历史等相关领域机构和博物馆的交流合作。第三，重视青年发展和培育。青年群体在治理中发挥较大作用。法国地质学会、法国航空航天学会、法国核能学会都设置了专注于青年参与和青年人职业发展的专门部门。法国核能学会的青年治理结构尤其完善，青年部门作为子部门，设置了完善的治理结构、独立运作并开展活动，形成了推动青年培养和行业发展的良性循环。总之，青年教育与培养是法国科技社团的一项重要任务。

2. 财务情况

根据上述 4 个学会的网站、章程和年报等内容，对这些学会的财产来源、主要收入来源、捐赠、主要支出情况以及接受公共资助的情况进行了对比（表 1-15、表 1-16）。

表 1-15 4 个社团的财务情况对比表

社团名称	主要收入来源	对捐赠的要求	主要支出情况
法国地质学会	1. 运营不动产、森林、土地收入； 2. 代表学会在相关物产中权利的民用公司股份； 3. 来自捐赠的资金，已经授权可立即生效使用； 4. 每年资本化的收益； 5. 财政年度运营需要之外的剩余资金部分； 6. 资产投资收入：所有动产资本，包括捐赠资本，都允许投资于注册证券（根据 1987 年 6 月 17 日第 87-416 号储蓄法第 55 条规定的提名清单、法兰西银行接受的证券作为提前担保的或民间团体"地质之家"的注册股份）	需遵守 1901 年《非营利社团法》的规定，未提出专门的要求	由于该学会的数据可获取性低，尚未了解到具体的支出情况；但通过对其网站进行调研，可以看出该学会的活动内容多样、形式丰富，但工作人员数量较少。可以推测，学会的主要支出用于组织开展学术、游学、研讨会、调研、评奖等活动

第一章　法国科技社团发展现状及管理体制

续表

社团名称	主要收入来源	对捐赠的要求	主要支出情况
法国核能学会	与其他几家学会不同，网站没有公布学会章程，也无年报的公示，财务透明度较低 　　根据分散的新闻信和活动介绍，结合调研访问可知，其主要收入来源为会员会费、活动收入等，接受政府的资助较少	由于网站没有公布章程，捐赠相关内容暂时无法获取	由于透明度低、数据可获取性低，尚未了解到其具体的支出情况；但通过对网站进行调研，可以看出该学会的活动十分活跃。每年都频繁开展科普、调研、研讨会、评奖等大量活动，其下设7类业务部门、17个子技术部门等雇用了大量员工，可以推测其支出情况以工资支出和活动支出为主
法国航空航天学会	学会的年收入来自： 1. 运营固定资产及资本运营的收入； 2. 会员的会费和捐款； 3. 国家、地区、部门、市、公共机构的补助金； 4. 在本财政年度内授权使用的捐款收益； 5. 组织活动所创造的收入（座谈会、展览等）； 6. 辅助收入，例如出版物的销售等	接受捐赠和遗产需通过理事会审议，在符合"民法"第910条规定的条件下有效	该学会主要支出包括工资与费用、房屋与运营、专业部门运营费用（国际事务、技术委员会、青年、中小企业等）、出版和网站运营费用、评奖、举办特别活动的费用等，其中以工资、房租和运营费用为主要支出
法国科学促进会	1. 其财产的收入未包括在捐赠基金中的部分； 2. 成员的会费和杂志销售； 3. 国家、地区、部门、市政和事业单位的赠款； 4. 已经授权直接使用的捐赠； 5. 经主管部门批准的其他收入	捐赠的内容包括： 1. 协会运营的必要建筑物； 2. 来自赠予的资金（仅在已经获授权使用的前提下）	由于无法获取年报，信息较少，根据其官网主要活动来分析，可以推测支出主要包括人员费用、开展科普、学术等活动的费用

表1-16　4个社团接受公共部门资助来源表

社团名称	提供资助的行政管理部门	提供资助的业务管理部门
法国地质学会	内政部、巴黎市政府	教育、研究、工业和可持续发展部门
法国核能学会	内政部、巴黎市政府	相关能源环境部门
法国航空航天学会	巴黎市政府、内政部	国防、经济、金融和工业、国家教育、高等教育和研究部门
法国科学促进会	内政部、巴黎市政府	教育部

▸ **法意澳新科技社团研究**

本章提及的 14 个科技社团，只有少数社团在网站提供了年报下载，但即便是可获取年报的法国航空航天学会，其网站也只公布了 2014—2015 年的年度报告，前后年度的相应报告均无从获取。结合前文的分析，综合表 1-15 和表 1-16 可见，法国科技社团的财务运行可总结为以下三个特征：第一，透明度不高。年报通常只提交给相关监管部门，并对社团成员发布，在网站上一般不呈现出来。第二，收入来源多样。主要包括捐赠，会员会费，国家、地区、部门、市政和公共事业部门的资助，不动产出租，组织活动的收费，出版物的销售和数据咨询服务等。来自公共部门的资助主要包括行政主管部门和业务主管部门，来源较为丰富，社团需向提供资助的部门提供财务年报并对其运行负责。第三，资产管理较为灵活。有些社团对财产净收入允许资本化运营，满足日常运营之外的剩余部分可用于购买证券等投资行为；对于公益类社团的捐赠，还可享有减免税优惠，除 1901 年《非营利社团法》的规定外，还必须遵守民法中有关捐赠的规定。

3. 影响力建设

本章提及的 14 个科技社团，特别是上述 4 个学会，通过对网站、章程、年报、会员手册等内容的分析，总结得出法国科技社团影响力建设的几个方面。

（1）建立行业数据库，进行咨询

建立本学会（社团）的数据库和图书馆，通过会员订阅等形式向公众提供咨询，收取费用，如法国地质学会、法国核能学会等；同时，作为专业的学术团体，组织本学科的学者或专家参与公共议题的公开辩论，对政府的决策提出建议，进行政策咨询。如法国数学学会在其宗旨中提到"将社区的话语带到媒体和政治领域，法国数学学会由于拥有众多成员代表的社群，是媒体和政治家的特权对话者"。法国血管生成学会在章程中提到，"要向公共部门提出相关的政策建议，以获得研究支持"。

（2）设置行业奖项，培育科学新星

由科技社团、学会等非营利组织出资设置相应奖项，以选拔优秀人才，树立学术权威，建立行业标准，形成学科公信力。例如，法国地质学会每年举行一次地质学领域的评奖活动，选出 2 个优秀博士论文奖项，3～4 个地球科学专业奖项，考核标准为学术贡献、行业贡献、公民社会贡献等。有的学会奖项设置已超越了所在的学科，面向更广泛的科学爱好者。如，法国核能学会的奖项设置除了面向发展核能科学贡献卓越的个人或集体，还设置了研发、优秀论文、技术创新、教学和培训、公共信息和宣传项目奖，奖项授予的领域包括科学、技术、生物、医学、社会、信息和经济领域，体现了科技社团的开放性和包容性，以及社团的社会责任。

（3）出版学术期刊，提升业界影响

大多数法国科技社团都在所在领域创建了学术期刊，这些期刊获得了较高的国际声

第一章 法国科技社团发展现状及管理体制

誉和学术影响力，奠定了社团的学术地位（表1-17）。有些期刊已有上百年的历史，一方面奠定了学会的行业地位，另一方面也记录了法国科学研究的学科历史和学会发展史。此外，许多学会还出版专著、行业报告、调研报告等。社团的理事会成员和咨询专家往往也兼任期刊编委会委员、报告的名誉编辑等。

表1-17 法国科技社团出版物及影响力对照表

社团名称	主办期刊名称	主要内容	出版周期	期刊学术影响力
法国植物学学会	《植物学》	创刊于1873年，面向所有植物学家、业余爱好者、科学家，包括花卉、动物学、系统学、植物社会学、植物地理学、植物生态学等所有植物学相关科学。除了论文外也刊登主题专著、"特别会议"报告等	季刊	法国植物学领域的主要期刊
	《植物学快报》	国际期刊，由法国植物学会与泰勒-弗朗西斯出版集团合作出版。始于1854年创刊的《法国植物学会公报》，1993年更名为《植物学快报》，刊载包括与植物学有关的所有主题的同行评审、创新研究文章，使用语言为英语和法语	季刊	2018年影响因子为1.342；其摘要转载于 *Current Contents*，被 SCI、*Biological Abstracts*、*Biological Sciences*、*BIOSIS Previews*、法国 BioPascal - Foli 数据库，以及 Elsevier 旗下的 Geo Abstracts 和 Geobase 等数据库索引 每年设置最佳论文奖，奖金5 000欧元，授予前一年发表的一篇或多篇最佳论文的作者，旨在支持作者的未来研究
法国昆虫学学会	《法国昆虫学会年刊》	涵盖昆虫学的各个领域，如系统学、动物学、系统发育学、生态学、进化生物学、农业昆虫学、兽医学和医学等。语言为法语或英语	双月刊	*SCI* 检索期刊，2018年影响因子为0.864
	《法国昆虫学会公报》	同行评审期刊，内容涵盖昆虫学及其子领域的分类学、形态学、系统发育、生态学、行为学、动物学、生物地理学等。以法语、英语、德语、西班牙语和意大利语出版，对法国昆虫学会会员的作者免费	季刊	被生物学摘要、BIOSIS 引文索引、*CNKI*、Inist-CNRS 索引
	《昆虫学家》	非专业杂志	双月刊	昆虫学领域的国际期刊，级别为国际A级

63

续表

社团名称	主办期刊名称	主要内容	出版周期	期刊学术影响力
法国地质学学会	《地球科学杂志》	在法国国家地质委员会的赞助下,由地质矿产研究局和法国地质学会联合出版	季刊	法国地质学领域著名期刊
	《法国地质学会通报》	关于地球科学所有领域的具有普遍意义、针对国际受众、基于新数据、解释或方法的高水平文章	月刊	2018年影响因子为1.070
	《地质学家》	涵盖了地球科学中与该领域最新新闻相关的广泛主题,并以自然灾害、岩土工程、遗产、能源、可持续发展、放射性废物或区域性(欧洲、法国大都会等)问题的形式呈现,包括访谈和阅读笔记	季刊	应用地球科学领域的评论性期刊
法国公共卫生学会	《公共卫生》	唯一的法语公共卫生期刊	双月刊	被Medline ExcerptaMedica/EMBASE、PASCAL、SCOPUS 和 Science Citation Index, Journal Citation Report, Science Edition 等数据库索引
肌萎缩、恶病质和消耗性疾病学会	Journal of Cachexia, Sarcopenia and Muscle (JCSM)	同行评审的国际期刊,专门研究硬化症和肌肉减少症,以及生命科学和生命科学的生理和病理生理变化等问题,旨在为所有对癌症领域感兴趣的专业人士提供可靠的资源①	双月刊	国际著名期刊,其2018年影响因子为10.754
法国肿瘤心理学学会	《肿瘤心理学》	2004年创刊,法国肿瘤心理学领域的学术期刊	季刊	2017年影响因子为0.141;该期刊被 SCIE(SciSearch)、SCOPUS、PsycINFO、EMBASE、Google Scholar、Academic OneFile、EMCare、Expanded Academic、Health Reference Center Academic、Journal Citation Reports/Science Edition、OCLC 和 PASCAL 数据库索引(INIST-CNRS)

资料来源:法国主要科技社团创办的期刊,其资料主要来源于社团网站,期刊的影响因子引自 Taylor & Francis Online 等科研数据库。《植物学快报》2018年影响因子引自 Botany Letters;《法国昆虫学会年刊》2018年影响因子引自 Taylor & Francis Online;《法国地质学会通报》2018年影响因子引自 Academic Accelerator;肌萎缩、恶病质和消耗性疾病学会的《Journal of Cachexia, Sarcopenia and Muscle(JCSM)》2018年影响因子引自 Wiley Online Library;《肿瘤心理学》2018年影响因子引自 Springer。

---

① A Journal of Cachexia. Sarcopenia and Muscle [EB/OL]. [2019-07-10]. http://www.jcsm.info/.

（4）组织多元活动，促进业界交流

第一，通过组织行业会议来扩大收入、提升业界影响力。一般为每年1~2次，或月度、季度举办小型研讨会、沙龙、晚餐会等社交活动。

第二，开展培训、组织调研活动，与全国各地的大学、科研机构合作，参与群体包括学科专家学者、教师、企业主、学生等。通过多种渠道的交流，形成产学研一体的交流环节。

第三，与法国其他科技社团、欧洲的科技社团、非政府组织和国际组织建立合作伙伴关系。

七、法国科技社团的发展经验及其对中国科技社团改革的启示

（一）法国科技社团的发展经验

法国科技社团通过与政府、企业、社会之间的良性互动，发挥自身在社会治理和促进科技进步等方面的作用。法国科技社团的发展历程与法国的科技水平发展同步，具有悠久的历史，因此也积累了一定的经验。

第一，完善的法律制度与政府支持体系。政府通过建立完善的法律制度框架对科技社团的运行进行监督和管理。科技社团需要依照《非营利社团法》的相关要求进行登记、运行、注销，同时需要按照章程进行日常运作。一方面，政府不干涉科技社团的日常运行，保障了社团组织的自由运行，一定程度上也减轻了政府的工作压力；另一方面，政府通过认定"公共事业社团组织"，为一些科技社团提供补贴，既是对科技社团的支持，也在一定程度上形成了对科技社团的监督，因为获得补贴的科技社团需要向提供支持的政府部门进行汇报，同时接受社会公众的监督。

第二，相同领域科技社团形成联系紧密的"联合体"，共同推进相关领域的发展。法国存在这样一种传统——诸多同类社团组织往往会在不同地域范围内形成不同层级的联合会，并在全国层面上形成以"法国"命名的学术社团。或者说，一些国家级社团组织也会设立不同层级的区域性成员组织，比如以大区、省、市镇等作为区分单位，形成"社团组织—地方联盟—全国联盟"的结构。另外，同种类别的科技社团也比较容易形成联合会或者合作伙伴关系，这种关系相对松散，各成员之间并没有管辖和隶属关系，但是由于处在同一学科领域当中，相互之间可以通过合同或协议的方式进行合作，共同推进学科发展和国际交流，使学者之间形成网络，共同推进学科发展。目前，一些社团组织与其他机构之间的联系已经超出了法国本土，如法国国际宇航联合会，除了联系法国本土和欧盟的科技社团外，还联系了众多的国际组织与政府间组织，在一定程度上提

升了科技社团的国际影响力。

第三，保持科技社团的"独立性"和"中立性"，提升社团话语权和权威性。科技社团承担着促进本学科发展，进行科学普及的重要职责。对于一些专业问题，社会公众可能由于知识储备不足导致难以认识和理解，这时就需要科技社团从权威的角度给予解释。科技社团是科技工作者的集合，目的是促进科学的交流、传播和发展，对于相关领域的科学知识具有权威性，能够为公众的疑惑做出解答，并被公众所接受。以法国科学促进会为代表的科技社团注重强调其"中立"的身份。在科技高速发展过程中，社会公众对于伴随科技发展产生的各种社会和环境问题存在着困惑与恐惧，法国科学促进会通过"中立"的身份，让公众和科学界进行平等对话，相互理解。科技社团要保持"独立"和"中立"，需要政府减少对社团日常业务活动的行政干预，同时，科技社团本身也保持着较高的社会地位和权威性。

（二）法国科技社团发展对中国的启示

随着中国科技的不断进步，科技社团在团结科技工作者，促进学科发展方面的作用日益受到重视，法国科技社团的发展经验在一定程度上也为中国科技社团的发展提供了参考。

第一，建立完善的法律体系和管理体制。完善的法律体系和管理体制为法国科技社团的有效运行提供了保障。科技社团作为社会组织，遵守法律法规是基本要求，法国政府通过《非营利社团法》约束科技社团的行为，保证科技社团的行为有法可依，便于进行监督和管理。目前，中国在社会组织领域还没有形成完善的法律体系，对科技社团的管理主要基于《社会团体登记管理条例》等行政法规，科技社团的运行缺乏明确的标准，有必要在法律层面对科技社团的管理做出进一步的规范和完善。

第二，提升科技社团公益性，加强政府监管力度。科技社团是由科技工作者组成的社会团体，具有互益性和公益性的双重属性。互益性体现为对会员利益的维护，公益性体现为对科学技术发展的推进，使科技为社会做贡献。"公共津贴"制度是法国政府对社团组织进行支持的一种常见形式，一定程度上提升了科技社团的公益性，同时又起到对科技社团监督的作用。在这方面，我国可以借鉴法国的经验，建立类似的身份认定与公共津贴制度，积极引导科技社团从单一的以服务会员为主，转向互益与公益的双重服务。

第三，加强同行业组织之间的联系与合作。科技社团通过组织和团结相关领域的从业人员，促进学科交流和本领域的发展。除了团结本学科领域的专家、学者和相关从业人员外，法国科技社团非常注重科技社团之间的合作关系。这对于扩大不同地区及学科领域之间的交流具有重要意义和价值。合作伙伴之间主要是通过合同或者协议以项目的形式进行合作，这样的合作一方面可以促进跨学科之间的交流，激发新的灵感；另一方面也可以实现跨地区之间的交流与合作，推动伙伴的共同进步。目前，中国不同学科领域的科技社团之间也逐渐形成了一些联合体，以推动共同的交流和进步，同时也与其他国家同类型的科技社团进行合作，促进形成区域性或国际性的组织。但目前中国科技社团的国际影响力和话语权有限，国际组织总部落户在中国的数量相对较少，中国的科技社团需要进一步加强与其他国家科技社团之间的交流和往来，提升国际影响力。

第四，减少政府对科技社团内部事务的干预，提升科技社团的独立性和中立性。科技社团是同行业科技工作者的集合，需要维护本领域工作者的权益，提升本学科学者的研究水平，促进学科发展。这一特点体现在各个国家科技社团的宗旨中，也是科技社团存在的重要价值。科技社团在与政府的互动中，需要利用自身的专业优势，为政府的科学决策提供助力，保证决策的科学和有效，进行政策咨询，促进政策的完善和落地。在面对社会公众时，科技社团需要向社会公众进行科学普及活动，提升公众的科学素养。

附件一 《法国非营利社团法》[1][2]

1901年7月1日生效的本法系关于非营利社团的契约之法律。[3]

第一部分

第1条

社团是一种协议，由2人或2人以上以知识或能力为实现非营利目的而形成长期存续的团体。社团的效力由《合同法》和《债法》的基本原则规制。

第2条之一

社团可以自由设立，无须核准或者事先宣告。但是，除符合第五条的规定外，社团不得享有法律地位。

第2条之二

根据2017年1月27日颁布的法律条文法律第2017-86号第43条而做出的修订，在本法律规定的条件下，任何未成年人均可自由成为社团的成员。

未满16岁的未成年人，在其法定代表人事先书面同意的前提下，可以参加成立社团并根据《民法》第1990条的规定负责社团的管理。在法定代表人事先书面同意的前提下，他还可以履行

---

[1] 金锦萍. 外国非营利组织法译汇 [M]. 北京：北京大学出版社，2006.
[2] 《法国非营利组织法》第一条到第九条，第十八条到第二十一条中部分修改的内容，2006年后补充修订的部分，以及第十条到第十七条为课题组根据法条原文翻译。
[3] 法兰西共和国官方公报载明其生效日期为1901年7月1日。

以下职责：除处置行为外，所有对社团管理有益的行为。

任何 16 岁以上的未成年人都可以自由参加社团的创立，并在《民法》第 1990 条规定的条件下负责对其进行管理。根据《民法》规定，社团应通知未成年人的法定代表人。除非法人代表明确反对，未成年人可以单独进行对社团管理有益的所有行为，但处置行为除外。

第 3 条

成立社团所要实现的目的是被禁止的、违反法律、善良风俗的，或者其目的是危害国家领土和政府的共和政体的，该社团是无效的。

第 4 条

根据 2012 年 3 月 22 日颁布的法律条文第 2012-387 号第 125 条修订。

未规定特定存续期间而加入的社团之成员，于清偿未支付的会费以及本年的会费之后，不论是否存在相反的条款，仍可以随时退出社团。

第 5 条

根据 2015 年 7 月 23 日颁布的法令第 20159904 号第 1 条修订。

欲享有第 6 条所规定的法律地位的社团，必须由其设立人主动将其公开化。

事先宣告（预先宣告）应当首先在社团总部所在地的隶属于省的行省或者隶属于专区（地区）的县备案。事先宣告必须载明社团的名称和目的，总部以及有能力负责社团的行政管理的人员的姓名，职业，"住所和国籍"（1981 年 10 月 8 日生效的第 81-909 号法律第 1 条第 1 款）。宣告应当附具社团章程（章程）的 2 份复件。收到本宣告的收据应当于 5 日内开具。

社团的总部位于境外的，前款所规定的事先宣告应当在社团主要办事处所在地的隶属于省的行省备案。

社团公开化的方式只能根据提示公告的收据，在官方公报上以通知形式公布。

社团应当于 3 个月内通告其行政管理方面的改变以及社团章程的任何变更。

这些修改和变更仅自声明之日起，方可对第三方执行。

第 6 条

根据 2014 年 7 月 31 日颁布的法律条文第 2014-856 号第 74 条修订。

任何经正式公告成立的社团，可无须经任何特别授权而采取法律行动，可接受个人捐赠以及来自公共事业机构的捐赠，收取费用，拥有和管理（国家补贴除外）从地区、部门、市政当局及其公共机构获得的下列资产：

（1）社团成员的会费；

（2）用于社团管理和社团社员大会的房产；

（3）限于实现社团的目标所必需的建筑物。

专为援助、慈善、科学或者医学研究成立的（已公告的）社团，可以根据国家议会法令所规定的条件，接受生前捐赠或者遗嘱捐赠。

社团将捐赠所得用于批准其接受捐赠的目的事业之外的，该批准可以由国家议会法令撤回。

公告成立至少 3 年、且其所有活动符合《税法典》第 200 条第 1 款 b 项规定的社团，还可以拥有以下权利：

（a）在满足《民法》第 910 条规定的条件下接受自然人或遗嘱人的捐赠；

（b）拥有和管理所有免费获得的建筑物。

第一章　法国科技社团发展现状及管理体制

本条第 5 至第 7 条不以资历为条件，适用于以下情况：在 2014 年 7 月 31 日与社会经济相关的第 2014-856 号法律条文颁布前，已公告其唯一目的是援助、慈善或科学、医学研究的社团，并且在此日期前，已依据 2009 年 5 月 12 日颁布的第 2009-526 号第 111 条第 V 款旨在简化和阐明法律、精简流程的法律条文，接受了捐赠或获得了筹款的反馈。

第 7 条

根据 2012 年 3 月 22 日颁布的法令第 2012-387 条第 127 条的规定，在第 3 条所规定的无效的情形下，或是基于利害关系人的申请，或是基于检察官的公诉，由高级法院做出解散社团的判决。检察官可以以书面形式确定具体的解散日期，法院根据第 8 条规定的罚则，无论是否已经提起诉讼，可以制定暂时措施以命令冻结房产和禁止召开社团社员大会。

第 8 条

根据《刑法》第 131-13 条第 5 款的规定，将对初犯的第五类罚款处以最高 1 500 欧元的罚款；在再犯的情形下，则应依法惩处最高 3 000 欧元的罚款。

社团的设立人、董事或者管理人在社团解散之后继续维系社团或者非法改造社团的，将处以 3 年以下徒刑和 45 000 欧元罚款。

准许被解散的社团利用社团房产召开社员大会的人员，对其应当处以相同的处罚。

第 9 条之一

社团根据社团章程，或是自愿，或是基于法院命令解散，解散后社团财产的处分应当依据社团章程的条款进行，章程未有相关规定的应当依据社员大会决议所确定的条件进行。

第 9 条之二

由 2014 年 7 月 31 日颁布的法律条文第 2014-856 号第 71 款规定。

Ⅰ. 多个社团的合并需在章程规定的协同审议来决定。当合并是通过成立新社团进行时，新社团章程草案将由每个被合并的社团共同审议而获得批准，不需要新社团批准。

社团的解散是根据章程规定的条件决定的。当对新社团的捐款进行拆分时，新社团章程草案将通过拆分社团的审议获得批准，无须新社团批准。

社团之间资产的出资部分在章程规定的条件下通过协同审议决定。

参与社团合并或拆分的社团首先建立一项资产合并、拆分或部分出资计划，并在法规规定的条件和期限内在授权接收法律声明的媒体上发布公告。

当所有捐款的总价值至少等于法规规定的阈值时，在社团合并或拆分规定的审议进行前，将由执行捐款的社团共同协议指定，审查由合并专员撰写的合并、拆分或捐款报告。

该报告确定了有关社团的估值方法以及资产和负债的价值，并描述了业务的财务状况。为了执行任务，专员可以从每个社团获得所有有用文件并进行必要的验证。

Ⅱ. 合并或拆分导致社团解散，无须对被解散的社团进行清算，并在最终完成操作之日将其资产转移给受益人社团。社团捐献部分资产不会导致解散。资产的部分出资，不会导致捐献了部分资产的社团的解散。

取消的社团成员将获得由合并或拆分产生的新社团的成员资格。

《商法典》第 L.236-14、L.236-20 和 L.236-21 条适用于社团的合并或分立。

Ⅲ. 除出资协议另有规定外，资产的合并、拆分或部分出资在以下条件下生效：

（1）如果创建了一个或多个新社团，则在官方公报上刊登新社团的声明之日或最后一个社团的声明刊登之日；

（2）交易涉及经行政批准的法定修正案时，在其生效之日；

（3）在其他情况下，在最后一次审议批准操作的日期。

Ⅳ.受益于行政授权、批准、公约或授权的社团参与资产的合并、拆分或部分出资，并且希望了解在剩余的经营期限内，由合并、拆分或受益人组成的社团是否受益于授权、批准、公约或授权，可以向行政机关提出质询，行政机构根据其请求来决定：

（1）如果存在，则根据转移授权、批准、公约或授权的授权规则；

（2）在其他情况下，应在提供授权、批准、公约或授权的条件和期限内。

本Ⅳ款不适用于对公共事业的认定。

Ⅴ.国务委员会的法令确定了本款的适用方法。

第二部分

第 10 条

根据 1987 年 7 月 23 日颁布的法律条文第 87-571 号第 17 条修订。

于最初的 3 年考验期限届满之后，通过国家议会法令，社团可以被官方地认证为公共利益所认可的社团。

可以相同的形式撤销对公共事业类社团的认定。

如果请求认定为公共事业类的社团，在 3 年内提供可预见的资源有可能确保其财务平衡，则不需要考验期。

第 11 条

根据 2014 年 7 月 31 号颁布的法律条文第 2014-856 号第 76 条被认定为公用事业单位的社团可以进行其社团章程未禁止的所有民事行为。

社团有资格进行投资的这些资产是经《社会保障法》批准，代表从事保险活动的机构和联合会的受管制承诺的资产。

被认定为公用事业单位的社团可以接受《民法》第 910 条规定的生前和遗嘱捐赠。

第 12 条

根据 2014 年 7 月 31 号颁布的法律条文第 2014-856 号第 76 条被认定为公用事业类的社团由于合并或拆分而消失且未经清算而解散的，需要经过国务委员会的批准，并同时认定被合并的社团为非公共事业类社团。

第三部分

第 13 条

任何宗教团体都可以通过经国务委员会的批准获得法律承认。

根据国务委员会的认定，任何新的宗教团体都可以获得法律承认。

任何宗教团体的解散或取消都需要经过国务委员会的批准予以公告。

第 14 条

已废除。

第 15 条

根据法律条令第 2004-1159 号第 19 条（Ⅴ）的规定，每个宗教团体都需要记录其收入和支出情况；每年都需要编制前一年的财务报表以及其动产和不动产名录。在宗教团体的法定居所需要提供完整的成员清单，在清单上需要说明所有成员的全名，在宗教团体内部的名字、国籍、年龄、出生地及加入团体的时间等。

在省长或其代表的要求下，宗教团体必须完整地提交上文提及的报告、名录与名单，不得缺失。

宗教团体的代表或负责人若提供虚假材料或拒绝服从此条所提及的相关要求，则会受到第8条所提及的惩罚。

第 16 条

已废除。

第 17 条

任何契约，无论是有偿的还是免费的，无论是直接实施还是间接渠道完成，若有让合法或非法成立的社团组织逃避第 2、6、9、11、13、14、16 条的相关规定，均属无效。

无论是应官方要求还是当事人请求，均可宣布其无效。

第 18 条

本法令公布之时已存续的社团，此前未经核准或者认可的，必须在 3 个月采取所有必要的措施以符合该条件。

不能满足上述条件且无正当理由的，社团应被视为依法解散。对已被拒绝核准的社团，同样被视作依法解散。

社团所拥有的财产应当进入法院清算程序。根据检察官的要求，法院应当指定清算人实施法院清算事务，指定清算人在整个清算程序中具有官方破产管理人的职权。

指定清算人的法院才对由清算人起诉或者应诉的民事案件具有唯一管辖权。

清算人将按照未成年人财产出售的规定进行建筑物的出售。清算的判决应当依据法定告示规定的方式公开做出。

社团成员入社之前所拥有的财产或者资产，或者入社之后，或是基于对直系或者旁系亲属的法定继承，或是基于直系亲属的捐赠或者遗赠，所取得的财产或者资产，应当返回社员。

对于非基于直系亲属的捐赠或者遗赠所取得的财产或者资产，社员也可以合法地主张权利，但是受益人必须证明该财产或资产并非为第 17 条所规定的间接捐赠。

对于非基于对价而取得的并且捐赠行为并未特别地指定将其用于慈善事业的财产和有价证券，可以由捐赠人及其继承人或者受益人，或者由遗嘱的继承人或者受益人，合法地主张权利。

给予或者遗赠财产或者有价证券，目的非为使社团成员受益，而为资助慈善事业的，任何人不得对该财产或者有价证券主张权利，但是将之提供给转让捐赠所确定的目的事业的除外。

收回财产或者主张权利的任何行为，必须于判决公布后六个月内向清算人明确提起追索或赔偿诉讼，但要取消赎回权。与清算人自相矛盾的判决，并已获得仲裁裁决，可对所有有关当事方执行。

6 个月之后，对未被主张权利或者未被移转给慈善事业的所有财产，清算人可以根据法院命令进行出售。

出售财产的所得，以及所有可转让的有价证券，应当通过订立由第三者保存附带条件委付盖印的契约，寄存于信托局。

于清算结束之前向穷人医院的拨款，将被视为优先偿付的费用。

若未有异议，或者所有提起的诉讼于法定期间内均被判决的，应在受益人中分配净资产。

本法第 20 条所指的法令，对在扣除上述规定涉及的部分之后所剩余的资产，可决定分配方案，以资本或者终身年金的形式，向被解散社团的成员分配，但以该社员无足够的生活资料或者以该社员能证明其个人的努力对取得该被分配的资产有所贡献为限。

第 19 条

《刑法典》第 463 条的规定适用于本法所涉及的违法行为。

第 20 条

国家议会须制定特别措施以保障本法的实施。

第 21 条之一

下列条款被废止:《刑法典》第 291 条、第 292 条、第 293 条，以及该法第 294 条涉及社团规定的部分；1820 年 7 月 8 日生效的命令的第 20 条；1834 年 4 月 10 日生效的法律；1848 年 7 月 28 日生效的法律的第 13 条；1881 年 6 月 30 日生效的法律的第 7 条；1872 年 3 月 14 日生效的法律；1825 年 5 月 24 日生效的法律的第 2 条第 2 段；1852 年 1 月 31 日生效的法令，所有与本法冲突的规定。

将来适用于职业社团或者商业社团，贸易公司和"互助会"的特别法，不得制定例外规定。

第 21 条之二

法属领地的法律法令适用调整。

根据 2014 年 7 月 31 日颁布的法律条文第 2014-856 号第 96 条（Ⅴ）法令修订；

根据 2015 年 7 月 23 日发布的法令第 2015-904 号第 14 条（Ⅴ）修订；

第Ⅰ款规定了该法律适用于受《宪法》第 74 条约束的海外领土以及新喀里多尼亚的相关细节，但第 18 条除外；

第Ⅱ款规定了在圣巴托洛缪、圣马丁和圣皮埃尔和密克隆群岛适用该法律的相关细节；

第Ⅲ款规定了该法律在瓦利斯群岛和富图纳群岛中适用的相关细节；

第Ⅳ款规定了该法律在法属波利尼西亚适用的相关细节；

第Ⅴ款规定了该法律在新喀里多尼亚适用的相关细节；

2015 年 7 月 23 日发布的法令第 2015-904 号第 14 条（Ⅴ）确定了该法律在马约特岛适用的相关细节。

附件二 法国公共事业社团组织科技社团名录[①]

法国公共事业社团组织科技社团名录（表 1-18）列出了科技社团的名称、主要宗旨和所属的类别。

---

① 法国公共数据开放平台. 公共事业类社团组织［EB/OL］.［2019-07-30］. https://www.data.goav.fr/fr/datasets/r/6a581365-d6co-4be5-8149-08155acc4afz.

第一章 法国科技社团发展现状及管理体制

表 1-18 法国公共事业社团组织科技社团名录

序号	名称	主要宗旨	所属类别
1	法国气象与气候学会	促进气象学和气候科学的进步和传播	08 culture et sciences/ 文化与科学
2	闭锁综合征协会	加强对闭锁综合征疾病的了解、认识、治疗清单和技术（包括通信技术），以改善患者的生活条件和支持帮助其家庭	17000 santé/ 健康
3	呼吸道疾病防治联合会	对抗结核病和呼吸系统疾病	17000 santé/ 健康
4	预防和研究污染协会	汇集和开发颗粒物，微生物和化学/分子污染的知识，使最大数量的学生和专业人员受益	15000 éducation formation/ 教育培训
5	法国皮肤病学与性传播疾病学会	开展医学研究，促进公共卫生和预防的发展	17000 santé/ 健康
6	医学社会协会	在苏瓦松和恩河村庄开展社会卫生服务，以及一般的健康和社会服务	17000 santé/ 健康
7	中央养蜂、养殖、昆虫学和农业动物学学会	促进农业科学和工业的发展，并研究与农业有关的昆虫学和动物学现象	23000 intérêts économiques/ 经济利益
8	巴黎呼吸道疾病委员会	支持政府防治结核病的行动	17000 santé/ 健康
9	法国国家胃肠病学学会	研究消化道及并发疾病，促进医学和科学研究的发展	17000 santé/ 健康
10	农业、科学和艺术模拟学会	研究科学、文学和艺术，特别是农业科学	16000 recherche/ 研究
11	法国海洋学会	发展海洋科学及其在海洋产业中的应用	08 culture et sciences/ 文化与科学
12	法国法律医学与犯罪学学会	促进科学进步，并在任何情况下提供无私的援助，以促进伸张正义	08 culture et sciences/ 文化与科学
13	全国癌症联盟	促进和协调所有愿意协助防治癌症的主要公共和私人机构的活动	17000 santé/ 健康
14	航空航天学会	促进在航空航天领域发展高质量的科学、技术和文化活动；发展、丰富和传播科学、技术和文化	08 culture et sciences/ 文化与科学
15	法国癌症学会	研究癌症并寻找治疗癌症的方法	17000 santé/ 健康
16	全国呼吸道疾病委员会	通过预防、检测和治疗控制呼吸道疾病	17000 santé/ 健康

73

续表

序号	名称	主要宗旨	所属类别
17	肺结核和呼吸道疾病部委员会	防治结核病	17000 santé/ 健康
18	法国温泉医学、水文学与医学气候学学会	发展和推动矿物水研究	08 culture et sciences/ 文化与科学
19	农业、文学、科学和艺术学会	促进该部门的文学、科学、艺术和农业的发展，并在成员之间建立友好关系	08 culture et sciences/ 文化与科学
20	法国帕金森学会	促进、鼓励、便利对帕金森病各方面的医学研究	17000 santé/ 健康
21	法国昆虫学学会	促进昆虫学的发展，并将这一科学应用于农业、工业、艺术和医学领域	08 culture et sciences/ 文化与科学
22	法国化学专家学会	协助推进和传播用于化学鉴定方面的研究，并在任何情况下提供协助，使其能够为公众利益，特别是司法利益提供咨询	08 culture et sciences/ 文化与科学
23	法国心脏病学联合会	告知、教育公众预防心血管疾病，提供心脏的康复和重返社会的援助	17000 santé/ 健康
24	法国口腔医学协会	为法国口腔医学教学的发展做出贡献，开展持久的口腔宣传活动	17000 santé/ 健康
25	法国神经科学学会	定期召集神经系统疾病研究领域的医生举行会议	17000 santé/ 健康
26	法国地质学会	为促进地质学的发展做出贡献，特别是为了了解法国的地质特点，以及其与工艺和农业之间的关系	08 culture et sciences/ 文化与科学
27	法国微生物学学会	促进和发展微生物学基础研究或应用研究	17000 santé/ 健康
28	奥弗涅自然历史学会	将所有自然科学学科的科学家联合起来，在公众中普及相关科学，以便对奥弗涅的自然资源进行准确的记录	08 culture et sciences/ 文化与科学
29	法国营养协会	通过研究等方式，促进营养知识的发展，促进营养学以下各应用领域的发展：健康、农学、食品加工、环境、社会和经济	17000 santé/ 健康

第一章　法国科技社团发展现状及管理体制

续表

序号	名称	主要宗旨	所属类别
30	法国儿科牙科学会	促进儿童的成长和发展	17000 santé/ 健康
31	法国关节炎和慢性风湿病协会	向病人及其家属提供一切有用的信息和精神支持；促进对类风湿性关节炎的医学研究	17000 santé/ 健康
32	法国免疫学会	鼓励、促进和实施任何有助于免疫发展的行动	17000 santé/ 健康
33	文学、科学和艺术学会	在该地区提高知识研究的品位	08 culture et sciences/ 文化与科学
34	法国缓和护理协会	发展和宣传对严重、慢性和终身疾病患者的缓和护理和支持等各个方面，特别是对科学、临床、社会和人的影响。组织护理系统、社会或专业实践，进行道德反思和研究，进行教学和培训，提高信息和意识	17000 santé/ 健康
35	法国解剖学会	研究病理解剖学和生理学	17000 santé/ 健康
36	阿卡雄科学学会	研究和开发海洋生物学、生物海洋学和考古学，特别是在地方和区域一级，传播在该领域取得的成果	16000 recherche/ 研究
37	真菌学与植物学联合会	传播真菌和植物知识	08 culture et sciences/ 文化与科学
38	地理学会	通过一切可能的方法，促进地理研究的普及和发展	08 culture et sciences/ 文化与科学
39	卫生和预防小儿麻痹症诊所委员会	开展疾病教育，提供预防、卫生咨询以及免费咨询，开展疾病预防	17000 santé/ 健康
40	里昂国立医学与医学学会	研究与医学有关的所有问题	17000 santé/ 健康
41	法国航空航天学会	汇集所有航空或航天爱好者	07000 clubs de loisirs/ 休闲俱乐部
42	法国肝脏研究协会	促进法国和法语国家肝病学的发展，促进肝病学家通过科学工作会议和出版物等方式进行科学交流	17000 santé/ 健康
43	法国天文协会	将天文学领域从事理论研究和实际应用的人聚集在一起	16000 recherche/ 研究
44	法国天文学协会	普及天文学和相关科学。促进俱乐部、天文爱好者和公众之间的观察、想法、经验的交流和讨论	16000 recherche/ 研究

法意澳新科技社团研究

续表

序号	名称	主要宗旨	所属类别
45	法国科学促进协会	利用一切可能的方式,从纯粹的理论和实际应用发展的角度,从各方面促进科学的进步和传播	16000 recherche/ 研究
46	生物学会	研究正常或病理状态下组织化的生物科学	16000 recherche/ 研究
47	预防和研究分子疾病协会	对疾病的生物化学基础进行研究	17000 santé/ 健康
48	法国眼科学会	研究与视觉器官和眼睛疾病有关的所有问题,组织继续医疗培训和专业评估	17000 santé/ 健康
49	法国物理学会	为法国物理学的发展和传播做出贡献	08 culture et sciences/ 文化与科学
50	医疗心理教育中心协会	维护医疗心理教育中心的物质和精神利益,并代表其成员参加政府和企业的相关活动	17000 santé/ 健康
51	法国公共卫生协会	处理与公共卫生有关的所有事项	17000 santé/ 健康
52	法国麻醉与复苏协会	进行麻醉学的研究和教学	17000 santé/ 健康
53	法国硬化症协会	满足硬皮病患者及其家属的医疗需求,包括医学和科学研究,以及他们的生活条件改善	17000 santé/ 健康
54	巴黎 ISAMBERT 诊所主任协会	召集巴黎 O.R.L. 诊所负责人,推动耳鼻喉科学的科学发展	17000 santé/ 健康
55	法国西部自然科学学会	从纯粹科学和实际应用的角度,协助法国西部的动物学、植物学、地质学和矿物学的发展	08 culture et sciences/ 文化与科学
56	法国工程师地质委员会	促进与工程地质,并传播研究结果	08 culture et sciences/ 文化与科学
57	法国癌症防治企业联合会	在道德和财政上尽最大的努力,为防治癌症做出贡献	17000 santé/ 健康
58	法国糖尿病联盟	就糖尿病和营养性疾病引起的社会、经济或其他医疗问题与糖尿病患者等进行交流	17000 santé/ 健康
59	法国临床生物学会	汇集参与生物学方法和调查的各个方面的生物学家,帮助预防、诊断、预后和治疗疾病	17000 santé/ 健康

第一章 法国科技社团发展现状及管理体制

续表

序号	名称	主要宗旨	所属类别
60	法国工程师与科技工作者协会	通过培训等方式,使关心促进、维护或捍卫工程师道德、文化和社会经济利益的自然人和法人团结起来	14000 amicalesgroupstaffinity/ 友好团体
61	无国界农学和兽医协会	通过参与畜牧业和动物健康领域的研究、培训、推广活动,向处于落后状态的人提供援助,利用专业知识,在全世界范围内消除饥饿	17000 santé/ 健康
62	欧洲白细胞萎缩症学会	向家庭提供信息和帮助,提高公众和医务界的认识,协助研究工作,并在国际层面扩大活动领域	17000 santé/ 健康
63	法国多发性硬化联盟	采取一切行动,对抗多发性硬化	17000 santé/ 健康
64	国立工程师学会	将国立工程师聚集在一起,保护和宣示他们的权利	14000 amicalesgroupstaffinity/ 友好团体
65	巴黎精神分析学会	传播和发展弗洛伊德的精神分析方法	17000 santé/ 健康
66	国际结核病和呼吸道疾病联合会	收集和传播关于结核病和呼吸道疾病控制的所有知识	17000 santé/ 健康

参考文献

[1] The Nobel Prize [EB/OL]. [2020-05-10]. https://www.nobelprize.org.

[2] 世界知识产权组织 [EB/OL]. [2019-12-10]. https://www.wipo.int/edocs/plnkdocs/en/wipo_pub_gii_2018_fr.pdf.

[3] 李秉忠. 中世纪大学的社团性结构 [J]. 经济社会史评论, 2010 (1): 59-68.

[4] MCCLELLAN J E. Science Reorganized: Scientific Societies in the Eighteenth Century [M]. New York: Columbia University Press, 1985.

[5] 贝尔纳. 科学的社会功能 [M]. 北京: 商务印书馆, 1982.

[6] 梅森. 自然科学史 [M]. 上海: 上海人民出版社, 1977.

[7] 王明利, 鲍叶宁. 拿破仑与法国的国民教育 [J]. 法国研究, 2009 (1): 61-66.

[8] Council for the English-Speaking Community [EB/OL]. [2019-12-12]. http://cesc.online.fr/1901.html.

[9] 宋迈克. 法国民主与共和国信仰 [EB/OL]. [2019-12-13]. https://www.thepaper.cn/newsDetail_forward_1345259.

[10] 黄宁燕, 孙玉明. 法国创新历史对我国创新型国家创建的启示 [J]. 中国软科学, 2009 (3): 89-99.

[11] 王芳. 法国: 科研机制改革路在何方 [EB/OL]. (2004-03-14) [2019-12-10]. http://www.people.com.cn/GB/guoji/14549/2389245.html.

[12] Loi du 1er Juillet 1901 relative au contrat d'association [EB/OL]. [2019-06-10]. http://www.legifrance.gouv.fr/texteconsolide/AAEBG.htm.

[13] BAZIN C, DUROS M, LEGRAND F, et al. La France associative en mouvement. 16ème édition. Septembre 2018 [EB/OL]. [2019-07-26]. https://www.associations.gouv.fr/IMG/pdf/la-france-associative-2018.pdf.

[14] 历史与科学工作委员会 [EB/OL]. [2019-06-10]. http://cths.fr/_files/an/pdf/Vademecum_France_Savante.pdf.

[15] 法国工程师与科技工作者协会 [EB/OL]. [2019-07-04]. https://www.iesf.fr/offres/doc_inline_src/752/IESF_AGO_2019-Diaporama.pdf.

[16] 法国政府社区生活官方网站 [EB/OL]. [2019-06-10]. http://www.associations.gouv.fr/IMG/pdf/mecenat_guide_juridique.pdf.

[17] 胡仙芝. 自由、法治、经济杠杆: 社会组织管理框架和思路——来自法国非营利社团组织法的启示 [J]. 国家行政学院学报, 2008 (4): 95-98.

[18] 祝建兵. 发达国家支持型社会组织发展的现状、特点及启示 [J]. 广东行政学院学报, 2015, 27 (2): 28-33.

[19] 法国科学促进会 [EB/OL]. [2019-06-10]. http://www.afas.fr/.

[20] 法国政府网站 [EB/OL]. [2019-07-30]. https://www.data.gouv.fr/fr/datasets/r/6a58136f-d6c0-4be5-8149-08155acc4af2.

[21] 法国临床生物学会 [EB/OL]. [2019-07-05]. https://www.sfbc-asso.fr.

[22] 张金岭. 法国社团组织的现状与发展 [M] // 黄晓勇, 潘晨光, 蔡礼强. 中国民间组织报告 (2011—2012年). 北京: 社会科学文献出版社, 2012.

[23] 法国地质学会章程 [EB/OL]. [2019-06-10]. https://www.geosoc.fr/.

[24] 法国航空航天学会2014—2015年年度报告 [EB/OL]. [2019-06-10]. https://www.3af.fr/.

[25] 中国科协学会服务中心. 美英德日科技社团研究 [M]. 北京: 中国科学技术出版社, 2019.

[26] 法国核能学会 [EB/OL]. [2019-06-10]. http://www.sfen.org/.

[27] 法国航空航天学会 [EB/OL]. [2019-07-25]. https://www.3af.fr/.

[28] 法国科学促进会 [EB/OL]. [2019-07-10]. http://www.afas.fr/histoire-de-lafas/.

[29] 法国科学促进会章程 [EB/OL]. [2019-07-10]. http://www.afas.fr/statuts-et-reglement-interieur/.

[30] Journal of Cachexia, Sarcopenia and Muscle [EB/OL]. [2019-07-10]. http://www.jcsm.info/.

CHAPTER 2 第二章
意大利科技社团发展现状及管理体制

意大利位于欧洲南部，主要由亚平宁半岛及西西里岛与萨丁岛两个地中海岛屿组成，国土面积为 301 333 平方千米，人口 6 036 万[①]。意大利拥有辉煌灿烂的历史，公元 476 年西罗马帝国灭亡之前，首都罗马一直都是西方文明的中心。14 世纪起意大利成为欧洲文艺复兴的发源地，是科技社团的诞生地，并由此产生了近代科学的萌芽。时至今日，意大利的科学已经取得了诸多成就，先后有 12 位科学家获得过诺贝尔物理学、化学、生理学或医学奖。[②③] 意大利基础研究中的物理学与天文学、临床医学、生物医学、化学等领域处于世界前列，高新技术领域如空间技术、信息通信、高性能并行计算机、核能等也具有国际竞争力。过去 400 多年，科技社团为意大利培育了良好的科学传统，为推动科学技术进步做出了卓越贡献。

---

① ISTITUTO NAZIONALE DI STATISTICA. Popolazione residente ancora in calo [R/OL]. (2019-07-03) [2019-11-02]. https://www.istat.it/it/files//2019/07/Statistica-report-Bilancio-demografico-2018.pdf.

② All Nobel Prizes [EB/OL]. [2020-01-30]. https://www.nobelprize.org/prizes/lists/all-nobel-prizes.

③ 其中物理学奖获得者为 Guglielmo Marconi（1909）、Enrico Fermi（1938）、Emilio Gino Segrè（1959）、Carlo Rubbia（1984）、Riccardo Giacconi（2002）；化学奖获得者为 Giulio Natta（1963）；生理学或医学奖获得者为 Camillo Golgi（1906）、Daniel Bovet（1957）、Salvador E. Luria（1969）、Renato Dulbecco（1975）、Rita Levi-Montalcini（1986）、Mario R. Capecchi（2007）。

▸ **法意澳新科技社团研究**

一、意大利科技社团的发展历程

（一）17世纪：近代科技社团发源地

意大利所在的亚平宁半岛位于欧洲南部，北部拥有联通欧洲与亚洲的天然良港和波河浇灌下的肥沃平原，那不勒斯以南的地区则是长条形相对贫瘠的土地。12世纪时，意大利尚未形成一个统一的国家，北部的众多城邦逐步借助地理优势发展经济，到15、16世纪时已经积累了大量财富，商业繁荣。其中，威尼斯和热那亚等公国和城市充分利用天然良港发展与拜占庭帝国和阿拉伯国家贸易往来，佛罗伦萨形成了众多商业和贸易组织。蓬勃发展的贸易交流带来了大量古希腊书籍，古希腊的人文主义思想在亚平宁半岛逐渐流行，最终产生了轰轰烈烈的文艺复兴运动。发达的经济促进了文化转型，为文艺复兴提供了充足的物质保障。同时，古希腊文化中倡导理性的自然哲学传统和后来演化成为实验精神的工匠传统在意大利融合，兴起了探索自然的风尚。

繁荣的经济也使意大利城邦世俗政府的权力日益强大，世俗政府制定法律、开设医院、规范税收，获得了本地居民的普遍认可和大力支持。久而久之，这些城邦的王公富商不满足于臣服罗马教皇，希望能通过政治体制改革获取更多权力，意大利诸城邦因而加入了直面《圣经》的宗教改革运动。同时，城邦的世俗领袖为了能获得更多的财富，开始积极支持人们进行技术发明和机械创新，这些活动使人们相信大自然受机械和某些秩序支配，对大自然的探索可以把自己从宗教权威中解脱出来[1]。当工匠传统无法解决技术问题时，与此直接相关的数学和医学研究者进入了世俗领袖的视野。在经济利益和提升形象的驱动下，世俗领袖资助大学，并积极支持数学、解剖学、博物学和实验。但是随着宗教改革和大学对正统宗教知识教育的加强，世俗君主发现无法在大学获取他们想要的知识，只能寻求其他赞助方式，私人资助现代科学研究的新兴机构——科技社团——应运而生。诞生于罗马的林琴学会和佛罗伦萨的西芒托学会是其中的典型代表。

1. 林琴学会

1603年，年仅18岁的贵族弗德里科·切西公爵（图2-1a）痴迷于探索大自然，在遇到有共同兴趣爱好的荷兰医生约翰内斯·埃克留斯后，决定与数学家费朗西斯科·斯泰卢蒂以及博学的阿纳斯塔西奥·德·费利斯共同成立林琴学会，专注自然科学研究[2]。

---

[1] ZANETTE C, O'BRIEN B.I filosofi e le idee [M]. vol. 2: L'eta moderna. Milano: Bruno Mondadori, 2007: 34.

[2] BALDRIGA I. L'occhio della lince: I primi Lincei tra arte, scienza e collezionismo (1603-1630) [M]. Roma: Accademia nazionale dei Lincei, 2002.

第二章 意大利科技社团发展现状及管理体制

林琴学会选取了山猫①（图2-1b）作为学会象征，希望学会能如山猫一般，拥有敏锐的目光，探索大自然的奥秘②。在学会成立后的1年里，4名成员去户外采集样本，观察动植物和矿物；他们共同讨论自然哲学和形而上学问题，观察天空，制作星盘和天体星座图；他们一起学习阿拉伯科学的经典著作，定期召开会议分享研究成果③。

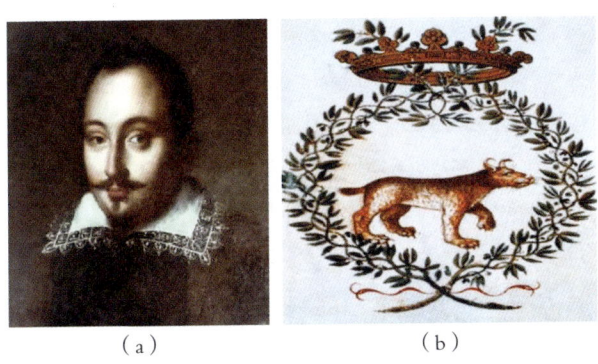

（a）　　　　　　（b）

图 2-1　林琴学会创始人切西公爵和林琴学会的会徽

1604—1610年，林琴学会因为研究内容与当时主流格格不入，受到罗马贵族的批评，切西的父亲听闻后禁止他继续从事学会的工作。在这种情况下，其他会员被迫离开罗马远走他乡，切西本人也在罗马、那不勒斯和他的家乡翁布里亚之间来回奔走。虽然4位成员无法时常见面，但他们一直保持书信联系，讨论新问题，获取新知识。同时，切西在那不勒斯又结识了几位热爱科学研究的学者，如著名的收藏家和历史学家费兰特·因佩拉托、动植物研究者费朗西斯科·埃尔南德斯等，其中最重要的是博物学家乔凡尼·波尔塔。1610年，波尔塔正式加入林琴学会，他在著作《自然法术》中所提倡的"秘密"传统④获得了所有会员的认可，成为学会公认的研究范式。

1611年开始，林琴学会迈入了发展鼎盛期，知名科学家和外国人陆续加入学会，先

---

① 波尔塔的著作《自然法术》以"山猫"（Lincei）作为封面，"山猫的眼睛，审视着那些显露无遗的东西，它观察它们，并且充满热情地运用它们"。
② MORGHEN R. L'Accademia Nazionale dei Lincei nel CCCLXVIII anno dalla sua fondazione, nella vita e nella cultura dell'Italia unita（1871-1971）[M]. Roma: Accademia Nazionale dei Lincei, 1972.
③ SAVOIA A U. Federico Cesi（1585-1630）and the correspondence network of his Accademia dei Lincei[J]. Studium, 2011, 4（4）: 195-209.
④ 波尔塔的自然观认为宇宙中的每个事物都包含着无数隐藏的秘密，知识需要尝试获取更多的理解。

81

后有24人入会①。伽利略·伽利雷正式加入林琴学会，为学会带来了望远镜，分享了利用这一科学仪器观察天空的新发现，并制作了显微镜支持学会的博物学研究。在伽利略的影响下，学会的研究传统发生了转变，会员们普遍开始重视数学和实验，近代科学产生的研究范式由此形成。在学会的资助下，伽利略出版了近代科学史上具有重要意义的著作《关于托勒密和哥白尼两大世界体系的对话》和《试金者》。林琴学会坚定地站在伽利略一方，支持伽利略与罗马教廷的抗争。学会在这期间开始编辑百科全书式的著作《墨西哥词典》。作为学会集体智慧的结晶，这本书是基于在美洲采集到的大量原始标本完成的，并用一种全新的写作方法完成。遗憾的是，1630年学会创始人切西公爵突然去世。虽然继任者卡夏诺·波佐及其他学者恪守切西的理念，但学会仍然受到重创②。

切西离世后，学会的实力和声望均迅速下降。伽利略失去了学会的庇佑，独自面对罗马教廷的威胁，没多久就开始接受调查。切西的得力助手斯泰卢蒂继续编纂《墨西哥词典》，此书终于在1651年得以出版。1657年，林琴学会的最后一位会员波佐去世，学会正式关闭。1603—1657年，共有35名成员加入林琴学会，其中8人是外国人③。学会的珍贵材料后来被英国国王乔治三世购买，至今存于英国温莎城堡。

（1）伽利略与林琴学会：从神秘法术到近代科学研究范式的转变

17世纪之前的天文学研究通常集中在大学和为占星家制造仪器的小型作坊中，而17世纪的意大利为天文学研究开辟了一条新的支持途径：世俗君主。伽利略通过望远镜获得了佛罗伦萨美第奇王子科西莫二世的支持，打开了天文学研究的大门，天文学的观察成果也促使他开始思考亚里士多德学说的正确性。1604年，林琴学会会员埃克留斯在发现了一颗新星后就已经开始怀疑亚里士多德学说。1610年学会运行趋于稳定时，伽利略去拜访罗马学院首席数学家克里斯托弗·克拉维斯，意外地发现林琴学会与他志同道合，伽利略随后在1611年正式入会。在此之后，伽利略为林琴学会会员展示了望远镜，并为学会的博物学研究制作了显微镜。会员们用这些科学仪器观察天空和动植物，讨论伽利略观察到的木星的四颗卫星、月球的山脉等。伽利略的研究成果让大部分林琴学会会员坚定地相信哥白尼的"日心说"④。可以说，伽利略为林琴学会带来了实验和数学的全新研究范式，也正是这种研究范式产生的累累硕果让会员坚定地从波尔塔的"秘密"

---

① BIAGETTI M T. La biblioteca di Federico Cesi [M]. Roma: Bulzoni, 2008: 9.
② GABRIELI G. Contributi alla storia della Accademia dei Lincei [M]. Roma: Accademia nazionale dei Lincei, 1989: 86.
③ TRECCANI. Lincei, Accademia dei [EB/OL]. http://www.treccani.it/enciclopedia/accademia-dei-lincei.[2019-11-02].
④ FREEDBERG D. The Eye of the Lynx: Galileo, His Friends, and the Beginnings of Modern Natural History [M]. Chicago: University of Chicago Press, 2003: 101.

第二章 意大利科技社团发展现状及管理体制

传统转向了近代科学研究范式。伽利略入会之后，学会成员在研究过程中越来越多地采用数学，尤其是几何方法，并高度重视实验。切西本人就在罗马和阿夸斯巴达组建了化学实验室反复进行蒸馏实验，希望能找到蔬菜的隐藏性质[①]。

林琴学会吸纳伽利略成为会员后，也给予了他全力支持。1610—1616年，伽利略在天文学方面的研究发现不断挑战"地心说"权威。1619年，耶稣会士奥拉齐奥·格拉西在罗马一所研究机构做了有关彗星的报告，支持亚里士多德关于彗星天体本质的概念，将矛头直指伽利略。伽利略凭一己之力完全无法与强大的耶稣会对抗，林琴学会在这场抗争中尽最大努力反击耶稣会，支持"日心说"。第一，学会会员维基尼奥·恰萨里尼和乔凡尼·钱伯利[②]通过自己的声望和私人关系取得了时任枢机主教马费奥·巴贝里尼和后来的教皇乌尔班八世的坚定支持；第二，恰萨里尼想尽办法躲过耶稣会的重重阻拦，将学会资助伽利略撰写的《试金者》（图2-2a）付梓并献给罗马教皇和其他枢机主教以获得支持。学会成员斯泰卢蒂在给伽利略的信中写到，"昨天是我们伟大的教皇加冕的日子，星期一，枢机主教会议将会举行，费朗西斯科·巴贝里尼也将成为一名枢机主教，因此，在之后的活动中，我们将会得到这位主教的保护，我相信您也会感到开心。同时，我们向他赠送了10本书，其中有两本是先生您的，分别是《关于太阳黑子的信》（图2-2b）和《论浮在水中的物体》，很快，《试金者》也将出版……"。事实证

（a） （b）

图2-2 伽利略《关于太阳黑子的信》封面和伽利略《试金者》封面

[①] DE RENZI C. Medicine, Alchemy and Natural Philosophy in the Early Accademia dei Lincei [G] // CHAMBERS D S, QUIVIGER F (eds.). Italian Academies of the Sixteenth Century, London: The Warburg Institute, 1995: 175-194.

[②] 后来钱伯利也成为一名枢机主教。

明，乌尔班八世非常欣赏《试金者》，以至于他在吃饭的时候也不忘让人读给他听①。

总之，文艺复兴时期的天主教在处理信仰和理性的关系时依然延续着中世纪的双重真理论。然而，当伽利略的理性探索的成果超出了信仰可以提供庇护的范围，面对这一难以调和的矛盾，他艰难地选择了相信理性，并把这一精神和研究范式带到了林琴学会，他本人在林琴学会的庇护下得以在意大利这一天主教中心喘息②。但当创始人切西去世，林琴学会由此衰落，伽利略不可避免地被宗教审判，他晚年的重要著作《关于托勒密和哥白尼两大世界体系的对话》也未能在意大利出版。

（2）林琴学会在博物学方面的贡献

伽利略在借助望远镜开启了人们认识新世界的大门之时，又研究了显微镜的制作原理，显微镜随后被林琴学会成员迅速应用到博物学研究之中。随着显微镜引发的观察热潮，林琴学会会员对昆虫的研究热情达到了顶峰，对蜜蜂的研究最具代表性。从1625年开始，为庆祝教皇乌尔班八世继位两周年，林琴学会以巴贝里尼家族的象征为主题，把学会成员集体研究蜜蜂的成果凝练成3篇著作献给教皇，这3篇著作详细描述了用显微镜解剖蜜蜂的细节、蜜蜂的无性繁殖和有关蜜蜂的考古学、文献学以及蜜蜂相关的诗歌、神话等。这3部作品虽然材料过于分散，还夹杂着宗教目的，但却是林琴学会把"超自然力量"排除在外、纯粹用观察和实验探索自然的体现。

林琴学会受理性精神和经验主义传统影响，在博物学领域做出的最重要的贡献当属《墨西哥词典》的出版。学会创始人切西本人从小就对动植物研究非常痴迷，在他的带领下，学会成员们研究各种植物标本，把伽利略的研究传统和以显微镜为代表的科学仪器充分运用到博物学研究中③。1603—1630年，以约翰纳斯·法布尔为代表的学会成员们积极搜集标本，为这本记载动植物的著作搜集各类材料，使这本书成为欧洲第一部博物学的百科全书④。这本书的历史可以追溯到1570年，切西去世时尚未完成，最终由他的助手斯泰卢蒂于1651年出版⑤。整本书分为10卷，第一卷关注自然历史的方法论，从第二到第八卷详细整理了美洲的动植物及矿物，最后两部分集中分析了美洲动植物和矿

---

① 宋丽. 17世纪意大利山猫学会研究［D］. 上海：上海师范大学，2016.
② 袁江洋."牛顿革命"与近代科学之兴起的发生学诠释［J］. 21世纪，1997（12）：67-75.
③ PIRROTTA R. L'opera botanica dei primi Lincei［M］. Roma：Accademia Nazional dei Lincei，1904.
④ MERCANTINI A. Inventario del fondo Johannes Faber della biblioteca dell'Accademia Nazionale dei Lincei e Corsiniana［A/OL］.（2013-12-27）［2019-11-02］. https://www.lincei.it/sites/default/files/documenti/Archivio/Archivio_Faber_12-2014.pdf.
⑤ ACCADEMIA NAZIONALE DEI LINCEI. Tesoro Messicano［EB/OL］.（2003-12-27）［2019-11-02］. http://www.lincei-celebrazioni.it/imessicano.html.

第二章 意大利科技社团发展现状及管理体制

物的特点[①]。林琴学会的博物学研究对于欧洲甚至整个世界博物学史都有重要意义。

（3）林琴学会的组织模式和主要活动

林琴学会开启了由贵族赞助、个体科学研究到集体研究之先河。在 17 世纪的意大利，宫廷资助学术研究成为一种普遍潮流，切西公爵希望通过林琴学会塑造自身新形象，以实现家族振兴。林琴学会跟当时意大利贵族资助的其他智力团体有相同的组织模式：有入会仪式，设置学会章程，记录成员名单，选取独特符号作为学会的标志，实行入会邀请制，在入会时要接受学会的各项审查，并宣誓效忠创始人切西。而这种学会管理模式有明显的局限性，学会具有强烈的个人色彩，一旦赞助者去世或发生兴趣爱好的转移，学会则无法维持。因此林琴学会在切西去世之后迅速走向衰落，难以持续运行。

林琴学会的主要活动有召开科学会议、资助科学研究、建立通信网络和出版科学著作 4 种。召开科学会议是林琴学会最重要的活动，除了 1603—1610 年学会因外部压力无法举行会议外，其他时间均不定期召开会议。在 1625 年学会发展的鼎盛时期，共有 32 人参会，包括科学家、诗人、律师，不仅有意大利人，还有德意志地区等欧洲其他国家或地区的会员。会议通常在切西的宫殿中进行，会议内容包括探讨科学问题，商议行政事务，以及出版研究成果，从而保障成员内部的信息交流[②]。资助科学研究是林琴学会的另一项重要活动，也是学会成员坚持学术研究的物质动力。切西公爵对所有入会的会员都会给予经济支持，帮助其安心开展自己感兴趣的研究。在研究的同时，建立通信网络便于同行交流显得必不可少。林琴学会的会员共同形成了一个书信交流网络，通过信件交换彼此的观点，分享各种物品，例如珍贵的植物、矿石样本、新型的仪器以及其他关于自然界的奇珍异宝[③]。当时，航海大发现和新仪器发明层出不穷，这种交流方式对于获取新知识、了解新大陆的各种物种显得尤为重要。赞助出版科研成果是林琴学会的第四个主要职能，学者把自己所写的书献给某个贵族是当时的潮流，林琴学会也不例外。切西为林琴学会提供出版资金，会员把著作献给切西作为回馈，所有会员的著作都标有林琴学会的标志，这也是保证会员著作权的一种体现。伽利略在近代科学中具有奠基意义的著作《关于太阳黑子的信》《试金者》和记载学会科学交流信件的《关于天界新奇事物的书信卷》均由学会资助出版。

---

① GONZALEZ Á P. De materia medica novae Hispaniae：libri quatuor：Cuatros libros sobre la materia médica de Nueva España[M]. Madrid：Ediciones Doce Calles，1998.
② 刘菲. 第三世界科学院（TWAS）历史语境和组织模式研究[D]. 合肥：中国科学技术大学，2013：32.
③ OLMI G. L'inventario del mondo. Catalogazione della natura e luoghi del sapere nella prima età moderna[M]. Bologna：Il Mulino，1992.

2. 西芒托学会

17世纪意大利另一个重要的科学学会当属佛罗伦萨的西芒托学会。佛罗伦萨作为托斯卡纳公国的首府，从15世纪开始在美第奇家族的守护下，成为欧洲文艺复兴运动的发源地以及欧洲知名的商业贸易中心，为孕育近代科学做了充分的物质和文化准备。统治佛罗伦萨200余年的美第奇家族一直是艺术家、文学家及科学家的关键赞助人。17世纪早期，伽利略在美第奇家族的庇佑下公布了他的诸多天文学发现。1657年，美第奇王子、托斯卡纳公爵费迪南二世和利奥波德另辟蹊径，在文学学会云集的佛罗伦萨共同赞助了一个以科学研究为主要活动的学会，即西芒托学会。西芒托学会由两位数学家乔瓦尼·博雷利和温琴佐·维维亚尼共同领导，但随着利奥波德成为红衣主教后于1667年关闭。

罗马的林琴学会因出版了科学巨匠伽利略的著作并保护伽利略免受宗教审判而获得了后世的一致认可，很多学者均认定林琴学会是近代第一个科学学会。如果把近代科学的产生归功于哥白尼、伽利略、牛顿等一个个伟人的贡献，那么林琴学会对伽利略的支持功不可没。但是，如果换个视角，把近代科学的发展看作是在科学共同体中凝聚和传承研究范式，并在社会中逐步建立独立科学家组织的过程，那么西芒托学会则对未来科学的组织和管理方式具有更为深远的影响。在西芒托学会，成员都围绕可重复实验进行对话交流，用大量科学仪器提高实验的精密度，学会的组织模式也被欧洲其他知名科学学会纷纷效仿。

（1）从个人实验到可重复实验

从15世纪起意大利就孕育出很多学会，大多以探讨人文学科为主，如最早出现于佛罗伦萨的柏拉图学院就效仿古希腊柏拉图式的问答来阅读和评论经典。在此后的200余年中，虽然也有一些学会探讨与后来的科学密切相关的自然哲学问题，但却都没有形成多个人组成一个团体围绕一个科学问题进行深入探讨的固定模式。即便在林琴学会，也可以看到创始人切西专注于博物学，获得佩鲁贾大学医学学位的埃伦留斯从事医学研究，伽利略专攻天文学和物理学，波尔塔从事占星术、化学、植物学等多种与自然法术相关的探索，斯泰卢蒂开始关注数学和天文学，后来又转向用显微镜研究微生物。学会成员的研究活动有不同的旨趣，很难围绕同一个研究范式彼此交流观点推进研究进展。这种状况使林琴学会表面上看起来是一个科学研究组织，实则是一盘散沙，并没有发挥凝聚会员形成科学共同体的近代科学研究组织的作用。

但是，西芒托学会则克服了上述缺陷，而解决这一问题的秘诀是让可重复实验成为学会的主要活动。"实验、再实验"是西芒托学会的座右铭[1]。学会成员的实验范围极

---

[1] ABETTI G, PAGNINI P (eds.). Le opere dei discepoli di Galileo Galilei. Edizione Nazionale, vol. 1: L'Accademia del Cimento, Parte Prima [M]. Florence: Guinti-Barbera, 1942.

CHAPTER 2
第二章 意大利科技社团发展现状及管理体制

为丰富：他们重复了埃万杰利斯塔·托里拆利的气压研究实验，重复观察了波义耳在温水煮沸时观察到的动物在没有空气的情况下的行为，制造波义耳的抽气机，重复弗兰西斯·培根水的压缩性实验和达·芬奇研究过的毛细现象[1]，探索双线悬挂起来时摆锤是否保持在同一平面，研究电和磁的基本现象，率先将实验的方法用于生物学研究[2]。学会成员托里拆利用小的玻璃球制成放大率相当高的单显微镜，还用几何学方法研究了透镜的性质，并改良了伽利略的望远镜[3]等。学会主要成员利奥波德、博雷利、维维亚尼、弗朗切斯科·雷迪、洛伦佐·马法洛蒂、亚历山德罗·塞格尼、亚历山德罗·马尔西利、卡洛·里米尼、安东尼奥·奥利瓦、卡洛·达蒂和保罗·博诺等人均积极参与其中[4]。

后来，学会成员搜集整理了公开演示实验的记录，形成了西芒托学会唯一的一本出版物：《西芒托学会自然实验文集》（图2-3）。这本书尽可能客观陈述实验事实，尽可能详细描述实验步骤，减少修辞用语，减少主观论断，与现代科学研究中的实验报告几乎无异。

图 2-3 《西芒托学会自然实验文集》封面[5]

---

[1] TOZZETTI G T. Notizie degli aggrandimenti delle scienze fisiche accaduti in Toscana nel corso di LX del secolo XVII [M]. Florence，1780.
[2] ONELLI C. La retorica dell'esperimento: per una rilettura delle Esperienze intorno alla generazione degl'insetti (1668) di Francesco Redi [J]. Italian Studies，2017，72 (1)：42-57.
[3] 杨庆余. 西芒托学院——欧洲近代科学建制的开端 [J]. 自然辩证法研究，2007，23 (12)：96-99.
[4] BOSCHIERO L. Experiment and Natural Philosophy in Seventeenth-Century Tuscany: The History of the Accademia del Cimento [M]. Dordrecht：Springer，2007：1.
[5] MAGALOTTI L.Saggi di naturali esperienze fatte nell' Accademia del cimento sotto la protezione del serenissimo principe Leopoldo di Toscana e descritte dal segretario di essa academia [M/OL]. (2016-02-07) [2019-11-03]. https://library.si.edu/digital-library/book/saggidinaturali00acca.

（2）科学仪器的大量使用

17世纪是实验科学兴起的时代，科学工具，尤其是测量工具的创造至关重要。[①] 当学会成员把可重复实验放在学会的核心位置时，就会迅速发现，所有人做同一个实验得到相同的结果是一件很困难的事。学会成员无论是重复以往看到的出版物中的实验，还是学会成员之间互相重复彼此做过的实验，都很难得到完全相同的实验结果。例如，真空实验中，托里拆利就与维维亚尼、博雷利和里米尼之间存在严重分歧，这种冲突甚至影响了学会的常规活动。

为了解决这一问题，学会成员一方面加强实验报告的细节描述，一方面寄希望于利用科学仪器提高实验的精密度。虽然制造科学仪器一直是意大利科学的传统，林琴学会成员已经在普遍使用望远镜和显微镜等诸多科学仪器。但是，不同于林琴学会使用科学仪器来改变科学假说，西芒托学会在几乎所有研究活动中运用科学工具，甚至能看到堆满科学仪器的现代科学实验室的雏形。从西芒托学会的相关文献中，可以发现学会为科学仪器的制造安排了独立预算，并雇用"艺匠"制作大量新仪器来满足实验室的基本需求。[②] 赞助人费尔南多二世本人就高度重视科学仪器，在制造空气压力实验相关的仪器时，他亲自与匠人商量并给出具体的指导。据统计，西芒托学会在其存续的10年制造了几千件天文学、物理学、化学及气象学相关的仪器，利奥波德王子本人甚至在他的住宅皮蒂宫中放置了1282件仪器[③]，使皮蒂宫成为学会进行公开演示实验和科学仪器展示的重要场所。

（3）西芒托学会与欧洲其他科学学会

西芒托学会自成立以来就发挥了强大的辐射力，学会有明确的试验计划，会确定优先发展的研究领域，有比较严密的组织安排。法国、英国等欧洲其他国家的科学家纷纷把学会的运行方式和组织模式带回本国，以英国皇家学会和法兰西科学院为代表的欧洲各大科学学会均能看到西芒托学会的影子，其中英国皇家学会与西芒托学会的渊源最深。

第一，公开演示实验是欧洲各大科学学会最感兴趣的学会活动方式。1661年，英国解剖学家约翰·芬奇在比萨工作学习时，在很多场合都目睹了西芒托学会的公开演示实

---

① BUTTERFIELD H. The Origins of Modern Science：1300-1800 [M]. New York：The Macmillan Company，1959：98-99.
② 杨庆余. 西芒托学院——欧洲近代科学建制的开端 [J]. 自然辩证法研究，2007，23（12）：96-99.
③ BERETTA M. At the Source of Western Science：The Organization of Experimentalism at the Accademia del Cimento（1657-1667）[J]. Notes and Records of the Royal Society of London，2000，54（2）：131-151.

验。当他回到伦敦时，就决定要在英格兰也成立一个类似的学会，也就是后来的皇家学会。同时，皇家学会的另一位奠基人亨利·奥尔登伯格在1667年给利奥波德王子写了一封信，一并邮寄了托马斯·斯普莱特撰写的皇家学会的历史，信中明确写到皇家学会同西芒托学会一样，将公开演示实验作为其主要活动。具有讽刺意味的是，当这封信11月抵达佛罗伦萨时，西芒托学会已经关闭了，而皇家学会和法兰西科学院却继承了西芒托学会的传统并延续至今①。

第二，公开出版物也启发了欧洲科学学会创办期刊。虽然西芒托学会在其存续的10年间，只出版了1本实验文集，但英国皇家学会的会员们却深受影响。西芒托学会用出版的方式把学会所做的公开演示实验记录下来，这种方式可以极大地促进实验的传播和交流。英国皇家学会效仿这种方式，创办了《哲学汇刊》。西芒托学会对实验的客观陈述也充分体现在《哲学汇刊》的文风中，波义耳及英国皇家学会的其他重要成员均尽量采用描述性语言、精准的语句来描述实验，尽量淡化科学实验背后的个人色彩。但是，英国皇家学会很快就发现西芒托学会出版物中最大的缺陷：所有实验均为匿名，无个人署名。这种方式虽然能表达出版物的客观公正，但却无法体现研究者的贡献。对科学发现优先权的忽略不仅会使学者失去为争取科学发现优先权而积极探索的动力，而且无法推动科学的持续进步。因此，英国皇家学会在吸收西芒托学会发表出版物经验的基础上，吸取教训，标注了每一篇文章的作者，尊重个体的研究成果，保证了期刊的生命力。

（4）个体优先权与出版物匿名之间的冲突

无法保证个体科学发现的优先权是西芒托学会在科学制度化进程中的一大缺陷。《西芒托学会自然实验文集》是西芒托学会的唯一出版物，事实上学会还保存着大量未出版的实验报告。这本文集刚刚出版之前，佛罗伦萨乃至欧洲其他科学学会的会员就在抱怨文集中的实验报告没有个人署名。当时，文集的赞助者利奥波德王子最终决定还是以匿名的方式出版②。表面上，尽管有不同意见，但学会会员都响应了王子的号召，不再提此事。但事实上科学发现的优先权问题始终困扰着西芒托学会，极大地损害了学会会员进行深入研究的积极性，也对学会成员与其他科学学会会员的交流产生了障碍。以托里拆利的真空试验为例，根据学会未出版的实验报告来看，托里拆利在1656年就做了无数次实验，均在波义耳着手之前就已经完成，两者的不同之处仅在于波义耳的实验中不需要复杂的科学仪器——气压泵。所以，当1662年博雷利收到波义耳出版的书后明

---

① HALL M B. The Royal Society and Italy 1667—1795 [J]. Notes and Records of the Royal Society, 1982, 37（1）：63-81.

② FERMI S. Lorenzo Magalotti, scienziato e letterato, 1637—1712 [M]. Piacenza：Bertola, 1903：83.

确表达了不满，因为这些实验西芒托学会都做过，但却因为没有署名出版被波义耳抢占了先机。因此，当法国学者让·德·提夫诺希望与西芒托学会交换一些实验数据时，博雷利已经意识到实验数据的泄露会丢失优先权，将对佛罗伦萨的科学声望带来损失，所以选择不予以回复。① 为了保护学会的实验数据，博雷利的选择并不是以署名保证优先权换取公开发表，而是尽量把佛罗伦萨学者与法国、英国等国外同行的交流频率降到最低，只有克里斯蒂安·惠更斯、尼尔斯·斯坦森、罗伯特·索斯维尔、罗伯特·波义耳、艾萨克·牛顿、戈特弗里德·莱布尼茨、丹麦物理学家拉斯穆·巴多林等外国学者与学会能顺畅地进行科学交流。这种出版物的匿名署名方式直接导致科学交流几乎被切断，佛罗伦萨的科学成就随之明显下降。②

（5）从对大自然的数学探索到实验的转变

17世纪的意大利虽然经历了文艺复兴的洗礼，但还处在浓厚的宗教氛围中。即便是科学革命的先锋人物伽利略，也如同中世纪的思想家般是虔诚的教徒。中世纪学者在处理宗教与理性的冲突时，选择用双重真理论调和两者的矛盾，认为哲学通过理性思维和逻辑推理得到的真理与宗教通过天启和经传得到的真理"都是真理"，两者矛盾时应相信哲学的判断③。而进入17世纪，当伽利略坚定地支持哥白尼的日心说时，他遭遇了比伊斯兰教和中世纪后期欧洲思想家更为严重的理性与信仰的冲突。此时，伽利略选择把上帝的理智置于自己的意志之上，使上帝受制于他自己所设置的规律，这种唯理智论的神学观点最终导致了被宗教审判的悲剧。伽利略的惨痛经历深刻地影响了意大利的自然哲学家，为了避免类似的惨剧再次发生，西芒托学会的成员虽然以伽利略的思想为指导，但选择剥离其中形而上学的内容，保留实验精神，使学会在宗教氛围浓厚的意大利得以存续。

由此，伽利略开启的近代科学研究传统在西芒托学会发生了转向。近代科学的研究范式本来是逻辑与归纳的结合，既注重理性推理也注重经验实验。可在西芒托学会，学会的"经验主义"看似是对伽利略理念的传承，但实际上它更像是一种妥协④。伽利略思想中会引发宗教冲突的理性推理部分被当作形而上学排除在外，取而代之的是对实验的极度推崇。博雷利和维维亚尼作为两名数学家负责学会的实际管理，但是他们并没有

---

① TOFANI G. Atti e memorie inedite dell'accademia del Cimento e notizie aneddote dei progressi delle scienze in Toscana ecc［M］. Firenze：Accademia del cimento Firenze，1780.
② MELI D B. Authorship and teamwork around the Cimento Academy：mathematics，anatomy，experimental philosophy［J］. Early Science and Medicine，2001，6（2）：65-95.
③ 纳忠. 传承与交融：阿拉伯文化［M］. 杭州：浙江人民出版社，1993：277-278.
④ GALLUZZI P. L'accademia del cimento：*gusti* del principe，filosofia e ideologia dell' esperimento ［J］. Quaderni storici，1981，16（48）：788-844.

提出任何数学问题供成员探讨。《西芒托学会自然实验文集》中就明确指出，几何学只能在我们的哲学推测中指引我们一小段路，只有实验才能确保我们的理念走在正确的路上。而且，学会反复强调对实验的客观描述和中立性表达，淡化个人色彩的科学假设，也是遵循了对实验客观性的高度重视。

所以，西芒托学会对伽利略研究范式的转变，实质上是17世纪意大利学者对什么是自然哲学以及如何探索自然的理念的综合体现。这种转变短期来看是有益的，至少保证科学的星星之火能在意大利存续。但从长远来看，原本靠两条腿向前行进的近代科学在意大利却被砍掉了逻辑思辨这条腿，即便实验作为另一条腿成长得多么迅速，也终究是个瘸子，无法快速奔跑。在随后的欧洲，水晶天球终被打破，科学从宗教中脱离并迅速发展壮大已势不可当，可在这场被称为科学革命的声势浩大的运动中，英国皇家学会后来居上，而意大利科学学会风光不再，湮没在历史尘埃中。

（二）18世纪：自由结社与集中管理并存

18世纪的意大利依然处于四分五裂状态，但主要地区的统治者改为了奥地利王室。1713年，根据乌特勒支合约[①]的规定，奥地利王室取得了米兰王国和那不勒斯王国的领导权。同时，托斯卡纳地区通过和奥地利王室联姻，结束了美第奇家族的统治，也划归奥地利所有。由此，奥地利哈布斯堡王朝获得了意大利几个主要地区的管辖权，意大利的北部甚至由维也纳直接控制以获取更丰厚的经济利益。奥地利哈布斯堡王朝深受法国启蒙运动的影响，这为理性主义和学术氛围在意大利的传播铺平了道路。当时意大利的主要城市，如米兰、罗马、威尼斯、都灵、那不勒斯等都是哲学家和文学家的聚集地。欧洲各国的文学家、艺术家，如歌德、雪莱、济慈、拜伦等人都曾周游意大利，一时间意大利成为欧洲的旅游胜地。在理性主义盛行和鼓励学术交流的氛围影响下，18世纪意大利的科技社团逐步盛行起来，并获得了稳定的发展空间。

虽然林琴学会、西芒托学会这些17世纪的科技社团没有得以延续，但是它们的传统却并没有随着学会的关闭而消失。18世纪在意大利各个地区出现的科技社团均延续了17世纪科技社团的建制传统，依然是由科学家自发组成、自下而上形成自治团体。同时，这些18世纪的新兴科技社团深受意大利的政治体制影响，具有浓厚的地区色彩，每个王国、地区都会组建各自的科技社团，成为本地区对科学研究感兴趣的各类人士的聚集地。

1. 意大利各个公国的科技社团

18世纪意大利各个主要地区的科技社团约有10个，这些科技社团的主要职能均是

---

① 1713年在乌德勒支签署的一系列旨在结束西班牙王位继承战争的和约。

定期聚会，并通过科学—文学期刊相互交流。这一时期，意大利尚没有形成统一民族国家的理念，科技社团成为各个王国和地区的科学研究爱好者进行沟通的主要平台，科技社团出版的期刊亦成为科技社团之间、科学研究爱好者之间获取知识、交流观点的主要媒介。

博洛尼亚是意大利北部的历史文化名城，诞生了世界范围内公认的近代意义上最为古老的大学——博洛尼亚大学。作为意大利的学术重镇，博洛尼亚于 1690 年就成立了学会，并在 1714 年并入以数学研究闻名的马西利亚诺研究所。1731 年，该研究所出版了刊物《评论》[1]。直到 1794 年，《评论》期刊陆续地、不定期地出版了 7 本，刊登物理、数学、自然科学和医学领域的文章。这本刊物尤其重视数学，发表了卢杰罗·博斯科维奇[2]、文森佐·黎卡提[3]、马利·孔多塞[4] 等数学家撰写的多篇数学史文章[5]。

同为意大利北部名城的都灵，1720 年是撒丁王国都城，在 1757 年先是成立了一个自治学会，后来从自治社团转变成为官方认可的皇家学会（1761 年），1783 年又更名为皇家科学院[6]。都灵的科技社团同样重视物理、数学、自然科学和医学领域的学术研究，从 1759 年起在著名数学家约瑟夫·拉格朗日的领导下陆续出版了 5 卷《都灵杂记》，发表了他本人关于振动弦相关的文章[7]，还有法国学者让·达朗贝尔、莱昂哈德·欧拉、加斯帕尔·蒙日、皮埃尔·拉普拉斯、孔多塞等人的数学文章。18 世纪后期，都灵所在的撒丁王国深受启蒙运动影响，都灵的科技社团也逐步效仿法国成立了皇家科学院，1786 年开始在法国出版了《皇家科学院备忘录》[8]。

---

[1] TEGA W. Anatomie accademiche, vol. 1: I Commentari dell'Accademia delle Scienze di Bologna [M]. Bologna: Il Mulino, 1986.
[2] 意大利天文学家和数学家，第一个提出用几何学方法，通过 3 次观测旋转行星表面上的 1 点，求出行星的赤道，并根据 3 次观测到的行星位置，算出行星的轨道。
[3] 威尼斯数学家，在双曲函数方面有开拓型贡献，父亲雅各布·黎卡提也是著名的意大利数学家，以黎卡提方程闻名于世。
[4] 哲学家、数学家，启蒙运动的杰出代表人物，致力于积分计算研究，是第一个将数学应用于人类社会的科学家。
[5] DORE P. Origini e funzione dell'Istituto e della Accademia delle Scienze di Bologna [J]. L'Archiginnasio, 1940, 35: 192-215.
[6] CONTE A, MANCINELLI C, BORGI E, et al. Lagrange: Un europeo a Torino [M]. Torino: Hapax Editore, 2013.
[7] BORGATO M, PEPE L. Lagrange, appunti per una biografia scientifica [M]. Torino: La Rosa, 1990.
[8] CARPANETTO D. I due primi secoli della Accademia delle Scienze di Torino: Realtà accademica piemontese dal Settecento allo Stato unitario [C] //Atti del Convegno, 10-12 novembre 1983, Torino: Accademia delle Scienze, 1985-1987.

第二章 意大利科技社团发展现状及管理体制

除此之外，锡耶纳、帕多瓦、曼托瓦同样位于意大利北部，也均有自己的科技社团。锡耶纳毗邻佛罗伦萨，受到佛罗伦萨这一艺术和学术胜地的影响，由物理学家皮耶罗·加布里埃利成立了费西科里奇学会[1]，该学会自1761年到1794年出版了意大利存续至今最古老的连续出版物《锡耶纳费西科里奇学会论文集》，累积有7本[2]；帕多瓦靠近威尼斯，以伽利略为代表的众多著名学者都曾在威尼斯共和国管理下的帕多瓦大学执教，科技学会在帕多瓦应运而生；1767年，奥地利帝国皇帝约瑟夫二世在曼托瓦成立了皇家科学、文学和艺术学院，并在1795年出版了一本与科学相关的期刊[3]。

相比之下，那不勒斯作为意大利南部第一大城市，是对科学研究关注度最高的南方城市。在费迪南四世执政期间，那不勒斯深受法国启蒙运动影响，在1778—1787年成立了皇家学会，该学会尤其关注物理、数学、自然科学、医学和哲学领域的研究，并把学会成员的研究成果结集出版（表2-1）[4]。

表2-1　18世纪意大利的科技社团及其出版物

序号	科技社团	地点/时间	科学领域	出版物
1	科学学会/马西利亚诺研究所	博洛尼亚/1690年	物理学、数学、自然科学、医学	《评论》
2	科学学会	都灵/1757年	同上	《都灵杂记》
3	皇家科学院	都灵/1783年	同上	《皇家科学院备忘录》
4	学会	帕多瓦/1779年	物理学、数学、自然科学、医学、哲学	《汇刊》
5	费西科里奇学会	锡耶纳/1691年	物理学、数学	《锡耶纳费西科里奇学会论文集》
6	皇家学会	那不勒斯/1778年	物理学、数学、自然科学、医学、哲学	《论文集》
7	皇家科学、文学和艺术学院	曼托瓦/1767年	同上	《论文集》
8	意大利学会	维罗纳/1782年	数学、天文学、自然史和医学研究	《意大利学会数学和物理学会刊》

---

[1] FERRI S. Università e Fisiocritici: un legame per la scienza [J]. Annali delle Università Italiane, 2006 (10): 91-113.

[2] MANGANELLI G, BENOCCI A. 250 years of Atti dell'Accademia dei Fisiocritici in Siena: its contribution to natural history [J]. Archives of Natural History, 2013, 40 (1): 168-171.

[3] CAVAZZUTI G. I duecentosettantacinque anni della Accademia di scienze, lettere e arti [M]. Modena: Accademia di Scienze, 1958: 24.

[4] BELTRANI G B, La R. Accademia di scienze e belle lettere fondata in Napoli nel 1778 [J]. Atti dell'Accademia Potaniana, 1900 (5): 118.

2. 意大利学会：民族统一理念的体现

1782年，意大利学会在维罗纳成立，这个学会由著名数学家安东尼奥·罗格纳组建，是当时意大利最知名的科技社团。早在1766年，罗格纳就提议召集意大利顶尖的科学家一起创办一个象征意大利科技实力的社团。直到1781年，他的这个倡议获得了亚历山德罗·伏打、拉扎罗·斯帕拉捷[①]、博斯科维奇等40名意大利知名科学家的支持，并于次年正式成立，意大利学会也因为这40名成员被称为"40学会"[②]。相比之下，这个学会与上述其他王国或地区的学会既有相似，也有区别。共同之处在于两者的成员都遵循物权法定原则，不同之处有以下几点。

第一，学会创建的宗旨有很强烈的爱国情怀，希望通过一个统一的意大利学会贯彻民族团结理念。因此，学会吸纳的40名会员跨越了政治观点和地区界限，来自意大利各个王国和地区。罗格纳在1782年出版的学会第一期回忆录中就明确指出"意大利的劣势在于它的力量是分散的"，有必要"把许多杰出却分散的意大利人的知识和成果结合起来"。这些话包含了新学会的纲领及"所有意大利智者"深远的政治和爱国情怀，而非皮埃蒙特、伦巴第、威尼斯或两个西西里王国中的某一个特殊的意大利协会[③]。通过这种组织模式，意大利民族统一理念在科技社团中生根发芽。

第二，意大利学会延续了林琴学会的自治传统，是知名科学家自发组成的团体，不像其他后来改革的皇家学会一样为会员提供报酬，发放固定薪水。

第三，意大利学会作为自治组织，其管理模式类似英国皇家学会相对松散，只是不定期举行会议、不定期聚会，并不像法国皇家科学院具有规范固定的管理程序。

可以说，罗格纳是当时意大利唯一能享誉欧洲的科学家，也是欧洲各国知名科技学会（如英国皇家学会、法兰西科学院、柏林及圣匹兹堡的学会）会员[④]。罗格纳利用他的影响力，通过学会刊物把意大利学会推广到欧洲各地，努力使其享誉欧洲[⑤]。跟博洛尼亚和都灵的学会一样，意大利学会也出版了学会刊物《意大利学会数学和物理学会刊》，主

[①] 意大利著名的博物学家、生理学家和实验生理学家。

[②] PENSO G.Scienziati italiani e Unità d'Italia：Storia dell'Accademia nazionale dei XL[M]. Rome：Bardi Editore，1978：9-39.

[③] ACCADEMIA NAZIONALE DELLE SCIENZE DETTA DEI XL. Storia[EB/OL].（2016-11-12）[2019-11-03]. https://www.accademiaxl.it/zh/accademia/storia.

[④] PIVA F. Anton Maria Lorgna e l'Europa[M]. Verona：Accademia di Agricoltura，Scienze e Lettere，1993.

[⑤] PIVA F. Anton Maria Lorgna europeo[C] // Anton Maria Lorgna nel 250º anniversario della nascita，Atti del Convegno di Verona：28 settembre 1985. Verona：Accademia di Agricoltura Scienze e Lettere，1986：27-63.

要发表数学、天文学、自然史学和医学研究的论文，并将其寄给巴黎、伦敦和柏林各地的学会，以便欧洲其他学会了解意大利科学家的研究成果，提升意大利科学的影响力。罗格纳去世之后，天文学家安东尼诺·卡尼奥利作为新任主席，长期居住在巴黎游说拿破仑政府，为学会维持运行争取到了资金支持，使《意大利学会数学和物理学会刊》在短暂停刊后继续出版。

总之，18世纪意大利的政治变动对科技社团的组织模式带来了深刻影响。18世纪上半叶，意大利各个地区尚处于分裂状态，科技社团延续了17世纪林琴学会的发展模式，大多是自下而上由科学爱好者组成的自治团体。与意大利的其他行会一样，无论是作为宗教领袖的教皇，还是作为行政领导的国王，均未对科技社团的日常运行施加过多影响。而随着法国启蒙运动之风吹遍欧洲大陆，以及奥地利对意大利北部地区的统治，18世纪下半叶的意大利科技社团逐步开始效仿法兰西科学院的管理模式，成为由王国管理的皇家学会，只有意大利学会延续了科学家自由结社的传统。随着现代化进程带来的民族统一理念开始渗透意大利，科学家希望意大利学会发展成为一个独立统一、覆盖意大利所有地区的科技社团，使意大利科技社团能以独立团结的形象屹立于欧洲科学的舞台。

意大利在分裂状态时不同王国和地区的地域特色对科技社团的研究方向有潜移默化的影响。在尚未形成统一民族国家的18世纪的意大利，不同王国和地区的科技社团保持了各自的发展特色：博洛尼亚和都灵的科技社团关注的领域趋同，这两个地区的学者延续了伽利略的研究传统，擅长物理学、数学、医学及其他自然科学的研究，希望用实验和数学的方法探索大自然的奥秘；而那不勒斯、帕多瓦的科技社团则不同，它们效仿莱布尼茨建立柏林科学院的宗旨，社团涉及的研究领域更为广泛，在关注数学和自然科学的同时也重视哲学和语言学。

（三）19世纪：在民族复兴中跌宕起伏

19世纪的亚平宁半岛，政权频繁更迭，跌宕起伏。19世纪初，意大利被他国占领，四分五裂，以农业经济为主；而到了19世纪末期，意大利已经实现民族统一，独立自主，向现代工业国家转型。在百年间，意大利大致经历了三个重要历史转型阶段：1796—1814年，拿破仑占领意大利，法国管理模式在意大利全面推行；维也纳会议（1815年）结束后，意大利回归到分裂状态，亚平宁半岛上有8个公国和地区，但意大利人已经形成了民族统一意识并为之努力，1814—1860年这段时间也被称为复兴运动时期；经过半个世纪的斗争，意大利终于在1861年形成了初步统一的国家，并在1871年定都罗马，成为真正独立统一的国家。

法意澳新科技社团研究

1. 拿破仑占领时期国家管理的科技社团

1796年，拿破仑打败奥地利后占领了意大利，先后成立了意大利共和国和意大利王国，定都米兰。拿破仑统治时期，完全照搬了法国模式构建政治体制，意大利的科技社团也完全效仿法兰西学院，在拿破仑的直接领导下成立了政府机构性质的国家研究所。1796年，法兰西学院的知名学者蒙日、克劳德·贝托莱和杜因，以及一些艺术家被派往意大利，最初的目的是跟随法军在意大利搜集知名艺术收藏[1]。当意大利国家研究所成立后，这些法兰西科学院的会员积极参与其中，与彼得罗·莫斯卡蒂[2]、乔瓦尼·帕拉迪斯[3]、路易吉·卡斯蒂廖尼和路易吉·拉姆贝蒂等意大利本土学者共同规划研究所的未来[4]。之所以成立国家研究所，基于以下原因[5]：

①一个国家的科学水平代表了这个国家的文明程度，国家研究所是意大利文明水平的象征；

②需要成立一个统一、开放的科学团体，把意大利各个地区的科学家凝聚在一起，搜集各地的发现，并相互交流观点；

③研究所设在博洛尼亚，希望博洛尼亚人民与共和国的命运紧密联系。

根据后来出台的国家研究所章程可以看出，这个研究所有三项职能：搜集意大利的艺术珍品、改进科学和艺术、改善国民教育。其中，国民教育的职能最为特别，这意味着国家研究所可以制定意大利的教育政策，甚至可以任命各个大学的教授[6]。

研究所设立了30名付薪水的正式会员和30名荣誉会员，由时任意大利共和国副主席弗朗切斯科·梅尔齐公爵提名，并由拿破仑亲自确定第一批正式会员的最终人选。带薪的30名正式会员中，有15人是博洛尼亚大学和帕维亚大学的教授，数学家所占的比例最高[7]。同时，拿破仑本人、梅尔齐以及莫斯卡蒂、帕拉迪斯、瓦雷泽·丹多洛和詹巴

---

[1] MONGE G. Dall'Italia(1796-1798)[M]. Palermo：Sellerio，1993.

[2] 米兰人，19世纪意大利知名的政治家。

[3] 19世纪意大利数学家、政治家和诗人。

[4] PEPE L. Teodoro Bonati：I documenti dell'Archivio Storico di Bondeno[M]. Cento：Siaca，1992.

[5] PEPE L. Volta, the "Istituto Nazionale" and Scientific Communication in Early Nineteenth-Century Italy[G] // BEVILACQUA F，FREGONESE L. Nuova voltiana：Studies on Volta，Pavia：Universite degli studi di Pavia，2002：101-116.

[6] PEPE L. L'impegno civile dei matematici italiani nel triennio repubblicano，1796-1799[J]. Archimede：Rivista per gli insegnanti e i cultori di matematiche pure e applicate，1993，45（1）：3-11.

[7] ZAGHI C. I carteggi di Francesco Melzi d'Eril, Duca di Lodi[J]. The Journal of Matern History，1963，35（2）：189-190.

第二章　意大利科技社团发展现状及管理体制

迪斯塔·文丘里[①]等意大利重要的政治家和科学家都是荣誉会员，以体现国家对科学研究的重视。同时，国家研究所的成员也参与到国家治理之中，有的成员甚至身居要职：帕拉迪斯是议会主席，莫斯卡蒂负责科学教育，丹多洛是达尔马提亚王国[②]地区的管理者，文丘里是瑞士大使。

然而，当国家研究所成立大会的筹备工作完成后，定于1803年5月24日在博洛尼亚举行的会议时，却因人数不足无法召开。随后，在5月28日至6月1日重新召开会议。这次会议被认为是意大利首个国家层面的科学家大会，具有历史意义。会议上，伏打被任命为主席，卡洛·阿莫雷蒂和路易吉·布鲁格特里[③]担任秘书长，并确定了研究所的章程。会议成员明确研究所设置分支机构：物理和医学科学分部、政治和道德科学分部、文学艺术分部，分部的会员数量分别为30人、13人和14人。为了照顾伦巴第地区的科学家，研究所决定在博洛尼亚和米兰均设立机构，但博洛尼亚是总部，每月召开1~2次会议处理机构事务。

国家研究所自成立以来蓬勃发展，1810年年底拿破仑决定把机构改名为皇家科学、文学和艺术学院，付薪水的会员数量上升到60人，荣誉会员的数量不再设限，第一任主席为帕拉迪斯。新机构设立了两个分部：科学和机械工艺、文学和人文，两个分部的成员数量比例为3∶2，每个分部都选出一个主管作为领导。两个分部根据学科领域又进行了细分（表2-2），科学和机械工艺分部下设了2个分支，文学与人文分部下设了3个分支。相较于之前的国家研究所，皇家科学、文学和艺术学院不再拥有决策和管理国家教育的权力，但在威尼斯、帕多瓦、维罗纳增设了分部。皇家科学、文学和艺术学院的出版物使用语言是意大利语和拉丁语，外籍会员只提供法语版本。

表2-2　皇家科学、文学和艺术学院组织构成

分　部	分　支	学　科
科学和机械工艺分部（36人）	分支1	几何学、微积分学、理论力学、天文学、地理学
	分支2	自然史学、实验物理学、化学、医学、外科、农学
文学与人文分部（24人）	分支1	法学、道德学、思想意识、政治经济学、外交学
	分支2	历史学、文学史学、考古学、药理学、诗歌
	分支3	绘画、音乐

---

① 瓦雷泽·丹多洛和詹巴迪斯塔·文丘里，前者是19世纪意大利著名的化学家和农学家，后者是19世纪意大利著名的物理学家，发现了文丘里效应。
② 达尔马提亚王国是哈布斯堡君主国自1815年到1918年下辖的一个行政区划（王国）。
③ 卡洛·阿莫雷蒂是19世纪意大利知名学者、作家和科学家；路易吉·布鲁格特里是19世纪意大利化学家，发明了电镀工艺。

法意澳新科技社团研究

  1806年开始,拿破仑授权国家研究所(后更名为皇家科学、文学和艺术学院)出版刊物,到1813年出版了6本,共2836页。其中有4卷由物理和数学分部出版,可见这两个领域始终是意大利科学研究的强项,其中有3篇有影响力的论文。伏打、乔瓦尼·阿尔迪尼①和米歇尔·阿拉尔迪②的文章在物理学方面也有所贡献,刊物还介绍了一些新的科学仪器。阿拉尔迪作为研究所的秘书长,亦是刊物主编,曾经为这本刊物写了两篇重要的序言,一是呼吁意大利科学家用意大利文代替拉丁文写作;二是列举了伏打、拉格朗日、保禄·鲁菲尼③、皮耶罗·泡利、温琴佐·布鲁纳奇、吉乌塞佩·阿文济尼等意大利本土科学家的研究成果,向法国人指出意大利科学家对欧洲当时的科学进步做出的贡献。

  国家研究所及后来的皇家科学、文学和艺术学院是在拿破仑亲自领导下,首次通过自上而下的方式、以行政命令方式把意大利各个地区的科学家联合起来组建的机构,这导致各个地区之间的矛盾有时无法调和,进而影响了研究所的发展。早在研究所成立大会召开之际,博洛尼亚的会员不愿意接纳以米兰为代表的伦巴第地区的科学家参会,导致成立大会被迫延后。1805年,伦巴第地区的科学家利用意大利王国成立并定都米兰的契机,投票表决把研究所的总部转移到米兰,绝大多数研究所的成员同意这一决定。但即便如此,拿破仑看到这一决定后明确表示反对,坚持维持原状,把博洛尼亚作为研究所总部。伦巴第和博洛尼亚之间的矛盾持续升级到不可调和的地步,1805年7月的研究所大会成为最后一次意大利王国的全体科学家大会。随后的5年,即使拿破仑看到米兰地区有更多更优秀的学者,也继续坚持反对米兰作为研究所的总部。但为了缓解不同地区的分歧,拿破仑建议可以在帕维亚、威尼斯、帕多瓦、博洛尼亚成立自治学术团体形式的分部,为学术研究提供更为宽松的环境。米兰分部虽然没有实现作为研究所总部的愿望,但因为有众多积极参与的科学家,分部一直保持很高的活跃度,每年召开一次大会,即使在被奥地利重新占领时期也没有中断。

  拿破仑统治时期意大利在政府层面建立的科技社团,改变了以往意大利自下而上由科学家团体自发结社的传统,彻底移植了法国管理模式,对百年来处于四分五裂的意大利有独特的意义。首先,第一次通过行政命令把意大利各个地区的科学家召集在一起,这种形式推动意大利科学家萌发出民族统一理念,通过国家层面的科学组织来体现这种理

---

① 博洛尼亚人,19世纪意大利物理学家,主要从事电流、灯塔建造和照明、解剖及医学应用。
② 19世纪意大利知名物理学家。
③ 保禄·鲁菲尼是意大利数学家、医学家、哲学家;皮耶罗·泡利是19世纪的意大利数学家;温琴佐·布鲁纳奇出生于佛罗伦萨,是19世纪意大利数学家;吉乌塞佩·阿文济尼是19世纪意大利数学家和物理学家。

第二章 意大利科技社团发展现状及管理体制

念。其次，以往意大利各个王国和地区的学者之间的联系严重缺乏，而国家层面的科技社团及国家层面的会议有助于推动不同地区学者之间互相沟通，极大地促进了彼此之间的交流。再次，这种组织形式使意大利科学家以团结独立的形象出现在欧洲科学的舞台上，推动意大利科学家的国际交流，使意大利学者在继伽利略之后再次受到欧洲主流科学共同体的认可。例如，阿尔迪尼专门去英格兰宣传电偶理论，后来在学会中汇报了他在英格兰的经历。最后，政府层面的科技社团的出现导致科学发展大幅度向前迈进，意大利很多大学第一次出现了以培养建筑师和工程师为目的的独立的数学和物理系，而且由此孵化出由学会成员帕拉迪斯、西蒙尼·斯特拉蒂科[①]和布鲁纳奇领导的工程师科技社团，帮助工程师掌握道路桥梁建设技巧[②]。

2. 民族复兴运动中国家层面的科技社团

虽然维也纳会议之后拿破仑撤出了意大利，意大利重新被肢解为8个王国和地区，但在此后长达半个世纪的复兴运动中，意大利科学家却传承了民族统一的理念，积极致力于通过自身努力建立一个意大利国家层面的科技社团。但在政治体制上，复兴时期的意大利尚未形成一个统一的民族国家，拿破仑推行的法国模式无法在意大利实现。所以，在托斯卡纳公国医学和科学研究所工作的科学家发起建立了意大利科学会，希望按照更适合意大利当时情况的德国模式来管理这一机构，并召集意大利所有科学家开会。托斯卡纳大公利奥波德二世当时是英国皇家学会成员，对科学研究兴趣浓厚，在他的支持与数学家盖塔诺·乔吉尼[③]的协助之下，意大利科学会的年会，即意大利科学家会议第一次大会在比萨大学召开[④]。直到1848年之前，意大利科学会每年召开年会（表2-3），意大利科学家认为这是每年最重要的科学盛会[⑤]。从表中可以看出，参加年会的科学家数量增长迅速。数学家、物理学家、化学家、地理学家、生物学家、植物学家均参与了年会，但是人文学者（历史、经济和法律相关人士）并没有包含其中。

---

① 米兰人，19世纪意大利数学家、物理学家、航海科学专家和工程师。
② PUCCI C. L'Unione Matematica Italiana dal 1922 al 1944：Documenti e riflessioni [J]. Symposia mathematica，1986（27）：187-212.
③ 19世纪意大利数学家、工程师和政治家。
④ BOTTAZZINI U. Immagini della matematica italiana nei Congressi degli scienziati（1839-1847）[G]// BORGATO. Le scienze matematiche nel Veneto dell'Ottocento. Venezia：Istituto Veneto di scienze lettere e arti，1994：151-161.
⑤ GAVROGLU K. The Sciences in the European periphery during the enlightment [M]. Dordtecht：Kluwer Academic Publishers，1999：121.

表 2-3　意大利科学会召开年会情况

时间 / 年	地　点	参与人数 / 名
1839	比萨	421
1840	都灵	573
1841	佛罗伦萨	888
1842	帕多瓦	514
1843	卢卡	494
1844	米兰	1 159
1845	拿波里	1 611
1846	热那亚	1 062
1847	威尼斯	1 478

意大利科学会年会也推动了意大利的统一进程。当时，参加意大利科学会年会的成员，不仅包括科学家，而且有很多高举民族统一大旗的知识分子。意大利科学会就是民族主义者宣传和贯彻这一理念的绝佳平台。因此，在当时意大利的社会历史背景下，意大利科学会不再是单纯的科技社团，还承载着意大利国家统一的希望和信念。

3. 国家统一之后的科技社团

1861 年，意大利建立统一的王国。1870 年 9 月，王国军队攻克罗马，最终完成统一。为了能迅速实现国家层面的真正统一，意大利政府决定在所有地区实施统一的管理体制，把皮尔蒙特大区的法律在全国范围内推广[1]，这种自上而下的管理方式同样在科学体系中得到贯彻。意大利统一之后的科学体系面临着历史与现实之间的严重冲突：一方面，科学及教育水平与经济水平形成强烈的反差，意大利的大学和大学学生数量均排在世界前列，但统一之后的意大利总体上还是一个以农业为主的国家，而此时科学和教育水平同样领先的英国和德国已经迈入了工业国的行列；另一方面，意大利不同地区之间的科技和教育水平存在严重差距，北部地区有辉煌的历史文化传统、拥有众多欧洲知名学术机构，南部地区识字率、教育普及率和科学研究水平均明显低于北方，仅有些数月内就能毕业的大学[2]。

在这种情况下，意大利科技社团的重建就面临两种选择。第一个选择是可以继续效仿法国模式，由中央政府对科技社团施行全面管理，把科技社团纳入国家公共机构的范围，这种方式在 19 世纪初已经极大地促进了意大利各地区科技社团的繁荣和辉煌；第二个选择就是向当时后来居上的德国学习，保留意大利本土自由结社的传统，由科学共

---

[1] Piemontesizzazione [EB/OL]. [2019-11-03]. https://it.wikipedia.org/wiki/Piemontesizzazione.

[2] MICHELI G. Storia d'Italia. Annali 3. Scienza e tecnica nella cultura e nella società dal Rinascimento a oggi [M]. Torino: Einaudi, 1980: 865-893.

同体自发在各个大区成立科技社团，以自主运行和自我监管为主，政府只是对其进行外部监管，这种方式能保证科技社团的学术自主性。集中管理模式和学术自治模式的支持者经过长期的争论之后，终于有了结果。

意大利统一之初，意大利的科技社团延续了自由结社的传统，实行学术自治模式。顺应欧洲范围内科学的专业化和职业化进程，意大利也成立了一系列专业性科技社团，如伦巴第农业协会、意大利地理学会、意大利昆虫学会、意大利眼科学会、意大利内科学会等，林琴学会和西芒托学会在这一时期均得以重建。这一时期，意大利与英国、德国等欧洲其他国家一样，经历了科技社团发展的辉煌时代，学会数量和会员人数均快速增加。

1890年，意大利通过了慈善和社会关怀相关法案，明确把科技社团直接纳入政府管理范围，对科技社团的管理从学术自治模式转向了集中管理模式。由此，意大利的科技社团成了国家公共机构，由政府统一管理。虽然科技社团的数量还在持续增加，以意大利电子电工协会和意大利儿科学会为代表的全国性社团相继成立，但是科技社团已经从自由结社转变成了政府机构，组织模式和运行模式都发生了翻天覆地的变化。

二、意大利科技社团的发展现状

意大利科技社团分布在庞大的非营利组织中，没有特定机构进行系统管理，因此无法直接获得意大利科技社团的名录、行业构成等准确信息。并且，意大利政府一直以来对非营利组织都是松散管理，实施自愿注册的原则，登记注册的烦琐程序导致未登记注册协会的数量明显高于已登记注册的协会数量。所以，意大利非营利组织的规模和特征长期以来都是学者们的估测。

直到2016年，意大利国家统计局才第一次对非营利组织展开官方性质的全面普查。此次普查的时间段为2016年11月至2017年4月，包含非营利组织的规模、主要开展活动、参与人数等基本情况。作为意大利官方发布的统计报告，这份报告宏观呈现了意大利非营利组织的发展状态及特征[1]。在此基础上，再根据2017年[2]和2018年[3]的意大

---

[1] ISTAT. Censimento permanente delle Istituzioni non profit. Primi risultati [R/OL]. (2017-12-20) [2019-11-03]. https://www.istat.it/it/files//2017/12/Nota-stampa-censimento-non-profit.pdf.

[2] ISTAT. Annuario Statistico Italiano 2018：23 Istituzioni Pubbliche e Istituzioni Non Profit [R/OL]. (2018-12-28) [2019-11-03]. https://www.istat.it/it/files//2018/12/C23.pdf.

[3] ISTAT. Annuario Statistico Italiano 2017：23 Istituzioni Pubbliche e Istituzioni Non Profit [R/OL]. (2017-12-28) [2019-11-03]. https://www.istat.it/it/files//2017/12/C23.pdf.

法意澳新科技社团研究

利统计年鉴中有关非营利组织的信息，以及以往学者们对意大利科技社团的研究进行综合，可以了解意大利科技社团的发展现状。

目前，意大利的非营利组织主要分为协会、社会企业、基金会和其他形式的机构[①]。其中，协会是最传统的一种非营利组织形式，至今仍然是意大利非营利组织的主要组成部分，2015年已登记和未登记的协会总计28.7万个，所占比例达到了85.3%，但协会的总体数量和所占比例与2011年相比都有所下降；社会企业作为意大利近年来新兴的非营利组织形式蓬勃发展，从2011年的1.1万个增加到1.6万个；基金会在近几年的数量有所下降，从6 451个下降到6 220个（表2-4）。

表2-4　2011年和2015年意大利各类非营利组织的数量及占比情况

非营利组织形式	2015年	占比/%	2011年	占比/%
协会	286 942	85.3	269 353	89.4
社会合作社	16 125	4.8	11 264	3.7
基金会	6 451	1.9	6 220	2.1
其他形式	26 756	8.0	14 354	4.8
合计	336 275	100	301 191	100

数据来源：Censimento permanente delle Istituzioni non profit. Primi risultati。

（一）意大利科技社团的数量规模

2016年，意大利官方第一次统计了科技社团在内的非营利组织的规模。在统计数据中，意大利国家统计局根据非营利组织国际分类体系[②]，把非营利组织的主要活动分为12类（表2-5），与科技社团相关的主要是教育和研究、健康两类。教育和研究的非营利组织数量近年来有所下降，从2011年的1.6万个降至2015年的1.3万个，占非营利组织总数的4%，其中协会在教育和研究类非营利组织中所占的比例达到了48.5%，约有6 538个；健康类的非营利组织数量比2011年增加了615个，达到1.2万个，但所占非营利组织总数比以往下降了0.2%，比例是3.4%[③]，其中协会又在健康类非营利组织中占比高达85.2%，约有9 875个，在意大利的医疗体系中发挥了举足轻重的作用。

---

① 其他形式的非营利组织包括教会机构、委员会等。
② 非营利组织国际分类体系（ICNPO）是由霍普金斯大学非营利组织比较研究中心协调13个国家的专家学者合作设计出来的。ICNPO体系的分类基准是经济活动的领域，它将非营利组织划入12大类、24小类，各小类再被分为近150小项。
③ ISTAT. Annuario Statistico Italiano 2018：23 Istituzioni Pubbliche e Istituzioni Non Profit［R/OL］.（2018-12-28）［2019-11-03］. https://www.istat.it/it/files//2018/12/C23.pdf.

第二章 意大利科技社团发展现状及管理体制

表2-5 2015年不同类型非营利组织的主要活动分类表

主要活动分类	非营利组织数量/个	协会所占比例/%
文化体育和娱乐	218 281	95.0
教育和研究	13 481	48.5
健康	11 590	85.2
社会援助和民事保护	30 877	70.9
环境	5 105	96.2
经济发展和社会凝聚力	6 838	11.1
保护权利和政治活动	5 249	96.4
慈善事业和促进志愿服务	3 782	90.4
国际合作与团结	4 332	86.7
宗教	14 380	13.9
工会关系和代表利益	20 614	99.0
其他活动	1 746	54.7

数据来源：Censimento permanente delle Istituzioni non profit. Primi risultati。

在意大利官方出台统计数据之前，其他学者和机构也关注了意大利的科技组织发展状况，德国索尔出版社定期发布的世界各个国家的科技组织和学者社团的资料信息获得了研究人员的认可。弗兰克·柯什纳编写的第9版《世界科技组织与学者社团指南》[1]统计了世界各国的科技社团数量（表2-6），汇集了过去20年世界各国知名科技社团的基本信息，可以看到意大利科技社团的统计数据为1 134个。从这份数据中可以看出意大利的科技社团在世界各国中的大体状态。虽然科技社团的总体数量不多，但在世界各国科技社团的总数中排名第4，在欧洲各国中仅次于德国和英国，并超越了法国。由此可以看出，意大利科技社团的发展虽然近年来有所放缓，但作为科技社团的诞生地，依然有悠久的传统和厚重的积淀。

表2-6 世界各国家或地区科技社团数量

排名	国家或地区	科技社团数量/个	排名	国家或地区	科技社团数量/个
1	美国	4 315	6	加拿大	744
2	德国	1 662	7	瑞士	502
3	英国	1 339	8	奥地利	478
4	意大利	1 134	9	比利时	477
5	法国	791	10	日本	357

[1] KIRCHNER F. World Guide to Scientific Organizations and Learned Societies [M]. Munich：K. G. Saur，2004：134.

续表

排名	国家或地区	科技社团数量/个	排名	国家或地区	科技社团数量/个
11	荷兰	348	24	匈牙利	99
12	丹麦	286	25	中国	96
13	瑞典	219	26	中国台湾	92
14	澳大利亚	215	27	以色列	89
15	巴西	186	28	葡萄牙	86
16	波兰	175	29	新西兰	84
17	芬兰	162	30	希腊	59
18	俄罗斯	161	31	新加坡	43
19	西班牙	151	32	韩国	40
20	挪威	137	33	冰岛	34
21	印度	135	34	古巴	21
22	南非	131	35	中国香港	20
23	爱尔兰	100			

数据来源：World Guide to Scientific Organizations and Learned Societies。

对表 2-5 和表 2-6 得出的数据进行比较，意大利官方对科技和教育领域的协会（6 538 个）、健康领域的协会（9 875 个）的统计数据与《世界科技组织与学者社团指南》中意大利科技社团的数量（1 134 个）相比，有较大出入。造成数据差距的原因是多方面的：首先，意大利官方是 2015 年第一次开始对非营利组织进行全面普查，而《世界科技组织与学者社团指南》的数据是 2004 年出版的，这份资料相隔 10 多年时间，相比较而言意大利官方数据比较接近现实；其次，意大利的非营利组织数量在过去的 10 多年中确实在快速上涨，1997 年第 460 号法令颁布后，引发意大利非营利组织的全面改革，既给非营利组织发展松了绑，又提供了更优惠的税收减免政策，意大利的社团迎来了发展的春天；再次，进入 21 世纪，全球都处于新一轮科技革命和产业变革中，科技社团也随科学技术的此消彼长而兴衰更迭；最后，意大利非营利组织的自愿注册原则导致大部分协会，尤其是规模较小的协会并不履行注册手续，导致长期以来很难统计非登记注册的意大利科技社团的总数。

虽然意大利对非营利组织的管理比较宽松，没有强制规定必须登记注册，导致意大利科技社团的总体规模难以统计。但是，对于那些与公共服务联系密切、享受更优惠税收政策的科技社团，意大利各个政府部门掌握有明确的信息。其中，卫生部对医疗体系发挥重要作用的医学社团、财政部对享受特殊税收优惠的非营利社会公益组织都有详细的统计数据。2017 年 8 月，意大利卫生部对医学社团进行了全面的统计梳理，经

2019年3月修订后，意大利卫生部认可的医学社团有335个[1]（附件二）。意大利财政部每年都会根据规定统计已注册为非营利社会公益组织的社团的基本信息[2]。1997年出台的第460号法令把非营利组织分为了非商业组织和非营利性社会公益组织，只要在财政部和所属大区同时注册为非营利性社会公益组织就可以给予更优惠的减免税收政策。根据财政部统计，主要活动为科学研究的非营利社会公益组织共有425个，其中属于基金会[3]的有310个。那么，财政部管理的属于非营利社会公益组织的已注册科技社团约有115个。

（二）意大利科技社团从业人员特征

截至2015年12月31日，意大利的非营利组织数量达到了33.6万个，比2011年增长了11.6%。这些非营利组织雇用了552.9万名志愿者和78.8万名员工，与2011年相比分别增长了16.2%和15.8%（表2-7）。但是，平均每个非营利组织雇用的员工数量从2011年的16人下降到2015年的14人；平均每个非营利组织的志愿者数量略有增加，从2011年的20人上升到2015年的21人。

表2-7 2011年和2015年意大利非营利组织和人力资源数量及发展趋势

	2015年/人	2011年/人	2015年比2011年增幅/%
非营利组织	336 275	301 191	11.6
有志愿者的机构	267 529	243 482	9.9
志愿者	5 528 760	4 758 622	16.2
有雇员的机构	55 196	41 744	32.2
雇员数量	788 126	680 811	15.8

数据来源：Censimento permanente delle Istituzioni non profit, Primi risultati。

意大利所有非营利组织中，从事与科技相关的教育和研究、健康两类领域相关工作的员工数量分别为12.5万人和17.8万人（表2-8），仅次于从事社会援助和民事保护的从业人员数量。与2011年相比，从事教育和研究的员工数量只增加了2.9%，而在健康

---

[1] MINISTERO DELLA SALUTE. Elenco società scientifiche e associazioni tecnico-scientifiche delle professioni sanitarie [EB/OL]. （2019-03-19）[2019-11-03]. http://www.salute.gov.it/portale/temi/p2_6.jsp?lingua=italiano&id=4834&area=professioni-sanitarie&menu=vuoto.

[2] MINISTERO DELL'ECONOMIA E DELLE FINANZE. Elenco Onlus [EB/OL]. （2019-10-04）[2019-11-04]. https://www.agenziaentrate.gov.it/portale/Schede/Istanze/Iscrizione+allanagrafe+Onlus/Nuovo+Elenco+Onlus/?page=schedeistanze.

[3] 基金会指包含Fondazione、Foundation、Trust、Bis等字样的机构。

领域就业的非营利组织员工数量增加了 11.9%。此外，志愿者参与健康类非营利组织的数量较多，约有 42.9 万人，比 2011 年增加了 27.0%；但参与教育和研究类非营利组织的志愿者数量（16.1 万人）较少，比 2011 年减少了 8.9%。可以看出，科学研究领域的非营利组织就业形势严峻。

表 2-8 2015 年不同类型非营利组织的主要活动分类表

主要活动分类	从业员工 / 人	志愿者 / 人
文化体育和娱乐	46 803	3 128 701
教育和研究	124 879	161 028
健康	177 725	428 744
社会援助和民事保护	283 767	888 080
环境	1 984	179 726
经济发展和社会凝聚力	92 696	45 566
保护权利和政治活动	3 527	128 057
慈善事业和促进志愿服务	2 162	116 942
国际合作与团结	4 350	106 659
宗教	6 692	170 046
工会关系和代表利益	37 925	165 144
其他活动	5 617	10 068

数据来源：Censimento permanente delle Istituzioni non profit, Primi risultati。

（三）意大利非营利组织地域分布特征

从地域分布来看，意大利的非营利组织呈现高度集中的特点。与意大利的经济发展状态类似，非营利组织的数量同样是北部明显多于南部。根据统计数据，意大利北部 10 个区共有 17.1 万个非营利组织，占比为 51%；意大利中部的 4 个区共有 7.6 万个非营利组织，占比为 22.5%；而意大利南部 6 个区和 2 个岛一共有 8.9 万个非营利组织（表 2-9）。其中米兰所在的北部伦巴第大区和首都罗马所在的中部拉齐奥大区的非营利组织数量最多，分别有 5.3 万和 3.1 万个。而且，这两个大区相较于 2011 年的非营利组织数量的增长比例也最高，分别增长了 14.1% 和 29.5%。单位人口所拥有的非营利组织数量与非营利组织的地域分布呈现相同的特征，东北部每万人有 67.4 个非营利组织，中部地区（62.8 个 / 万人）和西北地区（57.7 个 / 万人）次之，而 2 个岛的每万人拥有非营利组织的数量（46.8 个）甚至高于南部地区（40.8 个）。

第二章　意大利科技社团发展现状及管理体制

表 2-9　意大利各大区非营利组织的分布特征

地区	数量/个	所占比例/%	每万人拥有数量/个	变化率（2015/2011）/%
西北[①]	92 988	27.7	57.7	12.2
东北[②]	78 431	23.3	67.4	17.1
中部[③]	75 751	22.5	62.8	17.1
南部[④]	57 615	17.1	40.8	15.6
岛屿[⑤]	31 490	9.4	46.8	6.9
总数	336 275	100.0	55.4	11.6

数据来源：Censimento permanente delle Istituzioni non profit，Primi risultati。

三、意大利科技社团的管理体制

由于各国文化、制度等的差异，不同国家对于非政府组织、非营利组织和第三部门等专有名词的定义不尽相同。在意大利，这3个专有名词的含义与国际上通常的观点存在很大差异。意大利的非政府组织起初是天主教的传教组织和民族观念崛起过程中支持发展中国家民族解放运动的机构，从20世纪70年代起逐步成为特指进行发展援助和社会救助的组织。而非营利组织、第三部门、非商业机构和非营利社会公益组织这些概念一般指国际社会普遍认可的既不属于国家机关也不属于市场的承担公共社会服务的机构，科技社团就是属于后者。随着意大利作为一个民族国家的各项制度逐步完善，对这类机构的监督管理也不断向前发展。

（一）法律制度框架

意大利自1861年建成统一国家之后，逐步开始通过立法的方式对包括科技社团在内的非营利组织进行监督管理。早在18世纪末期，意大利的慈善和志愿组织就已经因大量的社会需求而获得了极大的发展。与英国的慈善组织类似，医疗、住房、教育等都是当时意大利慈善机构关注的领域。当时的慈善组织把募捐而来的财物等资源分给各个社区，只要这些组织的活动对民众有益，无论法律还是行政体系都不会干涉和妨碍其活

[①] 西北地区包括 Piemonte、Valle d'Aosta / Vallée D'Aoste、Lombardia、Liguria 4个大区。
[②] 东北地区包括 Bolzano/Bozen、Trento、Trentino-Alto Adige/Südtirol、Veneto、Friuli Venezia Giulia、Emilia-Romagna 6个大区。
[③] 中部地区包括 Toscana、Umbria、Marche、Lazio 4个大区。
[④] 南部地区包括 Abruzzo、Molise、Campania、Puglia、Basilicata、Calabria 6个大区。
[⑤] 岛屿包括 Sicilia 和 Sardegna。

动。意大利统一之后，议会通过了与慈善组织相关的大法案，这被看作第一个与非营利组织相关的管理法案。尽管当时这些机构在意大利存在很多争议，但1862年的752号法案还是试图尊重和保护意大利的这些慈善组织。这一法案给予慈善机构自由的空间，认可所有慈善组织的独立性，不受国家干涉。这意味着在意大利这个天主教氛围浓厚的民族国家中，慈善组织可以一如既往与教会建立联系，以便开展各种活动。同时，这一法案也秉持了权力下放原则，充分尊重不同地区的风俗习惯，避免法案的规定与地方产生冲突。

到了19世纪末期，受到法国大革命以及启蒙运动的影响，欧洲大陆国家普遍认可民族国家的重要性，天主教会的认可度急剧下降，慈善组织也因为与教会联系密切而被意大利民众质疑。终于在1890年，意大利通过了慈善和社会关怀相关法案，旨在把慈善组织直接纳入政府管理和控制之中，成为国家公共机构的一部分。因此，如果说1862年的法案是效仿英国，认可非营利组织作为独立第三方的地位，那么1890年的法案则效仿法国，把非营利组织彻底世俗化，并转变为国家管理的公共机构。

从20世纪开始，意大利在现代化进程中逐步建立起现代福利制度，先后通过了住房、工伤及相关保险的法案等。1942年，意大利对19世纪的民法典进行修改，形成了新的民法典。这部新的民法在国家控制的实体和公司企业之间做了明确区分，将协会和基金会列入民法管理范围内，在第13节中认可这些组织的目标是非经济性的。法案给予协会和基金会结社的自由，只要完成注册程序就可以获得法人资格。而1948年的宪法从理论视角来看更具有历史意义，它允许一个多元化社会的存在，承认非营利组织作为公民社会中表达个体自由的形式，可以充分发挥职能。

随着1973年石油危机引发经济衰退，意大利传统的社会福利模式面临瓦解，非营利组织的概念此时才在社会中逐步清晰明确。在意大利的经济增速放缓的同时，老龄化社会的到来以及女性就业数量增加等，导致公共财政支出已经不能满足百姓的需求，社会服务供给和需求之间的差距越来越大。在这种情况下，意大利法院在1988年出台的396号决定中，终于承认了个体成立非营利组织的合法性，取消了1890年法令中只有国家公共机构可以经营非营利组织的规定，这就为非营利组织独立自主参与和提供社会服务铺平了道路。从此，非营利组织不再被视为是国家公共机构的另一种表达形式，而是与公共机构地位平等的伙伴关系。

从20世纪90年代起，意大利议会通过了一系列法律："银行基金法""社会合作社法""志愿者组织法""社会导向的非营利组织法""社会促进协会法""社会关怀改革法"①

---

① NORMATTIVA. LEGGE 7 dicembre 2000，n. 383［A/OL］.（2001-12-20）[2019-11-04]. https://www.normattiva.it/uri-res/N2Ls? urn: nir: stato: legge: 2000-12-07; 383!vig=.

第二章　意大利科技社团发展现状及管理体制

等，这些法律的出台极大地推动了非营利组织管理的完善。

"银行基金法"推动了意大利银行业的整体改革，国有银行开始私有化进程，并创建了持有大量银行股份的基金会。这是银行业的首个私营非营利组织，银行业由此开始出台支持和资助非营利组织的措施。

1991年出台的"志愿者组织法"定义了含有志愿者的非营利组织的概念、内涵，允许这些组织雇用一些付薪水的雇员，为这些组织的登记注册提供方便，并给予税收优惠，还规定从事危险活动的任何组织的志愿者必须有强制保险[1]，这些具体的措施无疑为意大利的志愿组织提供了便利。

1991年的"社会合作社法"对社会合作社这一概念进行了明确定义，认定其属于非营利组织的一种，并对这类机构的权利和义务做出了规定。这项法案的出台极大地促进了社会合作社这类组织在意大利的大幅发展，充分发挥了为社会提供医疗和教育服务、安置弱势边缘群体的功能[2]。

1997年出台的460号法令是意大利针对非营利组织的一项重大的改革举措。这项"关于非商业组织及非营利社会公益组织纳税制度的新规范"针对迅速发展的非营利组织，提出了非商业组织和非营利社会公益组织两个概念，相应的立法也分为了两个部分。前一部分专门论述非商业组织，后一部分是非营利社会公益组织的相关规定。[3]非商业组织和非营利社会公益组织之间并没有严格的界限，只是相比于非商业组织，非营利社会公益组织因为享受更多的政府优惠政策，所以政府对这类组织的监管更为严格。

1997年的460号法令提出，基于是否具有商业性质的4条标准，由组织章程来认定一个机构是否属于非商业组织，法令指出只要在一个完整的税期内从事商业性活动，就不属于非商业组织。一般来说，政治组织、工会组织、行业组织、宗教组织、业余体育组织、非学校培训机构等都属于非商业机构。460号法令对非商业组织给予了减免收入税的优惠，募捐和公共资金不在征税范围内，这一规定大大减轻了募捐作为主要收入来

---

[1] NORMATTIVA. Legge 11 agosto 1991, n. 266 "Legge-quadro sul volontariato"[A/OL].（2001-12-20）[2019-11-04]. https://www.normattiva.it/uri-res/N2Ls? urn: nir: stato: legge: 1991-08-11; 266!vig=.

[2] NORMATTIVA. LEGGE 7 dicembre 2000, n. 383 [A/OL].（2001-12-20）[2019-11-04]. https://www.normattiva.it/uri-res/N2Ls? urn: nir: stato: legge: 2000-12-07; 383!vig=.

[3] MINISTERO DELL'ECONOMIA E DELLE FINANZE. Decreto legislativo del 4 dicembre 1997 n. 460 [A/OL].（1999-12-20）[2019-11-04]. https://www.agenziaentrate.gov.it/portale/documents/20143/335915/Decreto+legislativo+4+12+1997+460_dlgs_460_97.pdf/ee7f435c-bc22-dc30-f66f-dcc88e1e8608.

源的非商业机构的负担,极大地促进了非商业机构的发展。当然,法令对募捐也提出了限制规定:第一要面向公众,第二不能太频繁,第三只能在节假日、纪念日和宣传等活动中进行。而对公共资金的税收减免为私人机构从事公益事业提供了便利,公共机构的效率低下、开支不足一直被人诟病,这一规定方便公共机构转移职能,让私人机构提供更便捷的服务。①

1997年的460号法令还创造了一种新的组织形式:非营利社会公益组织。非营利社会公益组织以社会救助为目标,主要以身体、精神、社会、家庭和经济方面有困难的人为援助对象,需要人道援助的外国人也是救助对象。凡从事有利于集体利益的社会公益活动的协会、委员会、基金会都属于非营利社会公益组织。法令规定这类组织主要从事以下十二类活动:社会救助和社会医疗、医疗、慈善、教育、培训、业余体育、保护开发艺术、历史财富、保护开发环境、弘扬文化艺术、保护公民权利、具有社会效益的科研,所有组织在注册时要明确所从事的主要活动分类。虽然这类组织可以从事非主营业务,但非主营业务的收入不能超过总体支出的66%,否则就会被取消资格。② 非营利社会公益组织享有减免税收的权利,而且比非商业组织的待遇更好,因此法令中规定意大利财政部要设立统一的非营利社会公益组织登记册③。非营利社会公益组织不仅要在财政部注册,而且必须在所在大区的财政部派出机构注册,否则无法享受税收优惠。非营利社会公益组织需要定期报告自己的财务状况,否则无法享受税收减免优惠。此外,法律对于行为不当的非营利社会公益组织的负责人也规定了更为严格的惩罚措施。综上所述,意大利的法律对非营利社会公益组织给予了更多的关照,相应地也有更多的约束。

从2016年起,意大利连续出台了2016年第106号法令和2017年第117号法令,对非营利组织进行全面改革。2016年第106号法令也被称为"第三部门改革法"④,其中

---

① 中国现代国际关系研究院课题组. 外国非政府组织概况 [M]. 北京:时事出版社,2009.
② MINISTERO DELL'ECONOMIA E DELLE FINANZE. Decreto legislativo del 4 dicembre 1997 n. 460 [A/OL]. (1999-12-02) [2019-11-04]. https://www.agenziaentrate.gov.it/portale/documents/20143/335915/Decreto+legislativo+4+12+1997+460_dlgs_460_97.pdf/ee7f435c-bc22-dc30-f66f-dcc88e1e8608.
③ MINISTERO DELL'ECONOMIA E DELLE FINANZE. Decreto del 18/07/2003 n. 266 [A/OL]. (2003-12-10) [2019-11-04]. https://www.agenziaentrate.gov.it/portale/documents/20143/335915/Decreto+del+18+luglio+2003+n.+266_decreto_266.pdf/bc64f8e4-8b32-4491-bbe9-1cc5966f54cf.
④ MINISTRIO DEL LAVORO E DELLE POLITICHE SOCIALI. LEGGE 6 giugno 2016, n. 106 [A/OL]. (2016-06-06) [2019-11-04]. https://www.cantiereterzosettore.it/images/phocadownload/normativa/Legge_delega_per_la_riforma_del_Terzo_settore_n_1062016short.pdf.

第二章　意大利科技社团发展现状及管理体制

第一条就把第三部门定义为私人部门以追求公民、社会或团结为目的创建的非营利组织。2017年出台的117号法令更是对第三部门定义下的实体的法律和税收制度进行了全面改革[①]。

从意大利对非营利组织的立法管理过程可以看出，早期意大利对非营利组织的态度是防范和监督，主要目标是避免非营利组织利用慈善组织的地位谋取经济利益，因此起初把这类组织当作国家公共机构对待。从20世纪70年代起，非营利组织才从公共机构中剥离成为独立实体，但政府的管理规定较多、限制一向比较严格。现在意大利议会和立法机关转变了态度，鼓励非营利组织发展，放宽了限制，出台了多项激励措施，希望通过非营利组织数量的增加和职能的多元化来满足日益增长的社会需求。

（二）社团登记制度

在意大利，成立一个非营利组织非常简单，不需要政府批准。意大利立法中公民有结社的自由，只有3条限制规定：不得追求刑法禁止的目标、不得秘密结社、不得以军事手段追求政治目标。[②] 成立非营利组织没有强制要求必须在规定的部门登记注册，但在法律层面，是否登记注册存在区别。

就科技社团所属的协会而言，登记注册的协会具有法人地位。这类协会必须经过政府认可，在意大利各大区的管理机构注册登记为法人实体。注册的流程是：在公证人或公职人员在场的情况下签署正式文件，并提供正式的组织章程等文件来规范组织的日常活动，如果进行修改和补充，则必须再次提交更改后的正式文件。正式文件中要包括协会的名称、地址、目标、资产、内部组织规则以及会员的权利和义务等。登记注册协会的信息是公开的，包括创立者的详细资料、协会名称、所属类别和注册地点等信息。在协会的日常运行中，关于会员管理、召开代表大会、会员的退出或开除、共同财产的权利、财产的转让等都有明确的法律规定。登记注册协会的优点在于具有独立法人资格，财产自主，与会员之间债权清晰，不会与会员个人资产混为一谈。这类协会可以享受法律赋予的各类权利，例如召集公众进行捐款、作为独立实体购买房产、接受遗产和捐赠等。而注册登记协会的缺点则在于整个注册登记的程序比较复杂，必须严格符合国家的各项规定。

事实上，意大利未登记注册协会的数量远高于登记注册的协会。未登记注册协会不具备法人资格，没有获得官方承认。这类协会不需要提交明确的管理章程等正式文件，会员可以在法律允许范围内选择认为合适的方式管理和运行协会，相较于登记注册的协

[①] GAZZETTA UFFICIALE. DECRETO LEGISLATIVO 3 luglio 2017, n. 117 [A/OL].（2017-08-03）[2019-11-04]. https://www.gazzettaufficiale.it/eli/id/2017/08/02/17G00128/sg.

[②] 中国现代国际关系研究院课题组. 外国非政府组织概况 [M]. 北京：时事出版社，2009.

111

会更加自由。但是，由于未登记注册的协会不是法人，所以不能直接购置资产，组织和会员之间的财产也没有明确的界限，实行组织财产和个人财产适当分离的原则，即"不完全财产独立"[1]原则。也就是说，组织的债务首先由组织的共同基金负责，再由组织负责人承担。只要协会存在，会员就不能要求分割财产，也不能要求退还捐款和已缴纳的会费。

根据1997年第460号法令，非营利社会公益组织不仅必须在财政部设立的非营利社会公益组织登记册上填表注册，而且要在所在大区的财政部派出机构注册，每年都要提供年度资产负债表或财务报表。[2]财政部在收到登记注册文件后的40天内通知审核结果，如果没收到通知则被视为已经通过注册，注册文件的变更也必须在30天内提交变更申请。[3]财政部网站上列出了所有大区的非营利社会公益组织的名称、地址、所属分类等详细信息。[4]

2017年出台的117号法令[5]对非营利组织的注册登记又提出了新的要求。对新的第三部门的管理依然延续了非营利组织自愿登记的原则，所有的非营利组织都可以选择在劳动和社会政策部注册，并提供相应的信息和文件以获得国家的许可。[6]以往的非营利社会公益组织法令和机构将废除，由意大利劳动和社会政策部新成立的第三部门全国委员会进行监管。在新的政府监管体系下，申请程序极大地简化，只需要提供机构的名称、法定形式和地址，并明确机构从事的公益目的即可。[7]目前，意大利官

---

[1] 中国现代国际关系研究院课题组. 外国非政府组织概况 [M]. 北京：时事出版社，2009：10.
[2] MINISTERO DELL'ECONOMIA E DELLE FINANZE. La comunicazione all'Agenzia：come e quando [EB/OL]. （2000-12-10）[2019-11-04]. https://www.agenziaentrate.gov.it/portale/web/guest/schede/istanze/iscrizione-allanagrafe-onlus/la-comunicazione-ad-agenzia-come-e-quando_iscrizione-onlus.
[3] MINISTERO DELL'ECONOMIA E DELLE FINANZE. I controlli，l'iscrizione e la cancellazione [EB/OL]. （2000-12-10）[2019-11-04]. https://www.agenziaentrate.gov.it/portale/web/guest/schede/istanze/iscrizione-allanagrafe-onlus/controlli-iscrizione-e-cancellazione_iscrizione-onlus.
[4] MINISTERO DELL'ECONOMIA E DELLE FINANZE. Elenco Onlus [EB/OL]. （2019-10-04）[2019-11-04]. https://www.agenziaentrate.gov.it/portale/web/guest/schede/istanze/iscrizione-allanagrafe-onlus/nuovo-elenco-onlus.
[5] GAZZETTA UFFICIALE. Decreto Legislativo 3 luglio 2017，n. 117 [A/OL]. （2017-08-03）[2019-11-04]. https://www.gazzettaufficiale.it/eli/id/2017/08/02/17G00128/sg.
[6] MINISTRIO DEL LAVORO E DELLE POLITICHE SOCIALI. Terzo Settore e Responsabilità Sociale Delle Imprese [EB/OL]. （2017-05-20）[2019-11-04]. https://www.lavoro.gov.it/temi-e-priorita/Terzo-settore-e-responsabilita-sociale-imprese/Pagine/default.aspx.
[7] 第三部门的管理机构列出的公益目的包括卫生保健、科学研究、教育和学习、文化、社会团结等。

方对第三部门的注册登记工作已经得到欧盟委员会授权,由第三部门单一注册系统[①]进行,平台明确规定了组织形式、管理方式、税收体系等详细内容[②];同时,第三部门全国委员会也授权志愿服务中心系统[③]配合完成包含志愿者的非营利组织的服务和管理工作。

(三)对经营活动的监管

当今,随着意大利公民社会需求的大幅增加,政府采取了多种激励措施促进非营利组织的发展壮大。其中,一项重要的转变就是意大利非营利组织的经营活动允许既包含公益目标也包括私人目标。相比之下,英国和法国的法律规定非营利组织都只能追求公益目标,而德国则与意大利相似,同样允许非营利组织具有公共和私人双重目标。

意大利的非营利组织可以从事公益活动和商业活动,通过募捐和资产管理以外的活动创收,以实现财务稳定,保障独立性,从而实现组织的可持续发展。就如何区分从事商业活动的非营利组织与普通公司,意大利的相关法律对非营利组织中的商业活动进行了限制,例如2017年第117号法令提出,判断一个组织是否属于非商业组织要看它的主要或唯一经营活动到底是什么,登记注册的非商业组织要看提交的组织章程等正式文件中的内容,未登记注册的非商业组织则根据其实际从事的活动来认定。2017年第117号法令规定,判断一个机构是否为非商业性的,遵循以下5个标准[④]:①免费;②承接公共行政部门(包括超国家或外国行政部门)的业务,这些活动并不是法律规定的强制性公共事务;③每个纳税期及连续两个纳税期的收入不超过相应资产的5%;④从事具有社会公益性质的科学研究活动,如果非营利组织直接进行研究活动且利润也全部用于研究活动及其成果传播,或委托给大学、研究机构进行此类研究活动,都属于非商业性活动;⑤从事健康和社会医疗活动。而对于非营利社会公益组织,同样可以从事与主要活

---

① CANTIERE TERZO SETTORE. Runts-Registro unico nazionale del terzo settore [EB/OL]. (2017-08-03) [2019-11-04]. https://www.cantiereterzosettore.it/riforma/vita-associativa/runts-registro-unico-nazionale-del-terzo-settore.
② CANTIERE TERZO SETTORE. La qualifica di Ets [EB/OL]. (2019-05-20) [2019-11-04]. https://www.cantiereterzosettore.it/riforma/ets-enti-del-terzo-settore/la-qualifica-di-ets.
③ MINISTRIO DEL LAVORO E DELLE POLITICHE SOCIALI. Attuazione Codice del Terzo settore: prime indicazioni sulle questioni di diritto transitorio [EB/OL]. (2017-12-29) [2019-11-04]. https://www.lavoro.gov.it/notizie/Pagine/Attuazione-Codice-del-terzo-settore-Circolare-di-diritto-transitorio.aspx.
④ CANTIERE TERZO SETTORE. Regime fiscale e reddito imponibile degli Ets [EB/OL]. (2019-05-20) [2019-11-04]. https://www.cantiereterzosettore.it/riforma/fiscalita-agevolazioni/regime-fiscale-per-gli-ets.

动相关的商业活动，不喧宾夺主即可。具体而言，只要来自商业活动的收入不超出组织总体支出的66%，就可以被认定为非营利社会公益组织。否则，该组织将被取消资格，不享受特殊的税收政策。

不同类型的非营利组织由不同的政府部门进行监督管理，不同部门的监管力度也不同。卫生部对所有医学相关的科技社团的管理非常严格，定期审核并认定这些组织的资质，检查这些组织的运行状况；劳动和社会政策部以及教育、大学和科研部对非营利组织的管理关注度也较高。有的监督管理机构会要求管辖下的非营利组织提供年度报表或纳税申报表，这些报告都不要求必须公开，也没有法律要求必须进行外部审计。对享有极大税收优惠的非营利社会公益组织的管理最为严格，国家法律明确规定其必须在财政部及所属大区注册，并接受财政部的监管，并且每年都要向财政部提交年度资产负债表或财务报表。

关于是否允许非营利组织的管理成员获得合理报酬的问题，在公益组织领域一直存在争议。法国法律不允许非营利组织为其管理人员提供报酬，但英国和德国则允许提供报酬，但要求报酬必须合理。意大利也允许对非营利组织的管理人员给予合理的报酬，其中对非营利社会公益组织有明确规定，即管理人员的薪水不能超过法律规定的公共机构审计员的最高薪酬。[①]

随着全球化趋势的加剧，非营利组织的活动越来越国际化，在国外开展活动并获得法律认可显得越来越重要。意大利为境外非营利组织在意大利开展工作提供了很多便利，不需要在政府进行认证，也没有其他程序。只有当这些组织需要在意大利作为独立法人从事活动时，才必须与本国的非营利组织一样进行注册登记。

（四）税收激励政策

税收优惠体现一个国家对非营利事业的重视程度，对非营利事业和慈善捐赠产生重大影响。税收优惠政策是政府通过行政权力体现非营利组织重要作用的手段，并通过对捐赠者的经济激励鼓励公众捐款。

1. 所得税

自2004年起，意大利政府推行了新的企业所得税，取代旧的企业所得税。过去这项税收的税率为33%，自2008年起，该税率下降至27.5%。根据2017年的立法，意

[①] SWISS FOUNDATIONS. European Foundation Centre. Comparative Highlights of Foundation Laws: The Operating Environment for Foundations in Europe [R/OL]. (2015-06-07) [2019-11-04]. https://www.swissfoundations.ch/sites/default/files/Comparative%20Highlights%20of%20Foundation%20Laws.pdf.

大利对非营利组织实行统一税收体系，根据收入水平分段采用不同的税收方案[①]（表2-10）。例如，一个机构的收入是20万欧元，则对其中的13万欧元征收7%的税费，剩余的7万欧元征收10%的税费。收入包括一般收入和其他收入，一般收入来源包括财产收入（如不动产租赁）、资本收入（如利息和股息）和营业收入，其他收入包括出售股份和房产的收益等，不同类型的收入都要纳入计算税基。非商业组织从事的商业活动所获得的商业收入与商业实体的商业收入一样征税，而且必须为其商业活动设立单独的账户。

表 2-10　非营利组织统一税收体系

收入区间 / 欧元	提供服务税率 /%	商品销售税率 /%
低于 13 万	7	5
13 万 ~ 30 万	10	7
高于 30 万	17	14

数据来源：Regime forfetario degli Ets。[②]

一般而言，非商业组织的资本收入须缴纳最终预扣税。从2015年起，非商业组织可获得股息免税，这相当于股息总额的22.26%；非商业组织的主营活动，如会员费、收到的捐款、公共筹款等，根据税法第148条不征收企业所得税；根据1973年第601号总统令第6条，任何参与慈善活动（例如社会援助，指导和文化）的公司，可以减少一半的企业所得税；除此之外，意大利所有的商业和非商业实体都要征收地区税，税率通常是3.9%（仅限于已实现的业务收入）。

非营利社会公益组织实行特殊税制，根据税法第150条规定，非营利社会公益组织在组织章程中明确列出的主营业务活动、为主要活动筹措资金的相关活动不征税（但相关活动的收入不得超过机构总体支出的66%），只对财产收入、资本收入和其他收入征税。[③]

---

① CANTIERE TERZO SETTORE. Regime forfetario degli Ets［EB/OL］.（2019-05-20）［2019-11-04］. https://www.cantiereterzosettore.it/riforma/fiscalita-agevolazioni/reddito-imponibile-degli-ets.

② CANTIERE TERZO SETTORE. Regime forfetario degli Ets［EB/OL］.（2019-05-20）［2019-11-04］. https://www.cantiereterzosettore.it/riforma/fiscalita-agevolazioni/reddito-imponibile-degli-ets.

③ EUROPEAN FUNDRAISING ASSOCIATION. Tax Incentives for Charitable Giving in Europe［R/OL］.（2018-12-10）［2019-11-04］. https://efa-net.eu/wp-content/uploads/2018/12/EFA-Tax-Survey-Report-Dec-2018.pdf.

至于地区税，意大利有的大区对非营利社会公益组织征税，有的大区则不征税。

2. 不动产税

根据规定，非营利组织的不动产需要根据地价征收所得税，同时还要缴纳市政税。但是，如果非营利组织名下的不动产是用来从事主要经营活动的话，则免除市政税。①

3. 增值税

非商业组织的主要活动都不在增值税征收范围之内，前提是这些主要活动不是商业活动，商业活动均需缴纳增值税。但是，在非商业组织内部，有一个反避税规则，即倘若向会员个人或机构销售商品或提供服务被视为商业活动，则需要缴纳增值税。增值税法对非营利社会公益组织也提供了特殊的优惠政策。此外，向所有非营利组织提供的广告服务均不需缴纳增值税。

对于新的第三部门实体，经欧盟委员会授权将引入适用的具体税收制度。原则上，对非营利社会公益组织的税收优惠在第三部门实体中同样适用。第三部门实体需要在国家层面进行注册，注册后享受更有效和更简单的税收优惠政策，主要包括对非营利性第三部门实体的捐款给予较大的免税额、间接税的豁免或减免、给予资助奖励、在开展经营活动时增加税收优惠等。

4. 针对个人捐款者的税收优惠

2017年起，向非营利组织进行慈善捐赠的个人可以扣除的免税额从原来的19%提高到30%。个人或任何类型的实体向非营利社会公益组织捐赠，最多可抵扣收入的10%，最高不超过7万欧元；或者选择获得捐赠价值30%的免税额，最高为净收入总额的2%，且不得超过3万欧元；向非营利社会公益组织捐赠的现金最高可抵扣3万欧元②。

四、意大利科技社团的内部治理与运作

（一）科技社团的组织结构

意大利的科技社团作为非营利组织，均有细致完整的章程作为社团规章制度，并有一套较为统一的内部管理模式来保证组织的有效运行。意大利的科技社团一般以会员代表大会为主体，以理事会或中央理事会作为最高管理机构，负责社团的整体事务，包括

---

① CANTIERE TERZO SETTORE. Sedi e locali [EB/OL]. （2019-05-20）[2019-11-04]. https://www.cantiereterzosettore.it/riforma/fiscalita-agevolazioni/sedi-e-locali.

② CANTIERE TERZO SETTORE. Detrazioni e Deduzioni [EB/OL]. （2019-05-20）[2019-11-04]. https://www.cantiereterzosettore.it/riforma/donazioni/detrazioni-e-deduzioni.

第二章 意大利科技社团发展现状及管理体制

制定社团的宏观发展战略、具体政策、人员变动、财产管理等。理事会成员的数量虽然各有不同，但一般都有严格的规定。会员代表大会、理事会、监事会的成员由学术上有权威、管理上有经验的专家担任，而且都依照科技社团的章程通过会员选举产生，能够站在社团的角度考虑问题，真正代表会员的利益。

理事会是机构治理的主体和最高权威，成员由社团中有影响力的人士组成，对机构的成败负最终责任。有的社团以董事会为最高管理机构，但功能上与理事会基本相同。理事会一般由理事会主席、副主席、司库、秘书以及理事数人组成，有的社团设有荣誉理事会主席，用以表彰在领域内做出巨大贡献的学者，荣誉理事会主席一般不参与社团的日常工作和管理。一般来说，理事会成员由会员代表大会按照严格的选举章程每3年选举一次，如有理事会成员在任期内出现重大过失或因健康等原因辞职的情况，可以由会员代表大会重选。理事会主席每年主持召开1次会员代表大会，公布年报并通过社团第2年的预算方案。

由于科技社团的学术性质，社团的理事会主席往往由在其学术领域内具有很高学术威望的人士担任，理事会主席作为社团的法人代表，对学会事务负有法律责任。出于管理需要，有些社团在理事会下设有各种委员会，分管一些专项事务。科技社团大多设立了执行管理委员会，对社团的日常运行进行管理。以意大利化学学会为例，该学会的组织架构文件中就明确设定了中央理事会、执行委员会及下设区域性分会，并额外设立了法规委员会。法规委员会包括3名成员，其中1人是协调员。[1] 意大利化学学会设有18个区域性分会（表2-11），每个分会设分会主席1人，由分会主席管理相关行政事务。[2] 这些分会主要致力于推动该地区的化学文化发展和传播，与该地区的各类学校、大学以及企业展开合作。另外，化学学会还按照学术上的不同方向设立分支机构，每个分支机构设主席1人，主管该方向的具体事务，具体分为化学环境与文化遗产、药物化学、工业化学、有机化学、无机化学、理论与计算化学、电化学、制药技术、分析化学、物理化学、生物系统化学、质谱学和化学教学等。[3]

---

[1] SOCIETÀ CHIMICA ITALIANA. Commissioni, Tavoli di Lavoro e Delegati SCI 2014-2016［A/OL］.［2019-11-05］. https://www.soc.chim.it/sites/default/files/Commissioni%20e%20Delegati%20SCI%202014-2016%20Finale.pdf.

[2] SOCIETÀ CHIMICA ITALIANA. Presidenti di Sezione［EB/OL］.（2019-08-15）［2019-11-04］. https://www.soc.chim.it/consiglio_centrale.

[3] SOCIETÀ CHIMICA ITALIANA. Presidenti di Divisione［EB/OL］.（2019-05-20）［2019-11-04］. https://www.soc.chim.it/consiglio_centrale.

表 2-11　意大利科技社团的内部管理机构设置

科技社团名称	内部管理机构
意大利物理学会[1]	理事会：主席 1 人（为学会之法律代表，选举产生，任期 3 年），副主席 1 人，司库 1 人，理事 6 人（包含司库在内）
意大利文化遗产学会	管理理事会：主席 1 人，副主席 1 人，秘书 1 人，财务主管 1 人，理事 4 人，审计 3 人
意大利结晶学学会[2]	中央理事会：主席 1 人，副主席 1 人，秘书 1 人，司库 1 人，理事 4 人 教学合作委员会（主管 1 人） 仪表与计算委员会（主管 1 人）
意大利物理教学学会[3]	董事会：主席 1 人，副主席 1 人，董事 7 人 全国工作组：负责学会日常具体工作，如出版、奥林匹克竞赛、研修课程等 临时性全国工作组：因学会特殊事务临时设立 地方性工作组：因教学学会的特殊性而设有区域性分区，负责各区域内部日常事务
意大利化学学会	中央理事会：主席 2 人，副主席 2 人，理事 6 人 执行委员会：主席 2 人，副主席 2 人 执行委员会下设 18 个地区性分管机构

（二）科技社团的会员管理

意大利科技社团在早期的发展过程中，对会员的加入普遍具有较高的门槛要求，这种情况固然保障了社团极高的专业性和权威性，但同时却阻断了大量有志于科学工作的青年学者的加入，导致会员数量非常有限，在一定程度上限制了学会的发展壮大。以意大利物理学会为例，成立之初的会员，如安吉洛·巴特利、彼得罗·布拉瑟纳、安东尼奥·加尔巴索、安东尼奥·帕西诺蒂、奥古斯托·里吉、安东尼奥·罗蒂、维托·伏尔特拉等均为当时在意大利声名显赫的物理学家，其中布拉瑟纳为意大利王国参议院副议长并长期执掌意大利林琴学会，在政界和学界都有极高威望。[4]20 世纪初，物理学会的活动对象也主要局限于这些在学界颇有威望的物理学家，社会影响有限。直至 20 世纪 30 年代，意大利物理学会开始有意识地吸引物理学领域的青年学生和学者，越来越多的青年物理学家开始加入学会，从而推动了物理学在意大利的发展。第二次世界大战之后，自 1947 年开始，物理学会的会员从质量和数量上都有了显著提高，会员人数从 260

---

[1] SOCIETÀ ITALIANA DI FISICA. Struttura della Società [EB/OL]. (2019-05-20) [2019-11-04]. https://www.sif.it/chi/organizzazione.

[2] ASSOCIAZIONE ITALIANA DI CRISTALLOGRAFIA. Consiglio di Presidenza dell'Associazione Italiana di Cristallografia [EB/OL]. (2018-03-21) [2019-11-04]. http://www.cristallografia.org/contenuto/consiglio-di-presidenza-aic/18.

[3] ASSOCIAZIONE PER L'INSEGNAMENTO DELLA FISICA. Statuto dell'Associazione per l'Insegnamento della Fisica [EB/OL]. (2014-04-15) [2019-11-05]. https://www.aif.it/aif/statuto.

[4] FOCACCIA M. Uno scienziato galantuomo a via Panisperna：Pietro Blaserna e la nascita dell'Istituto fisico di Roma [M]. Firenze：Olschki, 2016.

第二章 意大利科技社团发展现状及管理体制

人激增到3 500人，意大利物理学会的影响力扩展到世界范围。[①]

20世纪中叶，意大利的众多科技社团被纳入非营利组织范畴，科技社团的会员制度也逐渐开始向更加有利于专业性与服务社会并重的方向调整，采取更为灵活、包容、广泛的方式吸纳会员，从而有利于推动某一学术或技术领域的发展。

作为非营利组织的意大利科技社团在会员制度上普遍采用较为灵活的方式，入会手续简单方便，对会员的管理也非常便捷。进入信息化时代以来，会员管理程序进一步简化。意大利科技社团普遍采取分级式会员管理模式，最基本的分类分为常规会员和荣誉会员，常规会员可以是个人或者机构，荣誉会员必须为在其专业领域做出突出贡献的个人或机构。有些社团会单独设置团体会员。会员进一步细化为普通会员、中级会员、高级会员，有些另设有老年会员、学生会员、青年会员、赞助会员等（表2-12）。学生会员和青年会员一般会费较低，旨在吸引和鼓励青年人从事其所在专业领域的学术活动。

表2-12 意大利科技社团的会员类别及会费标准

科技社团名称	会员类别及会费标准
意大利物理学会	1. 常规会员； 2. 荣誉会员（在物理学领域做出杰出贡献者，不缴纳会费）
意大利文化遗产学会[②]	1. 普通会员（4 500欧元）；　　2. 青年会员（2 000欧元）； 3. 团体会员（21 500欧元）；　4. 赞助会员（31 500欧元）
意大利结晶学学会[③]	1. 普通会员（35欧元）；　　　2. 青年会员（20欧元）； 3. 公司机构会员（150欧元）
意大利物理教学学会[④]	1. 普通会员（40欧元）；　　　2. 学生会员（20欧元）； 3. 机构会员（学校、图书馆等）80欧元； 4. 赞助会员（最低60欧元，不设上限）； 5. 荣誉会员（无须缴纳会费）
意大利化学学会[⑤]	1. 普通会员（80欧元）；　　　2. 高级会员（100欧元）； 3. 团体会员（350欧元）；　　 4. 赞助会员（500欧元）
意大利儿童血液学和肿瘤学学会[⑥]	1. 普通会员（50欧元）；　　　2. 青年会员（20欧元）

---

① SOCIETÀ ITALIANA DI FISICA. 120 Anni e oltre［M］. Bologna：Società Italiana di Fisica，2017：5.

② ASSOCIAZIONE ITALIANA DI ARCHEOMETRIA. Iscrizione［EB/OL］.（2019-01-18）［2019-11-05］. http://www.associazioneaiar.com/wp/lassoziazione.

③ ASSOCIAZIONE PER L'INSEGNAMENTO DELLA FISICA. Statuto dell'Associazione per l'Insegnamento della Fisica［EB/OL］.（2014-04-15）［2019-11-05］. https://www.aif.it/aif/statuto.

④ ASSOCIAZIONE PER L'INSEGNAMENTO DELLA FISICA. Chi fa parte dell'A.I.F［EB/OL］.（2019-04-23）［2019-11-05］. https://www.aif.it/aif/.

⑤ SOCIETÀ CHIMICA ITALIANA. Note informative［EB/OL］.（2018-10-18）［2019-11-05］. https://www.soc.chim.it/sites/default/files/note_informative_2019.pdf.

⑥ ASSOCIAZIONE ITALIANA DI EMATOLOGIA E ONCOLOGIA PEDIATRICA. Quota associativa-NOVITA'［EB/OL］.（2019-02-08）［2019-11-05］. https://www.aieop.org/web/associarsi.

一般而言，会员入会的程序非常简便，填写申请表格并按照相关要求提供书面材料后就可以直接网上申请或者采用邮寄方式申请，一般由社团主席或理事会审核通过后，以电汇方式按要求缴纳会费即可。入会后须每年按规定时间缴纳会费，更新会员资格，否则会员资格自动取消。同时，会员享有相应的一些福利政策，以意大利物理学会为例，其会员拥有下述福利：每月获得物理学会的官方期刊《新西芒托杂志》纸质版，并提供在线下载服务；每月免费获得《欧洲物理杂志》；免费获取《物理世界》在线资源；有资格申请意大利物理学会的各类奖项；以折扣价格购买学会出版的书籍；以优惠价格申请物理学会举办的费米讲席和国际能源联合讲席，并可以申请奖学金资助；免费利用物理学会档案资料；注册参加由物理学会参与主办的国际会议时可以获得注册费优惠[1]。

（三）科技社团的收入支出状况

不同于美国和英国法国等国家，意大利政府对科技社团的管理较为松散，意大利的科技社团整体上透明度较低，这一点在财政上尤其突出，绝大多数社团不公开在网站上发布涉及具体财政收支情况的社团年报。以意大利数量庞大的医学社团为例，在意大利卫生部和意大利医学社团联合会注册的335个医学相关社团中，仅有6.1%在网站上公布财务报告，从而造成外界难以具体获知科技社团的具体资金情况。从制度和法律层面来说，意大利目前没有类似于美国阳光法案的信息公开法令对科技社团的财务收支情况的公开透明提出硬性要求，而这也成为意大利政府对科技社团进行管理的一项短板。

尽管无法全面掌握意大利各个科技社团的财务情况，但从有限的材料中，可以大致看出意大利科技社团收入和支出的组成情况。以影响力较大的意大利肝病学会为例，可以看出科技社团的主要活动资金来源于捐赠、会费、经营活动收入等几个渠道（表2-13）。支出一般由慈善性活动和管理支出两部分组成。从事科学相关的慈善活动是所有科技社团的主要功能，其中包含了很多支出类型，如会员服务活动、出版物运行、向个人及学术机构拨付资金用于研究活动、数据库建设及各类奖学金和学术奖励支出等。管理支出是指社团的日常运行和举办各类会议和大型活动时需要支付给工作人员的工资、购买基本办公用品和设施的资金，以及打理捐赠和遗产的基本费用等。

---

[1] SOCIETÀ ITALIANA DI FISICA. Scopri i vantaggi di essere Socio SIF[EB/OL].（2018-10-18）[2019-11-04]. https://www.sif.it/associazione/vantaggi.

表 2-13 意大利肝病学会 2018 年财务收支情况

收 入		支 出	
明　细	金额/欧元	明　细	金额/欧元
会员费	58 050	管理及审计	160 000
捐赠	128 880	科研	63 226.81
肝病讲席	51 500	肝病讲席	12 151.75
企业合作项目	20 000	奖学金	40 000
期刊及数据	12 655.86	会议	2 085.43
其他	479.6	出版	3 968
		网站及其他行政支出	24 117.92

数据来源：AISF Statement of the Year 2018。[1]

1. 科技社团的收入

意大利科技社团的资金来源主要有政府资助、捐赠、会费和经营活动收入。

具体来说，捐赠和会费是意大利科技社团的最主要收入来源，其中包括会员会费、企业及其他社会组织资助、个人或团体的捐赠。根据 2017 年的统计，意大利非营利组织的收入每年约为 640 亿欧元，86.1% 的机构的收入途径主要来自非公共渠道，其中教育和研究类的非营利组织获得捐赠和会费的收入占总收入份额约为 77.6%。[2]

会员会费是科技社团为会员提供服务获得的收入，会员交纳会费是对社团应尽的责任与义务，交纳会费不仅可为社团提供部分资金，弥补成本支出，改善工作条件，提高服务能力，更为重要的是体现会员的组织观念，是社团保持会员组织关系的手段。意大利科技社团内部均有严格的会员管理规定，有效地保障每年的会费收入。

很多意大利科技社团还通过政府委托项目获得收入，这主要是指科技社团充分发挥人才和智力优势，主动承担项目，为政府有关部门提供技术指导和决策顾问所获得的收入。例如，意大利物理学会曾受意大利政府委托，在政府的经费资助下，与国家

---

[1] ASSOCIAZIONE ITALIANA PER LO STUDIO DEL FEGATO. Rendiconto [EB/OL]. (2019-05-01)[2019-05-01]. https://www.webaisf.org/wp-content/uploads/2019/05/1.RENDICONTO-2018.pdf.

[2] ISTAT. Annuario Statistico Italiano 2017：23 Istituzioni Pubbliche e Istituzioni Non Profit[R/OL]. (2018-12-28)[2019-11-03]. https://www.istat.it/it/files//2017/12/C23.pdf.

研究委员会、国家天体物理研究院、国家核物理研究院、国家地球物理和火山研究院、国家计量学研究院和费米中心等机构合作开展了"物理学对意大利经济的影响"的专题研究。

企业赞助是意大利科技社团收入中的重要组成部分。企业对科技社团的赞助主要以科研经费资助和广告赞助两种形式进行。企业的科研资助是科技社团科研经费的重要来源之一，主要通过企业委托研发项目、资助相关培训和再教育课程等方式进行。在社团网站上投放相关领域企业的广告、学会年会及各种会议的企业赞助也是科技社团的一项收入来源。以意大利医学社团为例，数据显示，将近29%的医学学会网站上都有制药和医疗器械企业的标志，67.7%的医学社团年会都有来自公司的赞助。①

意大利科技社团还会通过形式多样的经营活动获得收入，一般包括教育培训、会议及展览的组织、出版和数据服务、与企业的技术合作、为企业提供信息咨询等。教育培训收入是借助社团的学术权威和在公众心目中的地位，为个人或组织提供资格证书培训和考试服务获得的收入。例如，意大利物理学会举办的国际物理讲席和EPS-SIF国际能源联合讲席。意大利物理教学学会从1987年开始每年承办意大利物理奥林匹克选拔赛，并代表意大利教育、大学和科研部组织选手参加国际物理奥林匹克竞赛。每年奥林匹克竞赛相关的培训课程、赛事组织已经成为学会的一项重要收入来源。此外，物理教学学会每年还开设冬季和夏季教师进修课程。意大利辐射防护协会自1983年起开办波尔瓦尼辐射防护高级讲席，每年定期就当下国内和国际重点问题设置课程和讲座。②意大利计算机科学和自动计算协会与意大利教育、大学和科研部共同主办意大利高中生计算机奥林匹克竞赛及相关奥赛课程。③

意大利科技社团为企业提供服务同样是其收入来源之一。科技社团主要通过为企业提供人员培训、研发活动、职业及技术认证等服务获得资金。科技社团也为企业研发活动提供有力的技术支持，进而实现学术研究成果的经济效益转化以及技术的商业化。以意大利化学学会为例，该学会把会员的研究成果制作成数据库，公司可以自由查阅这些

---

① FABBRI A, GREGORACI G, TEDESCO D, et al. Conflict of interest between professional medical societies and industry: a cross-sectional study of Italian medical societies' websites [J]. BMJ Open, 2016, 6 (e011124): 1-8.
② L'ASSOCIAZIONE ITALIANA DI RADIOPROTEZIONE. Regolamento della Scuola Polvani [EB/OL]. (2006-11-29) [2019-12-23]. https://www.airp-asso.it/wp-content/uploads/docs_polvani/Regolamento-Scuola-Polvani.pdf.
③ ASSOCIAZIONE ITALIANA PER L'INFORMATICA E IL CALCOLO AUTOMATICO. Olimpiadi di Informatica. [EB/OL]. (2019-09-05) [2019-12-23]. https://www.aicanet.it/article/olimpiadi-di-informatica.

第二章　意大利科技社团发展现状及管理体制

内容，直接与会员取得联系，进行合作。对学会提供资助的营利性组织和公司就有数十家（图 2-4），每年企业资助的资金数目也十分可观。

图 2-4　为意大利化学学会提供资助的部分机构

为企业提供信息咨询服务也是科技社团的一项重要业务，以意大利能源经济学会为例，该学会通过每月提供能源观察报告的形式为能源企业提供能源与价格预测服务，主要分为国际价格预测和意大利能源预测与价格服务两大类。报告为能源相关企业提供国际和国内市场以及意大利能源部门的月度分析和中短期预测，还对主要能源产品（石油、石油产品、天然气、煤炭、电力）的价格动态、竞争情况以及后续几个月（最多 24 个月）的演变情况进行说明，并提供对燃料电力和天然气关税的估算。该服务可以按照企业客户需求进行定制，服务费用则根据所需信息的类型和数量收取。[①] 另外，科技社团为企业提供各类技术标准、规范等认证服务也是一项重要的收入来源。

2. 科技社团的支出

意大利科技社团的支出一般由慈善性活动和管理支出两部分组成。从事科学相关的慈善活动是所有科技社团的最主要功能，其中包含了很多支出类型，如会员服务活动、出版物运行、向个人及学术机构拨付资金用于研究活动、数据库建设及各类奖学金和学术奖励支出等。

科研活动支出在各个科技社团支出中占较大份额，意大利肝病学会在科研活动上的支出主要包括开办肝病讲席支出、新药研究委员会活动支出、医疗指南工作组活动支出、专业咨询服务运营经费、官方网站及数据库运营支出、出版发行以及学术会议支出几个大类，2018 年其学术活动支出总额为 79 343.56 欧元，占总支出的 25%。奖学金和学术奖励也是每个学会的重要支出项目。以意大利物理学会为例，学会在 2019 年设立多个奖项及奖金（表 2-14）。

[①] Osservatorio Energia AIEE. https://www.aiee.it/osservatorio-energia.

表 2-14　意大利物理学会设立的奖项列表

奖项名称	奖金数额 / 欧元
青年物理学研究生奖	不低于 1 000
科学交流奖	2 000
物理教学和物理学史奖	3 000
物理学会与中子散射协会"中子物质"奖	1 000
天文学会与物理学会"乔瓦尼奖"	1 000
弗朗哥·曼弗雷迪奖	1 000
皮耶罗·布罗维托奖	1 500
茱莉亚诺奖	1 500
巴奇尼奖	5 000
斯塔赫里尼奖	1 500
费米奖	30 000

数据来源：SIF Prizes。[①]

管理支出是指社团的日常运行和举办各类会议和大型活动时需要支付给工作人员的工资、购买基本办公用品和设施的资金，以及管理捐赠和遗产的基本费用等。管理支出一般而言在科技社团日常运行经费中所占比例最大，是社团日常正常运行的保障。科技社团的管理支出一般由行政、管理和审计支出、办公支出、工作人员薪酬等组成。以意大利肝病学会为例，学会 2018 年管理支出为 160 000 欧元，约占全年总支出的 50%，其中包括学会管理机构和出版发行机构的运营费用、公共事务、会议和学会课程组织经费和办公支出。

（四）科技社团的主要活动

学术交流、科学奖励、科学传播、科学教育及科学普及是意大利科技社团的主要活动内容，这几项活动密不可分，共同推动科学活动的发展，有效加强了各国科学家及科学家和大众之间的交流与合作。

1. 学术交流

学术交流是意大利科技社团的一项基本职能，几乎所有的科技社团都通过组织开展科学讨论会、学术理论研究会及主办专业学术期刊等方式推动所属领域的学术发展，扩

[①] SOCIETÀ ITALIANA DI FISICA Premi SIF. [EB/OL]. (2019-01-18) [2019-12-25]. https://en.sif.it/activities/awards.

第二章　意大利科技社团发展现状及管理体制

大社会影响。以意大利物理学会为例，学会举办的国际物理讲席（亦称费米讲席）是意大利物理学会最重要的文化活动之一。国际物理讲席于1953年由当时的主席乔瓦尼·波尔瓦尼创立，课程设置于夏季，通常在6～7月，目前已经成为世界各地青年物理学家相互交流的重要平台，享有极高的国际声誉。[①] 意大利物理学会还举办EPS-SIF国际能源联合讲席，该讲席设立于2012年，由欧洲物理学会和意大利物理学会联合创立，旨在就能源生产、转换、传输和节约技术等相关物理学领域进行学术交流，从而解决当今社会的能源问题。讲席每2年一次，地点位于意大利瓦伦纳[②]，设有3个课程，每个课程时间在1～2周，课程内容由意大利物理学会从来自全世界的提案中筛选决定，课程注重文化影响、前沿性，以及物理学不同领域之间的分配与平衡。每门课程设有2名主管和1名教学秘书，主管的任务是选择讲师和邀请研讨会的发言人。学员需要提交申请，由课程主管和学会主席根据所提交的信息情况进行选择，每门课程大约有50名学员。课程结束后，所有报告都由意大利物理学会结集出版。意大利辐射防护协会自1983年起开办波尔瓦尼辐射防护高级讲席，每年定期就当下国内和国际的重点问题设置课程和讲座，成为辐射防护领域的重要国际交流平台。[③] 由意大利文化遗产学会发起的"艺术即科学"活动由一系列论坛、会议和研修班组成，活动汇聚物理、化学等各个领域的专家，他们为博物馆和考古工作者提供信息、培训，介绍有利于拓展博物馆和考古发掘工作的新科技手段。该活动自2014年起已经在意大利境内数十个城市开办6期，参与者超过18 000人。这一系列活动为科学技术与文化遗产保护领域的沟通与交流搭建了平台，促进了新科技手段在考古遗址发掘、历史环境重建、艺术品鉴定等工作中的应用。[④] 意大利广义相对论和引力物理学学会开办讲席，每2年一次，讲席面向物理学、天文学和数学领域的博士生和年轻研究人员，主题主要集中于量子引力、天体物理学和相对论宇宙学以及实验引力等领域。[⑤]

举办学术会议是意大利科技社团的一项基本活动，几乎每个科技社团都会举行例行

---

① SOCIETÀ ITALIANA DI FISICA. Scuola Int. di Fisica "E. Fermi"［EB/OL］.［2019-11-04］. https://www.sif.it/corsi/scuola_fermi.
② SOCIETÀ ITALIANA DI FISICA. Scuola Int. EPS-SIF sull'Energia［EB/OL］.［2019-11-04］. https://www.sif.it/corsi/scuola_energia.
③ ASSOCIAZIONE ITALIANA DI RADIOPROTEZIONE. Scuola Polvani［EB/OL］.［2019-11-04］. https://www.airp-asso.it/?page_id=449.
④ ASSOCIAZIONE ITALIANA DI ARCHEOMETRIA. Arte è Scienza［EB/OL］.［2019-11-04］. http://www.associazioneaiar.com/wp/as.
⑤ SOCIETA ITALIANA DI RELATIVITA GENERALE E FISICA DELLA GRAVITAZIONE. SIGRAV International School［EB/OL］.（2012-04-03）［2019-12-22］. http://www.sigrav.org/le-scuole-sigravthe-sigrav-schools.html.

的学科年会，将各自领域内的学者聚集在一起，极大地促进了学术交流。除学科年会之外，意大利科技社团还会牵头或参与主办各类国际、国内学术会议和展览。仅从 2019 年 1 月至今，意大利文化遗产学会已举行 10 余次的国内和国际会议；意大利物理学会举行的论坛和会议多达 40 余次，且多为国际性会议；意大利能源经济学会在罗马、米兰、威尼斯、维罗纳、帕尔马、萨勒诺、那不勒斯、佛罗伦萨和其他意大利城市主办或协办了 200 多个关于能源问题的国内和国际会议，达成了多项国际能源协议。

2. 学术出版和数据服务

出版活动也是意大利科技社团活动中不可或缺的一部分，往往也是一个科技社团获得认可和声誉的重要渠道。如意大利物理学会的出版涉及期刊、图书、纪念文集、会议论文集等多个种类，内容涵盖物理学相关的各个领域，其中一些期刊与欧洲合作发行[1]。意大利物理学会的官方刊物《新西芒托杂志》[2]作为同行评议类型的物理学月刊，为学会赢得了广泛的国际声誉。1855 年，物理学家卡洛·马图奇与化学家拉菲勒·皮里亚，在里卡多·费利西和塞萨尔·贝尔塔尼尼的协助下创办了《新西芒托杂志》。作为《西芒托杂志》的延续，该刊是意大利当时唯一的物理学期刊。1897 年，物理学家卡洛·费利西以《新西芒托杂志》的唯一所有人身份将其移交给新成立的意大利物理学会并成为其官方刊物。此后，这份刊物发表了大量有影响力的文章，赢得了巨大声誉。1945 年,《新西芒托杂志》因第二次世界大战停刊，1946 年复刊。1947 年，杂志启用新的版式并改用英文，从而成为国际性刊物。1965 年，随着核物理和基本粒子物理的蓬勃发展，《新西芒托杂志》分为《新西芒托杂志 A》和《新西芒托杂志 B》，分别服务于高能物理学和低能物理学。20 世纪 80 年代，随着物理学内部不同领域日趋细化，《新西芒托杂志》又于 1980 年细化出《新西芒托杂志 C》和《新西芒托杂志 D》两个新的子刊，C 为地球物理和空间物理，D 为原子物理、固体物理和分子物料以及跨学科物理。意大利冶金学会出版的科技月刊《意大利冶金杂志》自 1909 年创刊以来，便成为世界冶金领域的权威期刊。[3]

意大利肝病学会开发了电子化的肝病记录和 CRF 平台。CRF 平台允许科研工作者调阅正在进行的学会研究项目，可以加入特定研究并通过平台更新进度；电子化肝病记录主要服务于医生的日常临床活动，医生可以对病历记录进行自定义，便于在手术、门诊、住

---

[1] SOCIETÀ ITALIANA DI FISICA. le Nostre Riviste [EB/OL]. (2012-05-11) [2019-11-04]. https://www.sif.it/riviste/sif.

[2] SOCIETÀ ITALIANA DI FISICA. Il Nuovo Cimento [EB/OL]. [2019-11-04]. https://en.sif.it/journals/sif/ncc.

[3] ASSOCIAZIONE ITALIANA DI METALLURGIA. Magazine [EB/OL]. [2019-11-04]. http://www.metallurgia-italiana.net/rivista.php.

院等所有临床活动中的应用，可以导出个人数据加以研究，也可以自由导入电子病案记录。

3. 教育培训

教育培训同样是意大利科技社团的一项重要任务，同时也是获得收入的渠道之一。科技社团通过开办专业领域的教育和培训课程，为科研工作者或工程技术人员提供一个接受专业性继续教育或开拓学术视野的良好契机。以意大利糖尿病学会为例，学会每年开设具有针对性的临床培训课程，如2016年的老年糖尿病临床研究课程和慢性病治疗与护理等。意大利计算机科学和自动计算协会开办针对教师的"网上教学"课程，提供有关在教学中整合数字工具和环境的培训。这是一套基于视频教程、案例研究的实用课程，深受初高中学校的欢迎。意大利肝病学会的教育和培训课程是该领域的权威性培训项目，每年均有大量临床工作者注册参加学会主办的培训。例如，意大利肝病学会年会的会前课程作为学会的一项传统活动，在每年年会之前的2天举行，会员和非会员均可参加，课程主题一般为当下热门的特定的肝病主题。[①]以2019年为例，课程主题为"生活方式与肝脏——肝病研究的新前沿"。学会年会还开办会后课程，这是专门为学会青年会员提供的课程，课程主题主要围绕临床技术实践。此外，意大利肝病学会与意大利胃肠病学和胃肠内镜学会共同组织名为"AISF/SIGE 联合课程"的联合培训和进修课程，面向35岁及以下的研究者及临床工作者。意大利医学物理学会每年根据需求针对科研工作者和医生开设培训课程，分为在线课程和卡尔迪罗拉讲席两类。[②]

4. 科学奖励

科学奖励是鼓励和促进科学发展的一项重要举措，几乎每个意大利科技社团都设有各类奖项用以表彰在各自科学领域做出贡献的学者，并为青年科研工作者和学生提供奖励和资助。意大利物理学会在每年全国物理年会的开幕式上，向物理教学或物理研究史领域的杰出工作者颁奖。此外，还设有为纪念在特定领域工作的已故杰出物理学家的奖项。如奖金为3万欧元的费米奖、欧凯里尼奖、弗里德—沃尔泰拉奖。此外，物理学会还有为奖励在物理学领域做出突出贡献的会员所设立的金质奖章，以及为鼓励青年物理工作者而设立的专门奖项。自2001年起，意大利物理学会的理事会还专门向对物理学和学会做出特别贡献的会员授予"功勋会员"的荣誉并颁发奖章。[③]意大利结晶学学会

---

① ASSOCIAZIONE ITALIANA STUDIO DEL FEGATO. Pre-Meeting [EB/OL]. [2019-12-22]. https://www.webaisf.org/portfolio/pre-meetings/.

② ASSOCIAZIONE ITALIANA DI FISICA MEDICA. Formazione [EB/OL]. [2019-11-04]. https://www.fisicamedica.it/formazione.

③ SOCIETÀ ITALIANA DI FISICA. 120 Anni e oltre [M]. Bologna：Società Italiana di Fisica，2017：75-82.

设有每 2 年颁发一次的马里奥·曼米奖和用来奖励 40 岁以下年轻学者的马里奥·纳德利奖。意大利儿童血液和肿瘤学会则设有专项基金，为儿童和青少年肿瘤治疗中心临床试验以及该领域的学术会议和培训提供经费支持。[①] 意大利物理教学学会设有奖章，用来表彰对物理教学研究做出贡献的学者。意大利大气科学与气象学学会针对获得气象学学位的学生设立博吉尔奖，奖金为 1 000 欧元。[②] 意大利广义相对论和引力物理学学会设有阿马尔迪奖章，用以奖励在引力物理学和广义相对论领域有突出贡献的欧洲科学家，该奖项每 2 年在学会全国大会上颁发，获奖者将获得 1 枚金质奖章以及奖金 10 000 欧元。[③]

5. 科学传播

意大利科技社团往往还承担着面向社会大众的科学普及工作，对科学文化知识的大众化传播发挥了重要作用。以意大利林琴学会为例，学会下属的塞格雷跨学科林琴中心在意大利全国范围内为高中教师和学生举办山猫课程，旨在面向青少年进行各个跨学科领域研究的科普工作。林琴学会在学会图书馆和法尔内西纳别墅筹备举办多种展览。从 2003 年开始，林琴学会成立 400 周年之际，学会筹办了 3 个大型展览："意大利统一时期的林琴学会""时间的胜利""王子的收藏：从莱昂纳多到戈雅"，向公众大规模展出了学会馆藏的珍贵图书手稿和绘画收藏。2008 年，学会举办了"真实与神奇动物展"，展示了动物学从古典主义到今天漫长而清晰的历程。2009 年，举办了"永恒的明星：伽利略与天文学"展览。林琴学会所举办的展览多次掀起观众的参观热潮，极大促进了科学与文化知识的大众传播。意大利大气科学与气象学学会自 2014 年开始举办面向大众的气象学节，为社会大众提供了一个深入了解气象学，探寻其科学基础，理解其经济、文化和社会影响的具体机会。[④] 该学会还每年举办国际气象学日活动，向公众普及大气及气象学相关知识，宣传大气及环境保护。[⑤] 意大利物理学与天文学史家学会每年举办多次有关古代物理学和天文学仪器、图书、历史档案的展览和讲座，以促进相关领域知识在社会大众中的传播，启发大众对物理和天文学知识的兴趣。同时学会还面向高中教

---

① ASSOCIAZIONE ITALIANA DI EMATOLOGIA E ONCOLOGIA PEDIATRICA. F.I.E.O.P ONLUS[EB/OL].[2019-11-04]. https://www.aieop.org/web/fieop.

② Fondazione Osservatorio Meteorologico Milano Duomo. STORIA[EB/OL].[2019-12-24]. https://www.fondazioneomd.it/storia.

③ SIGRAV. The Amaldi Medals[EB/OL].(2019-08-21)[2019-12-22]. http://www.sigrav.org/le-medaglie-amaldithe-amaldi-medals.html.

④ ASSOCIAZIONE ITALIANA DI SCIENZE DELL'ATMOSFERA E METEOROLOGIA. Festival Meteorologia[EB/OL].[2019-11-04]. https://event.unitn.it/festivalmeteorologia2019.

⑤ ASSOCIAZIONE ITALIANA DI SCIENZE DELL'ATMOSFERA E METEOROLOGIA. Giornata Mondiale della Meteorologia[EB/OL].[2019-11-04]. https://www.aisam.eu/osservatori-storici.html.

师开办培训讲座，培养教师的物理和天文学史素养，进而促进相关知识在青少年中的普及。① 意大利文化遗产学会与米兰大学合作举办面向普通大众的"捍卫美丽，打碎赝品"的文物鉴赏知识讲座，旨在向公众普及文物及其鉴别知识。②

五、意大利科技社团的活动特色

（一）与发展中国家合作减小科研差距和避免人才外流

20世纪60年代以来，随着以原子能、电子计算机、空间技术和生物工程的发明和应用为标志的第三次科学革命的到来，经济实力雄厚的发达国家有能力不断增加科研投入，科学技术发展迅猛，吸引人才的能力进一步增强。而反观大多数发展中国家，尤其是那些政治上刚刚获得独立的国家，经济落后，科研实力薄弱，科研环境恶劣，进而导致人才流失问题严重，与发达国家的差距不断增大。这一阶段的世界科学活动出现了美国社会学家罗伯特·默顿在1968年所提出的马太效应，即发达国家利用在科技发展上的累积优势，进一步吸引更好的人才，取得更好的科技成果，进而积累更多优势因素，进入新一轮的优势积累循环，导致世界范围内科学技术发展不平衡进一步加剧，发展中国家与发达国家在科技发展上的差距出现不断扩大的趋势。在这一背景下，1960年9月22日，在第四届国际原子能机构大会上，萨拉姆教授呼吁建立国际理论物理中心，以解决发展中国家科学发展前景暗淡、科研条件匮乏和人才外流等问题。1981年10月，萨拉姆又以教皇科学院大会为契机，进一步倡议建立发展中国家科学院来帮助发展中国家发展科技、培养人才。这两大国际科技组织有效地援助了发展中国家的科研工作，提高了发展中国家的科研水平，为发展中国家的科研工作者提供了资助和学术交流、再教育的机会，在一定程度上缓解了发展中国家人才外流这一严峻问题，从而使科学活动中的优势因素在一定程度上实现再分配。从这一角度来说，国际理论物理中心和发展中国家科学院这两个国际科技组织的建立与良好发展，是科学活动中的反马太效应。

国际理论物理中心由已故巴基斯坦物理学家、诺贝尔奖获得者阿卜杜斯·萨拉姆③于

---

① SOCIETA ITALIANA DEGLI STORICI DELLA FISICA E DELL'ASTRONOMIA. La Società. [EB/OL]. [2019-11-04]. http://www.sisfa.org/la-societa.
② ASSOCIAZIONE ITALIANA DI ARCHEOMETRIA. Events [EB/OL]. [2019-11-04]. http://www.associazioneaiar.com/wp/eventi.
③ 萨拉姆长期从事基本粒子和量子场论的研究，曾任联合国科技咨询委员会主席、英国皇家学会会员、国际理论物理和应用物理协会副主席、瑞典皇家科学院名誉院士、苏联科学院外籍院士和美国艺术与科学学院院士，1979年获得诺贝尔物理学奖。

▸ **法意澳新科技社团研究**

1964年创立，总部位于意大利的里雅斯特，是隶属于联合国教科文组织和国际原子能机构的非营利组织，旨在通过向发展中国家提供科研与继续教育帮助，促进发展中国家的科技进步。中心下设高能、宇宙和天体粒子物理学，凝聚态与统计物理学，数学，地球系统物理学，应用物理学，定量生命科学6个常设研究组，以及新研究领域（能源和可持续性、计算科学）的非常设研究组。为鼓励物理学和数学领域的高尖端研究，中心设有多个奖项（表2-15）。

表2-15 国际理论物理中心所设奖项

奖项	颁发对象
狄拉克奖章	在理论物理上做出突出贡献的科学家
ICTP奖	来自发展中国家的青年科学家
ICO/ICTP加里诺·德纳多奖	在光学领域做出突出贡献的科学家
拉马努金奖	在数学领域做出贡献的发展中国家学者
库恩奖	在量子力学材料与分子模拟领域做出贡献的学者

迄今为止，该中心已接待了来自188个国家逾14万名科学家，其中来自发展中国家的学者约占50%，约100位诺贝尔奖获得者在此举办了讲座和研讨会[1]。中心同样关注并支持中国相关学科的建设和发展。数据显示，1970—2011年，中心共接待5 158名中国访问学者，1996—2011年涉华项目经费总额为627.5万欧元，中国合作伙伴达151家。[2]

除了国际理论物理中心，发展中国家科学院在促进发展中国家的科技进步方面同样发挥了重大作用。发展中国家科学院——即第三世界科学院——于1983年11月10日，同样由萨拉姆教授倡议创建，于1985年在意大利正式注册成立，总部位于意大利的里雅斯特，是非政府、非营利性的国际科学组织，2013年更名为世界科学院，旨在支持和促进发展中国家的科研活动，为发展中国家的优秀科技人员提供必要的科研条件，鼓励对发展中国家存在的共性问题进行研究，促进发展中国家科技人员和科研机构之间的交流和合作，提高发展中国家科学家的科研水平。学院与意大利的其他学会一样，以理事会为

---

[1] INTERNATIONAL CENTRE FOR THEORETICAL PHYSICS. About ICTP [EB/OL]. [2019-11-05]. https://www.ictp.it/about-ictp.aspx.

[2] 方晓阳，谢勇. 意大利科研机构研究生教育的探索与实践——以国际理论物理中心为例 [J]. 中国高校科技，2013（10）：63-65.

第二章 意大利科技社团发展现状及管理体制

最高管理机构，总揽学院的一切事务。理事会设有主席1人、副主席1人、秘书长1人、司库1人、理事5人，理事会所有成员均来亚洲、非洲、南美洲的发展中国家。[1] 发展中国家科学院设立的奖项主要针对生物学、化学、数学、物理学、农学、地学、工程科学、医学、社会科学等领域，奖励发展中国家学者在科学研究方面取得的成就。为促进发展中国家科学家之间的交流与合作，发展中国家科学院设立专项基金以资助科研能力强的优秀学者和年轻科技人员开展合作研究。截至2004年，发展中国家科学院一共为100多个发展中国家的学者提供了2 000多万美元的资助。[2] 目前发展中国家科学院有1 262名院士，其中14人是诺贝尔奖获得者，他们来自100多个国家，约有85%来自发展中国家，现任院长为中国科学院院士白春礼。

国际理论物理中心和发展中国家科学院都是总部位于意大利里雅斯特的非营利组织，都是阻止发展中国家科学人才外流的主要力量，也是意大利政府与发展中国家进行多边科教合作的重要平台，这两个科技组织的核心经费来源均是意大利政府。国际理论物理中心每年运行经费中的90%来自意大利政府、国际原子能机构和联合国教科文组织，还有少量的专项资助来自联合国开发计划署等国际组织的项目经费，其中意大利政府的资助占比最大。意大利政府的资助以及联合国教科文组织和国际原子能机构的支持，使得超过14万名发展中国家科学家受益，确保其在许多基础和应用科学领域（包括理论物理、数学、地球系统物理和定量生命科学等）获得教育和研究的机会。而发展中国家科学院早在筹建之时即有多名杰出的意大利科学家参与，建立初期的拨款也来自意大利政府。从创立至今，意大利政府一直无条件支持其发展，意大利政府在2004年通过了一项法律，确保每年向发展中国家科学院提供稳定的财政资助。[3]

意大利在上述两个旨在援助发展中国家的国际科技组织中扮演核心赞助者的角色，与其非政府组织的兴起密切相关。意大利的非政府组织兴起于20世纪60年代，其主要驱动力来源于天主教援助前殖民国家的政治趋势，当时意大利的非政府组织大体上分为以传教为目的的天主教非政府组织和支持民族解放运动的非宗教性非政府组织。20世纪70年代以后，非宗教性非政府组织的目标逐渐由支持民族解放运动转向支持当地经济文

---

[1] THE WORLD ACADEMY OF SCIENCES.Council [EB/OL]. [2019-11-05]. https://twas.org/council.
[2] THE WORLD ACADEMY OF SCIENCES. TWAS, the voice for science in the South [EB/OL]. [2019-11-05]. https://twas.org/twas-voice-science-south.
[3] THE WORLD ACADEMY OF SCIENCES. TWAS and Italy [EB/OL]. [2019-11-05]. https://twas.org/twas-and-italy.

化发展。根据1987年2月26日第49号法案，即《意大利与发展中国家合作的新规范》的规定，从事发展援助活动的非政府组织可以申请外交部的资格认定，"资格认定"实际上是一个名册，列入名册便有资格获得意大利政府的资金支持，或接受政府委托实施合作项目。根据第49号法案第29款规定，得到外交部资格认定的非政府组织可以为其发展援助活动申请政府的资金支持，获得的资金不得超过活动所需资金的70%，其余资金主要通过自筹获取。意大利政府及意大利的一些大区、省市政府也会设立公共基金，从事援助发展中国家活动的组织可以申请公共基金。此外，意大利从20世纪60年代开始开展的公共援助计划也为援助发展中国家提供了资金保障。

另外，意大利支持援助发展中国家科技发展的国际性科技组织与其天主教传统有关。首先，天主教有重视科学研究和科学技术知识传播的传统，如著名修会耶稣会即重视科学研究和教育，有向中国、印度等海外国家派遣传教士传教并开展科学研究、传播科学知识的传统。其次，1936年由教皇庇护十一世改组的罗马教廷科学院是直属于罗马天主教会的自然科学研究院，亦称为"教皇科学院"。虽然只属于教宗，但教皇科学院是独立的国际性科技组织，可以自由开展科学研究工作，不受政府、政治、宗教的影响。而正是1981年10月在罗马举行的教皇科学院大会，为发展中国家科学院的建立提供了契机。大会期间，萨拉姆教授在与来自发展中国家的教皇科学院院士的谈话中提及了发展中国家开展科学研究及其科学家的情况，从而倡议建立发展中国家科学院，来确保发展中国家科学家的利益和基础科学的发展。最后，从政治层面来看，在发展中国家科学院和国际理论物理中心两个国际科技组织建立期间，意大利的执政党是意大利天主教民主党，该党由若干天主教团体于1943年联合重建，参加反法西斯斗争，在第二次世界大战后一直是意大利的主要执政党。1944—1983年，该党始终占据意大利总理职位，此后也长期作为意大利议会第一大党。综上，意大利政府对发展中国家科学院和国际理论物理中心的支持与天主教传统是分不开的。

（二）与中小型企业联手提升创新实力推动经济发展

尽管无法从数据上得知意大利科技社团对国民经济的贡献究竟有多少，但意大利科技社团无疑对意大利经济产生了有利影响，这主要体现在几个方面：科技社团自身研发的科技成果对经济产生直接影响，直接或间接增加社会就业，通过与企业合作推动经济发展。意大利被称为"中小企业的王国"，中小企业在意大利经济中占有举足轻重的地位。据统计，意大利雇员不超过500人的企业占比高达99.7%，并且创造了将近70%的国内生产总值。意大利的中小企业通过形成产业集群，在特定的地区或产业形成经验丰富且能够快速吸收新技术的网络，而这种网络的媒介就是专门的产业行会和科技社团。意大利中小企业的集群模式及其面对技术革新的快速反应能力成为其维持竞争优势的关

第二章 意大利科技社团发展现状及管理体制

键，而科技社团作为媒介性存在为中小企业的发展做出了重要贡献。

意大利科技社团与中小企业的合作模式主要有以下几种。

第一，意大利许多企业的创办者或支持者本身即是科技社团成员。例如 ADARTE snc 是一家意大利小企业，该公司在与世界先进大学和研究中心紧密联系的基础上诞生和发展起来，是一家具有高度创新和知识水平的公司。公司创始人阿祖拉·马基雅利和弗朗西斯卡·布里亚尼本身即是文化遗产学会会员，两人是利用科学手段及精密仪器进行文化遗产研究的领军人物，所创立的 ADARTE snc 公司在考古及文物修复领域与意大利各类科研机构有密切合作。① 上述情形并不局限于中小型企业，不乏一些在业界享有不凡声誉的大型企业，例如 CAEN 公司作为核工业器件领域的全球领军企业，其业务领域主要针对核物理研究（高、中、低能）及其应用，该公司建立于 1979 年，最初并不是一个企业，而是一个以电子工程师为主体的非营利性科技社团。随着电子器件工业的迅猛发展，该社团组建了极具专业性的企业，进行大量研发活动，青年物理学家在其雇员中的比例高达 10%。目前，CAEN 已经成为公认的、世界上唯一一个能够全套生产符合电气和电子工程协会核物理与粒子物理标准的高低压电源系统和前端数据采集模块的公司。目前，CAEN 已经成为公认的为核物理研究领域提供工业支持的最重要企业，其产品应用于全球知名的大学、研究机构和国家实验室，早在 2013 年其年产值已经突破 1 560 万欧元，并保持着持续性增长。②③

第二，由科技社团充当企业与科研领域合作的媒介，企业为学术研究提供专业的仪器设备和检测手段。由意大利文化遗产学会创建的合作网络即是这方面的范例。2015 年，以费拉拉修复展④为契机，意大利文化遗产学会牵头成立了意大利文化遗产学会—公司联络网，旨在拉近科研机构与企业的距离，推动学术界与企业界（表 2-16）在文化遗产领域的合作共赢和共同研究。文化遗产学会作为学术界与企业在文化遗产领域开展合作的纽带和中介，有力推动了双方的合作研究，并为文化遗产和考古学研究提供了便捷和助力。

---

① ADARTE.Chi Siamo [EB/OL].（2014-04-28）[2019-12-21]. https://www.adarteinfo.it/.

② DELOITTE. Measuring the Economic Contribution of Physics-based Sectors to the Itailian Society (Final Report) [R/OL]. [2019-11-04]. https://www.sif.it/static/SIF/resources/public/files/report_2014/SIF-Final-Report.pdf.

③ CAEN. Company Overview [R/OL]. [2019-11-04]. https://www.caen.it/about-us/company-profile/.

④ 展览主题为"文化遗产中是否有科学工作？学术研究、企业与科研机构之间的网络"（"C'è lavoro per la scienza nei beni culturali? Un network fra ricerca, aziende ed enti"）。

表 2-16　意大利文化遗产学会—公司联络网的主要合作企业[①]

合作公司名称	业务范围及专业领域
ADARTE snc	文化遗产保护和修复领域的专业调查 专业领域：侵入性化学物理和矿物学岩相调查
ART-TEST	文化遗产的非侵入性光学诊断服务 专业领域：艺术品的无创诊断、CCD 多光谱紫外荧光、红外扫描反射、CCD 多光谱红外反射
Bruker	分析仪器及技术方案指导 专业领域：X 射线荧光（M-XRF、T-XRF、P-XRF）和电子显微镜系统（EDS、EBSD、WDS、microXRF、microCT）
MADATEC	室内、户外和空中高光谱系统
START-TEST	文化遗产的非侵入性诊断，提供保护和修复计划、博物馆展示和艺术品移动的技术建议 专业领域：图像红外反射术、紫外线荧光采集、数字射线照相、X 射线荧光分析（单点或映射）、小气候监测、热成像检查、SPR 或 GPR 和超声波调查
SIMONE CAGLIO	民用/工业领域的数据分析和非侵入性诊断
TecnArt Srl	考古遗址及文物的年代测定、艺术品鉴定及估价、文物成分分析、修复措施规划、专业技术咨询、技术转让

第三，企业以多种形式为科技社团提供资金支持，科技社团则为企业提供技术支持，进而实现学术研究成果的经济效益转化以及技术的商业化，从而实现共存共赢。以医药领域为例，制药和医疗器械行业的企业是医学社团最主要的赞助者，其中与手术和临床相关的医学社团与医药公司的经济联系更加紧密。企业为医学社团提供资助的形式主要有以下几种：首先，与医学社团合作开展科研项目并为之提供科研经费，从而将取得的成果运用于企业，实现技术的商业化；其次，为医学社团开展活动提供大量资金，尤其是资助临床培训和医学继续教育活动、资助医生参加医学社团开设的各类课程，而企业有时候也由此影响了医学社团的课程内容和主题选择；[②] 最后，以广告的形式直接在医学领域获得宣传企业的机会，主要是通过在社团网站上张贴公司标志、赞助年会

[①] ASSOCIAZIONE ITALIANA DI ARCHEOMETRIA. Network AIAr-Aziende vuole［EB/OL］.［2019-11-05］. http://www.associazioneaiar.com/wp/naa.

[②] FABBRI A, GREGORACI G, TEDESCO D, et al. Conflict of interest between professional medical societies and industry: a cross-sectional study of Italian medical societies' websites［J］. BMJ Open, 2016, 6（e011124）: 1-8.

第二章　意大利科技社团发展现状及管理体制

等途径实现。数据显示，将近 29% 的医学学会网站上都有制药和医疗器械企业的标志，67.7% 的医学社团年会都有来自公司的赞助。①

第四，以科技社团联盟作为科技信息门户，进而推进企业与科技社团的合作。企业，尤其是中小企业与科技社团之间的沟通与合作在意大利是有传统的。有别于其他国家，单体科技社团之外，意大利还有以旨在沟通工业界与科技社团的科技社团联盟。意大利科技社团联盟作为一个非营利组织，旨在推动科学技术创新和技术转让，实现科研团体与工业界的合作与沟通。该联盟 1897 年 6 月 18 日诞生于米兰，至今已有 120 余年的历史。联盟成立之初即以联系技术与工业为初衷，联盟成立的发起人是意大利著名科学家朱塞佩·科伦坡和塞萨尔·萨尔迪尼，他们是意大利工业技术诞生时期的重要人物，联盟的成立得到学术界与工业界人士的普遍支持，其中包括开辟了电力工业发展道路的伽利略·费拉里斯和著名工业家、倍耐力轮胎公司创始人乔瓦尼·巴蒂斯塔·倍耐力。联盟成立之初就汇聚了当时最具资历的科技社团、学术机构以及工业企业。1899 年联盟主持召开首次全国电器工程师大会，1934 年主持召开国际化学大会，1956 年联盟发起召开了首次国际自动化与仪表展会。如今，意大利科技社团联盟共有会员 38 000 人，每年组织活动及会议超过 750 场，发行期刊 32 种，每月接待来访超过 4 000 人。②欧洲企业网络③是意大利科技社团联盟的重要项目之一，该项目是欧洲联系科研团体、大学和研究机构与企业（尤其是中小企业）的最重要的平台。来自 54 个国家的 600 多个研究机构和企业参与。该项目致力于帮助企业推广新产品、开拓市场，为其提供最新的技术资讯，推动科研团体和机构的研究在企业实现技术转移和革新。

（三）医学社团与临床诊疗无缝衔接为医生诊断提供全面指导

在意大利不同领域的众多科技社团中，医学领域的科技社团颇具特色。

第一，医学社团总量较大，分科细化。意大利医学领域的科技社团数量较多，根据意大利卫生部 2017 年 8 月公布的统计数据显示，医学领域的科学与技术社团总数为 333 个。④这

---

① FABBRI A, GREGORACI G, TEDESCO D, et al. Conflict of interest between professional medical societies and industry: a cross-sectional study of Italian medical societies' websites [J]. BMJ Open, 2016, 6 (e011124): 1-8.

② FAST.Il portale dell'informazione tecnico-scientifica in Italia [EB/OL]. [2019-12-25]. http://www.fast.mi.it/.

③ ENTERPRISE EUROPE NETWORK. About Enterprise Europe Network [EB/OL]. [2019-12-25]. https://een.ec.europa.eu/.

④ MINISTERO DELLA SALUTE. Direzione generale delle professioni sanitarie e delle risorse umane del Servizio Sanitario Nazionale [EB/OL]. (2017-08-02) [2019-11-05]. http://www.salute.gov.it/portale/ministro/p4_5_2_4_1.jsp?lingua=italiano&menu=uffCentrali&label=uffCentrali&id=1152.

135

法意澳新科技社团研究

数百个医学社团，总体上分为四大类：手术类、门诊类、医学服务类以及行业协会（如牙医协会、护士协会等）。从学科领域来看，涉及儿科学、外科学、牙科学、医学美容学等；从不同病种来看，涉及肝病学、心脏病学、肺病学、精神病学、血液病学等，涵盖范围非常广泛。而在某一个医学分科下，社团的分布进一步细化，仅以牙科为例，相关的社团就多达11个（表2-17），从牙病、假牙到涉及牙齿的医学美容等。几乎每一个医学领域都有相关的社团为本领域的临床工作者和科研工作者提供教育、培训和学术交流平台，为本领域的学术研究、信息交流、临床诊疗技术的进步提供了有利条件。

表2-17　与牙科相关的医学社团列表

学会中文名称	学会意大利文名称
意大利牙体牙髓病学会	Aic-Accademia Italiana di Odontoiatria Conservativa e Restaurativa
意大利牙科保健医师学会	Aidi-Associazione Igienisti Dentali Italiani
意大利牙髓学会	Aie-Accademia Italiana di Endodonzia
意大利牙颌骨学会	Aig-Associazione Italiana di Gnatologia
意大利假牙学会	Aiop-Accademia Italiana Odontoiatria Protesica
意大利激光牙科学会	Lead-Laser Excellence Academy for Dentistry
意大利美容牙科学会	Simeo-Associazione Italiana Medicina Estetica Odontoiatrica
意大利口腔颌面外科学会	Siocmf-Societa' Italiana Odontoiatria e Chirurgia Maxiilo Facciale
意大利口腔医学与病理学学会	Sipmo-Societa' Italiana di Patologia E Medicina Orale
意大利口腔病学、牙科学和牙科假体学会	Sisopd-Societa' Italiana di Stomatologia Odontoiatria e Protesi Dentaria
意大利全国牙科卫生工作者联合会	Unid-Unione Nazionale Igienisti Dentali

数据来源：根据意大利卫生部提供的科技社团列表自行整理。[1]

第二，意大利的医学社团承担了制定医学指南的任务，为临床诊疗提供了依据。2017年3月8日，意大利颁布第24号法令，俗称"格里法案"。该法案规定医护人员在执业和常规临床诊疗过程中须遵守官方认证的医疗指南，诊疗过程是否遵从医疗指南也是医患纠纷中认定责任的重要依据之一。医疗指南制定工作由意大利的医学社团承担。意大利的医疗指南具有高度权威性，其制定和颁布都有严格的审查和认定。意大利的医学社团数量庞大，并非所有的医学社团都有资质进行医疗指南的制定，承担医疗指南制

---

[1] MINISTERO DELLA SALUTE. Direzione generale delle professioni sanitarie e delle risorse umane del Servizio Sanitario Nazionale [EB/OL]. （2017-08-02）[2019-11-05]. http://www.salute.gov.it/portale/ministro/p4_5_2_4_1.jsp?lingua=italiano&menu=uffCentrali&label=uffCentrali&id=1152.

第二章 意大利科技社团发展现状及管理体制

定工作的医学社团是由意大利卫生部严格审查认定的,并以法令的形式公布。[1]医疗指南的发布和内容的更新必须纳入卫生部的全国指南系统,意大利全国卫生研究院核准指南内容,审定其制定标准及科学依据,并在网站和社团网站公布。这是学术研究直接服务于临床实践的典型实例。在这种严格的管理机制下,由各领域内权威的医学社团所制订的医疗指南分类细致,内容严谨,针对性强。以意大利儿童血液学和肿瘤学学会为例,学会发布的指南和共识按照不同病证分为8类,每一类下均有针对不同病证的诊断或治疗建议,具有极强的针对性(表2-18)。

表2-18 意大利儿童血液学和肿瘤学学会医学指南

病 证	诊断或治疗建议
支持治疗	小儿肿瘤血液学中心静脉导管使用指南
	血液肿瘤患儿中心静脉导管长期使用指南
	小儿血液病和肿瘤患者接种疫苗指南
	免疫功能低下儿童化疗疫苗接种指南
	儿科疼痛急诊共识
感染	关于水痘疫苗的共识
	败血症定义
造血干细胞移植	Ⅰ型黏液球菌病的诊断和治疗建议
	造血干细胞移植治疗镰状细胞性贫血
	脐带干细胞
	小儿造血干细胞移植患者的处理建议
凝血缺陷	儿童血小板增多症的治疗建议
骨髓衰竭	中性粒细胞减少症诊断指南
	小儿获得性延髓再生障碍的诊断和治疗建议
红细胞紊乱	小儿镰状细胞病治疗指南
	自身免疫性溶血性贫血患儿的治疗建议
脑瘤	髓母细胞瘤辅助治疗建议
骨髓异常增生	儿童造血干细胞移植指南

数据来源:意大利儿童血液学和肿瘤学学会。[2]

---

[1] 意大利卫生部2017年8月2日颁布法令正式公布具有医疗指南制定资格的医学社团名录,该法令于2017年8月10日正式生效。

[2] ASSOCIAZIONE ITALIANA DI EMATOLOGIA E ONCOLOGIA PEDIATRICA. Linee Guida/Consensus [EB/OL]. [2019-11-05]. https://www.aieop.org/web/operatori-sanitari/linee-guida-consensum.

法意澳新科技社团研究

意大利医学社团所发布的指南内容翔实周密，即使是临床上较为罕见的情形往往也会涉及，是医护人员临床工作不可或缺的参考。例如意大利肝病学会针对慢性丙型肝炎的治疗随访、药物应用及肿瘤化疗患者预防性抗乙肝治疗方面，均制定了非常详细的指南。再如，意大利儿童血液学和肿瘤学学会发布的《2016年意大利新诊断儿童时期自身免疫性溶血性贫血的诊断和管理建议》，为儿童自身免疫性溶血性贫血这种罕见病提供了细致的诊断和治疗建议；2018年发布的《放血疗法治疗真性红细胞增多症》共识意见涉及放血疗法的适应证、治疗目标、放血策略、放血疗法相关铁缺乏的管理、放血后血小板增多、放血不耐受和放血抵抗等，[1]对临床治疗具有极强的辅助作用。从指南的形式上看，一部分指南是汇集本领域众多专家意见而成，另一部分是由多个社团不同领域的专家通力合作形成的广泛共识，如意大利肝病学会在2016年发布的指南《肝硬化患者白蛋白的合理使用》是肝病学会与意大利输血医学及免疫血液学会共同开展研究所形成的共识意见。综上所述，意大利的医疗指南具有高度权威性和官方性质，从制定指南的主体到指南的内容均受卫生部的严格审查和管理，具有严谨的制度和法律框架保障，其临床应用在一定程度上保障了临床诊疗的规范性，保障患者能够在医疗机构接受科学正规的诊断和治疗，同时也降低了医护人员卷入医患纠纷的风险，保障医护人员常规医疗工作的有序进行。不可否认，医疗指南在常规性病例的临床应用上具有有力的指导作用，有效保障了患者和医护工作者基本权益。但与此同时，在某些特殊病例出现时，在一定程度上造成医护人员采用"防御性"治疗方案，从而造成诊疗方案偏于保守。

除为临床实践提供指南之外，意大利各个医学社团还开设一些直接服务于患者的活动，如面向患者的医疗咨询，或提供医疗、适用药物知识等大众性科普资料，为缺乏专业知识的患者提供一种获得可靠帮助的途径。

第三，紧密的国际合作关系。意大利的医学社团很大程度上是意大利医学界与欧洲和国际医学界相互交流的重要平台和纽带，与国际上的医疗和学术机构始终保持着密切的联系。例如意大利肝病学会与欧洲肝病学会和国际肝病学会是兄弟机构，交流频繁，有力推动了意大利肝脏及肝病学研究的进步。再如，意大利儿童血液学和肿瘤学学会，作为专家组成员参与撰写世界卫生组织发布的医学治疗指南，如《世卫组织严重慢性病儿童持续疼痛药物治疗指南》《儿童持续疼痛：药剂师手册》以及欧洲国际肿瘤学会的《儿童肿瘤护理指南》等。由意大利医学社团主持发布的诊疗和护理指南同样不仅应用于意大利的临床医疗，在国际上也被作为科研和临床的重要参考广为引用。

---

[1] BARBUI T, PASSAMONTI F, ACCORSI P, et al. Evidence-and consensus-based recommendations for phlebotomy in polycythemia vera [J]. Leukemia, 2018, 32（9）：2077-2081.

六、典型案例

（一）意大利林琴学会
1. 历史沿革

第一阶段：林琴学会的创立与兴盛（1603—1630 年）。

意大利林琴学会是世界上第一个科学学会，也是欧洲历史最悠久的科学学会。学会于 1603 年在罗马成立，由意大利翁布里亚的贵族青年切西及其三个朋友荷兰医生埃克留斯、数学家斯泰卢蒂和费利斯创立，以研究自然科学为目的，学会取名为"山猫"，寓意以山猫敏锐的目光来观察自然。[1] 学会成立之后，4 名成员去户外采集样本，观察动植物和矿物；他们共同讨论自然哲学和形而上学问题，观察天空，制作星盘和天体星座图；成员们一起学习阿拉伯科学的经典著作，定期召开会议分享研究成果。[2] 学会创立的 6 年时间由于知名度有限且研究内容和方法有悖于传统，并未有新会员加入。直到 1610 年，切西重组山猫学会并开始吸纳新会员。著名的收藏家和历史学家费兰特·因佩拉托、动植物研究者费朗西斯科·埃尔南德斯在这期间加入学会，而最重要的新成员当属博物学家乔凡尼·波尔塔，他于 1610 年应切西之邀正式加入山猫学会，其著作《自然法术》所提倡的"秘密"传统受到学会成员的认可和倡导。[3] 波尔塔的加入使得山猫学会的研究活动进入了正轨。1611 年 4 月 25 日，伽利略正式加入山猫学会并成为第 6 位会员，随即成为学会的精神象征，其著名的著作《关于太阳黑子的书信》和《试验者》在这期间由学会出版。伽利略为学会带来了望远镜，分享了利用这一科学仪器观察到的天空新发现，并制作了显微镜支持学会的博物学研究。在伽利略的影响下，学会的研究传统发生了转变，会员们普遍开始重视数学和实验，学会不断发展壮大。至 1625 年，山猫学会人数稳步增加至 32 人，还集体编纂出版了学会最具代表性的百科全书式巨著《墨西哥宝典》。1630 年，随着学会的创立人和赞助人切西公爵的突然去世，学会失去经济来源陷于停滞。[4] 尽管切西的继任者卡夏诺·波佐及其他学者恪守切西的理念，并坚持继续未完成的研究工作，但学会已经无法作为一个独立组织存在，影响力大幅下

---

[1] MORGHEN R. L'Accademia nazionale dei Lincei nel CCCLXVIII anno dalla sua fondazione, nella vita e nella cultura dell'Italia unita（1871–1971）[M]. Roma：Accademia nazionale dei Lincei, 1972：7–10.

[2] SAVOIA A U. Federico Cesi（1585–1630）and the correspondence network of his Accademia dei Lincei [J]. Studium, 2011, 4（4）：195–209.

[3] 波尔塔的自然观认为宇宙中的每个事物都包含着无数隐藏的秘密，知识需要尝试获得更多的理解。这种传统作为获取知识的重要途径此后贯穿学会的一切研究活动之中。

[4] HESS P, ALLEN P. Catholicism and Science [M]. Westport：Greenwood Press, 2008：39.

降。1657年,山猫学会的最后一位会员波佐离世,山猫学会的时代正式终结。

第二阶段:林琴学会的重建。

1801年,神父斯卡佩里尼[1]将其所创立的数理学院命名为"新林琴学院"后又改成"林琴",斯卡佩里尼认为这是17世纪林琴学会的延续。这所学院于1840年解体,1801—1840年因而被称为"林琴学会的二次复兴"[2]。1847年建立的罗马教廷科学院也自称为17世纪林琴学会的重建,即罗马教廷新林琴学会,19世纪70年代曾一度被收归国有,后又归还罗马教廷,1936年改组为罗马教皇科学院。实际上,切西公爵的林琴学会的真正重建要等到19世纪70年代。1874年,意大利政治家和科学家塞拉在罗马重建了林琴学会,百年来被公认是切西所建立的学会传统的最重要继承者,现今也被称为林琴国家科学院。塞拉重申了世俗科学的理想,并将17世纪山猫学会原有的研究范围加以拓展,将人文科学包括进来。

1986年,学会研究范围分为2类:一类为数学、物理和自然科学;另一类为道德、历史和语言学。2001年,自然科学类重新划分为5类:①数学、力学及其应用;②天文学、大地测量学、地球物理学及其应用;③物理、化学及其应用;④地质学、古生物学、矿物学和应用;⑤生物科学和应用。道德、历史和语言学分为7大类:①语文学和语言学;②考古学;③艺术和诗歌评论;④历史、历史地理学和人类学;⑤哲学;⑥法律;⑦社会和政治科学[3]。现在,林琴学会是意大利最大的文化机构,被意大利政府认定为一级"重要实体",自1992年7月开始充当意大利共和国总统的科学和文化顾问。

2. 组织机构和成员

根据意大利宪法第33条,意大利林琴学会是非政府独立法人机构,所在地罗马,旨在促进、协调、整合以及传播科学知识。学会隶属于意大利文化遗产部,在国家法律规定范围,根据其章程和规定,组织、管理和运营内部事务,学会所有的房产、书籍文献收藏及其他动产,均属于学会财产。根据研究领域的不同,学会分为2个学部,即物理、数学和自然科学部及道德、历史和哲学学部[4]。

---

[1] ACCADEMIA NAZIONALE DEI LINCEI. Feliciano Scarpellini [EB/OL]. [2019-11-05]. http://www.lincei-celebrazioni.it/iscarpellini.html.

[2] DONATO M. Science on the Fringe of the Empire: The Academy of the Linceans in the Early Nineteenth Century [J]. Nuncius, 2012, 27(1): 110-140.

[3] ACCADEMIA NAZIONALE DEI LINCEI. Regolamento dell'accademia nazionale dei lincei [A/OL]. (2019-09-11) [2019-11-05]. https://www.lincei.it/sites/default/files/documenti/Trasparenza/regolamento.pdf.

[4] ACCADEMIA NAZIONALE DEI LINCEI. Statuto dell'accademia nazionale dei lincei, Articolo 1-3 [A/OL]. (2019-09-11) [2019-11-05]. https://www.lincei.it/sites/default/files/documenti/Trasparenza/statuto_lincei.pdf.

根据林琴学会章程，其组织机构[1]设立如下：

主席理事会：主席1人，副主席1人（如主席属于物理、数学和自然科学部，则副主席必须出自道德、历史和哲学学部，反之亦然），学术主管1人，助理学术主管1人，两个学部各设院士秘书1人；

学部联合大会（学部的全体意大利国籍成员参加）；

物理、数学和自然科学部大会（学部成员参加）；

道德、历史和哲学学部大会（学部成员参加）；

审计委员会（由5人组成）；

学会的行政管理事务由院长负责，下设行政主管1人，图书馆长1人。

除2个学部之外，学会还设有塞格雷跨学科林琴中心。该中心经学部联合大会决议成立于1971年，根据1995年5月修订的规定管理，服务于跨学科研究，中心采用从各个大学借调教授开展工作的机制并与其他意大利和外国组织合作，举办国内和国际研讨会、跨学科会议，以促进跨学科研究工作和学者之间的交流与合作。中心设有指导委员会，安排中心一切日常科研工作，委员会由8名委员组成，4名来自物理、数学和自然科学部，4名来自道德、历史和哲学学部，任期3年，中心主任从委员中选举产生。

学会下辖多个基金会和资助，为科研活动、学术会议、学术奖项等提供资金。

从组织机构和管理方式来看，林琴学会与意大利的其他科技社团基本一致，但在成员方面则有所区别。有别于其他科技社团的会员制度，林琴学会的成员数量固定，且是以提名选举产生。根据学院章程规定，学会的两个学部分别有意大利籍院士90人、外籍院士90人和通信院士90人，院士享有终身权利。其中意大利籍院士中出现年满80岁的院士后，理事会可以提名新的院士人选，但总人数不得超过105人。[2]

3. 主要活动

学术研究：学会通过物理、数学和自然科学部以及道德、历史和哲学学部组织各领域的学术科研活动，通过塞格雷跨学科林琴中心组织跨学科科研活动。根据《学术管理条例》第5款规定，学会设有多种奖项和奖学金，在其归属的条件和标准上各不相同：前者是为奖励科学研究工作上的突出贡献，而奖学金的设立是为了鼓励青年学者在各个

---

[1] ACCADEMIA NAZIONALE DEI LINCEI. Struttura organizzativa [EB/OL]. (2019-10-17) [2019-11-05]. https://www.lincei.it/it/struttura-organizzativa.

[2] ACCADEMIA NAZIONALE DEI LINCEI. Statuto dell'accademia nazionale dei lincei, Articolo 1-3 [A/OL]. (2019-09-11) [2019-12-25]. https://www.lincei.it/sites/default/files/documenti/Trasparenza/statuto_lincei.pdf.

领域进行研究，改善其科研条件。学会的主要奖项包括：共和国总统奖、安东尼奥·费尔特里内利奖、文化遗产部部长奖等。

除科研活动外，林琴学会还保存了大量原始档案，档案按照不同的历史时期进行整理，涉及意大利统一之前的学术活动（物理数学学会）、新林琴学会、教皇科学院、意大利皇家科学院，以及如今的林琴学会等。学会同时还保存了大量具有文化和史料价值的私人档案。2014年学会对馆藏档案进行了电子化，向意大利及国外学者提供远程开放获取服务，推动历史学研究中文献的自由利用。

对外交流：林琴学会与20多个外国科研机构和科技组织签署了双边合作协议，[①] 并代表意大利参加主要的国际学术组织，主要对外活动包括：国际学术组织的活动、G7科学院会议、与外国国家学院的双边合作以及国际会议。在这些对外活动中，七国集团国家科学院会议特别值得注意。自2005年起，七国集团国家科学院每年都会组织一次学术会议，会议同时向新兴国家的学术机构开放。这些会议的目的是拟定联合文件（联合声明），旨在就国际关注的重大科学问题提出意见，这些文件在首脑会议之前提交各国政府。

科学普及：科学普及是意大利林琴学会的一项重要工作，学会始终秉承着17世纪山猫学会的章程，即学会的目标不仅是获得科学和知识，并过着正义虔诚的生活，还要将知识以和平及有益于所有人的方式传达给人们。在这一传统之下，向大众传播科学文化知识成为林琴学会始终坚持的活动宗旨。林琴学会开展多种多样的科普活动，以大众化的方式向公众传播科学及文化知识。开办科普课程和举办展览是其进行科普活动的主要形式。学会下属的塞格雷跨学科林琴中心在意大利全国范围内为高中教师和学生举办山猫课程，向青少年进行各个跨学科领域研究的科普工作。学会筹备举办多种展览，地点在学会图书馆和法尔内西纳别墅。2003年，林琴学会成立400周年之际，学会筹办了3个大型展览："意大利统一时期的林琴学会""时间的胜利""王子的收藏：从莱昂纳多到戈雅"，向公众大规模展出了学会馆藏的珍贵图书手稿和绘画收藏。2008年，学会举办了"真实与神奇动物展"，展示了动物学从古典主义到今天漫长而清晰的历程。2009年，学会举办了"永恒的明星：伽利略与天文学"展览。学会所举办的展览多次掀起观众参观热潮，极大促进了科学与文化知识的大众传播。

出版活动：林琴学会的出版活动主要涉及林琴学会学报和林琴学会编纂的系列刊物和杂志（表2-19）。

---

① ACCADEMIA NAZIONALE DEI LINCEI. Rapporti internazionali［EB/OL］.（2019-05-14）［2019-11-05］. https://www.lincei.it/it/rapporti-internazionali.

第二章 意大利科技社团发展现状及管理体制

表 2-19 林琴学会出版的主要刊物列表

	刊物名称	刊物信息
1	《年鉴》	ISSN：0390-6337，1947 年至今，年刊
2	《林琴会议论文集》	ISSN 0391-805X，1974 年至今，年刊
3	《经典简报》	ISSN 0391-8270，1945 年至今
4	《古代遗迹》	ISSN：0391-8084，1951—1966 年，1971 年开始分为两种平行刊物，即《杂项系列》(Serie Miscellanea) 和《专题系列》(Serie Monografica)
5	《文物发掘报告》	ISSN：0391-8092，年刊
6	《林琴学会史》	ISSN：1120-1290，1989 年创刊，分为研究、原始资料与目录 3 个部分

林琴学会的 2 个学部分别出版各自领域的学报，物理、数学和自然科学部的学报自 1990 年开始分为 2 种平行期刊，分别是《林琴学报：数学与应用》和《林琴学报：物理与自然科学》。

道德、历史和哲学学部的学报包括《道德、历史和哲学学部报告》《学部回忆录》和《会议报告》。

（二）意大利物理学会

意大利物理学会总部位于博洛尼亚，旨在促进和保护意大利乃至全世界物理学研究及发展。

1. 历史沿革

1897 年，里卡多·费利西与多位著名物理学家共同创立了意大利物理学会，并将其成立的消息在他创办的期刊《新西芒托杂志》上公布[1]。同年 9 月，首次正式会议在罗马举行，临时委员会成员为安吉洛·巴特利、安东尼奥·罗蒂、彼得罗·布拉瑟纳、奥古斯托·里吉和欧金尼奥·贝尔特拉米。会议期间进行了首次选举，布拉瑟纳当选为首任主席。[2] 1935 年 9 月 5 日，根据第 1720 号皇家法令，意大利物理学会成为意大利非营利组织，隶属于意大利教育、大学和科研部。[3]

意大利物理学会的发展与《新西芒托杂志》的历史紧密相关，从期刊的名字即可发

---

[1] INTOSCANA. La società italiana di fisica a congresso a Pisa per parlare di ambiente [EB/OL]. (2009-07-06) [2019-11-05]. https://www.intoscana.it/intoscana2/opencms/intoscana/sito-intoscana/Contenuti_intoscana/Canali/Ambiente/visualizza_asset.html?id=883728&pagename=704616.

[2] 同[1]。

[3] SOCIETÀ ITALIANA DI FISICA. Statuto della Società Italiana di Fisica, Art 1 [A/OL]. [2019-11-05]. https://www.sif.it/static/SIF/resources/public/files/statuto.pdf.

现其所指的即是古老的西芒托学会，而西芒托学会的著名座右铭"实验、再实验"也自然而然地成为意大利物理学会的座右铭。随后，费利西作为《新西芒托杂志》的所有者，将这一历史悠久的期刊捐给了意大利物理学会，使之成为其官方期刊。[1] 成立之初，物理学会的活动主要局限于那些声名显赫的会员。20世纪30年代开始，越来越多的青年物理学家加入进来，推动了物理学在意大利的发展。自第二次世界大战之后的1947年以来，物理学会的会员从质量和数量上都有了显著的提升，会员人数从260人激增到3500人，意大利物理学会的影响力扩展到世界范围。随着《新西芒托杂志》的新国际版期刊的发行和国际物理讲席1953年在瓦伦纳成立，意大利物理学会的影响力进一步扩大。1962年当选为学会主席的吉伯托·贝纳迪尼同时也是欧洲物理学会（EPS）的创立者之一，并于1968年担任欧洲物理学会主席。自1968年，意大利物理学会成为欧洲物理学会会员。[2]

2. 组织机构

根据物理学会章程规定，学会设主席1人，为学会之法律代表，由选举产生，任期3年。学会下设理事会和会员大会两个主要机构。

理事会：理事会由主席1人、副主席1人和理事6人组成，理事中有1人为财务主管。理事会成员须为意大利国籍，根据学会选举章程每3年选举1次，可以重选。

会员大会：每年秋季应主席邀请召开1次会议，商讨学会事务规划及通过预算案。每年1月31日之前由学会主席向意大利教育、大学和科研部提交学会的年度活动报告。[3]

3. 会员组成

意大利物理学会会员整体上可以分为常规会员与荣誉会员2大类，在物理学领域取得杰出成就和贡献者可以作为荣誉会员，无须缴纳会费。常规会员则分为个人会员、青年会员、老年会员、团体会员和赞助会员。

学会会员必须每年按期缴纳规定数额的会费，同时会员可以免费获取学会期刊的在线内容、享受折扣价格购买学会出版的图书、可享受折扣价格注册参加学会举办的会议、可申请学会奖项及奖学金。会员同时还有权参加会员大会，选举学会理事会成员。

4. 主要活动

（1）全国物理年会

全国物理年会每年召开一次，为期1周，每年在意大利的不同大学举办，有600人

---

[1] SOCIETÀ ITALIANA DI FISICA. 120 Anni e oltre [M]. Bologna: Società Italiana di Fisica, 2017: 4.

[2] 同[1]。

[3] SOCIETÀ ITALIANA DI FISICA. Struttura della Società [EB/OL]. [2019-11-05]. https://www.sif.it/chi/organizzazione.

第二章 意大利科技社团发展现状及管理体制

参加了 2019 年年会，[①] 大会由全体大会以及核物理与亚核物理学，固体物理学，天体物理学，地球物理和环境物理学，生物物理和医学物理学，应用物理学、加速器和应用于文化遗产的物理学（考古学），物理教育和物理学史 7 个平行会议组成。每年全国物理年会的开幕式上，物理学会为那些在学习和研究活动中表现突出的年轻物理学家，以及那些在物理教学或物理研究上具有杰出贡献的物理学家颁奖。

（2）国际物理讲席[②]

国际物理讲席是意大利物理学会最重要的文化活动之一，1953 年由当时的主席乔瓦尼·波尔瓦尼创立。学校的课程设置于夏季，通常在 6—7 月，每年设有 3 个课程，每个课程时间在 1～2 周，课程是由意大利物理学会在来自全世界的提案中选择的，在课程选择上注重文化影响、前沿内容，以及物理学不同领域之间的分配与平衡。每门课程有 2 位主管和 1 位教学秘书，主管的任务是选择讲师和邀请研讨会的发言人。学员通过申请，由课程主管和学会主席根据所提交的信息情况选择。每门课程大约有 50 名学员。课程结束后，所有报告都由意大利物理学会结集出版。目前该讲席已经成为世界各地青年物理学家相互交流的重要平台，享有极高的国际声誉。

（3）EPS-SIF 国际能源联合讲席[③]

EPS-SIF 国际能源联合讲席设立于 2012 年，由欧洲物理学会和意大利物理学会联合创立，旨在就能源生产、转换、传输和节约技术相关物理学领域进行学术交流，从而解决当今社会的能源问题。基础讲席和专题研讨会由各领域的专家进行介绍。讲席每 2 年一次，地点位于意大利瓦伦纳。

5. 学会奖项

学会设立的主要奖项如下：

（1）费米奖

物理学界著名的费米奖从 2001 年开始颁发，以纪念费米这位伟大的科学家诞辰一百周年。[④] 费米奖每年颁发给一个或多个在物理学领域有突出成就或发现的学会会员，由意大利物理学会、国家研究委员会、国家天体物理研究院、国家核物理研究院、国家

---

① SOCIETÀ ITALIANA DI FISICA. Congresso Nazionale［EB/OL］.［2019-11-05］. https://www.sif.it/attivita/congresso.
② SOCIETÀ ITALIANA DI FISICA. Scuola Int. di Fisica "E. Fermi"［EB/OL］.［2019-11-05］. https://www.sif.it/corsi/scuola_fermi.
③ SOCIETÀ ITALIANA DI FISICA. Scuola Int. EPS-SIF［EB/OL］.［2019-11-05］. https://www.sif.it/corsi/scuola_energia.
④ SOCIETÀ ITALIANA DI FISICA. Premio "Enrico Fermi"［EB/OL］.［2019-11-05］. https://www.sif.it/attivita/premio_fermi.

▶ **法意澳新科技社团研究**

地球物理和火山研究院、国家计量学研究院和费米中心指定的专家组成委员会，从候选人名单中选择胜出者，并将提案交由学会理事会进行最终批准，奖金3万欧元。

（2）欧凯里尼奖

欧凯里尼奖由意大利物理学会与英国物理学会在朱塞佩·欧凯里尼诞辰一百周年之际共同设立，旨在纪念欧凯里尼在物理学上的杰出贡献。该奖项每年由意大利物理学会和英国物理学会宣布，分别授予意大利、英国或爱尔兰的物理学家，以表彰其在过去10年中在物理研究方面所做的杰出工作。[1]

（3）弗里德—沃尔泰拉奖

弗里德—沃尔泰拉奖由意大利物理学会和法国物理学会在2016年共同设立，旨在纪念意大利物理学家维多·沃尔泰拉和法国物理学家雅克·弗里德在物理学领域的贡献。该奖项每年由意大利物理学会和法国物理学会轮流颁发，以表彰在过去10年中在意大利与法国合作开展的物理学研究中有突出贡献的学者。[2]

除去上述主要奖项之外，意大利物理学会还设有青年物理学家奖、物理学教育与物理学史奖、科学交流奖、表彰工业企业实现物理学相关技术转化的古列尔莫·马可尼奖等10余项奖项，用以表彰在物理学研究、教育及应用等各个领域做出贡献的机构和个人。[3]

6. 主要出版物

自1897年成立至今，意大利物理学会即通过所发行的各类出版物在意大利乃至世界范围内有力推动物理学的发展。意大利物理学会的出版物涉及期刊、图书、纪念文集、会议论文集等多个种类，内容涵盖物理学相关的各个领域。

（1）期刊类

意大利物理学会发行多种期刊，其中最负盛名的是《新西芒托杂志》[4]。

1965年至今《新西芒托杂志》系列的发展情况如下：

Il Nuovo Cimento A（1965—1999年）：粒子物理学，2000年1月并入《欧洲物理学杂志》。

---

[1] SOCIETÀ ITALIANA DI FISICA. Premio "Giuseppe Occhialini" [EB/OL]. [2019-11-05]. https://www.sif.it/attivita/premio_occhialini.

[2] SOCIETÀ ITALIANA DI FISICA. Premio "Friedel-Volterra" [EB/OL]. [2019-11-05]. https://www.sif.it/attivita/premio_friedel-volterra.

[3] SOCIETÀ ITALIANA DI FISICA. Premi SIF [EB/OL]. [2019-11-05]. https://www.sif.it/attivita/altri_premi.

[4] SOCIETÀ ITALIANA DI FISICA. 120 Anni e oltre [M]. Bologna：Società Italiana di Fisica，2017：16-17.

Il Nuovo Cimento B（1965—2010 年）：相对论、天文学和数学物理。2011 年 1 月作为《欧洲物理杂志》增刊继续发行。

Il Nuovo Cimento C（1978 年至今）：地球物理、天体物理学和生物物理学。

Il Nuovo Cimento D（1982—1998 年）：固体物理学、原子物理学和分子生物学，1998 年并入《欧洲物理学杂志》。

Supplemento al Nuovo Cimento（1949—1968 年）：*Il Nuovo Cimento* 的增刊。

Lettere al Nuovo Cimento（1969—1986 年）：快讯与其他短篇论文，1986 年并入《欧洲物理通讯》（*Europhysics Letters*）。

Rivista del Nuovo Cimento（1969 年至今）：发表评论文章。

除《新西芒托杂志》外，意大利物理学会还主办了《物理学杂志》[①]。该刊 1956 年由著名的物理学家和数学家波瓦尼（Giovanni Polvani）创办，旨在发表物理学领域的最新研究成果以及物理教学中的最前沿教学方法。此外还有《物理学史随笔》，其语言为意大利文或英文，非定期发行。一般来说每年 1～2 期，主要发表物理学史的各类文章。

除去上述意大利物理学会独立发行的期刊之外，另有与欧洲合作发行的期刊《欧洲物理通讯》。为了创办一种属于欧洲的期刊，欧洲物理学会邀请一些会员学会停刊本国的物理学期刊以共同发行一种合作性期刊。意大利物理学会和法国物理学会接受了这个挑战，合并成一种新的期刊《欧洲物理通讯》。2007 年，版式更新并更名为 *EPL*，并改为半月刊，发表物理学各个领域的最新科研成果。

《欧洲物理学杂志》：由 *Journal de Physique*（EDPS）和 *Zeitschrift für Physik*（Springer）合并而成，由欧洲物理学会、意大利物理学会和施普林格出版公司共同发行。意大利物理学会的《新西芒托杂志 D》和《新西芒托杂志 A》分别于 1998 年和 1999 年并入。2011 年，*Nuovo Cimento B* 也作为在线增刊并入。*EPJ* 分为 10 种子刊，具体如下：

A：强子与核；

B：凝聚态和复杂系统；

C：粒子与场；

D：原子、分子、光学和等离子体物理学；

E：软物质与生物物理；

H：当代物理学的历史观；

---

① SOCIETÀ ITALIANA DI FISICA. 120 Anni e oltre [M]. Bologna：Società Italiana di Fisica，2017：18-19.

AP：应用物理学；

ST：特殊议题；

WoC：会议网；

Plus：其他。

（2）会议论文集[①]

《国际物理讲席论文集》：从1953年国际物理讲席创立开始，意大利物理学会将课程期间的讲座汇编成论文集，最初作为《新西芒托杂志》的增刊发行，而后以《国际物理讲席论文集》或《费米讲席论文集》的名称而独立出版并享有盛誉。

《EPS-SIF国际能源联合讲席讲义》：2012年，意大利物理学会与欧洲物理学会联合在意大利瓦伦纳创立了一个新的能源讲席，每2年举行一次，其讲义由意大利物理学会结集出版名称为《EPS-SIF国际能源联合讲席讲义》。

（3）图书

除去期刊和论文集，意大利物理学会亦出版多种图书，内容多以纪念杰出的物理学家或庆祝特殊事件为主。

（三）意大利肝病学会

意大利肝病学会总部位于罗马，成立于1970年。该学会为非营利性科技社团，1998年5月获得意大利卫生部部长令正式承认，是意大利肝病学专家与国际肝病学科学共同体相互交流的纽带和平台[②]，也是意大利唯一的全国性肝脏研究学会。学会旨在通过培训活动及科研交流促进肝病学研究的发展，有力推进肝病学的临床实践，同时意大利肝病学会也为青年肝病学者的科研活动提供经费支持。

1. 宗旨任务

根据《意大利肝病学会章程》规定[③]，学会的宗旨和任务是发展肝病学研究和意大利与国外相关领域的科研信息交流；促进肝脏与肝病学研究，将肝病护理提升至国家层面；规划及筹集科研基金；组织专业培训和进修课程，为会员提供年度进修课程；起草拟定医学诊疗指南，与研究机构及公司企业开展合作；出版期刊、专著以传播肝脏及肝病领域的科研成果。

---

① SOCIETÀ ITALIANA DI FISICA. 120 Anni e oltre [M]. Bologna：Società Italiana di Fisica，2017：20-21.

② ASSOCIAZIONE ITALIANA STUDIO DEL FEGATO. L'associazione [EB/OL]. [2019-11-05]. https://www.webaisf.org/l-associazione.

③ ASSOCIAZIONE ITALIANA STUDIO DEL FEGATO. Statuto [EB/OL]. [2019-12-20]. https://www.webaisf.org/l-associazione/.

2. 组织机构

根据意大利肝病学会章程[①]，学会的常设机构如下：

会员代表大会：由学会秘书长召集于每年3月召开，会议地点设在罗马，学会的年度工作报告和来年的经费预案需经大会审议通过。

协调委员会：管理学会日常活动并对学会的一切学术活动负责。委员会成员为6人，由会员大会选举产生，任期3年。秘书长1人，由委员会成员内部选举产生，任期2年。

监事会：设有主席1人，监事4人。

另外，意大利肝病学会下设多个科学委员会，即研究工作组，对经学会研讨一致明确的特别重大的专题进行研究。这些研究工作组通常为期两年，成员为专科医生和生物学研究人员（可以不是肝病学会会员），每一个科学委员会设协调员1人，负责管理日常工作和经费。委员会的所有研究报告、临床指南等均由学会结集出版，供科研及临床使用。主要的科学委员会包括：移植学常设委员会、生物伦理学常设委员会、罕见病委员会、生活方式与肝病委员会、丙型肝炎新药咨询委员会、肝病感染病人委员会和介入性肝病委员会。

3. 会员组成[②]

意大利肝病学会的会员来自不同医学领域（胃肠病学、内科学、传染病、免疫学、肝脏外科和移植学和基础科学）的临床医生和研究人员，他们的研究领域涉及肝脏疾病的生物学、病理生理学、病理学以及临床方向，现有会员1 800余人。

学会会员分为普通会员和赞助会员，会员可以为自然人或机构、团体等。申请入会须书面向学会协调委员会提交申请表，通过申请后每年须缴纳固定数额的会费。

正式成为学会会员后，学会举行的一切活动的信息以电子邮件或信件的方式定期通知会员，会员可以免费获取《胃肠与肝脏病学杂志》，免费参加学会年度大会及单主题会议，免费使用学会软件，会员还有权参加会员代表大会，选举协调委员会成员。

4. 主要活动

意大利肝病学会的活动主要集中于科研资助、进修培训和临床指导3个方面。

（1）大量资助和支持科研活动

意大利肝病学会每年资助开展大量原创性科研活动。2011—2019年，由学会资助

---

① VARZI R. Statuto［A/OL］.（2019-03-19）[2019-11-05]. https://www.webaisf.org/wp-content/uploads/2019/04/STATUTO-AISF_21.02.2019.pdf.

② ASSOCIAZIONE ITALIANA STUDIO DEL FEGATO. Perché Scegliere AISF［EB/OL］.[2019-11-05]. https://www.webaisf.org/area-soci.

进行的科研项目完成28个，进行中的科研项目12个，[①]研究进度及成果均在学会每年的年度报告中公布。

除去肝脏及肝病学领域的原创课题研究之外，学术会议也是学会科研活动的重要内容。学会每年召开多种学术会议，推动意大利肝病学领域的信息交流。会后由协调委员会选取汇集最有价值的议题，由《胃肠与肝病学杂志》刊发。

肝病学年度大会：每年二月在罗马召开的肝脏及肝病学年会，是学会每年最重要也是规模最大的学术活动。会议邀请意大利及国际知名专家与会，就具有重大意义的学术问题进行讨论并交换意见。年会内容包括为期1天的研究生进修和培训，为期2~3天的内容为尚未发表科研成果的专家讲座，以及青年会员课程。年会期间，学会的会员年度大会同时召开，并对在相关领域做出突出贡献的研究者颁发终身成就奖，为青年研究者颁发奖学金及资助。[②]

主题会议：每年10月在意大利不同城市举行，旨在就某项研究主题进行深入讨论和交流。

特别会议：学会的年度会议，时间地点均不固定，旨在深入讨论、分析一个特定的肝病主题并达成共识，会后6个月内向学会提交会议结论报告并全文出版。

研究组定期会议：学会内部各个研究组的定期会议，集中讨论和公布最新研究进度。

（2）教育、进修与培训

教育、进修与培训是意大利肝病学会的重要任务之一。学会每年开设各类进修及专业培训课程，这些课程是意大利国家医学继续教育项目的重要组成部分。同时，学会设立奖学金资助青年学者和医生的科研工作。除学会年会期间所开设的进修培训课程外，目前学会还开设以下课程。

学会年会的会前课程：会前课程是协会的一项传统活动，在每年年会之前的2天举行，对会员和非会员开放，课程主题一般为当下热门的特定肝病主题。以2019年为例，课程主题为"生活方式与肝脏——肝病研究的新前沿"。

学会年会的会后课程：专门为学会青年会员提供的课程，课程主题主要是关于临床技术实践。

AISF/SIGE 联合课程：肝病学会与意大利胃肠病学和胃肠内镜学会组织的联合培训和进修课程，面向35岁及以下的研究者及临床工作者。

---

① ASSOCIAZIONE ITALIANA STUDIO DEL FEGATO. STUDI E RICERCHE [EB/OL]. [2019-11-05]. https://www.webaisf.org/studi-e-ricerche.
② ASSOCIAZIONE ITALIANA STUDIO DEL FEGATO. STUDI CONCLUSI [EB/OL]. [2019-11-05]. https://www.webaisf.org/studi-conclusi.

（3）临床指导

推动肝病临床诊疗和护理的发展也是意大利肝病学会的主要任务之一，学会在肝病的诊断、预防干预措施的制定和肝病护理学上进行了大量工作。肝病临床诊疗和护理指南的制定是意大利肝病学会的一项重要工作，通过科研项目或与其他科研机构或团体的合作所制定的各类肝病指南为临床工作提供了有效参考和指导。

另外，意大利肝病学会设有 AISF 研究中心，该中心是为临床和科研活动提供有效工具而建立，分为 2 个部分：电子化的肝病记录和 CRF 平台。

与此同时，意大利肝病学会同样提供直接面向肝病患者的服务，为他们提供有关肝病、肝移植的科普性知识和相关的咨询服务。

5. 意大利肝病学会与中国的合作

肝脏疾病是中国发病率和死亡率最高的疾病，根据世界卫生组织调查数据，当前中国有 9 000 万慢性乙肝患者，其中 2 800 万人需要治疗，700 万人因严重肝脏疾病和癌症发病风险需要紧急治疗。此外，中国慢性丙肝患者约为 1 000 万人，其中 250 万人需要治疗。中国有 1.73 亿～3.38 亿人患有非酒精性脂肪肝，6 200 万人患有酒精性肝病。[1]在这一背景下，肝病的研究与临床诊疗在中国具有重要现实需求，而与国际权威肝病研究机构的交流与合作对我国该领域研究和临床技术的进步具有重要意义。意大利肝病协会作为欧洲肝病学会的核心成员，在肝脏及肝病研究和临床领域均具有权威性，与中华医学会肝病分会以及高校和科研机构在科研、临床与教育培训等诸多方面开展合作。例如，中华医学会肝病学分会与欧洲肝病协会联合主办的肝病学院是目前国内级别最高、最具实用性的肝病学继续教育项目，学院的授课专家马洛·比尔纳尔迪教授即是意大利肝病学会科学委员会委员。在肝病临床诊疗方面，意大利肝病学会所制定的指南和共识则是中国相关领域科研和临床工作者的重要参考。意大利肝病学会所制定的指南即是中国在 2005 年发布的《慢性乙型肝炎防治指南》的重要参考内容之一，规范和指导我国乙型肝炎的诊断、治疗和预防工作。

七、对我国科技社团建设的启示

（一）倡导基础研究类社团结合国家战略开展科技外交

从欧洲一体化进程启动时，意大利就积极参与，欧洲核子研究中心有众多意大利

---

[1] XIAO J, WANG F, WONG N K, et al. Global liver disease burdens and research trends: Analysis from a Chinese perspective [J]. Journal of Hepatol, 2019, 71 (1): 212-221.

科学家，欧盟委员会联合研究中心也设在意大利。欧盟的科学一体化对外旨在形成合力共同应对以美国为代表的科技强国的挑战，对内致力于提升各成员国的科研实力、缩小各成员国之间的科学差距。意大利政府从欧洲一体化进程启动之初就高度重视、积极参与，推动欧洲各国深度合作，意大利的科技社团也深刻贯彻了这一国家战略。欧洲的科技合作由物理学启动，旨在减小各国科研差距，减缓欧洲人才外流美国的趋势。深受欧盟影响，意大利科技社团在缩小不同地区科研差距、减缓发展中国家人才外流方面的所作所为给我们提供了新的视角，以重新审视科学共同体中马太效应的后果以及科技实力差距所造成的对各国经济及人民生活水平的深层影响。

从 16 世纪起，天主教的耶稣会就充分利用科学知识建立与其他国家的良好关系，以利玛窦为代表的耶稣会士凭借对数学和天文学知识的通晓，在中国的士大夫群体中建立了良好形象，并成功走进了中国宫廷。虽然第二次世界大战后天主教并没有被直接纳入意大利的国家政治体系，但天主教背景的政党却在意大利执政数年之久，通过对外传播科学知识促进与第三世界国家外交关系的传统一直延续至今。无论是国际理论物理中心还是发展中国家科学院，都是在意大利政府支持下成立的致力于此的国际化科技社团。当前，世界处于百年未有之大变局，我国处于近代以来最好的发展时期。我国提出建设"一带一路"促进各国深度融合，致力世界和平发展，科技社团也应承担推进"一带一路"倡议的使命，以科技外交推进我国与"一带一路"沿线国家的合作交流。以发展中国家科学院为代表的意大利科技社团为我们提供了开展国际科技合作的诸多宝贵经验。

（二）鼓励应用研究类社团加强产学研合作共建创新企业

20 世纪 50 年代以来，意大利的中小型企业异军突起，成为推动意大利现代化进程和战后经济复苏的主要推动力。意大利的科技社团为中小型企业的蓬勃发展贡献了积极的力量。有的科技社团会员本身就是企业家，努力把自己的研发成果产业化，获得丰厚的经济效益；有的科技社团作为中介，在科学家和企业之间架起了沟通的桥梁，为高科技企业解决技术难题，让技术转让和技术革新成为现实。我国正处于从投资驱动和要素驱动向创新驱动转变的时期，科技社团也应充分发挥创新驱动的推动作用。借鉴意大利经验，我国科技社团应加强与中小型企业之间的良性沟通，促使我国众多中小型企业从制造业向高科技产业成功转型。

（三）号召医学类科技社团制定指南直接服务临床诊疗

我国的医学类科技社团蓬勃发展，中华医学会是规模最大的科技社团，各类医学科技社团在科技评审、医疗鉴定、学术交流、科技评审等方面都发挥了巨大作用。意大利医学社团特别注重制定医学指南，为临床诊疗提供依据。这些医学诊疗指南由意大利全国卫生研究院核准和审定，不仅对意大利各个医院的专科医生有极强的借鉴意义，而且为世界各国医生进行诊断提供了参考依据，尤其是对一些流行病和传染病的治疗。例如，我国医生对肝病患者的诊断和治疗方案一直参考意大利医学社团发布的指南。借鉴意大利医学社团的经验，我国医学类社团除了在一些具有争议的科学事件中积极发声帮助公众理性思考之外，可以结合我国大量的临床实践制定本国的医学诊断指南，为不同省份不同地区医院的医生提供有针对性的帮助。

附件一　部分意大利科技社团及相关机构名称

1. 林琴学会　Accademia dei Lincei
2. 西芒托学会　Accademia del Cimento
3. 马西利亚诺研究所　Istituto Marsigliano
4. 皇家科学院　Accademia Reale delle Scienze
5. 费西科里奇学会　Accademia dei Fisiocritici
6. 皇家科学、文学和艺术学院　Reale Accademia di Scienze，Lettere ed Arti
7. 皇家学会　Accademia Reale
8. 意大利学会　Società Italiana
9. 国家研究所　Istituto Nazionale
10. 皇家科学、文学和艺术研究所　Istituto Reale di Scienze，Lettere e Arti
11. 意大利科学家会议　Riunione degli Scienziati Italiani
12. 意大利地理学会　Società Geografica Italiana，SGI
13. 意大利昆虫学会　Società Entomologica Italiana，SEI
14. 意大利眼科学会　Società Oftalmologica Italiana，SOI
15. 意大利内科学会　Società Italiana di Medicina Interna，SIMI
16. 意大利电工学会　Associazione Elettrotecnica Italiana，AEI
17. 意大利儿科学会　Societa Italiana di Pediatria，SIP
18. 非营利社会公益组织　Organizzazione non Lucrativa di Utilità Sociale，ONLUS
19. 意大利化学会　Società Chimica Italiana，SCI
20. 意大利物理学会　Società Italiana di Fisica，SIF
21. 意大利文化遗产学会　Associazione Italiana di Archeometria，AIAr
22. 意大利结晶学会　Associazione Italiana Cristallografia，AIC
23. 意大利物理教学学会　Associazione per l'Insegnamento della Fisica，AIF
24. 意大利儿童血液学和肿瘤学学会　Associazione Italiana di Ematologia e Oncologia Pediatrica
25. 国家研究委员会　Consiglio Nazionale delle Ricerche，CNR
26. 国家天体物理研究院　Istituto Nazionale di Astrofisica，INAF
27. 国家核物理研究院　Istituto Nazionale di Fisica Nucleare，INFN
28. 国家地球物理和火山研究院　Istituto Nazionale di Geofisica e Vulcanologia，INGV

29. 国家计量学研究院　Istituto nazionale di Ricerca Metrologica，INRIM
30. 费米中心　Centro Fermi
31. 意大利辐射防护协会　Associazione Italiana di Radioprotezione，AIRP
32. 意大利卫生部　Ministero della Salute
33. 意大利财政部　Ministero dell'Economia e delle Finanze
34. 意大利文化遗产部　Ministero per i beni e le attività culturali
35. 意大利劳动和社会政策部　Ministero del Lavoro e delle Politiche Sociali
36. 意大利教育、大学和科研部　Ministero dell'Istruzione dell'Università e della Ricerca
37. 意大利计算机科学和自动计算学会　Associazione Italiana per l'Informatica e il Calcolo Automatico，AICA
38. 意大利能源经济学会　Associazione Italiana Economisti dell'Energia，AIEE
39. 意大利气溶胶学会　Società Italiana di Aerosol，SIA
40. 意大利肝病学会　Associazione Italiana Studenti di Fisica，AISF
41. 欧洲物理学会　European Physical Society，EPS
42. 意大利广义相对论和引力物理学学会　Società Italiana di Relatività Generale e Fisica della Gravitazione，SIGRAV
43. 意大利能源经济学会　Associazione Italiana Economisti dell'Energia，AIEE
44. 意大利冶金学会　Associazione Italiana di Metallurgia，AIM
45. 意大利糖尿病学会　Associazione Medici Diabetologi，AMD
46. 意大利胃肠病学和胃肠内镜学会　Società Italiana di Gastroenterologia ed Endoscopia Digestiva，SIGE
47. 意大利医学物理学会　Associazione Italiana di Fisica Medica，AIFM
48. 意大利大气科学与气象学学会　Associazione Italiana di Scienze dell'Atmosfera e Meteorologia，AISAM
49. 意大利物理学与天文学史家学会　Società Italiana degli Storici della Fisica e dell'Astronomia，SISFA
50. 国际理论物理中心　International Centre for Theoretical Physics，ICTP
51. 发展中国家科学院/世界科学院　The World Academy of Sciences，TWAS
52. 欧洲肝病学会　European Association for the Study of the Liver，EASL
53. 国际肝病学会　International Association for the Study of the Liver，IASL
54. 意大利科技社团联盟　Federazione delle Associazioni Scientifiche e Tecniche，FAST
55. 欧洲企业网络　Enterprise Europe Network，EEN

附件二　意大利卫生部认定的医学类科技社团

1. AAIITO-ASSOCIAZIONE ALLERGOLOGI ITALIANI TERRITORIALI E OSPEDALIERI
2. ACOI-ASSOCIAZIONE CHIRURGHI OSPEDALIERI ITALIANI
3. ADI-ASSOCIAZIONE ITALIANA DI DIETETICA E NUTRIZIONE

第二章 意大利科技社团发展现状及管理体制

4. ADOI-ASSOCIAZIONE DERMATOLOGI-VENEREOLOGI OSPEDALIERI ITALIANI E DELLA SANITA' PUBBLICA

5. AFI-ASSOCIAZIONE FLEBOLOGIA ITALIANA

6. AIAC-ASSOCIAZIONE ITALIANA ARITMOLOGIA E CARDIOSTIMOLAZIONE

7. AIAM-ASSOCIAZIONE ITALIANA AGOPUNTURA MOXIBUSTIONE E MEDICINA TRADIZIONALE CINESE

8. AIAMC-ASSOCIAZIONE ITALIANA DI ANALISI E MODIFICAZIONE DEL COMPORTAMENTO E TERAPIA COMPORTAMENTALE E COGNITIVA

9. AIBT-ASSOCIAZIONE ITALIANA DI IMMUNOGENETICA E BIOLOGIA DEI TRAPIANTI

10. AIC-ACCADEMIA ITALIANA DI ODONTOIATRIA CONSERVATIVA E RESTAURATIVA

11. AICCER-ASSOCIAZIONE ITALIANA DI CHIRURGIA DELLA CATARATTA E REFRATTIVA

12. AICE-ASSOCIAZIONE ITALIANA CENTRI EMOFILIA

13. AICNA-ACCADEMIA ITALIANA DI CITOLOGIA NASALE

14. AICO-ASSOCIAZIONE ITALIANA INFERMIERI DI CAMERA OPERATORIA

15. AICPR-ASSOCIAZIONE ITALIANA DI CARDIOLOGIA CLINICA PREVENTIVA E RIABILITATIVA

16. AIDA-ASSOCIAZIONE ITALIANA DERMATOLOGI AMBULATORI

17. AIDAP-ASSOCIAZIONE ITALIANA DISTURBI DELL'ALIMENTAZIONE E DEL PESO

18. AIDI-ASSOCIAZIONE IGIENISTI DENTALI ITALIANI

19. AIE-ACCADEMIA ITALIANA DI ENDODONZIA

20. AIE-ASSOCIAZIONE ITALIANA DI EPIDEMIOLOGIA

21. AIEOP-ASSOCIAZIONE ITALIANA EMATOLOGIA ED ONCOLOGIA PEDIATRICA

22. AIFI-ASSOCIAZIONE ITALIANA FISIOTERAPISTI

23. AIFM-ASSOCIAZIONE ITALIANA DI FISICA MEDICA

24. AIG-ASSOCIAZIONE ITALIANA DI GNATOLOGIA

25. AIGO-ASSOCIAZIONE ITALIANA GASTROENTEROLOGI E ENDOSCOPISTI DIGESTIVI OSPEDALIERI

26. AIIAO-ASSOCIAZIONE ITALIANA INFERMIERI DI AREA ONCOLOGICA

27. AIMFH-ASSOCIAZIONE ITALIANA DI MEDICINA FUNZIONALE HEALTH

28. AIMN-ASSOCIAZIONE ITALIANA MEDICINA NUCLEARE

29. AIMO-ASSOCIAZIONE ITALIANA MEDICI OCULISTI

30. AIMS-ASSOCIAZIONE ITALIANA DI MEDICINA DEL SONNO

31. AINR-ASSOCIAZIONE ITALIANA DI NEURORADIOLOGIA

32. AIO-ASSOCIAZIONE ITALIANA DI OSTETRICIA

33. AIOLP-ASSOCIAZIONE ITALIANA OTORINOLARINGOIATRI LIBERO PROFESSIONISTI

155

34. AIOM-ACCADEMIA ITALIANA DI ODONTOIATRIA MICROSCOPICA
35. AIOM-ASSOCIAZIONE ITALIANA DI ONCOLOGIA MEDICA
36. AIOP-ACCADEMIA ITALIANA ODONTOIATRIA PROTESICA
37. AIORAO-ASSOCIAZIONE ITALIANA ORTOTTISTI ASSISTENTI DI OFTALMOLOGIA
38. AIOS-ASSOCIAZIONE ITALIANA OPERATORI SANITARI ADDETTI ALLA STERILIZZAZIONE
39. AIOSS-ASSOCIAZIONE ITALIANA OPERATORI SANITARI DI STOMATERAPIA E DISFUNZIONI DEL PAVIMENTO PELVICO
40. AIOT-ASSOCIAZIONE ITALIANA ONCOLOGIA TORACICA
41. AIP-ASSOCIAZIONE ITALIANA DI PSICOLOGIA
42. AIP-ASSOCIAZIONE ITALIANA PODOLOGI
43. AIPA-ASSOCIAZIONE ITALIANA DI PSICOLOGIA ANALITICA
44. AIPO-ASSOCIAZIONE ITALIANA PNEUMOLOGI OSPEDALIERI
45. AIPP-ASSOCIAZIONE ITALIANA PER LA PREVENZIONE E L'INTERVENTO PRECOCE NELLA SALUTE MENTALE
46. AIPVET-ASSOCIAZIONE ITALIANA DI PATOLOGIA VETERINARIA
47. AIRM-ASSOCIAZIONE ITALIANA DI RADIOPROTEZIONE MEDICA
48. AIRO-ACCADEMIA INTERNAZIONALE RICERCA IN OSSIGENO-OZONOTERAPIA
49. AIRO-ASSOCIAZIONE ITALIANA RADIOTERAPIA E ONCOLOGIA CLINICA
50. AISF-ASSOCIAZIONE ITALIANA PER LO STUDIO DEL FEGATO
51. AISI-ACCADEMIA ITALIANA DI STOMATOLOGIA IMPLANTOPROTESICA
52. AISLEC-ASSOCIAZIONE INFERMIERISTICA PER LO STUDIO DELLE LESIONI CUTANEE
53. AISN-ASSOCIAZIONE ITALIANA SPECIALISTI IN NEUROPSICOLOGIA
54. AISOD-ASSOCIAZIONE ITALIANA SEDAZIONISTI ODONTOIATRI
55. AISP-ASSOCIAZIONE ITALIANA PER LO STUDIO DEL PANCREAS
56. AIT-ASSOCIAZIONE ITALIANA TIROIDE
57. AITA-ASSOCIAZIONE ITALIANA TECNICI AUDIOMETRISTI
58. AITEFEP-ASSOCIAZIONE ITALIANA TECNICI DELLA FISIOPATOLOGIA CARDIOCIRCOLATORIA E PERFUSIONE CARDIOVASCOLARE
59. AITN-ASSOCIAZIONE ITALIANA TECNICI DI NEUROFISIOPATOLOGIA
60. AITNE-ASSOCIAZIONE ITALIANA TERAPISTI DELLA NEURO E PSICOMOTRICITA' DELL'ETA' EVOLUTIVA
61. AIUC-ASSOCIAZIONE ITALIANA ULCERE CUTANEE ONLUS
62. AIUG-ASSOCIAZIONE ITALIANA DI UROLOGIA GINECOLOGICA E DEL PAVIMENTO PELVICO
63. AIURO-ASSOCIAZIONE INFERMIERI UROLOGIA OSPEDALIERA
64. AIVPA-ASSOCIAZIONE ITALIANA VETERINARI PICCOLI ANIMALI

65. AMCLI-ASSOCIAZIONE MICROBIOLOGI CLINICI ITALIANI

66. AMD-ASSOCIAZIONE MEDICI DIABETOLOGI

67. AME-ASSOCIAZIONE MEDICI ENDOCRINOLOGI

68. AMIEST-SOCIETA' ITALIANA MEDICINA AD INDIRIZZO ESTETICO

69. AMIETIP-ACCADEMIA MEDICA INFERMIERISTICA DI EMERGENZA E TERAPIA INTENSIVA PEDIATRICA

70. AMIOT-ASSOCIAZIONE ITALIANA OMOTOSSICOLOGIA

71. ANAP-ASSOCIAZIONE NAZIONALE AUDIOPROTESISTI PROFESSIONALI

72. ANCE-CARDIOLOGIA ITALIANA DEL TERRITORIO-ASSOCIAZIONE NAZIONALE CARDIOLOGI EXTRAOSPEDALIERI

73. ANIARTI-ASSOCIAZIONE NAZIONALE INFERMIERI DI AREA CRITICA

74. ANIN-ASSOCIAZIONE NAZIONALE INFERMIERI NEUROSCIENZE

75. ANIPIO-ASSOCIAZIONE NAZIONALE INFERMIERI SPECIALIZZATI NEL RISCHIO INFETTIVO

76. ANIRCEF-ASSOCIAZIONE NEUROLOGICA ITALIANA PER LA RICERCA SULLE CEFALEE

77. ANMA-ASSOCIAZIONE NAZIONALE MEDICI D'AZIENDA E COMPETENTI

78. ANMCO-ASSOCIAZIONE NAZIONALE MEDICI CARDIOLOGI OSPEDALIERI

79. ANOTE-ANIGEA-ASSOCIAZIONE NAZIONALE OPERATORI TECNICHE ENDOSCOPICHE E ASSOCIAZIONE NAZIONALE INFERMIERI DI GASTROENTEROLOGIA E ASSOCIATI

80. ANSISA-ASSOCIAZIONE NAZIONALE SPECIALISTI IN SCIENZA DELL'ALIMENTAZIONE

81. ANUPI TNPEE-ASSOCIAZIONE NAZIONALE UNITARIA TERAPISTI DELLA NEURO E PSICOMOTRICITA' DELL'ETA EVOLUTIVA ITALIANI

82. AOGOI-ASSOCIAZIONE OSTETRICI GINECOLOGI OSPEDALIERI ITALIANI

83. ARCA-ASSOCIAZIONI REGIONALI CARDIOLOGI AMBULATORIALI

84. ASAND-ASSOCIAZIONE SCIENTIFICA ALIMENTAZIONE NUTRIZIONE E DIETETICA

85. ASIL-ASSOCIAZIONE SCIENTIFICA ITALIANA LOGOPEDIA

86. ASSIMEFAC-SOCIETA' SCIENTIFICA INTERDISCIPLINARE E DI MEDICINA DI FAMIGLIA E DI COMUNITA'

87. ASSOCIAZIONE PER L'EMDR IN ITALIA

88. AUROIT-ASSOCIAZIONE UROLOGI ITALIANI

89. CID-COMITATO INFERMIERI DIRIGENTI ITALIA

90. CIF-COLLEGIO ITALIANO FLEBOLOGIA

91. CISMAI-COORDINAMENTO ITALIANO DEI SERVIZI CONTRO IL MALTRATTAMENTO E L'ABUSO ALL'INFANZIA

92. CNC-ASSOCIAZIONE COORDINAMENTO NAZIONALE CAPOSALA ABILITATI ALLE FUNZIONI DIRETTIVE DELL'ASSISTENZA INFERMIERISTICA

93. COMLAS-SOCIETA' SCIENTIFICA DEI MEDICI LEGALI DELLE AZIENDE SANITARIE DEL SERVIZIO SANITARIO NAZIONALE

94. CORTE-CONFERENZA ITALIANA PER LO STUDIO E LA RICERCA SULLE ULCERE PIAGHE FERITE E LA RIPARAZIONE TESSUTALE

95. CREI-COLLEGI REUMATOLOGI ITALIANI

96. EFPP-SOCI ITALIANI EUROPEAN FEDERATION PSYCHOANALYTIC PSYCHOTHERAPY

97. ESRA-ASSOCIAZIONE NAZIONALE PER L'INCENTIVAZIONE DELL'ANESTESIA LOCO REGIONALE-CAPITOLO ITALIANO

98. FADOI-FEDERAZIONE DELLE ASSOCIAZIONI DIRIGENTI OSPEDALIERI INTERNI

99. FASTER-FEDERAZIONI ASSOCIAZIONI SCIENTIFICHE TECNICI RADIOLOGIA

100. FCSA-FEDERAZIONE CENTRI PER LA DIAGNOSI DELLA TROMBOSI E LA SORVEGLIANZA DELLE TERAPIE ANTITROMBOTICHE

101. FEDERSERD-FEDERAZIONE ITALIANA OPERATORI DIPARTIMENTI DEI SERVIZI DELLE DIPENDENZE

102. FESIN-FEDERAZIONE DELLE SOCIETA' ITALIANE DI NUTRIZIONE

103. FIAMO-FEDERAZIONE ITALIANA ASSOCIAZIONI E MEDICI OMEOPATI

104. FIAP-FEDERAZIONE ITALIANA DELLE ASSOCIAZIONI DI PSICOTERAPIA

105. FIASF-FEDERAZIONE ITALIANA ASSOCIAZIONI SCIENTIFICHE DI FISIOTERAPIA

106. FIME-FEDERAZIONE ITALIANA MEDICI ESTETICI

107. FISA-FEDERAZIONE ITALIANA DELLE SOCIETA' DI AGOPUNTURA

108. FORM-AUPI-SOCIETA' DI RICERCA E FORMAZIONE IN PSICOLOGIA E PSICOTERAPIA

109. GFT-GRUPPO FORMAZIONE TRIAGE SOCIETA' SCIENTIFICA

110. GIC-SOCIETA' ITALIANA DI CITOMETRIA

111. GISA-GRUPPO ITALIANO PER LA STEWARDSHIP ANTIMICROBICA

112. GISCI-GRUPPO ITALIANO SCREENING CERVICALE

113. GISCOR-GRUPPO ITALIANO SCREENING COLORETTALE

114. GITMO-GRUPPO ITALIANO TRAPIANTO DI MIDOLLO OSSEO, CELLULE STAMINALI EMOPOIETICHE ETERAPIA CELLULARE

115. GIVRE-GRUPPO ITALIANO CHIRURGIA VITREO RETINICA

116. H&CR-HOSPITAL & CLINICAL RISK MANAGER

117. IAO-ITALIAN ACADEMY OF OSSEOINTEGRATION

118. IAR-ACCADEMIA ITALIANA DI RINOLOGIA

119. IGIBD-ITALIAN GROUP FOR THE STUDY OF INFIAMMATORY BOWEL DISEASE

120. INS-INTERNATIONAL NEUROMODULATION SOCIETY-CAPITOLO ITALIANO

121. IPA-ASSOCIAZIONE INTERNATIONAL PIEZOELECTRIC SURGERY ACADEMY

122. IRC-ITALIAN RESUSCITATION COUNCIL

123. ISCCA-SOCIETA' ITALIANA PER L'ANALISI CITOMETRICA CELLULARE

第二章　意大利科技社团发展现状及管理体制

124. ISHAWS-ITALIAN SOCIETY OF HERNIA AND ABDOMINAL WALL SURGERY-CAPITOLO NAZIONALE DELLE EUROPEAN HERNIA SOCIETY
125. ISO-ITALIAN STROKE ORGANIZATION
126. IVAS-ITALIAN VASCULAR ACCESS SOCIETY
127. LEAD-LASER EXCELLENCE ACADEMY FOR DENTISTRY
128. LICE-LEGA ITALIANA CONTRO L'EPILESSIA
129. NUOVA FIO-FEDERAZIONE ITALIANA DI OSSIGENO-OZONO
130. OSDI-OPERATORI SANITARI DI DIABETOLOGIA ITALIANI
131. OTODI-ORTOPEDICI TRAUMATOLOGI OSPEDALIERI D'ITALIA
132. PSAF-ASSOCIAZIONE SCIENTIFICA PROFESSIONISTI SANITARI ASSICURATIVI E FORENSI
133. SARNEPI-SOCIETA' ANESTESIA RIANIMAZIONE NEONATALE E PEDIATRICA
134. SCIVAC-SOCIETA' CULTURALE ITALIANA VETERINARI PER ANIMALI DA COMPAGNIA
135. SEGI-SOCIETA' ITALIANA DI ENDOSCOPIA GINECOLOGICA
136. SIA-SOCIETA' ITALIANA DI ANDROLOGIA
137. SIAAIC-SOCIETA' ITALIANA DI ALLERGOLOGIA, ASMA ED IMMUNOLOGIA
138. SIAARTI-SOCIETA' ITALIANA ANESTESIA ANALGESIA RIANIMAZIONE E TERAPIA INTENSIVA
139. SIAATIP-SOCIETA' ITALIANA DI ANESTESIA, ANALGESIA E TERAPIA INTENSIVA PEDIATRICA
140. SIAF-SOCIETA' ITALIANA DI AUDIOLOGIA E FONIATRIA
141. SIAIP-SOCIETA' ITALIANA ALLERGOLOGIA IMMUNOLOGIA PEDIATRICA
142. SIAMOC-SOCIETA' ITALIANA DI ANALISI DEL MOVIMENTO IN CLINICA
143. SIAMS-SOCIETA' ITALIANA DI ANDROLOGIA E MEDICINA DELLA SESSUALITA'
144. SIAN ITALIA-SOCIETA' INFERMIERI AREA NEFROLOGICA ITALIA（EDTNA ERCA-EUROPEAN DIALYSIS AND TRASPLANT NURSES ASSOCIATION EUROPEAN RENAL CARE ASSOCIATION）
145. SIAPAV-SOCIETA' ITALIANA DI ANGIOLOGIA E PATOLOGIA VASCOLARE
146. SIAPEC-SOCIETA' ITALIANA DI ANATOMIA PATOLOGICA E DI CITOPATOLOGIA DIAGNOSTICA
147. SIB-SOCIETA' ITALIANA BUIATRIA
148. SIBIOC-SOCIETA' ITALIANA DI BIOCHIMICA CLINICA E BIOLOGIA MOLECOLARE CLINICA
149. SIC-SOCIETA' ITALIANA DI CARDIOLOGIA
150. SIC-SOCIETA' ITALIANA DI CHIRURGIA
151. SICADS-SOCIETA' ITALIANA CHIRURGIA AMBULATORIALE E DAY SURGERY
152. SICCH-SOCIETA' ITALIANA DI CHIRURGIA CARDIACA
153. SICE-SOCIETA' ITALIANA DI CHIRURGIA ENDOSCOPICA E NUOVE

TECNOLOGIE

 154. SICG-SOCIETA' ITALIANA CHIRURGIA GERIATRICA

 155. SICI-SOCIETA' ITALIANA CITOLOGIA

 156. SICI GISE-SOCIETA' ITALIANA DI CARDIOLOGIA INTERVENTISTICA

 157. SICM-SOCIETA' SCIENTIFICA DELLA MANO

 158. SICMF-SOCIETA' CHIRURGIA MAXILLO FACCIALE

 159. SICOA-SOCIETA' ITALIANA CARDIOLOGIA OSPEDALITA' ACCREDITATA

 160. SICOB-SOCIETA' ITALIANA DI CHIRURGIA DELL'OBESITA' E DELLE MALATTIE METABOLICHE

 161. SICOOP-SOCIETA' ITALIANA CHIRURGHI ORTOPEDICI DELL'OSPEDALITA' PRIVATA

 162. SICOP-SOCIETA' ITALIANA CHIRURGIA NELL'OSPEDALITA' PRIVATA

 163. SICP-SOCIETA ITALIANA DELLA CAVIGLIA E DEL PIEDE

 164. SICP-SOCIETA ITALIANA DI CHIRURGIA PEDIATRICA

 165. SICPED-SOCIETA ITALIANA DI CARDIOLOGIA PEDIATRICA E DELLE CARDIOPATIE CONGENITE

 166. SICPRE-SOCIETA ITALIANA DI CHIRURGIA PLASTICA RICOSTRUTTIVA ED ESTETICA

 167. SICPVC-SOCIETA ITALIANA DI COLPOSCOPIA E PATOLOGIA CERVICO VAGINALE

 168. SICSEG-SOCIETA ITALIANA CHIRURGIA SPALLA E GOMITO

 169. SICT-SOCIETA ITALIANA DI CHIRURGIA TORACICA

 170. SICUPP-SOCIETA ITALIANA DELLE CURE PRIMARIE PEDIATRICHE

 171. SICVE-SOCIETA ITALIANA CHIRURGIA VASCOLARE ED ENDOVASCOLARE

 172. SID-SOCIETA ITALIANA DI DIABETOLOGIA E DELLE MALATTIE DEL METABOLISMO

 173. SIDCO-SOCIETA ITALIANA DI CHIRURGIA ODONTOSTOMATOLOGICA

 174. SIDEM-SOCIETA ITALIANA DI EMAFERESI E MANIPOLAZIONE CELLULARE

 175. SIDEMAST-SOCIETA ITALIANA DERMATOLOGIA MEDICA CHIRURGICA ESTETICA E DI MALATTIE SESSUALMENTE TRASMESSE

 176. SIDILV-SOCIETA ITALIANA DI DIAGNOSTICA DI LABORATORIO VETERINARIA

 177. SIDIP-ITALIAN COLLEGE OF FETAL MATERNAL MEDICINE

 178. SIDO-SOCIETA ITALIANA DI ORTODONZIA

 179. SIdP-SOCIETA ITALIANA DI PARADONTOLOGIA E IMPLANTOLOGIA

 180. SIDV-SOCIETA ITALIANA DI DIAGNOSTICA VASCOLARE

 181. SIE-SOCIETA ITALIANA EMATOLOGIA

 182. SIE-SOCIETA ITALIANA ENDOCRINOLOGIA

 183. SIE-SOCIETA ITALIANA ENDODONZIA

 184. SIECVI-SOCIETA ITALIANA ECOCARDIOGRAFIA E CARDIOVASCULAR

第二章 意大利科技社团发展现状及管理体制

IMAGING

185. SIED-SOCIETA ITALIANA ENDOSCOPIA DIGESTIVA

186. SIEDP-SOCIETA ITALIANA DI ENDOCRINOLOGIA E DIABETOLOGIA PEDIATRICA

187. SIEF-SOCIETA ITALIANA DI ECOPATOLOGIA DELLA FAUNA

188. SIEOG-SOCIETA ITALIANA DI ECOGRAFIA OSTETRICA E GINECOLOGICA E METODOLOGIE BIOFISICHE CORRELATE

189. SIEP-SOCIETA ITALIANA EPIDEMIOLOGIA PSICHIATRICA

190. SIES-SOCIETA ITALIANA DI MEDICINA E CHIRURGIA ESTETICA

191. SIES-SOCIETA ITALIANA EMATOLOGIA SPERIMENTALE

192. SIF-SOCIETA ITALIANA DI FLEBOLOGIA

193. SIF-SOCIETA ITALIANA FARMACOLOGIA

194. SIFAC-SOCIETA ITALIANA DI FARMACIA CLINICA

195. SIFACT-SOCIETA ITALIANA DI FARMACIA CLINICA E TERAPIA

196. SIFAP-SOCIETA ITALIANA FARMACISTI PREPARATORI

197. SIFC-SOCIETA ITALIANA PER LO STUDIO DELLA FIBROSI CISTICA

198. SIFEL-SOCIETA ITALIANA DI FONIATRIA E LOGOPEDIA

199. SIFL-SOCIETA ITALIANA FLEBOLINFOLOGIA

200. SIFO-SOCIETA ITALIANA DI FARMACIA OSPEDALIERA

201. SIFOP-SOCIETA ITALIANA DI FORMAZIONE PERMANENTE PER LA MEDICINA SPECIALISTICA AMBULATORIALE E LE ALTRE PROFESSIONI SANITARIE AFFERENTI ALLE STRUTTURE PUBBLICHE E PRIVATE ITALIANA

202. SIGE-SOCIETA ITALIANA DI GASTROENTEROLOGIA ED ENDOSCOPIA DIGESTIVA

203. SIGENP-SOCIETA ITALIANA DI GASTROENTEROLOGIA EPATOLOGIA E NUTRIZIONE PEDIATRICA

204. SIGG-SOCIETA ITALIANA DI GERONTOLOGIA E GERIATRIA

205. SIGLA-SOCIETA ITALIANA GLAUCOMA

206. SIGO-SOCIETA ITALIANA DI GINECOLOGIA E OSTETRICIA

207. SIGOT-SOCIETA ITALIANA DI GERIATRIA OSPEDALE E TERRITORIO

208. SIGU-SOCIETA ITALIANA DI GENETICA UMANA

209. SIIA-SOCIETA ITALIANA DELL IPERTENSIONE ARTERIOSA LEGA ITALIANA CONTRO L IPERTENSIONE ARTERIOSA

210. SIICP-SOCIETA ITALIANA INTERDISCIPLINARE PER LE CURE PRIMARIE

211. SILO-SOCIETA ITALIANA LASER IN ODONTOSTOMATOLOGIA

212. SIM-SOCIETA ITALIANA DI MICROBIOLOGIA

213. SIM-SOCIETA ITALIANA DI MICROCHIRURGIA

214. SIMA-SOCIETA ITALIANA DI MEDICINA ANTROPOSOFICA

215. SIMA-SOCIETA ITALIANA MEDICINA DELL ADOLESCENZA

216. SIMCRI-SOCIETA ITALIANA MEDICINA E CHIRURGIA RIGENERATIVA POLISPECIALISTICA

217. SIMDO-SOCIETA ITALIANA METABOLISMO DIABETE OBESITA
218. SIME-SOCIETA ITALIANA DI MEDICINA ESTETICA
219. SIMEO-ASSOCIAZIONE ITALIANA MEDICINA ESTETICA ODONTOIATRICA
220. SIMEU-SOCIETA ITALIANA DI MEDICINA DI EMERGENZA ED URGENZA
221. SIMEUP-SOCIETA ITALIANA MEDICINA EMERGENZA URGENZA PEDIATRICA
222. SIMEVEP-SOCIETA ITALIANA DI MEDICINA VETERINARIA PREVENTIVA
223. SIMFER-SOCIETA ITALIANA DI MEDICINA FISICA E RIABILITATIVA
224. SIMG-SOCIETA ITALIANA DI MEDICINA GENERALE E DELLE CURE PRIMARIE
225. SIMI-SOCIETA ITALIANA DI MEDICINA INTERNA
226. SIMIT-SOCIETA ITALIANA MALATTIE INFETTIVE E TROPICALI
227. SIML-SOCIETA ITALIANA MEDICINA DEL LAVORO
228. SIMLA-SOCIETA ITALIANA DI MEDICINA LEGALE E DELLE ASSICURAZIONI
229. SIMMESN-SOCIETA' ITALIANA PER LO STUDIO DELLE MALATTIE METABOLICHE EREDITARIE
230. SIMPE-SOCIETA ITALIANA MEDICI PEDIATRI
231. SIMPIOS-SOCIETA ITALIANA MULTIDISCIPLINARE PER LA PREVENZIONE DELLE INFEZIONI NELLE ORGANIZZAZIONI SANITARIE
232. SIMRI-SOCIETA ITALIANA MALATTIE RESPIRATORIE INFANTILI
233. SIMS-SOCIETA ITALIANA DEL MIDOLLO SPINALE
234. SIMSI-SOCIETA ITALIANA DI MEDICINA SUBACQUEA ED IPERBARICA
235. SIMSPE ONLUS-SOCIETA ITALIANA MEDICINA E SANITA PENITENZIARIA
236. SIMTI-SOCIETA ITALIANA MEDICINA TRASFUSIONALE E IMMUNOEMATOLOGIA
237. SIN-SOCIETA ITALIANA DI NEONATOLOGIA
238. SIN-SOCIETA ITALIANA DI NEUROLOGIA
239. SIN-SOCIETA ITALIANA NEFROLOGIA
240. SINC-SOCIETA ITALIANA NEUROFISIOLOGIA
241. SINCH-SOCIETA ITALIANA NEUROCHIRURGIA
242. SINEPE-SOCIETA ITALIANA DI NEFROLOGIA PEDIATRICA
243. SINGEM-SOCIETA ITALIANA DI NEURO-GASTRO-ENTEROLOGIA E MOTILITA（GIA GISMAD）
244. SINP-SOCIETA ITALIANA DI NEUROLOGIA PEDIATRICA
245. SINP-SOCIETA ITALIANA NEUROPSICOLOGIA
246. SINPE-SOCIETA ITALIANA DI NUTRIZIONE ARTIFICIALE E METABOLISMO
247. SINPIA-SOCIETA ITALIANA DI NEUROPSICHIATRIA DELL INFANZIA E DELL ADOLESCENZA
248. SINU-SOCIETA ITALIANA DI NUTRIZIONE UMANA
249. SINUC-SOCIETA ITALIANA DI NUTRIZIONE CLINICA E METABOLISMO
250. SINUT-SOCIETA ITALIANA DI NUTRACEUTICA
251. SIOCMF-SOCIETA ITALIANA ODONTOIATRIA E CHIRURGIA MAXILLO

第二章 意大利科技社团发展现状及管理体制

FACCIALE

252. SIOECHCF-SOCIETA ITALIANA DI OTORINOLARINGOIATRIA E CHIRURGIA CERVICO-FACCIALE

253. SIOI-SOCIETA ITALIANA DI ODONTOIATRIA INFANTILE

254. SIOMI-SOCIETA ITALIANA OMEOPATIA E MEDICINA INTEGRATA

255. SIOMMMS-SOCIETA ITALIANA DELL OSTEOPOROSI DEL METABOLISMO MINERALE E DELLE MALATTIE DELLO SCHELETRO

256. SIOOT-SOCIETA SCIENTIFICA OSSIGENO OZONO TERAPIA

257. SIOT-SOCIETA ITALIANA DI ORTOPEDIA E TRAUMATOLOGIA

258. SIP-SOCIETA ITALIANA DI PEDIATRIA

259. SIP-SOCIETA ITALIANA DI PSICHIATRIA（GIA SOCIETA FRENIATRICA ITALIANA）

260. SIPA-SOCIETA ITALIANA DI PATOLOGIA AVIARE

261. SIPA-SOCIETA ITALIANA DI PSICOPATOLOGIA DELL ALIMENTAZIONE

262. SIPAD-SOCIETA ITALIANA MEDICO CHIRURGICA DI PATOLOGIA APPARATO DIGERENTE

263. SIPAOC-SOCIETA ITALIANA DI PATOLOGIA E DI ALLEVAMENTO DEGLI OVINI E DEI CAPRINI

264. SIPAS-SOCIETA ITALIANA DI PATOLOGIA E ALLEVAMENTO DEI SUINI

265. SIPB-SOCIETA ITALIANA DI PSICHIATRIA BIOLOGICA

266. SIPD-SOCIETA ITALIANA DI PSICHIATRIA DEMOCRATICA O.N.L.U.S.

267. SIPEC-SOCIETA ITALIANA PEDIATRIA CONDIVISA

268. SIPF-SOCIETA ITALIANA DI PSICOFISIOLOGIA E NEUROSCIENZE COGNITIVE

269. SIPIRS-SOCIETA ITALIANA DI PNEUMOLOGIA-ITALIAN RESPIRATORY SOCIETY

270. SIPMEL-SOCIETA ITALIANA DI PATOLOGIA CLINICA E MEDICINA DI LABORATORIO

271. SIPMO-SOCIETA ITALIANA DI PATOLOGIA E MEDICINA ORALE

272. SIPO-SOCIETA ITALIANA DI PEDIATRIA OSPEDALIERA

273. SIPO-SOCIETA ITALIANA DI PSICO-ONCOLOGIA

274. SIPPED-SOCIETA ITALIANA DI PSICOLOGIA PEDIATRICA

275. SIPPR-SOCIETA ITALIANA DI PSICOLOGIA E PSICOTERAPIA RELAZIONALE

276. SIPPS-SOCIETA ITALIANA DI PEDIATRIA PREVENTIVA E SOCIALE

277. SIPREC-SOCIETA ITALIANA PER LA PREVENZIONE CARDIOVASCOLARE

278. SIPS-SOCIETA ITALIANA DI PSICHIATRIA SOCIALE

279. SIPSOT-SOCIETA ITALIANA DI PSICOLOGIA DEI SERVIZI OSPEDALIERI E TERRITORIALI

280. SIR-SOCIETA ITALIANA DI REUMATOLOGIA

281. SIRCA-SOCIETA ITALIANA RICERCA CANNABIS

163

282. SIRM-ASSOCIAZIONE ITALIANA DI RADIOLOGIA MEDICA ED INTERVENTISTICA

283. SIRN-SOCIETA ITALIANA RIABILITAZIONE NEUROLOGICA

284. SIRP-SOCIETA ITALIANA DI RIABILITAZIONE PSICOSOCIALE

285. SIRU-ASSOCIAZIONE SOCIETA ITALIANA DELLA RIPRODUZIONE UMANA

286. SIS 118-SOCIETA ITALIANA SISTEMA 118 CONSULTA DEI DIRIGENTI RESPONSABILI DELLE CENTRALI OPERATIVE 118

287. SISA-SOCIETA ITALIANA PER LO STUDIO ATEROSCLEROSI

288. SISAV-SOCIETA ITALIANA PER LO STUDIO DELLE ANOMALIE VASCOLARI

289. SISC-SOCIETA ITALIANA PER LO STUDIO DELLE CEFALEE

290. SISDCA-SOCIETA ITALIANA PER LO STUDIO DEI DISTURBI DEL COMPORTAMENTO ALIMENTARE

291. SISET-SOCIETA ITALIANA PER LO STUDIO DELL EMOSTASI E DELLA TROMBOSI

292. SISISM-SOCIETA ITALIANA SCIENZE INFERMIERISTICHE IN SALUTE MENTALE

293. SISMEC-SOCIETA ITALIANA STATISTICA MEDICA ED EPIDEMIOLOGIA CLINICA

294. SISOGN-SOCIETA ITALIANA DI SCIENZE OSTETRICO-GINECOLOGICO-NEONATALI

295. SISOPD-SOCIETA ITALIANA DI STOMATOLOGIA ODONTOIATRIA E PROTESI DENTARIA

296. SISS-SOCIETA ITALIANA PER LO STUDIO DELLO STROKE

297. SISVET-SOCIETA ITALIANA DELLE SCIENZE VETERINARIE

298. SITA-SOCIETA ITALIANA TERAPIA ANTINFETTIVA

299. SITCC-SOCIETA ITALIANA TERAPIA COMPORTAMENTALE E COGNITIVA

300. SITD-SOCIETA ITALIANA TOSSICODIPENDENZE

301. SITE-SOCIETA ITALIANA TALASSEMIA ED EMOGLOBINOPATIE

302. SITEBI-SOCIETA ITALIANA TECNICA BIDIMENSIONALE

303. SITI-SOCIETA ITALIANA DI IGIENE MEDICINA PREVENTIVA E SANITA PUBBLICA

304. SITI-SOCIETA ITALIANA TERAPIA INTENSIVA

305. SITIP-SOCIETA ITALIANA DI INFETTOLOGIA PEDIATRICA

306. SITLAB-SOCIETA SCIENTIFICA ITALIANA DEI TECNICI SANITARI DI LABORATORIO BIOMEDICO

307. SITO-SOCIETA ITALIANA DEI TRAPIANTI D ORGANO E DI TESSUTI

308. SITOX-SOCIETA ITALIANA DI TOSSICOLOGIA

309. SITRAC-SOCIETA ITALIANA TRAPIANTO DI CORNEA

310. SITRI-SOCIETA ITALIANA DI TRICOLOGIA

311. SIU-SOCIETA ITALIANA DI UROLOGIA

312. SIUCP-SOCIETA ITALIANA UNITARIA DI COLONPROCTOLOGIA

313. SIUD-SOCIETA ITALIANA DI URODINAMICA

314. SIUEC-SOCIETA ITALIANA UNITARIA ENDOCRINOCHIRURGIA

315. SIUMB-SOCIETA ITALIANA DI ULTRASONOLOGIA IN MEDICINA E BIOLOGIA

316. SIUP-SOCIETA ITALIANA UROLOGIA PEDIATRICA

317. SIURO-SOCIETA ITALIANA DI UROLOGIA ONCOLOGICA

318. SIV ISV-SOCIETA ITALIANA DI VIROLOGIA-ITALIAN SOCIETY FOR VIROLOGY

319. SIVAE-SOCIETA ITALIANA VETERINARI PER ANIMALI ESOTICI

320. SIVAR-SOCIETA ITALIANA VETERINARI PER ANIMALI DA REDDITO

321. SIVE-SOCIETA ITALIANA VETERINARI PER EQUINI

322. SIVI-SOCIETA ITALIANA DI VIDEOCHIRURGIA INFANTILE

323. SNAMID-SOCIETA NAZIONALE DI AGGIORNAMENTO PER IL MEDICO DI MEDICINA GENERALE

324. SNO-SOCIETA DEI NEUROLOGI NEUROCHIRURGHI NEURORADIOLOGI OSPEDALIERI

325. SOI-AMOI-SOCIETA OFTALMOLOGICA ITALIANA ASSOCIAZIONE MEDICI OCULISTI ITALIANI

326. SOIPA-SOCIETA ITALIANA DI PARASSITOLOGIA

327. SOPSI-SOCIETA ITALIANA DI PSICOPATOLOGIA

328. SPAN-SOCIETA DI PSICOLOGIA DELL AREA NEUROPSICOLOGICA

329. SPI-SOCIETA PSICOANALITICA ITALIANA

330. SPIGC-SOCIETA POLISPECIALISTICA ITALIANA GIOVANI CHIRURGHI

331. SVETAP-SOCIETA SCIENTIFICA VETERINARIA PER L APICOLTURA

332. UNID-UNIONE NAZIONALE IGIENISTI DENTALI

333. UNISVET-UNIONE ITALIANA SOCIETA VETERINARIE

334. UROP-UROLOGI OSPEDALITA GESTIONE PRIVATA

335. UTIFAR-UNIONE TECNICA ITALIANA FARMACISTI

参考文献

[1] 方晓阳, 谢勇. 意大利科研机构研究生教育的探索与实践——以国际理论物理中心为例 [J]. 中国高校科技, 2013 (10): 63-65.

[2] 刘菲. 第三世界科学院（TWAS）历史语境和组织模式研究 [D]. 合肥: 中国科学技术大学, 2013.

[3] 纳忠. 传承与交融: 阿拉伯文化 [M]. 杭州: 浙江人民出版社, 1993.

[4] 宋丽. 17世纪意大利山猫学会研究 [D]. 上海: 上海师范大学, 2016.

[5] 杨庆余. 西芒托学院——欧洲近代科学建制的开端 [J]. 自然辩证法研究, 2007, 23 (12): 96-99.

[6] 袁江洋. "牛顿革命"与近代科学之兴起的发生学诠释 [J]. 21世纪, 1997 (12): 67-75.

[7] 中国现代国际关系研究院课题组. 外国非政府组织概况 [M]. 北京: 时事出版社,

2009.

[8] ABETTI G, PAGNINI P. Le opere dei discepoli di Galileo Galilei [M]. Florence: Guinti-Barbera, 1942.

[9] Accademia Nazionale Dei Lincei. Feliciano Scarpellini [EB/OL]. [2019-11-05]. http://www.lincei-celebrazioni.it/iscarpellini.html.

[10] Accademia Nazionale Dei Lincei. Rapporti internazionali [EB/OL]. (2019-05-14) [2019-11-05]. https://www.lincei.it/it/rapporti-internazionali.

[11] Accademia Nazionale Dei Lincei. Regolamento dell accademia nazionale dei lincei [A/OL]. (2019-09-11) [2019-11-05]. https://www.lincei.it/sites/default/files/documenti/Trasparenza/regolamento.pdf.

[12] Accademia Nazionale Dei Lincei. Statuto dell accademia nazionale dei lincei, Articolo 1-3 [A/OL]. (2019-09-11) [2019-11-05]. https://www.lincei.it/sites/default/files/documenti/Trasparenza/statuto_lincei.pdf.

[13] Accademia Nazionale Dei Lincei. Struttura organizzativa [EB/OL]. (2019-10-17) [2019-11-05]. https://www.lincei.it/it/struttura-organizzativa.

[14] Accademia Nazionale Dei Lincei. Tesoro Messicano [EB/OL]. (2003-12-27) [2019-11-02]. http://www.lincei-celebrazioni.it/imessicano.html.

[15] Accademia Nazionale Delle Scienze Detta Dei XL. Storia [EB/OL]. (2016-11-12) [2019-11-03]. https://www.accademiaxl.it/zh/accademia/storia.

[16] ADARTE. Chi Siamo [EB/OL]. (2014-04-28) [2019-12-21]. https://www.adarteinfo.it/.

[17] AIEE. https://www.aiee.it/osservatorio-energia/.

[18] Associazione Italiana Di Archeometria. Arte è Scienza [EB/OL]. [2019-11-04]. http://www.associazioneaiar.com/wp/as.

[19] Associazione Italiana Di Archeometria. Events [EB/OL]. [2019-11-04]. http://www.associazioneaiar.com/wp/eventi.

[20] Associazione Italiana Di Archeometria. Iscrizione [EB/OL]. (2019-01-18) [2019-11-05]. http://www.associazioneaiar.com/wp/lassoziazione.

[21] Associazione Italiana Di Archeometria. Network AIAr-Aziende vuole [EB/OL]. [2019-11-05]. http://www.associazioneaiar.com/wp/naa.

[22] Associazione Italiana Di Cristallografia. Consiglio di Presidenza dell Associazione Italiana di Cristallografia [EB/OL]. (2018-03-21) [2019-11-04]. http://www.cristallografia.org/contenuto/consiglio-di-presidenza-aic/18.

[23] Associazione Italiana Di Ematologia E Oncologia Pediatrica. F.I.E.O.P ONLUS [EB/OL]. [2019-11-04]. https://www.aieop.org/web/fieop.

[24] Associazione Italiana Di Ematologia E Oncologia Pediatrica. Linee Guida/Consensus [EB/OL]. [2019-11-05]. https://www.aieop.org/web/operatori-sanitari/linee-guida-consensum.

[25] Associazione Italiana Di Ematologia E Oncologia Pediatrica. Quota associativa-NOVITA

第二章 意大利科技社团发展现状及管理体制

[EB/OL]. (2019-02-08) [2019-11-05]. https://www.aieop.org/web/associarsi.

[26] Associazione Italiana Di Fisica Medica. Formazione [EB/OL]. [2019-11-04]. https://www.fisicamedica.it/formazione.

[27] Associazione Italiana Di Metallurgia. Magazine [EB/OL]. [2019-11-04]. http://www.metallurgia-italiana.net/rivista.php.

[28] Associazione Italiana Di Radioprotezione. Scuola Polvani [EB/OL]. [2019-11-04]. https://www.airp-asso.it/?page_id=449.

[29] Associazione Italiana Di Scienze Dell Atmosfera E MetEorologia. Festival Meteorologia [EB/OL]. [2019-11-04]. https://event.unitn.it/festivalmeteorologia2019.

[30] Associazione Italiana Di Scienze Dell Atmosfera E Meteorologia. Giornata Mondiale della Meteorologia [EB/OL]. [2019-11-04]. https://www.aisam.eu/osservatori-storici.html.

[31] Associazione Italiana Per L Informatica E IL Calcolo Automatico. Olimpiadi di Informatica. [EB/OL]. (2019-09-05) [2019-12-23]. https://www.aicanet.it/article/olimpiadi-di-informatica.

[32] Associazione Italiana Per L Informatica E IL Calcolo Automatico. Olimpiadi di Informatica [EB/OL]. (2019-09-05) [2019-12-23]. https://www.aicanet.it/article/olimpiadi-di-informatica.

[33] Associazione Italiana Studio Del Fegato. L'Associazione [EB/OL]. [2019-11-05]. https://www.webaisf.org/l-associazione.

[34] Associazione Italiana Studio Del Fegato. Perché Scegliere Aisf [EB/OL]. [2019-11-05]. https://www.webaisf.org/area-soci.

[35] Associazione Italiana Studio Del Fegato. Pre-Meeting [EB/OL]. [2019-12-22]. https://www.webaisf.org/portfolio/pre-meetings/.

[36] Associazione Italiana Studio Del Fegato. Statuto [EB/OL]. (2019-03-19) [2019-12-20]. https://www.webaisf.org/l-associazione/.

[37] Associazione Italiana Studio Del Fegato. Studi Conclusi [EB/OL]. [2019-11-05]. https://www.webaisf.org/studi-conclusi.

[38] Associazione Italiana Studio Del Fegato. Studi E Ricerche [EB/OL]. [2019-11-05]. https://www.webaisf.org/studi-e-ricerche.

[39] Associazione Per L Insegnamento Della Fisica. Chi fa parte dell A.I.F [EB/OL]. (2019-04-23) [2019-11-05]. https://www.aif.it/aif/.

[40] Associazione Per L Insegnamento Della Fisica. Statuto dell Associazione per l Insegnamento della Fisica [EB/OL]. (2014-04-15) [2019-11-05]. https://www.aif.it/aif/statuto.

[41] Associazione Per L Insegnamento Della Fisica. Statuto dell Associazione per l Insegnamento della Fisica [EB/OL]. (2014-04-15) [2019-11-05]. https://www.aif.it/aif/statuto.

[42] BALDRIGA I. L occhio della lince: I primi Lincei tra arte, scienza e collezionismo

(1603−1630)[M]. Roma: Accademia nazionale dei Lincei, 2002.

[43] BARBUI T, PASSAMONTI F, ACCORSI P, et al. Evidence-and consensus-based recommendations for phlebotomy in polycythemia vera [J]. Leukemia, 2018, 32 (9): 2077−2081.

[44] BELTRANI G B. La R. Accademia di scienze e belle lettere fondata in Napoli nel 1778 [J]. Atti dell Accademia Potaniana, 1900 (5): 118.

[45] BERETTA M. At the Source of Western Science: The Organization of Experimentalism at the Accademia del Cimento (1657−1667)[J]. Notes and Records of the Royal Society of London, 2000, 54 (2): 131−151.

[46] BIAGETTI M T. La biblioteca di Federico Cesi[M]. Roma: Bulzoni, 2008: 9.

[47] BORGATO M, PEPE L. Lagrange, appunti per una biografia scientifica [M]. Torino: La Rosa, 1990.

[48] BOSCHIERO L. Experiment and Natural Philosophy in Seventeenth-Century Tuscany: The History of the Accademia del Cimento [M]. Dordrecht: Springer, 2007: 1.

[49] BOTTAZZINI U. Immagini della matematica italiana nei Congressi degli scienziati (1839−1847)[G] // BORGATO. Le scienze matematiche nel Veneto dell Ottocento, Venezia: Istituto Veneto di scienze lettere e arti, 1994: 151−161.

[50] BUTTERFIELD H. The Origins of Modern Science: 1300−1800 [M]. New York: The Maccillan Company, 1959: 98−99.

[51] CAEN. Company Overview [R/OL]. [2019−11−04]. https://www.caen.it/about-us/company-profile/.

[52] Cantiere Terzo Settore. Detrazioni e Deduzioni [EB/OL]. (2019−05−20) [2019−11−04]. https://www.cantiereterzosettore.it/riforma/donazioni/detrazioni-e-deduzioni.

[53] Cantiere Terzo Settore. La qualifica di Ets [EB/OL]. (2019−05−20) [2019−11−04]. https://www.cantiereterzosettore.it/riforma/ets-enti-del-terzo-settore/la-qualifica-di-ets.

[54] Cantiere Terzo Settore. Regime fiscale e reddito imponibile degli Ets [EB/OL]. (2019−05−20) [2019−11−04]. https://www.cantiereterzosettore.it/riforma/fiscalita-agevolazioni/regime-fiscale-per-gli-ets.

[55] Cantiere Terzo Settore. Regime forfetario degli Ets [EB/OL]. (2019−05−20) [2019−11−04]. https://www.cantiereterzosettore.it/riforma/fiscalita-agevolazioni/reddito-imponibile-degli-ets.

[56] Cantiere Terzo Settore. Runts-Registro unico nazionale del terzo settore [EB/OL]. (2017−08−03) [2019−11−04]. https://www.cantiereterzosettore.it/riforma/vita-associativa/runts-registro-unico-nazionale-del-terzo-settore.

[57] Cantiere Terzo Settore. Sedi e locali [EB/OL]. (2019−05−20) [2019−11−04]. https://www.cantiereterzosettore.it/riforma/fiscalita-agevolazioni/sedi-e-locali.

[58] CAVAZZUTI G. I duecentosettantacinque anni della Accademia di scienze, lettere e

arti[M]. Modena: Accademia di Scienze, 1958: 24.
[59] CONTE A, MANCINELLI C, BORGI E, et al. Lagrange: Un europeo a Torino [M]. Torino: Hapax Editore, 2013.
[60] DE RENZI C. Medicine, Alchemy and Natural Philosophy in the Early Accademia dei Lincei[G]// CHAMBERS D S, QUIVIGER F. Italian Academies of the Sixteenth Century, London: The Warburg Institute, 1995: 175-194.
[61] DELOITTE. Measuring the Economic Contribution of Physics-based Sectors to the Itailian Society (Final Report)[R/OL]. [2019-11-04]. https://www.sif.it/static/SIF/resources/public/files/report_2014/SIF-Final-Report.pdf.
[62] DONATO M. Science on the Fringe of the Empire: The Academy of the Linceans in the Early Nineteenth Century[J]. Nuncius, 2012, 27(1): 110-140.
[63] DORE P. Origini e funzione dell Istituto e della Accademia delle Scienze di Bologna[J]. L Archiginnasio, 1940 (35): 192-215.
[64] Enterprise Europe Network. About Enterprise Europe Network[EB/OL]. [2019-12-25]. https://een.ec.europa.eu/.
[65] European Fundraising Association. Tax Incentives for Charitable Giving in Europe [R/OL]. (2018-12-10)[2019-11-04]. https://efa-net.eu/wp-content/uploads/2018/12/EFA-Tax-Survey-Report-Dec-2018.pdf.
[66] FABBRI A, GREGORACI G, TEDESCO D, et al. Conflict of interest between professional medical societies and industry: a cross-sectional study of Italian medical societies websites[J]. BMJ Open, 2016, 6 (e011124): 1-8.
[67] FAST. Il portale dell informazione tecnico-scientifica in Italia[EB/OL]. [2019-12-25]. http://www.fast.mi.it/.
[68] FERMI S. Lorenzo Magalotti, Scienziato e Letterato, 1637-1712[M]. Piacenza: Bertola, 1903: 83.
[69] FERRI S. Università e Fisiocritici: un legame per la scienza[J]. Annali delle Università Italiane, 2006 (10): 91-113.
[70] FOCACCIA M. Uno scienziato galantuomo a via Panisperna: Pietro Blaserna e la nascita dell Istituto fisico di Roma[M]. Firenze: Olschki, 2016.
[71] Fondazione Osservatorio Meteorologico Milano Duomo. Storia[EB/OL]. [2019-12-24]. https://www.fondazioneomd.it/storia.
[72] FREEDBERG D. The Eye of the Lynx: Galileo, His Friends, and the Beginnings of Modern Natural History[M]. Chicago: University of Chicago Press, 2003: 101.
[73] GABRIELI G. Contributi alla storia della Accademia dei Lincei[M]. Roma: Accademia nazionale dei Lincei, 1989: 86.
[74] GALLUZZI P. L accademia del cimento: *gusti* del principe, filosofia e ideologia dell esperimento[J]. Quaderni storici, 1981, 16 (48): 788-844.
[75] GAVROGLU K. The Sciences in the European periphery during the enlightment[M]. Dordtecht: Kluwer Academic Publishers, 1999: 121.

[76] GONZALEZ Á P. De materia medica novae Hispaniae: libri quatuor: Cuatros libros sobre la materia médica de Nueva España [M]. Madrid: Ediciones Doce Calles, 1998.

[77] HALL M B. The Royal Society and Italy 1667-1795 [J]. Notes and Records of the Royal Society, 1982, 37 (1): 63-81.

[78] HESS P, ALLEN P. Catholicism and Science [M]. Westport: Greenwood Press, 2008: 39.

[79] International Centre For Theoretical Physics. About ICTP [EB/OL]. [2019-11-05]. https://www.ictp.it/about-ictp.aspx.

[80] ISTAT. Annuario Statistico Italiano 2017: 23 Istituzioni Pubbliche e Istituzioni Non Profit [R/OL]. (2017-12-28) [2019-11-03]. https://www.istat.it/it/files//2017/12/C23.pdf.

[81] ISTAT. Annuario Statistico Italiano 2018: 23 Istituzioni Pubbliche e Istituzioni Non Profit [R/OL]. (2018-12-28) [2019-11-03]. https://www.istat.it/it/files//2018/12/C23.pdf.

[82] ISTAT. Censimento permanente delle Istituzioni non profit. Primi risultati [R/OL]. (2017-12-20) [2019-11-03]. https://www.istat.it/it/files//2017/12/Nota-stampa-censimento-non-profit.pdf.

[83] Istituto Nazionale Di Statistica. Popolazione residente ancora in calo [R/OL]. (2019-07-03) [2019-11-02]. https://www.istat.it/it/files//2019/07/Statistica-report-Bilancio-demografico-2018.pdf.

[84] XIAO J, WANG F, WONG N K, et al. Global liver disease burdens and research trends: Analysis from a Chinese perspective [J]. Journal Hepatol, 2019, 71 (1): 212-221.

[85] KIRCHNER F. World Guide to Scientific Organizations and Learned Societies [M]. Munich: K. G. Saur, 2004: 134.

[86] L ASSOCIAZIONE ITALIANA DI RADIOPROTEZIONE. Regolamento della Scuola Polvani [EB/OL]. (2006-11-29) [2019-12-23]. https://www.airp-asso.it/wp-content/uploads/docs_polvani/Regolamento-Scuola-Polvani.pdf.

[87] MAGALOTTI L.Saggi di naturali esperienze fatte nell Accademia del cimento sotto la protezione del serenissimo principe Leopoldo di Toscana e descritte dal segretario di essa academia [M/OL]. (2016-02-07) [2019-11-03]. https://library.si.edu/digital-library/book/saggidinaturali00acca.

[88] MANGANELLI G, BENOCCI A. 250 Years of Atti dell Accademia dei Fisiocritici in Siena: Its Contribution to Natural History [J]. Archives of Natural History, 2013, 40 (1): 168-171.

[89] MELI D B. Authorship and Teamwork Around the Cimento Academy: Mathematics, Anatomy, Experimental Philosophy [J]. Early Science and Medicine, 2001, 6 (2): 65-95.

[90] MERCANTINI A. Inventario del Fondo Johannes Faber Della Biblioteca Dell Accademia

第二章　意大利科技社团发展现状及管理体制

　　　　 Nazionale Dei Lincei e Corsiniana［A/OL］.（2013-12-27）［2019-11-02］. https://www.lincei.it/sites/default/files/documenti/Archivio/Archivio_Faber_12-2014.pdf.

［91］ MICHELI G. Storia d Italia. Annali 3. Scienza e tecnica nella cultura e nella società dal Rinascimento a oggi［M］. Torino：Einaudi，1980：865-893.

［92］ MINISTERO DELL ECONOMIA E DELLE FINANZE. Elenco Onlus［EB/OL］.（2019-10-04）［2019-11-04］. https://www.agenziaentrate.gov.it/portale/web/guest/schede/istanze/iscrizione-allanagrafe-onlus/nuovo-elenco-onlus.

［93］ Ministero Dell Economia e Delle Finanze. I controlli, l iscrizione e la cancellazione ［EB/OL］.（2000-12-10）［2019-11-04］. https://www.agenziaentrate.gov.it/portale/web/guest/schede/istanze/iscrizione-allanagrafe-onlus/controlli-iscrizione-e-cancellazione_iscrizione-onlus.

［94］ Ministero Dell Economia e Delle Finanze. La comunicazione all Agenzia：come e quando［EB/OL］.（2000-12-10）［2019-11-04］. https://www.agenziaentrate.gov.it/portale/web/guest/schede/istanze/iscrizione-allanagrafe-onlus/la-comunicazione-ad-agenzia-come-e-quando_iscrizione-onlus.

［95］ Ministrio Del Lavoro e Delle Politiche Sociali. Attuazione Codice del Terzo settore：prime indicazioni sulle questioni di diritto transitorio［EB/OL］.（2017-12-29）［2019-11-04］. https://www.lavoro.gov.it/notizie/Pagine/Attuazione-Codice-del-terzo-settore-Circolare-di-diritto-transitorio.aspx.

［96］ Ministrio Del Lavoro e Delle Politiche Sociali. LEGGE 6 giugno 2016，n. 106［A/OL］.（2016-06-06）［2019-11-04］. https://www.cantiereterzosettore.it/images/phocadownload/normativa/Legge_delega_per_la_riforma_del_Terzo_settore_n_1062016short.pdf.

［97］ Ministrio Del Lavoro e Delle Politiche Sociali. Terzo Settore e Responsabilità Sociale Delle Imprese［EB/OL］.（2017-05-20）［2019-11-04］. https://www.lavoro.gov.it/temi-e-priorita/Terzo-settore-e-responsabilita-sociale-imprese/Pagine/default.aspx.

［98］ MONGE G. Dall Italia（1796-1798）［M］. Palermo：Sellerio，1993.

［99］ MORGHEN R. L Accademia Nazionale dei Lincei nel CCCLXVIII anno dalla sua fondazione，nella vita e nella cultura dell Italia unita（1871-1971）［M］. Roma：Accademia Nazionale dei Lincei，1972.

［100］OLMI G. L inventario del mondo. Catalogazione della natura e luoghi del sapere nella prima età moderna［M］. Bologna：Il Mulino，1992.

［101］ONELLI C. La retorica dell esperimento：per una rilettura delle Esperienze intorno alla generazione degl insetti（1668）di Francesco Redi［J］. Italian Studies，2017，72（1）：42-57.

［102］PENSO G. Scienziati italiani e Unità d Italia：Storia dell Accademia nazionale dei XL

171

[M]. Rome: Bardi Editore, 1978: 9-39.

[103] PEPE L. Teodoro Bonati: I documenti dell Archivio Storico di Bondeno [M]. Cento: Siaca, 1992.

[104] PEPE L. Le Istituzioni scientifiche e i matematici veneti nel periodo napoleonico [G] // BORGATO. Le scienze matematiche nel Veneto dell Ottocento. Venezia: Istituto Veneto di scienze lettere e arti, 1994: 61-99.

[105] PEPE L. L impegno civile dei matematici italiani nel triennio repubblicano, 1796-1799 [J]. Archimede: Rivista per gli insegnanti e i cultori di matematiche pure e applicate, 1993, 45(1): 3-11.

[106] PEPE L. Volta, the "Istituto Nazionale" and Scientific Communication in Early Nineteenth-Century Italy [G] // BEVILACQUA F, FREGONESE L. Nuova voltiana: Studies on Volta. Pavia: Universite degli studi di Pavia, 2002: 101-116.

[107] Piemontesizzazione [EB/OL]. [2019-11-03]. https://it.wikipedia.org/wiki/Piemontesizzazione.

[108] PIRROTTA R. L opera botanica dei primi Lincei [M]. Roma: Accademia Nazional dei Lincei, 1904.

[109] PIVA F. Anton Maria Lorgna e l Europa [M]. Verona: Accademia di Agricoltura, 1993.

[110] PUCCI C. L Unione Matematica Italiana dal 1922 al 1944: Documenti e riflessioni [J]. Symposia mathematica, 1986(27): 187-212.

[111] ROSSI P. La nascita della scienza moderna in Europa [M]. Laterza, 2000: 238.

[112] SAVOIA A U. Federico Cesi (1585-1630) and the correspondence network of his Accademia dei Lincei [J]. Studium, 2011, 4(4): 195-209.

[113] SIGRAV. The Amaldi Medals [EB/OL]. (2019-08-21) [2019-12-22]. http://www.sigrav.org/le-medaglie-amaldithe-amaldi-medals.html.

[114] Società Chimica Italiana. Attività di Ricerca per la Chimica Sostenibile [EB/OL]. (2012-05-11) [2019-11-04]. https://www.soc.chim.it/it/attivita_di_ricerca_per_la_chimica_sostenibile/all.

[115] Società Chimica Italiana. Commissioni, Tavoli di Lavoro e Delegati SCI 2014-2016 [A/OL]. [2019-11-05]. https://www.soc.chim.it/sites/default/files/Commissioni%20e%20Delegati%20SCI%202014-2016%20Finale.pdf.

[116] Società Chimica Italiana. Note informative [EB/OL]. (2018-10-18) [2019-11-05]. https://www.soc.chim.it/sites/default/files/note_informative_2019.pdf.

[117] Società Chimica Italiana. Presidenti di Divisione [EB/OL]. (2019-05-20) [2019-11-04]. https://www.soc.chim.it/consiglio_centrale.

[118] Società Chimica Italiana. Presidenti di Sezione [EB/OL]. (2019-08-15) [2019-

11-04］. https://www.soc.chim.it/consiglio_centrale.

［119］Società Italiana di Fisica. Scuola Int. di Fisica "E. Fermi"［EB/OL］.［2019-11-04］. https://www.sif.it/corsi/scuola_fermi.

［120］Societa Italiana Degli Storici Della Fisica e Dell Astronomia. La Società［EB/OL］.［2019-11-04］. http://www.sisfa.org/la-societa.

［121］Societa Italiana di Aerosol. Norme tecniche［EB/OL］.（2005-08-01）［2019-11-04］. http://www.iasaerosol.it/it/legislazioni-e-norme-ita/30-norme-tecniche.

［122］Società Italiana di Fisica. 120 Anni e oltre［M］. Bologna：Società Italiana di Fisica，2017.

［123］Società Italiana di Fisica. Congresso Nazionale［EB/OL］.［2019-11-05］. https://www.sif.it/attivita/congresso.

［124］Società Italiana di Fisica. Il Nuovo Cimento［EB/OL］.［2019-11-04］. https://en.sif.it/journals/sif/ncc.

［125］Società Italiana di Fisica. le Nostre Riviste［EB/OL］.（2012-05-11）［2019-11-04］. https://www.sif.it/riviste/sif.

［126］Società Italiana di Fisica. Premi SIF［EB/OL］.［2019-11-05］. https://www.sif.it/attivita/altri_premi.

［127］Società Italiana di Fisica. Premio "Enrico Fermi"［EB/OL］.［2019-11-05］. https://www.sif.it/attivita/premio_fermi.

［128］Società Italiana di Fisica. Premio "Friedel-Volterra"［EB/OL］.［2019-11-05］. https://www.sif.it/attivita/premio_friedel-volterra.

［129］Società Italiana di fisica. Premio "Giuseppe Occhialini"［EB/OL］.［2019-11-05］. https://www.sif.it/attivita/premio_occhialini.

［130］Società Italiana di Fisica. Scopri i vantaggi di essere Socio SIF［EB/OL］.（2018-10-18）［2019-11-04］. https://www.sif.it/associazione/vantaggi.

［131］Società Italiana di Fisica. Scuola Int. di Fisica "E. Fermi"［EB/OL］.［2019-11-05］. https://www.sif.it/corsi/scuola_fermi.

［132］Società Italiana di Fisica. Scuola Int. EPS-SIF［EB/OL］.［2019-11-05］. https://www.sif.it/corsi/scuola_energia.

［133］Società Italiana di Fisica. Statuto della Società Italiana di Fisica，Art 1［A/OL］.［2019-11-05］. https://www.sif.it/static/SIF/resources/public/files/statuto.pdf.

［134］Società Italiana di Fisica. Struttura della Società［EB/OL］.（2019-05-20）［2019-11-04］. https://www.sif.it/chi/organizzazione.

［135］Societa Italiana di Relativita Generale E Fisica Della Gravitazione. SIGRAV International School［EB/OL］.（2012-04-03）［2019-12-22］. http://www.sigrav.org/le-scuole-sigravthe-sigrav-schools.html.

[136] TEGA W. Anatomie accademiche vol. 1: I Commentari dell Accademia delle Scienze di Bologna [M]. Bologna: Il Mulino, 1986.

[137] The Nobel Prize. All Nobel Prizes [EB/OL]. [2020-01-10]. https://www.nobelprize.org/prizes/lists/all-nobel-prizes.

[138] The World Academy of Sciences. TWAS and Italy [EB/OL]. [2019-11-05]. https://twas.org/twas-and-italy.

[139] The World Academy of Sciences. TWAS, the voice for science in the South [EB/OL]. [2019-11-05]. https://twas.org/twas-voice-science-south.

[140] The World Academy of Sciences. Council [EB/OL]. [2019-11-05]. https://twas.org/council.

[141] TOFANI G. Atti e memorie inedite dell accademia del Cimento e notizie aneddote dei progressi delle scienze in Toscana ecc [M]. Firenze: Accademia del cimento Firenze, 1780.

[142] Tozzetti G T. Notizie degli aggrandimenti delle scienze fisiche accaduti in Toscana nel corso di LX del secolo XVII [M]. Florence, 1780.

[143] TRECCANI. Lincei, Accademia dei [EB/OL]. [2019-11-02]. http://www.treccani.it/enciclopedia/accademia-dei-lincei.

[144] VARZI R. Statuto [A/OL]. (2019-03-19) [2019-11-05]. https://www.webaisf.org/wp-content/uploads/2019/04/STATUTO-AISF_21.02.2019.pdf.

[145] ZAGHI C. I carteggi di Francesco Melzi d Eril, Duca di Lodi [M]. vol. II. Milano: Museo del Risorgimento, 1958: 451-461.

[146] ZANETTE C, O BRIEN B. I filosofi e le idee [M]. vol. 2. Milano: Bruno Mondadori, 2007: 34.

CHAPTER 3 第三章
澳大利亚科技社团发展现状及管理体制

澳大利亚是一个仅有2520.9万（2019年1月）人口、奉行多元文化的移民国家，其科技发展取得了辉煌的成绩。截至2018年，澳大利亚有14位学者获得了诺贝尔奖，这与澳大利亚科技管理方式和科技社团的努力密不可分。[1]因此，研究澳大利亚科技社团的发展状况及管理体制，对促进我国科技社团的发展有重要的借鉴意义。

一、澳大利亚科技社团的发展历程

澳大利亚科技社团的发展源于移民早期农业发展及环境探索的需要。[2]在19世纪，澳大利亚已经进行了很多科技教育活动。例如，1816年，约瑟夫·班克斯爵士任命植物学家艾伦·坎宁安为新南威尔士殖民地的首席科学家对澳大利亚进行大范围的实地考察。[3]1850年，澳大利亚第一所大学悉尼大学成立，聚集并培养了大批学者。这为科技社团的发展奠定了基础。

（一）发展初期

19世纪80年代至20世纪50年代是澳大利亚科技社团的发展初期。对于进入澳大利亚的早期移民而言，他们需要适应这里独特的气候环境、原始与贫瘠的土地及特殊的植被和草场条件。这就需要农业、植物学、地质学、资源、环境领域的学者和专家广

---

[1] 廖鸿，石国亮. 澳大利亚非营利组织[M]. 北京：中国社会出版社，2011：30.
[2] 冯瑄. 澳大利亚科学技术概况[M]. 北京：科学出版社，2012：19.
[3] 冯瑄. 澳大利亚科学技术概况[M]. 北京：科学出版社，2012：20.

泛参与，而某一专门的学科领域的科学家或者科研团队无法适应这一需求。因此，1888年，澳大利亚科学促进会作为英国科学促进会的一个分支成立，以应对澳大利亚全新的、复杂的科研需求。澳大利亚的植被、动物、地形特征和矿物质都有别于其他大陆，这促使澳大利亚科学促进会迅速发展壮大。为了鼓励会员能够全身心地致力于科学研究，澳大利亚科学促进会从1904年开始设立和颁发Mueller奖章。

澳大利亚科学促进会的蓬勃发展，引起了政府部门的关注。1916年，澳大利亚总理比利·休斯成立了科学与工业咨询理事会，具体负责全国科研机构的筹建工作。该会促进了澳大利亚科技社团的发展，同时也解决了科技社团发展中遇到的问题。同一时期成立的学会还包括1917年成立的澳大利亚皇家化学会等。1920年，澳大利亚政府通过法案，批准将科学与工业咨询理事会更名为联邦科学与工业研究会。由于当时澳大利亚的主要经济部门为农业和畜牧业，因此研究会建立之初开展了一些森林项目的研究，并在关键时刻挽救了香蕉产业，这一成就向公众展示了科学研究对国家的意义。[①]

1926年，澳大利亚联邦会议通过了《科学与工业捐款法》，明确提出要建立一个有实力的、属于国家的科学研究机构。基于此，科学与工业研究理事会诞生了。理事会宪章主要包括两点：一是理事会的基本功能是促进国家内部的贸易及各国之间的贸易往来；二是理事会的运作由科学家而不是政客主导。《科学与工业捐款法》促进了国家科研机构的成立，也使得早期的科学学会开始分化。该法律使得科技组织的功能发生了变化，原来科技组织既从事基础科学研究，也从事应用科学研究。由于研究资金主要来自社会，因此应用需求的研究更多。《科学与工业捐款法》颁布后，国家的支持资金更加稳定，使得科学研究有机会向纵深发展，而不仅仅是满足应用的需求。至此，科技社团和科研机构的功能产生了区分。科研机构侧重于基础研究，科技社团侧重于支持基础研究的发展，以及服务社会。这使得澳大利亚科学促进会在不断发展的过程中，也开始分化。

（二）繁荣发展时期

20世纪50—90年代是澳大利亚科技社团的繁荣发展时期。第二次世界大战之后，全球科技迎来了新的飞速发展期，学科领域不断增加。20世纪50—60年代，澳大利亚科技社团进入了繁荣发展时期。[②]很多科学学会在此阶段建立，例如成立于1963年的澳大利亚物理学会、成立于1956年的澳大利亚数学学会等。

20世纪80—90年代，澳大利亚科技社团进入联盟建设时期。20世纪80年代，由

---

① 冯瑄. 澳大利亚科学技术概况［M］. 北京：科学出版社，2012：23.
② 郑德胜，胡勉. 澳大利亚科技社团运作与管理窥探——澳大利亚科技社团考察综述［J］. 学会，2015（8）：36-39.

于仅仅依靠政府很难满足不同群体的不同需求，澳大利亚开始尝试公共服务供给方式的变革，以解决基本公共服务均等化的问题。在这场变革中，政府希望科技社团能够提供政府和公众所需要的服务，同时也会根据服务的数量和质量给予相应的报酬。这对于小而专的科技社团而言，是一项难以完成的任务。单独的学科，特别是基础学科，很难证明自己对社会量化的价值。因此，不同的科技社团开始组建联盟，进而向政府证明自身的价值，获得国家的资助。1985年，澳大利亚科学技术协会联合会成立，后更名为澳大利亚科学技术联盟。学会成立之初包括澳大利亚科学院、澳大利亚物理学会、澳大利亚计算机学会等科技社团。该联盟在向政府、工商业宣传自身价值的同时，也致力于通过教育来证明自身的社会价值。

（三）医疗健康类社团蓬勃发展期

20世纪90年代至今是医疗、健康类社团蓬勃发展期。20世纪90年代开始，世界科技形式发生了重大变化，中国在科技领域中迅速崛起，美国、欧洲、日本各有其技术优势。澳大利亚作为一个只有2 000多万人口的国家，集中力量发展某一领域的科学技术成为最佳选择。基于此，澳大利亚医疗、健康类科技社团进入生态体系建设时期。这与健康类社团的自身发展需求，以及全民的期望有关。澳大利亚所有非营利组织均在一个平台中获得捐助，作为一个普通公民而言，在生存问题已经解决的情况下，捐赠医疗、健康领域的科技发展几乎成为最佳选择。澳大利亚的医疗、健康社团不但规模庞大，而且人才辈出。在澳大利亚14位诺贝尔奖获得者中，有7位是生理学或医学奖获得者。

根据估算，澳大利亚的各类科技社团大约为586个。澳大利亚科学技术联盟是澳大利亚以科技社团为主所组成的联盟，代表超过75 000名科学家和技术人员，基本覆盖了该国推动科技创新所涉及的各类学科。与所有非营利组织一样，澳大利亚科技社团在法规框架下经营运作，享受国家免税优惠，获取政府项目资助，并通过竞争提升自身生存能力。

澳大利亚政府通过法律规范科技社团的行为，通过"全国性协议"达成与科技社团全新的、紧密的合作关系，借助Fyple网站使科技社团与用户取得联系，通过澳大利亚慈善机构和非营利组织委员会[①]管理科技社团，由此形成了完整的社团管理体系。

二、澳大利亚科技社团的发展现状

本部分主要根据科技社团从事的主要工作、规模、收入来源和支出等，分析澳大利

---

① 澳大利亚慈善和非营利组织委员会［EB/OL］.［2020-01-10］. https://www.acnc.gov.au/.

亚科技社团的发展现状。

（一）澳大利亚科技社团的概况

在澳大利亚慈善机构和非营利组织委员会的网站中，[①] 科技社团共有586个，共有13 492名雇员，18 039名志愿者。根据社团年收入情况，澳大利亚科技社团有年收入超过1亿澳元的超大型社团6家，年收入在1 000万到1亿澳元的特大型社团60家，年收入在100万到1 000万澳元的大型社团103家，年收入在25万到100万澳元的中型社团90家，年收入在5万到25万澳元的小型社团126家，年收入在5万澳元以下的微型社团201家。2017年，澳大利亚科技社团年收入共26亿澳元。其中超大型社团的年收入共15亿澳元，特大型社团年收入共6亿澳元，大型社团年收入共4亿澳元，中型社团年收入共0.49亿澳元，小型社团年收入共0.15亿澳元，微型社团年收入共26万澳元。

（二）澳大利亚超大型和特大型科技社团的主要工作

澳大利亚超大型和特大型科技社团的总收入占科技社团收入的80.8%。因此，通过了解这些社团的主要工作，即可获知澳大利亚科技社团在科技发展中发挥的作用。

1. 澳大利亚的超大型科技社团

澳大利亚的超大型科技社团均与健康或者医疗相关（表3-1），从这些社团所从事的主要工作大体可以看出，他们构建了澳大利亚医疗、卫生技术发展的基础。

表3-1 澳大利亚的超大型科技社团及其主要工作

社团名称	所在区域	商业代码	主要工作
默多克儿童研究所	帕克维尔	21006566972	负责对婴儿、儿童和青少年健康进行研究，致力于发现预防和治疗常见和罕见的儿童疾病
加万医学研究所	达令赫斯特	62330391937	利用基因组中编码的所有信息，进行开创性的探索，预测、治疗和预防对社会有最深刻影响的疾病
昆士兰医学研究所理事会	赫斯顿	31411813344	专注于癌症、传染病、精神健康和慢性疾病。与临床医生和其他研究机构密切合作，旨在通过制订新的诊断方案、更好的治疗方式和预防策略来改善健康状况
沃尔特和伊丽莎·霍尔医学研究所	帕克维尔	12004251423	通过建立计算中心等方式，提高癌症、感染、免疫学相关的研究能力

[①] 澳大利亚慈善机构和非营利组织委员会. Australian Charities Report 2017 Data-Overview [R/OL]. [2020-01-10]. https://www.acnc.gov.au/charitydata.

第三章 澳大利亚科技社团发展现状及管理体制

续表

社团名称	所在区域	商业代码	主要工作
麦库斯克慈善基金会	西澳大利亚州	66285606122	资助医学研究机构、动物栖息地、中等和高等教育
澳大利亚生物资源有限公司	新南威尔士	14130190680	研究小鼠繁殖和饲养设施

注：根据 Australian Charities Report 2017 Data-Overview (https://www.acnc.gov.au/charitydata) 资料整理。通过搜索社团的商业代码可以在相关网站中查阅到更详细的信息。

2. 澳大利亚的特大型科技社团

本文统计了 56 个特大型社团，[1] 这些社团绝大多数从事医疗、卫生等工作。其中，也有一些社团从事其他活动，大概占总数的 33%，例如从事采矿、森林火灾的研究活动，从事统计、筹款、葡萄酒加工、工业支持等工作（表3-2）。从中可以看出，澳大利亚医疗类社团的划分非常详细，有专门针对各种癌症的研究支持，有针对生命各个阶段的健康支持，同时有针对基因的研究支持。

表3-2 澳大利亚的特大型科技社团的主要工作

商业代码	社团名称	主要工作
11607036948	拉姆齐医院研究基金会有限公司	资助研究康复、心理健康等的临床服务
12115954197	黑狗研究所	推进精神疾病和自杀预防的原创转化研究
14078574348	中天发展有限公司	为澳大利亚和全球采矿业提供研究服务
22121906036	治愈脑癌基金会	致力于提升脑癌存活率
22654201090	百年癌症医学与细胞生物学研究所	在癌症、炎症和心血管疾病领域开展工作
27081436919	亨特医学研究所	为健康和医学研究活动筹集资金并进行协调
31008548650	阿努企业有限公司	向澳大利亚和其他国家的行业和政府提供服务
35123321148	澳大利亚黑色素瘤研究所	长期目标是使黑色素瘤死亡率为零
37144841707	国家乳腺癌基金会	资助和支持世界一流的研究，实现乳腺癌死亡率为零

① 由于收入规模等信息来自2017年的统计报告，2019年8月进行检索时，有4个社团在检索系统中没有找到。

续表

商业代码	社团名称	主要工作
41003209952	心脏研究所有限公司	致力于资助预防心脑血管疾病的研究
41072279559	澳大利亚儿童癌症研究所	致力于资助、研究和开发儿童癌症及相关疾病的原因，促进预防和治疗
45168769677	D2D CRC 有限公司	为负责保护澳大利亚社区的组织和部门提供研发服务
47002684737	儿童医学研究所	致力于推进儿童疾病的治疗和预防，让每个孩子都有机会健康地开始生活
48066780005	安扎克健康与医学研究基金会	促进医疗相关研究和健康学科的教育和培训
48118943632	珊瑚礁和雨林研究中心	为国家环境科学计划的管理和通信提供服务
64106265114	视觉 CRC 有限公司	通过开展近视管理教育活动确保眼科医生能够为患者妥善治疗近视
54141228346	南澳大利亚健康与医学研究所有限公司	旨在向合适的人群提供正确的干预措施，在适当的时候进行转化
54145482051	韦斯特米德医学研究所	进行医学研究，以改善西悉尼及其他地区人们的健康状况
55162632180	自闭症 CRC 有限公司	致力于自闭症的研究和治疗
61068363235	张维克多心脏研究所有限公司	从事有关心脏病的教育和预防的研究，尤其是心肌病
64051369496	澳新银行乳腺癌试验集团有限公司	推进乳腺癌的研究
64135762533	澳大利亚国家低排放煤炭研究与开发有限公司	支持环境绩效和二氧化碳捕获研究
67143549508	Crc 矿石有限公司	支持资源工程和应用于矿物产品生产和加工的相关科学技术
68095542886	萨克斯研究所	通过开展公共卫生研究促进制定州和联邦卫生政策
70169043467	太空环境研究中心	通过空间环境管理研究保护澳大利亚公众的安全
80096930406	资本市场有限公司	从事数字健康研究和应用
80110135781	罗威医学研究所有限公司	持续对指定的疾病（主要是黄斑毛细血管扩张症 2 型）进行医学研究
83007558296	澳大利亚葡萄酒研究所有限公司	通过实用的解决方案和知识转移为澳大利亚葡萄和葡萄酒行业提供支持
87007967311	国家职业教育研究中心有限公司	研究和统计收集职业教育和培训相关信息

第三章 澳大利亚科技社团发展现状及管理体制

续表

商业代码	社团名称	主要工作
88002198905	伍尔科克医学研究所有限公司	研究人类呼吸系统疾病和睡眠障碍的原因，促进预防和治疗
90085953331	乔治全球健康研究所	探索、发现并开展多项与人体医疗和健康相关的研究，并开展医疗保健发展项目
91111111298	弗洛里 ACNC 集团	通过开展神经科学医学研究，不断改善病人或受伤人员的治疗及药物
94050110346	澳大利亚神经科学研究	致力于老龄化和神经衰退方面的研究
60105227987	澳大利亚乳业有限公司	投资于上下游产业的研发和电子服务等
37131257175	DMTC 有限公司	开展研究和开发活动，重点关注国防应用中的制造、工程和应用科学
75127114185	澳大利亚林木产品有限公司	促进森林和木材产品的利益和使用
94123522725	听力 CRC 有限公司	支持听力研究，以更有效地预防和治疗听力损失
67614173278	生物尿酸盐有限公司	专注于救生药物的研发
21163137979	丛林大火和自然灾害 CRC 有限公司	围绕森林大火和自然灾害管理，开展国家研究计划
62740350704	治愈 MND 基金会	独立筹款机构，帮助研究项目筹款
68004620651	阿里布集团有限公司	为澳大利亚的利益开展道路运输和其他相关活动
50124231661	澳大利亚国家制造设施有限公司	为微型和纳米加工新材料和设备提供独特而先进的工具和技术支持
61426486715	维多利亚癌症委员会	开展针对主要癌症风险因素的预防计划
98131762948	贝克心脏和糖尿病研究所	通过对各级慢性病的研究，实现慈善目的
49008600922	澳大利亚经济发展委员会	对经济和社会发展进行研究
52004705640	圣文森特医学研究所	其核心目的是进行研究以改善人类状况
85098918686	奥瑞根	减少精神疾病对年轻人及其家庭和社会的影响
11167192752	奥利维亚·牛顿—约翰癌症研究所	研究和开发乳腺癌、肺癌、黑色素瘤等的治疗方法
52133185421	劳埃德国际学会	确保澳大利亚航运和类似机构的安全
72076481984	澳大利亚眼科研究中心有限公司	进行眼科研究以造福社区，旨在治疗眼疾、预防眼睛健康问题和失明

181

▶ 法意澳新科技社团研究

续表

商业代码	社团名称	主要工作
48106521439	狮子眼研究所有限公司	将眼保健服务产生的收入以及所获得的捐赠收入用于资助盲人
86009278755	Telethon 儿童学院	主要研究早期环境、大脑和行为、慢性和严重疾病以及原住民健康
32797454970	安格里卡瓦	理念是在生命的每个阶段提供支持
16823190402	哈里·珀金斯医学研究所	对成人遗传病的原因进行医学研究，同时筹集资金以支持和开展这些研究活动
43142055749	线性临床研究有限公司	与志愿者一起进行 1 期临床试验

注：根据 Australian Charities Report 2017 Data-Overview（https://www.acnc.gov.au/charitydata）资料整理。

（三）医疗健康社团体系

在注册的澳大利亚科技社团中，医疗健康社团的规模最大。因此，本文选择医疗健康社团进行梳理，了解其如何促进医疗、健康领域研究的发展。

首先，澳大利亚医疗健康科技社团对产学研的支持是全方位的（图 3-1）。澳大利亚的医疗健康科技社团已经形成了生态网络，不同社团之间互相配合，共同促进健康、医疗领域的整体发展。澳大利亚是一个人口较少的发达资本主义国家，如果将有限的人力资源和社会财富分散于所有的科研领域，可能会在未来的国际分工中丧失优势；而集中人力、物力建立健康、医疗科技社团生态网络，至少在该领域可以保持国际领先优势。美国的智库联邦基金会基于 72 项指标，针对 11 个高收入国家的医疗系统在护理过程、医疗的可获得性、行政效率、公平性和医疗保健效果这 5 个关键领域的表现进行评

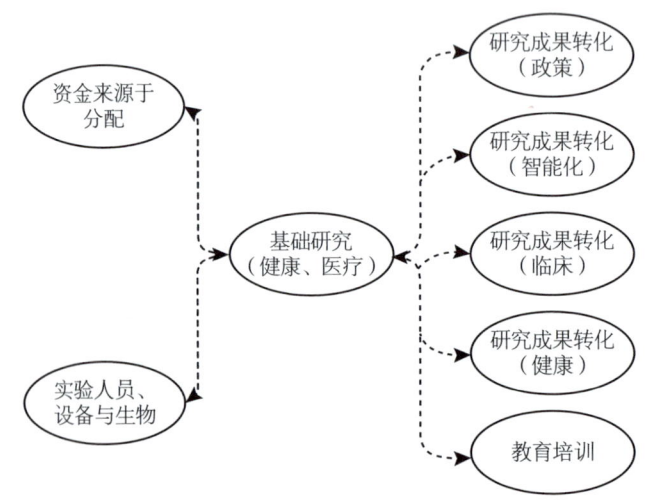

图 3-1　澳大利亚医疗健康科技社团的主要工作

第三章　澳大利亚科技社团发展现状及管理体制

估，2017年澳大利亚排名第二，仅次于英国。①

其次，澳大利亚医疗健康科技社团的基础研究分工非常详细，有些社团的研究内容在全球独一无二。从澳大利亚医疗科技社团（图3-2）和健康科技社团（图3-3）的主要工作可以看出，有大量的科技社团从事疾病预防性研究，这与我国"治未病"的理念相同，但更多地使用了现代科技研究方法，并投入了大量资金。

```
澳大利亚眼科研                                澳新银行乳腺癌试
究中心有限公司                                验集团有限公司
（72076481984）                              （64051369496）推
进行眼科研究以                                进乳腺癌的研究
造福社区，旨在
治疗眼疾，预防                                澳大利亚黑色素瘤
眼睛健康问题                                  研究所（35123321148）
                                             长期目标是使黑色素
自闭症CRC有限公司                             瘤死亡率为零
（55162632180）致力
于自闭症的研究和                              国家乳腺癌基金会
治疗                                         （37144841707）资助
                                             和支持世界一流的研究，
治愈脑癌基金会                                实现乳腺癌死亡率为零
（22121906036）致力
于提升脑癌存活                                罗威医学研究所有限公司
率。计划到2023                               （80110135781）继续对
年，将脑癌的存活            基础研究           选定的疾病（主要是黄斑
率从20%提高到50%            （医疗）          毛细血管扩张症2型）进
                                             行医学研究
澳大利亚儿童癌症
研究所（41072279559）                         伍尔科克医学研究所有限公
致力于资助、研究和开                          司（88002198905）研究人
发儿童癌症及相关疾病                          类呼吸系统疾病和睡眠障碍
的原因，预防和治疗                            的原因，预防或治疗

弗洛里ACNC集团                               澳大利亚神经科学研究
（91111111298）神                            （94050110346）致力于
经科学医学研究显                              老龄化和神经衰退方面
著提高了医学界对                              的研究
神经科疾病、大脑
和人体的认识，从                              生物尿酸盐有限公司
而不断改善病人的                              （67614173278）专注于救
治疗效果                                     生药物的研发

听力CRC有限公司                              哈里·珀金斯医学研究所
（94123522725）支                            （16823190402）对成人
持听力研究，以更                              遗传病的原因进行医学研
有效地预防和改善                              究，同时筹集资金以支持
听力损失的治疗效果                            和开展这些研究活动
```

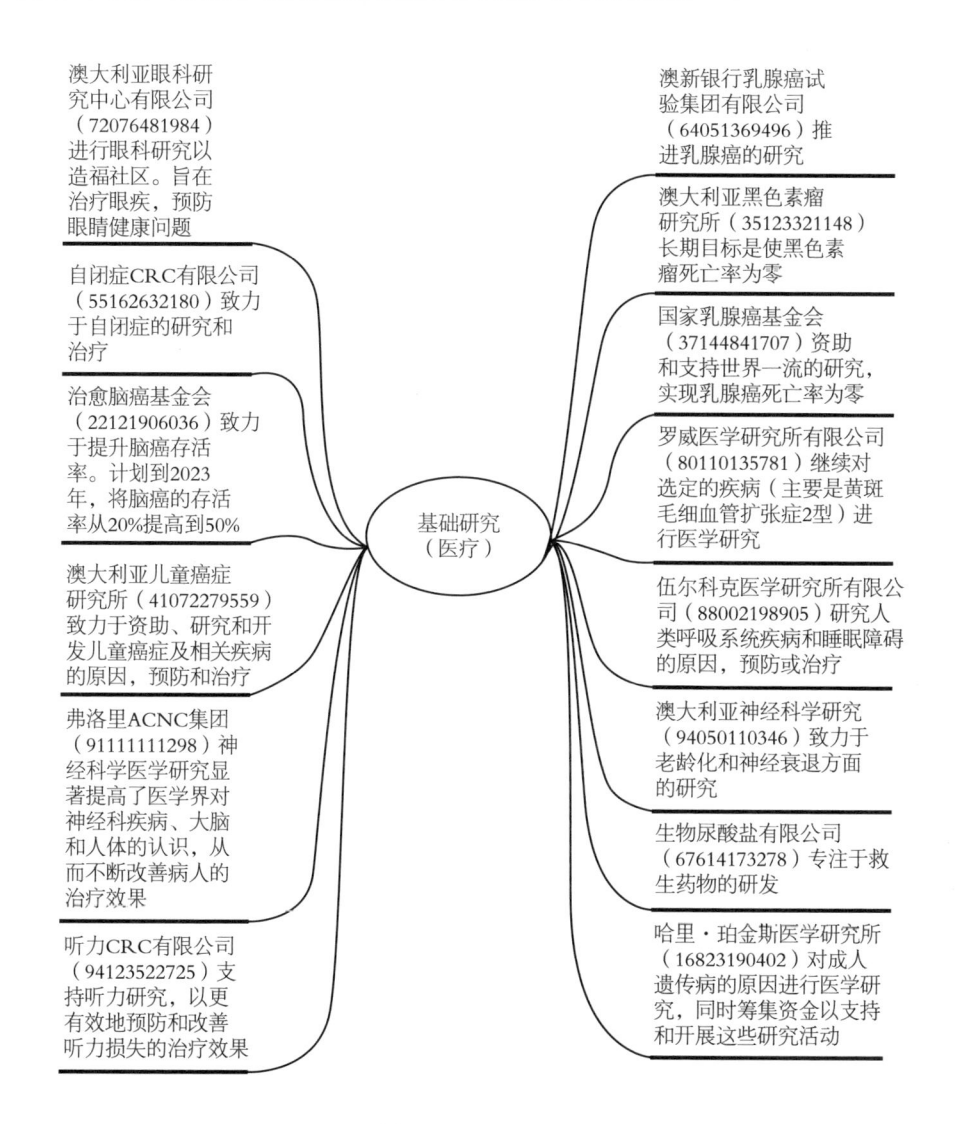

图3-2　支持医疗研究的社团代码和主要工作

---

① 全球医疗水平排行：澳洲全球第二［DB/OL］.［2019-08-14］. http://australia.haiwainet.cn/n/2017/0718/c3542250-31025263.html.

183

法意澳新科技社团研究

```
泰勒松儿童学院
（86009278755）主
要研究早期儿童的
大脑和行为，关注脑
病和原住民健康

奥瑞根
（85098918686）减
少精神疾病对年轻
人、家庭和社会的
影响

圣文森特医学研究
所（52004705640）
核心目的是进行研
究以改善人类健康
状况。该研究所的
主要研究领域是糖尿
病、肥胖/代谢疾病

心脏研究所有限公司
（41003209952）
致力于资助预防心
脑血管疾病的研究

张维克多心脏研究
所有限公司
（61068363235）从
事有关心脏病的理
解和预防的研究；尤
其是心肌病

加万医学研究所
（62330391937）
将利用基因组中
编码的所有信息，
做出具有开创性的
发现、预测、治疗
和预防对社会有最
深刻影响的疾病
```

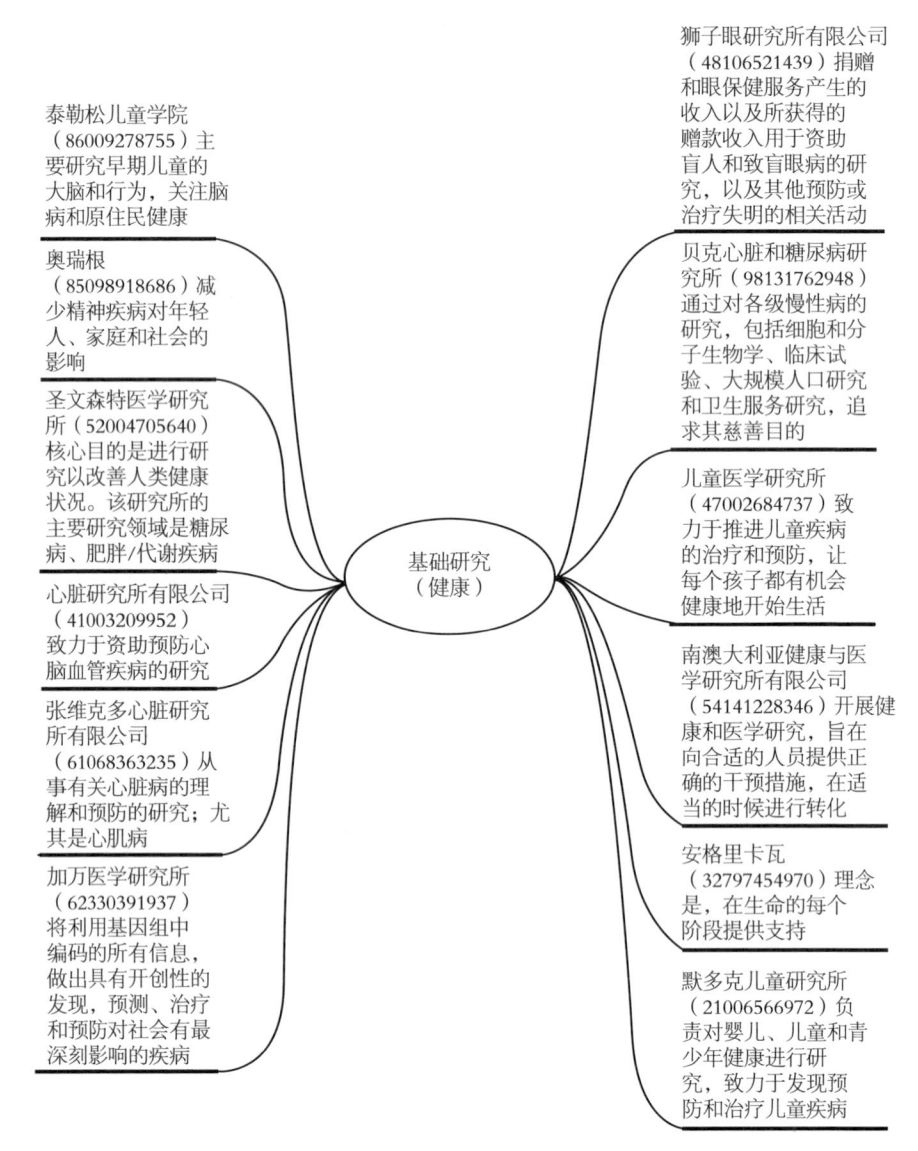

```
狮子眼研究所有限公司
（48106521439）捐赠
和眼保健服务产生的
收入以及所获得的
赠款收入用于资助
盲人和致盲眼病的研
究，以及其他预防或
治疗失明的相关活动

贝克心脏和糖尿病研
究所（98131762948）
通过对各级慢性病的
研究，包括细胞和分
子生物学、临床试
验、大规模人口研究
和卫生服务研究，追
求其慈善目的

儿童医学研究所
（47002684737）致
力于推进儿童疾病
的治疗和预防，让
每个孩子都有机会
健康地开始生活

南澳大利亚健康与医
学研究所有限公司
（54141228346）开展健
康和医学研究，旨在
向合适的人员提供正
确的干预措施，在适
当的时候进行转化

安格里卡瓦
（32797454970）理念
是，在生命的每个
阶段提供支持

默多克儿童研究所
（21006566972）负
责对婴儿、儿童和青
少年健康进行研
究，致力于发现预
防和治疗儿童疾病
```

中心：基础研究（健康）

图 3-3 支持健康研究的社团代码和主要工作

再次，澳大利亚科技社团对医疗卫生的支持还包括筹措资金、提供研究设备和实验生物（图 3-4）。不同于我国的科技社团，澳大利亚科技社团的工作更加多样化，有专门负责筹款的社团，有专门负责实验设备供给的社团，也有专门负责实验生物供给及志愿服务的社团。因此，科研人员只要有可信服的研究项目方案，就有机会获得资助以及进行实验的机会。这种模式比仅仅依靠国家资助的效率更高，比依靠企业资助的范畴更广。

最后，澳大利亚科技社团的科研成果转化是多方向的（图 3-5）。在我国的产学研

第三章 澳大利亚科技社团发展现状及管理体制

亨特医学研究所（27081436919）为新英格兰地方卫生和纽卡斯尔大学的健康和医学研究活动筹集资金并进行协调

治愈MND基金会（62740350704）独立筹款机构，帮助研究项目筹款

麦库斯克慈善基金会（66285606122）资助医学研究机构、动物栖息地、中等和高等教育

— 资金来源与分配 —

线性临床研究有限公司（43142055749）与志愿者一起进行1期临床试验，研究一系列可能在中长期内对一般人群有益的潜在药物

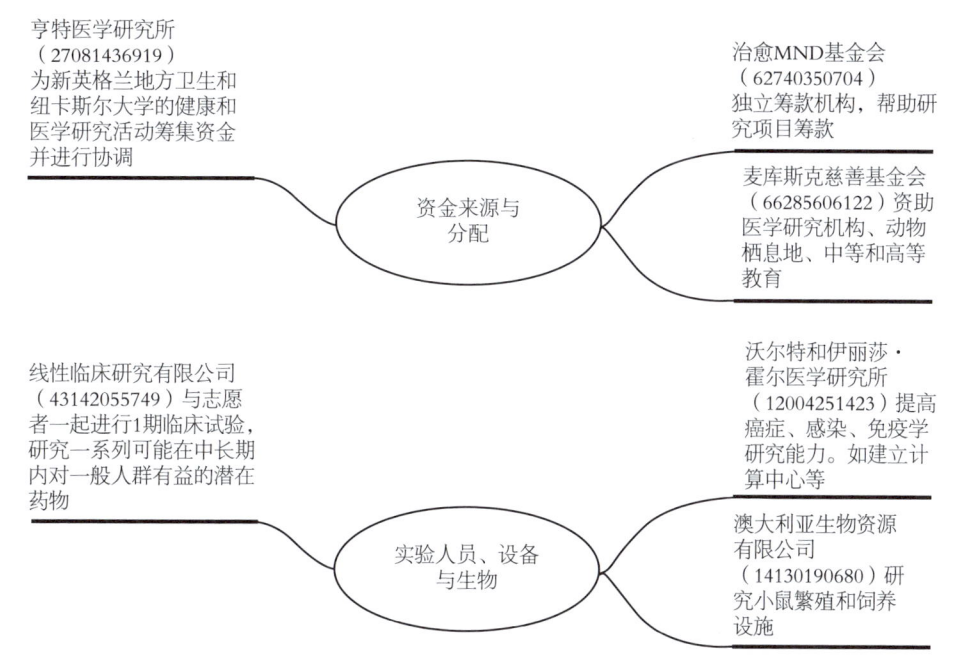

沃尔特和伊丽莎·霍尔医学研究所（12004251423）提高癌症、感染、免疫学研究能力。如建立计算中心等

澳大利亚生物资源有限公司（14130190680）研究小鼠繁殖和饲养设施

— 实验人员、设备与生物 —

图 3-4　负责资金及实验设施的科技社团

成果转化体系中，企业是成果转化的主体；澳大利亚科技社团在成果转化中则承担了很多工作，例如，将科研成果转化为政策、标准、解决方案等。[①]

（四）澳大利亚科技社团的财务状况

澳大利亚科技社团的收入一般包括商品或服务收入，投资收入，政府资助，基金会、私人或任何其他来源的捐赠、遗赠或遗产，筹款或赞助，特许权使用费和许可费以及实物捐赠等。[②] 每个澳大利亚科技社团的财务状况几乎都是不同的，但也存在一些统计规律。例如，大型科技社团获得政府资助的比例较高，占比约为25%；商品和服务的收入占比约为27%；大型科技社团获得捐赠的能力也较强，占比约为24%（图3-6）。在澳大利亚大型科技社团的支出中，员工工资占比高达36%，另有19%的支出用于国内捐赠，国外捐赠和利息的支出非常少（图3-7）。

澳大利亚中型科技社团获得政府资助的能力明显低于大型科技社团，其收入主要来源于捐赠，商品或服务的收入占比也较高（图3-8）。中型科技社团的员工工资支出相对于大型社团占比较小，国内捐赠占比较大，向国外捐赠和利息支出也同样较小（图3-9）。

[①] 其中负责教育的科技社团很少，是因为此处在科技社团分工中选择的是"research"。澳大利亚注册的教育类社团非常多。

[②] 天津市科协. 透视澳大利亚科技社团看我国科技社团的发展 [J]. 科协论坛，2007（11）：43-45.

185

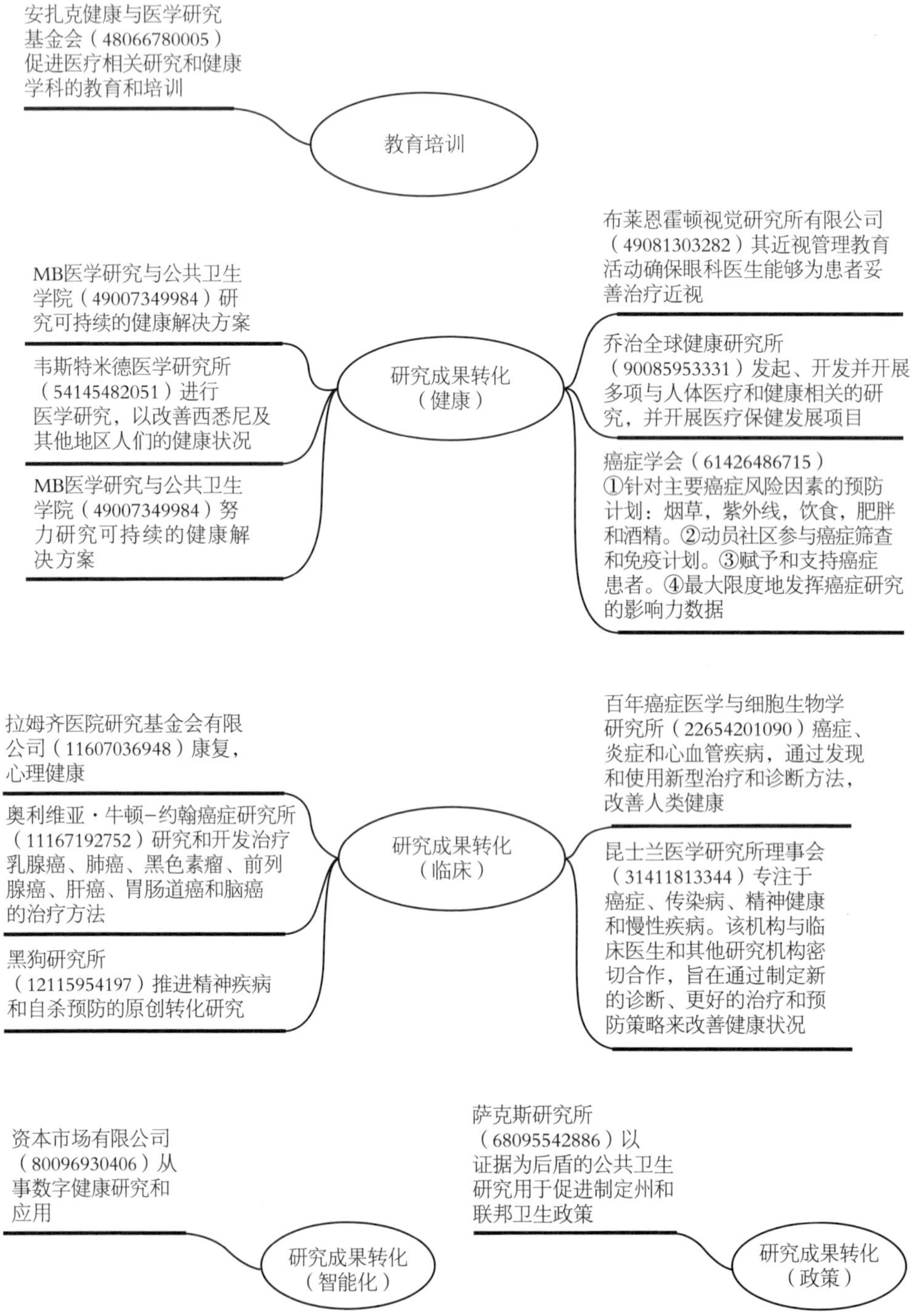

▸ **法意澳新科技社团研究**

安扎克健康与医学研究基金会（48066780005）促进医疗相关研究和健康学科的教育和培训

（教育培训）

MB医学研究与公共卫生学院（49007349984）研究可持续的健康解决方案

韦斯特米德医学研究所（54145482051）进行医学研究，以改善西悉尼及其他地区人们的健康状况

MB医学研究与公共卫生学院（49007349984）努力研究可持续的健康解决方案

（研究成果转化（健康））

布莱恩霍顿视觉研究所有限公司（49081303282）其近视管理教育活动确保眼科医生能够为患者妥善治疗近视

乔治全球健康研究所（90085953331）发起、开发并开展多项与人体医疗和健康相关的研究，并开展医疗保健发展项目

癌症学会（61426486715）①针对主要癌症风险因素的预防计划：烟草，紫外线，饮食，肥胖和酒精。②动员社区参与癌症筛查和免疫计划。③赋予和支持癌症患者。④最大限度地发挥癌症研究的影响力数据

拉姆齐医院研究基金会有限公司（11607036948）康复，心理健康

奥利维亚-牛顿-约翰癌症研究所（11167192752）研究和开发治疗乳腺癌、肺癌、黑色素瘤、前列腺癌、肝癌、胃肠道癌和脑癌的治疗方法

黑狗研究所（12115954197）推进精神疾病和自杀预防的原创转化研究

（研究成果转化（临床））

百年癌症医学与细胞生物学研究所（22654201090）癌症、炎症和心血管疾病，通过发现和使用新型治疗和诊断方法，改善人类健康

昆士兰医学研究所理事会（31411813344）专注于癌症、传染病、精神健康和慢性疾病。该机构与临床医生和其他研究机构密切合作，旨在通过制定新的诊断、更好的治疗和预防策略来改善健康状况

资本市场有限公司（80096930406）从事数字健康研究和应用

（研究成果转化（智能化））

萨克斯研究所（68095542886）以证据为后盾的公共卫生研究用于促进制定州和联邦卫生政策

（研究成果转化（政策））

图3-5 负责研究成果转化的科技社团

第三章 澳大利亚科技社团发展现状及管理体制

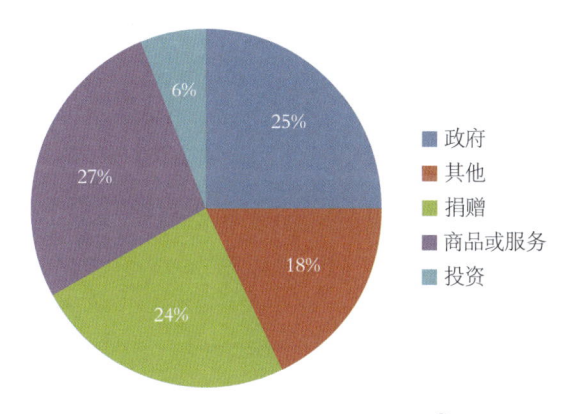

图 3-6 大型科技社团收入占比[1]

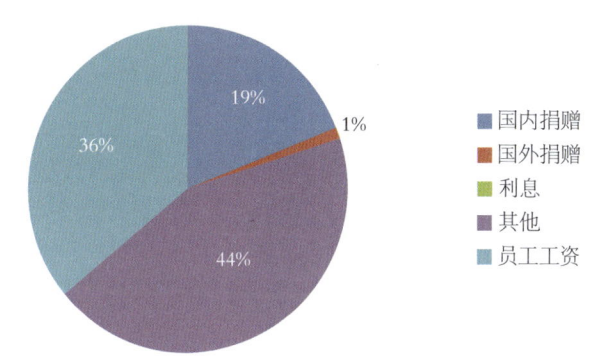

图 3-7 大型科技社团支出占比[2]

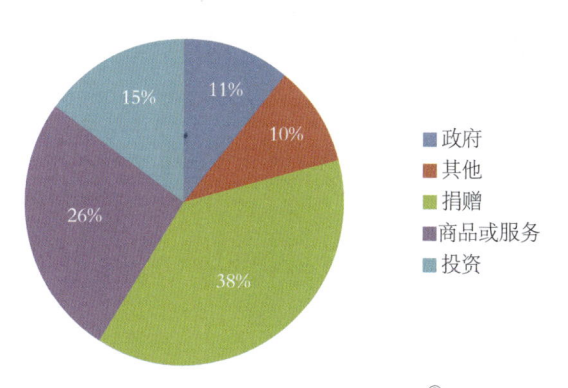

图 3-8 中型科技社团收入占比[3]

---

[1] Australian Charities Report 2017 Data-Overview [R/OL]. [2020-01-10]. https://www.acnc.gov.au/charitydata.
[2] 同[1]。
[3] 同[1]。

187

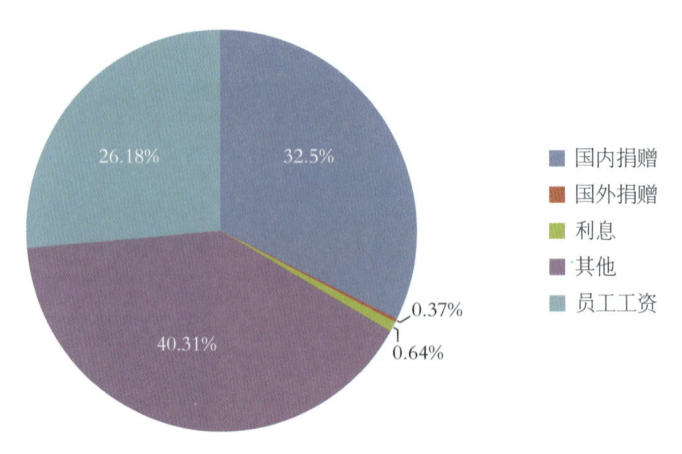

图 3-9　中型科技社团支出占比①

澳大利亚小型科技社团获得政府的资助更加困难，在总收入中的占比只有 4.49%。捐赠是小型科技社团获得收入的主要形式，但小型科技社团的投资收益相较大型和中型科技社团占比较高，达到 17.71%。商品和服务获得的收入较少，占比只有 13.14%（图 3-10）。在小型社团的支出中，员工工资占比较低，说明大多数小型社团无法聘请专职人员，导致相应的服务收入也较少（图 3-11）。

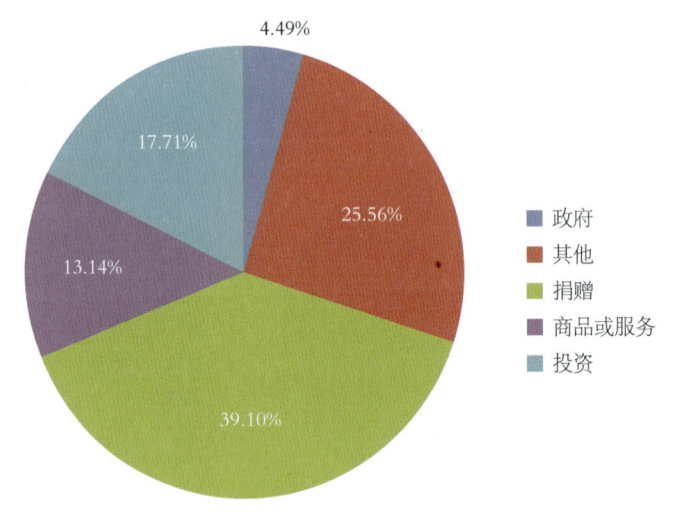

图 3-10　小型科技社团收入占比②

---

① Australian Charities Report 2017 Data-Overview [R/OL]. [2020-01-10]. https://www.acnc.gov.au/charitydata.

② 同①。

第三章 澳大利亚科技社团发展现状及管理体制

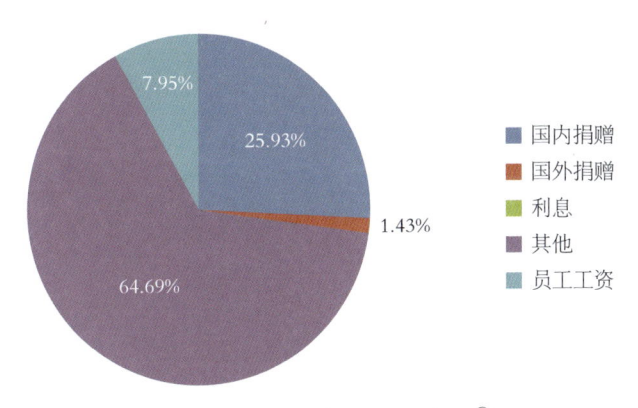

图 3-11 小型科技社团支出占比[1]

三、澳大利亚科技社团的管理体制

（一）法律制度框架

澳大利亚的法律分为联邦法律和地方性法律[2]。澳大利亚没有专门针对科技社团的立法，但是有针对非营利组织的立法。社团相关的立法起源于南澳大利亚，该州被誉为所有澳大利亚司法管辖区社团法发展的领导者。南澳大利亚议会于 1858 年颁布了《不动产法》和《学会注册法》，旨在提供一种简单的、确认合并实体的方式，当非法人团体财产的受托人发生变更时，可以避免缴纳费用，同时也更加节约时间。

1. 澳大利亚慈善机构和非营利组织委员会法案

澳大利亚慈善机构和非营利组织委员会法案（2012 年）（简称"2012 年法案"）非常详细地规定了非营利组织从创建到退出的所有程序，以及在运作过程中发生事件的处理方式。在法案中，大部分内容是以前颁布的法律，例如《1936 年所得税评估法》《1997 年所得税评估法》等。

首先，该法案按照不同标准，区分慈善机构和非营利组织。例如，按照从事工作内容的差异分为"健康促进慈善机构""公共慈善机构"等；按照是否有子机构，分为"按照分工成立的子机构""被视为独立实体的子机构"等。

其次，该法案详细规定了慈善机构和非营利组织从注册、运行到撤销的全部过程，具体包括登记册、财务报告、年度报告、咨询委员会、受保护的信息等。

---

[1] Australian Charities Report 2017 Data-Overview [R/OL]. [2020-01-10]. https://www.acnc.gov.au/charitydata.
[2] 石国亮. 国外政府与非营利组织合作的新形式——基于英国、加拿大、澳大利亚三国实践创新的分析与展望 [J]. 四川师范大学学报（社会科学版），2012, 39（3）：19-29.

最后，该法案详细说明了财税减免相关事宜。这些具体规定由联邦相关法律构成，例如，1936年《所得税评估法》、1953年《税收管理法》、1986年《附带福利税评估法》、1997年《所得税评估法》、1997年《所得税（过渡条款）法》、1999年《新的税收制度（商品和服务税）法》、2009年《税法修正案（2009年第5号措施）法案》、2010年《税法修正案（2010年第2号措施）法案》等。还包括其他修正案，例如，1997年《老年人护理法》、2004年《年龄歧视法》等。

2. 社团法人

社团法人是在州或地区法律之下创建的、以会员制为基础的非营利组织的法人属性，目前澳大利亚大约有13.6万个此类组织，是拥有政府拨款最多、最为常见的非营利组织。社团法人可以是学会、俱乐部或者是公共机构。很多州的立法对社团的种类和范围都予以界定。例如，塔斯马尼亚州1964年《社团法人设立法》第二条"相关解释"中规定，"本法'社团'是指以下列目的设立或开展活动的社会团体、学会、俱乐部、公共机构或组织：（1）以宗教、教育、行善或慈善事业为目的；（2）以提供医疗或者护理服务为目的；（3）以促进或者鼓励文学、科学或艺术为目的；（4）以娱乐或文体为目的；（5）以建立、管理、经营或者完善社区中心为目的；（6）以为任何组织或单位的员工，管理退休金及退休收益的项目或资金为目的；（7）以促进上述内容或类似内容为目的。还包括一些特例，即由部长依法宣布成立的社会团体、学会、俱乐部、公共机构或组织，但是不包括从事贸易或为会员谋取金钱利益的组织"。

社团法人不能以营利为目的，也不能从事交易，只能在法律允许的情况下开展活动。对于这一点，很多州立法都有明确的规定。如新南威尔士州1984年颁布，2009年修改的《社团法人设立法》第七条第二款对社团不能依法成立的情况做出了以下规定，"本法之下的社团如果出现下列情况，则不能具备社团成立资格：（1）以交易或为其会员谋取金钱利益为目的而开展活动；（2）社团会员持有社团股本或股票；（3）社团会员对社团资产有任意处分权，无论是直接处分还是通过股票或股本的形式；（4）根据1996年《工业关系法》的规定，属于工业组织，但又在本法之下成立的州组织；（5）在1992年《合作社法》之下登记的合作社，根据1989年《友好学会法》成立的学会，在新南威尔士州《金融机构法典》之下成立的建筑学会或信用工会，或者是根据1998年《合作社住房及斯塔尔—博凯特学会法》成立的合作住房学会；（6）根据2001年联邦《公司法》成立的公司，或者是在该法下成立的担保有限公司；（7）上述六种社团的分会或者子学会"。又如，南澳大利亚州1985年《社团法人设立法》第十八条同样对不具备成立资格的社团法人做出了相应规定，"社团如有下列情况，则不具备成立的资格：（1）主要或者附属目的是为社团会员或其他成员谋取金钱利益；（2）主要或附属目的是从事贸易或商

第三章 澳大利亚科技社团发展现状及管理体制

业，经有关部门同意除外"。

然而，在某些情况下，社团法人虽然获得了实际上的经济利益，但是却不能认定其是以从事交易或谋取金钱收益为目的，很多州和社区立法对这些特殊情况做出了相应规定。首都直辖区1991年《社团法人设立法》第四条"关于交易或金钱所得的说明"规定，"依本法，在下列情形下，社团不能被认定为以营利或者谋取金钱利益为目的：（1）社团所得的金钱利益丝毫不会被其任何会员得到；（2）社团的买卖行为或其他方面的货物以及服务贸易仅仅是对社团主要目标的补充，并且是跟社团成员以外的其他人进行交易；（3）社团是为保护贸易、商业、工业或行业的目标而设立，其成员对该行业感兴趣，并且社团不参与贸易、商业、工业或行业，也不会作为它们的一个分支或附属机构；（4）社团仅仅为其成员提供工具设备或服务；（5）社团的成员从社团为社会、娱乐、教育或其他类似目的提供的设备和服务中获取金钱收益；（6）社团的成员因他们自己提供的货物和服务而从社团得到报酬，或者在他们不是社团成员的情况下，从社团得到其成员才可获得的金钱收益；（7）社团的成员为在竞赛中夺得奖杯或奖赏而竞争，这种竞赛直接关涉到社团的宗旨"。同时，第十五条又规定，"（1）在本法之下，部长可以书面宣告一个社团或某一特殊种类社团合法设立，即使该社团或该特种社团是以获取金钱利益、进行交易或为其成员谋取金钱利益为目的而成立或开展业务；（2）部长可以提出要求，让通过上述书面宣告而成立的社团符合由部长决定的任何条件；（3）上述宣告是一个须申报的法律文件"。

西澳大利亚州1987年《社团设立法》也在第四条"社团成立资格"中规定，"依本法设立的社团，不能以从事贸易或从交易中为会员谋取金钱利益为目的，否则不具备成立资格。除非符合下列一个或几个条件：（1）社团本身被授予获取金钱利益的权利，但是该金钱利益不能被会员分红或获取；（2）社团成立的目的是保护或规制从事某种贸易、商业、工业或者行业的会员，但社团本身不能从事或参与任何贸易、商业、工业或行业；（3）社团成员因为受雇于社团或者是社团的管理人员而从社团中获得金钱利益；（4）非社团会员的社团任何人，因被授予某种头衔而从社团中获取金钱利益；（5）社团成员通过竞赛而获取的奖杯或者奖赏，但不能是金钱奖励；（6）社团本身可以从会费、捐赠、投资或者出售广播权益中获取收入；（7）社团为其会员提供的设施或者服务；（8）社团与其会员或者公众进行的交易，但此种交易要符合社团的主要目的，与公众进行的交易不能在数量上多于社团的其他活动；（9）社团获取的展示费、展览门票费、竞赛费、体育设施费以及从促进社团发展的其他活动中获取的收入"。

维多利亚州1981年《社团法人设立法》第三条第二款也同样规定，"在本法之下，社团或社团法人不能从事贸易或为会员谋取金钱利益，除非具备下述一个或多个条件：

191

（1）社团或社团法人本身获取金钱利益，但该利益不能被会员分红或获取；（2）社团或社团法人从事买卖或出售货物和服务，不违背该社团或社团法人的成立宗旨，且交易活动只能与公众进行，并且在数量和价值上不能超过社团或社团法人的其他活动，收取展示费、展览费、竞赛费、体育设施费或其他促进社团或社团法人发展的活动收入；（3）社团或社团法人成立的目的是保护或规制从事某种贸易、商业、工业或者行业的会员，但社团或社团法人本身不能从事或参与任何贸易、商业、工业或行业；（4）社团或社团法人被赋予了在解散之后分割财产的权利；（5）社团或社团法人的任何成员通过真实的薪酬支付获得的金钱利益；（6）非社团或社团法人会员的任何成员，因被授予某种头衔而从社团或社团法人中获取金钱利益；（7）社团或社团法人成员通过与其设立目的直接相关的竞赛而获取的奖杯或者奖赏；（8）社团或社团法人的会员通过由社团因社会、娱乐、教育或其他类似目的而提供的设施和服务中获取金钱利益；（9）社团法人因成为另一个基于类似目的成立的社团法人的会员而获得的金钱利益"。

综上，社团法人定义应包括五个可操作的结构特征（表3-3）。

表3-3　社团法人的五个关键特征

特　　征	描　　述
有组织的	必须表现出一定程度的组织结构或界限，必须有规律性地通过定期会议、程序规则或其他程度的组织绩效证明组织的运作
私人的	在国家或地方层面与政府机构分开，或者不属于政府机构的一部分，并且不行使任何政府权力
自治	有能力通过自身控制和自治机制进行自我管理。这体现在管理层能够改变其章程及其内部结构，改变其使命或目标，并能够在未经其他当局许可的情况下解散组织
不分配利润	如果组织在任何特定年份累积了盈余或利润，则严禁将其利润分配给其成员、所有者、创始人或管理委员会。组织获得的任何利润必须重新分配或重新投资于本组织的任务或目标
非强制性或自愿性	个人的参与必须是自愿的，不是强制性的，也不是法律要求或公民身份的条件

3. 非营利性与税收优惠

澳大利亚税务部门列举的非营利组织（含慈善机构）包括教会学校、教会、社区幼儿中心、文化组织、环保组织、邻里组织、公共博物馆和图书馆、科学组织、童子军、体育俱乐部、冲浪救生俱乐部、传统服务俱乐部等。[1]

根据2012年法案规定，科技社团理论上享有税收优惠，但需要通过实体测试、免税礼品接受人测试和法律测试3项测试之一，才能获得真正的税收优惠。实体测试需要

---

[1] 澳大利亚税务局（https://www.ato.gov.au）。

第三章　澳大利亚科技社团发展现状及管理体制

确认该科技社团的运作实体是否在澳大利亚，该实体不是指房屋，而是指收入和支出，发生在澳大利亚的实体比例至少需要超过50%[1]才能成为澳大利亚的科技社团，并得到税收优惠。

根据2012年法案规定，科技社团可以提供直接利益（例如分配金钱或礼物）或间接利益（例如接受与非营利目的一致的帮助）[2]，工作人员包括负责人（例如董事会、委员会成员或受托人）可以为其工作获得报酬，但必须是合理的。组织的管理文件需要包含有关合理付款和福利的条款。根据法律规定，科技社团可以获利，但任何利润都必须用于实现科技社团的目的。也可以持有利润，但是需要有正当的理由。[3]

如果科技社团注册为非营利组织，需要在文件中明确规定其非营利性质。例如，在组织管理文件中加入非营利条款，该条款规定组织的资产和收入如何使用和分配，即"该组织的资产和收入仅用于实现其目标，除了用于有偿服务和相关费用外，任何资产和收入均不得直接或间接在组织成员中进行分配"。

4. 全国性协议

"全国性协议"是澳大利亚政府与非营利组织之间达成的协定，科技社团也必须遵守这一协议。该协议的目的是使双方形成一种全新的、更进一步的合作关系，从而向澳大利亚人民提供更好的服务。[4]指导双方开展工作的基本理念主要包括：①充分认识到非营利组织工作的价值及其在社会生活中发挥的重要作用；②长期关注弱势群体和被边缘化人群的生活状况，特别是澳大利亚土著居民和特雷斯海峡岛民，必要时随时提供帮助；③双方共同努力，打造一个创新的、资源丰富的、独立的、稳定的"第三部门"。[5]

为推动"全国性协议"，政府主要在以下8个方面开展工作：①记录并宣扬非营利组织的价值与贡献；②无论非营利组织与政府之间是否存在现实的或潜在的经济关系，政府都要保护非营利组织的自由倡导权；③保护非营利组织在咨询协商过程中的多样性，以及在发起新倡议时的主动性；④提高信息分享程度，包括政府资助的研究和数据项目；⑤杜绝官僚作风，简化行政管理程序；⑥在各州、地区以及联邦政府管辖范围

---

[1] 澳大利亚税务局（https://www.ato.gov.au）。
[2] 石国亮.非营利组织管理创新及其研究价值——从"全球性结社革命"和合作治理谈起[J].理论与改革，2011（3）：33-37.
[3] 伊强.国外非营利组织立法简析[J].学理论，2011（1）：180-181.
[4] Science & Technology Australia.Who is STA？[EB/OL].[2019-10-21].https://scienceandtechnologyaustralia.org.au/about-us/.
[5] The Institution of Engineers Australia.EngineersAustralia[EB/OL].[2019-10-21].https://www.engineersaustralia.org.au/.

内，简化和改善财务的一致性；⑦改善有偿与无偿工作的问题；⑧优化拨款资助与服务购买的程序。

"全国性协议"的基本理念和工作思路体现出了政府与非营利组织之间相互认知、相互独立、相互辅助的关系。"相互认知"是指政府对非营利组织在公共管理和社会服务中起到的重要作用给予充分肯定，同时非营利组织明确认识到自身的角色为：在政府资助下，协助政府处理公共政策、公共服务和社区治理等方面事务的机构。"相互独立"则侧重于非营利组织相对于政府的独立性，这种独立性是非营利组织与政府合作的基础，双方的合作是两个独立体之间的协作，而不是一种雇用或者隶属的关系。"相互辅助"同样包含两方面内容：一方面政府通过资助、咨询、公开等途径对非营利组织提供资金和信息上的帮助，促进非营利组织在社会中发挥更重要的作用；另一方面，非营利组织通过发挥自身优势，帮助政府完善制度、优化结构，提高办事效率和管理能力。

"全国性协议"中的使命宣言是政府与非营利组织对未来的憧憬，双方应携手合作，以提高澳大利亚公民的生活水平。为此，双方确立了以下内容作为共同的使命：①社会层面。共同生活及分享经历的方式。②文化层面。基于价值观及信仰的生活方式。③公民层面。作为澳洲公民的生活方式。④经济层面。管理财务和经济的方式。⑤环境层面。关爱周边世界的方式。为实现上述使命，澳大利亚政府和非营利组织达成一致，将携手共同努力，全面推进社会、文化、公民、经济和环境的发展。双方的合作将会有助于建设一个更加包容、稳定的社会，大大提升澳大利亚公民的幸福感和生活质量。

要实现使命宣言，就必须制订共同目标，即行动计划，其中包括：①改善政府与非营利组织的合作方式；②帮助非营利组织完成自己的工作；③制定更加完善的政策。"共同目标"为澳大利亚政府与非营利组织精诚合作、实现共同的使命提供了依据，为进一步巩固和提升双方的合作关系、增强非营利组织的服务能力、制定更加切实可行的政策和提供更为优质的社会服务奠定了基础。多数非营利组织认可这些目标，并承诺愿意与政府合作，为实现这些目标而共同努力。实现共同的目标，完成共同的使命，政府与非营利组织需要遵循10个共同的原则。

（1）给每个人一个公平的机会

协议希望每个在澳大利亚生活的人都能享受公平正义，也希望所有人都能得到包容，而非营利组织的工作可以帮助政府实现这些期望。协议认同非营利组织及其志愿者对澳大利亚社会生活做出的巨大贡献，认为一个强大、独立的第三部门对建设一个包容、平等的社会至关重要。

（2）互相信任、互相尊敬

协议强调政府与非营利组织之间应当建立相互信任、相互尊重的关系。政府与非营利组织应当互相信任,即双方不隐瞒实情,并能够相信对方所说的一切;同时双方也应该互相尊敬、关爱和彼此理解,共同营造良好的合作氛围。

（3）听取彼此的意见

协议认为,如果政府和非营利组织想要制定出更完善的政策、项目和服务,就需要双方就彼此的工作提出意见、建议。只有听取彼此的意见,才能实现双方更为紧密的合作,进而提高政策、服务和管理水平。

（4）倡导多样化

协议认为,如今澳大利亚的社区是由形形色色的人所组成的,即所谓的多样化,非营利组织在发现不同利益诉求和满足不同服务需求方面发挥了重要的作用。协议希望政府能够依照相关规定给予非营利组织更多的支持与鼓励。

（5）伸出援手

协议承认,在现实社区中确实有些人因为贫困或者其他问题而被忽略,他们得不到与别人相同的机会。协议希望,政府能够与非营利组织共同努力来改善这些人的生活。

（6）尊重文化

文化是基于价值观和信仰的生活方式,而价值观和信仰来自家庭或出生地。在澳大利亚,许多人来自不同的文化背景,协议希望在工作中,这些文化都能得到尊重,这需要政府与非营利组织的共同努力。

（7）策划与决策

协议认为,只有政府与非营利组织的共同努力才能在文化、社会、人文、环境以及经济上改善澳大利亚人的生活,因此需要双方围绕上述工作制订计划,确保决策正确。而最好的决策建立在事实的基础上,需要双方开展实地调查研究,以做出最好的决策。

（8）有效工作

政府与非营利组织会尽力提供社区所需的服务,但双方需要确保已有的服务运作正常,而资金也得到妥善的利用。协议希望政府向为社区不断做出贡献的义工及工作人员提供更多的支持。

（9）顾及未来

协议希望政府与非营利组织在忙于努力改善人们生活的同时,也要顾及未来。为了保证未来提供良好的服务,双方需要保证有足够的财力及人力储备。

（10）衡量成功

协议希望政府与非营利组织能够经常对工作进行检测评估,来衡量是否成功,并将这方面的信息与各界人士分享,听取多方面的意见。

（二）科技社团创建注册

科技社团的创建和运营需要遵守澳大利亚的法律，同时也需要符合监管机构的要求。

1. 科技社团创建前的准备工作

创建科技社团首先需要对以下事项进行识别和确认。

（1）背景研究

在创建一个新的科技社团之前，需要进行信息的查询和搜集工作，来了解是否已经存在类似的社团。[①] 如果已经存在类似的社团，则澳大利亚慈善机构和非营利委员会（简称 ACNC）将建议进行注册的组织合并入已有社团，或者完成已有社团的一个项目。

（2）概述创建科技社团的目的

主要包括：社团的成立目标、开展的主要活动、提供的产品或服务、目标受众、利益相关者、存续时间等。

（3）获取资源的方式

创建者需要核算科技社团的启动和维持成本，筹划资金来源等。科技社团可以多种方式筹集资金，包括收取会费、公众筹款、活动筹款、公开拍卖、销售商品或服务等。创建者可以通过联系提供资金的地方政府或相关机构，来了解有关筹款的更多信息，同时还要注意向海外汇款的风险。

（4）明确法人形式

创建者选择的法人形式应该满足科技社团现在和未来的需求，要考虑到科技社团可能的规模及其活动的复杂程度等因素。

（5）法律和监管问题

设立科技社团必须遵守各种法律，包括联邦、州和当地的法律。监管机构建议创建者寻求专业的财务和法律建议。

（6）确定管理社团的方式

科技社团的管理方式非常重要，主要包括是否需要一个理事机构、采用何种治理方式等。它可能会影响科技社团选择的法人形式，同时有助于聚焦所需的资源。

（7）推动社团工作的计划

科技社团的创建者需要考虑如何促使公众和潜在的投资者或捐赠者积极参与社团的工作，以及如何对科技社团的目标和活动进行宣传。

2. 注册科技社团的理由

注册科技社团的好处主要有以下几个方面。

---

① Australian Charities and Not-for-profits Commission. How Can We Help? [EB/OL]. [2019-10-21]. https://www.acnc.gov.au/1.

第三章　澳大利亚科技社团发展现状及管理体制

（1）获得慈善税收优惠和其他福利

注册科技社团可以从澳大利亚税务局申请慈善税收优惠，可以作为公共慈善机构或健康促进慈善机构申请额外的税收优惠，也可以申请某些类别的免税礼品接收人身份。①

（2）有机会获得捐赠

注册科技社团需要在文件上显示注册表，向公众展示科技社团的注册信息。因此，潜在的捐赠者和资助机构可以在监管机构网站上查询到科技社团的信息，使注册的科技社团有机会获得捐赠。

（3）有机会获得某些类型的额外福利

额外福利主要包括联邦补助金和慈善机构的有限担保。自 2013 年 6 月 1 日起，拨款部门不再要求科技社团重复提供相关信息；同时，科技社团的有限担保不再需要支付申请费用和年度审核费。

3. 注册科技社团的清单

澳大利亚注册科技社团的程序非常简单，按照监管机构网站上的清单要求，准备相应资料，并在网上申请即可。收到注册信息后，监管机构将在 15 个工作日内处理申请。清单资料包括以下内容。

（1）澳大利亚商业号码

向澳大利亚慈善机构和非营利组织委员会注册的组织必须拥有澳大利亚商业号码，使用组织管理文件中所述的相同名称进行注册，并需要注册正确的"实体类型"。②

（2）组织名称

组织名称可以是澳大利亚商业注册处注册的名称、交易名称或者在其他监管机构注册的名称。

（3）其他信息

其他信息主要包括组织结构、通信方式、管理文件，以及在注册科技社团理由中提到的相关内容。

（三）科技社团的运营监管

1. 年度信息声明

澳大利亚的科技社团每年均需要提交年度信息声明，以获得免税优惠。具体需要声明的信息包括科技社团的活动、基本财务信息和其他问题。年度信息声明中有些事项是

---

① ANZAAS congress.About Trove［EB/OL］.［2019-10-21］. https://www.trove.nla.gov.au.
② Encyclopedia of Australian Science.About the Encyclopedia［EB/OL］.［2019-10-21］. https://www.eoas.info.

强制性的，有些是可选的。中型和大型科技社团[①]必须要提交财务报告，小型科技社团可以选择提交或不提交财务报告。

澳大利亚要求科技社团进行年度信息声明的主要原因是支持监管部门的工作，通过提升透明度，增强公众对科技社团的信任。年度信息声明还被用于评估科技社团的注册权利及其对相关法案的遵守情况。其他授权的澳大利亚政府机构可以通过慈善护照分享这些信息。研究人员可以通过网站分享这些信息，并对其进行分析，分析报告将有助于增进政府、捐赠者、志愿者对监管部门和科技社团的了解。

2. 科技社团的年度财务报告

中型和大型科技社团必须提交年度财务报告。年度财务报告主要有以下几个作用。①通过信息公开，实现社会监管；②澳大利亚慈善机构和非营利委员会通过评估财务报告，判断社团是否违反"2012年法案"；③与相关政府机构共享相关信息，减少社团重复申报成本。

澳大利亚慈善机构和非营利委员会网站提供年度财务报告的页面，只有注册的科技社团才可以访问。通过澳大利亚慈善机构和非营利委员会发布的2017年年度报告和科技联盟年度财务报告获知年度财务报告主要包括收入和支出两部分。科技社团的总收入一般包括商品或服务收入，投资收入，政府、基金会、私人或任何其他来源的赠款，捐赠、遗赠或遗产，筹款或赞助、特许权使用费和许可费、实物捐赠等。科技社团的支出主要包括捐赠、员工工资、利息和其他。

（四）对科技社团的问题和风险监管

澳大利亚慈善机构和非营利组织委员会是2012年澳大利亚政府根据"2012年法案"成立的对科技社团进行管理的国家监管机构。旨在通过加强问责制和提高透明度，维护和增强公众对非营利组织的信任和信心，帮助构建强大、充满活力、独立且创新的非营利组织，同时简化对非营利组织的监管要求。[②]

1. 监管原则

澳大利亚慈善机构和非营利委员会对科技社团进行监管主要遵循4个基本原则。这4个基本原则既保障了科技社团的繁荣，也保护了科技社团会员以及公民的利益。

---

① 科技社团的规模是基于其报告期间的年度总收入确定的。小型科技社团是指年收入低于25万澳元的社团，中型科技社团是指年收入超过25万澳元但低于100万澳元的社团，大型科技社团是指年收入超过100万澳元的社团。这种划分方法与年度报告中的划分方法略有不同。在大型科技社团级别没有再进行划分。

② The Australian & New Zealand Association for the Advancement of Science.Welcome to the ANZAAS Website［EB/OL］.［2019-10-21］. https://www.anzaas.org.au.

第三章　澳大利亚科技社团发展现状及管理体制

（1）最小化对慈善活动的干预

"2012年法案"的目标之一是支持和保障一个强大、充满活力、独立和创新的澳大利亚非营利部门。基于此，监管机构充分尊重科技社团的自主权，以及科技社团确定的目标、执行的策略和自我完善的方式。每个科技社团均有职责对自身进行治理，[①]澳大利亚慈善机构和非营利委员会则尽量避免介入科技社团的内部纠纷，从而确保科技社团的独立性。但这里的内部纠纷不包括违规问题。

（2）争议期间科技社团仍需履行应尽的义务

在解决社团内部纠纷的时候，科技社团将继续履行其对澳大利亚慈善机构和非营利委员会承诺的义务。例如，当科技社团内部存在关于负责人的争议时，科技社团仍然需要在截止日期之前提交年度信息声明。[②]根据《澳大利亚慈善机构和非营利委员会法》第65-5条的规定，注册科技社团须将负责人的变更情况通知澳大利亚慈善机构和非营利委员会，以确保澳大利亚慈善机构和非营利委员会与适当的代表进行沟通，并在澳大利亚慈善机构和非营利委员会登记册上发布准确的公共信息。如科技社团由于内部纷争，导致澳大利亚慈善机构和非营利委员会无法确定负责人时，澳大利亚慈善机构和非营利委员会将采取不公开或者删除该社团的信息等类似做法（《澳大利亚慈善机构和非营利委员会法》第40-10节），[③]避免在澳大利亚慈善机构和非营利委员会注册簿上发布误导性或不正确的信息；澳大利亚慈善机构和非营利委员会也可能会拒绝该社团访问慈善门户网站，避免其修改相关信息。科技社团如果希望正常访问澳大利亚慈善机构和非营利委员会网站，则需要视情况向澳大利亚慈善机构和非营利委员会表明其内部纠纷已得到解决。例如，提交各方签字的协议、有关法院或法庭的判决、州或地区监管机构的声明以及争端解决中心的信件等。当然，科技社团也可基于行政法理由，对澳大利亚慈善机构和非营利委员会的决定申请司法审查。

（3）尽力为争议提供中介服务

虽然科技社团的内部纠纷可能不会直接导致违反澳大利亚慈善机构和非营利委员会法案、治理标准或外部行为标准，但是，澳大利亚慈善机构和非营利委员会经过长期的运行认识到，未解决的问题会极大增加违法风险。基于此，澳大利亚慈善机构和非营利委员会会在适当的情况下提供相关争议解决机构的详细联系方式，[④]同时强烈建议科技社

---

① Royal Australian Chemical Institute.The Raci［EB/OL］.［2019-10-21］. https://www.raci.org.au.
② Australian Institute of Physics.About The Aip［EB/OL］.［2019-10-21］. https://www.aip.org.au.
③ Australian Mathematical Society.About us［EB/OL］.［2019-10-21］. https://www.austms.org.au.
④ BURTON M, MARSH S, PATTERSON J. Community attitudes towards water management in the Moore Catchment, Western Australia［J］. Agricultural Systems, 2007, 92（1-3）: 157-178.

团独立寻求这些服务，以便及时解决内部纠纷。

（4）在必要时采取适当和相称的行动

如果有迹象表明，或者澳大利亚慈善机构和非营利委员会意识到某个科技社团的内部纠纷导致违反澳大利亚慈善机构和非营利委员会法案、治理标准或外部行为标准，则该科技社团将被转交给澳大利亚慈善机构和非营利委员会的合规理事会进行审查。[①] 例如，由于科技社团的负责人之间缺乏合作导致社团工作无法实现其宗旨，或者社团董事会无法为会员负责等。由内部纠纷引起的合规性问题将根据澳大利亚慈善机构和非营利委员会《专员政策声明：合规与执行》进行处理。根据具体情况，澳大利亚慈善机构和非营利委员会会提供一系列解决不合规问题的方法，包括提供指导、发出警告或指示、中止或撤销一个或多个负责人、发布行政处罚（或申请法院进行民事或刑事处罚）直至撤销科技社团的注册等。《澳大利亚慈善机构和非营利委员会监管方法声明》[②] 和《专员政策声明：合规与执行》中有详细的处罚规定。

2. 澳大利亚慈善机构和非营利委员会的监管流程

澳大利亚慈善机构和非营利委员会监管流程包括4个部分：搜集信息，确定风险等级；甄别高风险行为的性质；公平裁判；依法分类执行。

（1）搜集信息，确定风险等级

澳大利亚慈善机构和非营利委员会在基于证据和风险的框架下运营，旨在使用最适当的法规和强制措施来解决不合规问题。澳大利亚慈善机构和非营利委员会在如何行使职能以解决不合规问题及其影响方面拥有自由裁量权，包括如何确定优先级并分配资源，如何做出决定并采取何种合规行动。[③]

澳大利亚慈善机构和非营利委员会在采取合规措施或执法行动之前，会综合考量多种因素并进行整体评估，以确保措施或行动适当。这些因素包括：违规或不当行为的类型、存在风险的对象、发生或未来再次发生的可能性和频率以及对科技社团的潜在影响（包括任何拟采取的执法行动的影响）等。

澳大利亚慈善机构和非营利委员会可以从接收投诉以及政府机构的内部情报等多种

---

① MEASHAM T G, LUMBASI J A. Success Factors for Community-Based Natural Resource Management（CBNRM）: Lessons from Kenya and Australia [J]. Environmental Management, 2013, 52（3）: 649-659.

② ACNC Regulatory Approach Statement [EB/OL]. [2019-10-21]. https://www.acnc.gov.au/raise-concern/regulating-charities/regulatory-approach-statement.

③ GILLIAN R D, DOWNES T, MARCHANT T. The extent and effectiveness of knowledge management in Australian community service organisations [J]. Journal of Knowledge Management, 2016, 20（1）: 49-68.

渠道了解潜在的违规事件，并通过一系列方法监视潜在的不合规情况。澳大利亚慈善机构和非营利委员会可以对科技社团进行初步调查，获取与特定关注事项有关的信息或澄清情况，以评估合规程度，并确定是否需要进行正式调查。最初的询问通常以书面形式发送给科技社团，依照自愿性原则公开信息。但是如果投诉或情报显示存在严重或蓄意的违规行为，澳大利亚慈善机构和非营利委员会通常会启动调查，并且在必要时进行强制性信息收集。

（2）甄别高风险行为的性质

澳大利亚慈善机构和非营利委员会没有足够的资源对每个监管问题进行调查，因此需要根据风险级别确定调查的优先级。如果科技社团由于疏忽犯错，且未造成较大损失，澳大利亚慈善机构和非营利委员会通常提供指导和教育，帮助科技社团回归正轨；如果有证据表明科技社团管理不当、挪用款项严重，或者蓄意违反《澳大利亚慈善机构和非营利委员会法案》或《澳大利亚慈善机构和非营利委员会法规》，导致严重侵犯弱势群体利益或致使资产面临重大风险，澳大利亚慈善机构和非营利委员会将迅速采取严厉行动。

澳大利亚慈善机构和非营利委员会使用自愿性和强制性相结合的方式来解决和管理合规风险。《澳大利亚慈善机构和非营利委员会法案》规定了澳大利亚慈善机构和非营利委员会官员拥有的权力，例如《澳大利亚慈善机构和非营利委员会法案》第70条规定，澳大利亚慈善机构和非营利委员会有权收集必要的信息，以监视科技社团是否存在违反《澳大利亚慈善机构和非营利委员会法案》《澳大利亚慈善机构和非营利委员会法规》《1914年犯罪法》（联邦）和《刑法》等行为，并会对科技社团的注册产生影响。根据规定，澳大利亚慈善机构和非营利委员会可以利用信息收集权索取信息和文件，可以要求相关人员出席并提供证据，也可以向第三方咨询。

在调查科技社团发生的严重、蓄意、持续的违规行为时，澳大利亚慈善机构和非营利委员会官员可能会征得占用人的同意或根据监督令，在适当情况下寻求许可后进入建筑物。澳大利亚慈善机构和非营利委员会仅在有限的情况下才考虑使用监督令。《澳大利亚慈善机构和非营利委员会法案》第75条规定，澳大利亚慈善机构和非营利委员会有权进入场所，以监控是否遵守受监控条款（如第75-5条所定义）或确定某些信息是否"受监控"（如第75-10节中所定义）。澳大利亚慈善机构和非营利委员会进入场所后，可以行使一系列监视权，包括搜查场所、检查场所中的任何物品、拍摄照片或录像、记录场所或场所内的任何物品、摘录任何文件或制作副本。《澳大利亚慈善机构和非营利委员会法案》第75-20条进一步提供了澳大利亚慈善机构和非营利委员会官员可使用的监视权限的详细信息。除上述权力外，澳大利亚慈善机构和非营利委员会官员还会就如何遵守《澳大利亚慈善机构和非营利委员会法案》和治理标准提供指导和建议，并在必要时为纠正不合规行为提供支持。

(3) 公平裁判

澳大利亚慈善机构和非营利委员会应保证合规和执法活动结果的一致性和可预测性，确保遇到相似情况或问题的科技社团得到一致对待。如果该问题牵涉到其他监管机构或政府机构，澳大利亚慈善机构和非营利委员会会通过寻求合作以确保一致性。在某些情况下，即使澳大利亚慈善机构和非营利委员会本身不参与任何合规活动，也应与其他监管机构或政府机构共享有关特定科技社团的信息。《澳大利亚慈善机构和非营利委员会受保护信息程序》对此进行了详细规定。

澳大利亚慈善机构和非营利委员会具有一系列执法权来协助维持和增强公众对科技社团的信任和信心。澳大利亚慈善机构和非营利委员会通过全面考虑以下因素来决定采取最适当的行动：违规行为的性质、重要性和持续性；科技社团或其负责人是否采取过相关行动，来防止违规行为的发生或解决出现的问题，例如科技社团是否及时向澳大利亚慈善机构和非营利委员会通报违规行为；科技社团获得的捐款的使用是否与其非营利性和宗旨相一致；是否为英联邦法律框架下按照《澳大利亚慈善机构和非营利委员会法案》注册的对象；科技社团开展的业务是否可能危害公众对该行业的信任和信心；是否危害从科技社团直接受益的成员利益（如果有）；其他相关事项。

(4) 依法分类执行

在行使管理权力时，澳大利亚慈善机构和非营利委员会尽量不给科技社团增添额外的负担。主要的处置结果包括警告、禁令和撤销。

①警告。倘若有合理的证据表明某个科技社团违反了《澳大利亚慈善机构和非营利委员会法案》或未遵守治理标准或外部行为标准（或者将来很有可能违反或不遵守），澳大利亚慈善机构和非营利委员会可以向该科技社团发出正式警告（第80-5节），告知科技社团违规的有关情况，并概述可能采取的应对措施。在非正式建议或教育足够的情况下，不会发出正式警告。

正式警告为科技社团提供了解决违规问题的机会，并且可以限制违规的严重性。当澳大利亚慈善机构和非营利委员会专员认为某个科技社团违反了《澳大利亚慈善机构和非营利委员会法案》或未遵守治理标准或外部行为标准（或者将来很有可能违反或不遵守）时，可以向科技社团发出采取或不采取某种特定行为的指示（第85-5节），以解决或防止可能的违规或不遵守行为。

如果专员给出警告，并且在此之后的12个月内没有更改或撤销指示，则专员必须在该12个月结束后的合理时间内考虑更改或撤销警告（第85-20节）。如果科技社团对指示的相关决定不服，可以寻求对该决定的内部审查（即提出异议）。

以下情况会变更警告的等级：科技社团不响应非正式建议，或者没有按照正式警告通知书改变行为；存在持续违规行为或重大问题；可能会对受益人造成伤害；需要采取紧急行动来解决的蓄意和顽固的问题；不当行为（例如欺诈或挪用资金或财产）。

科技社团可以根据警告自愿订立"可执行的承诺"（第90分部），可执行的书面承诺书会对科技社团为遵守其义务而同意采取或不采取的一项或多项行动进行具体说明。"可执行的承诺"需具备以下方面：个人或科技社团对此违规行为采取积极措施；符合公共利益，并且是最适当的执法回应方式；将达到预期的合规结果。"可执行的承诺"对科技社团具有约束力，如果澳大利亚慈善机构和非营利委员会认为该科技社团违反了承诺，则可以寻求法院执行该协议。

②禁令。澳大利亚慈善机构和非营利委员会可以向法院申请强制令，以确保科技社团或其成员遵守其义务（第95分部）。经澳大利亚慈善机构和非营利委员会和相关慈善机构同意，法院也可以发出禁制令。一般而言，只有当违规行为具有严重性和持续性，需要采取紧急行动的情况下，才会采取禁令，例如欺诈或挪用资金、财产。在其他执法措施未生效的情况下，例如在个人或科技社团未遵守指示通知的情况下，也可寻求强制令。

当有合理的证据表明科技社团违反了《澳大利亚慈善机构和非营利委员会法案》或未遵守治理规定时，澳大利亚慈善机构和非营利委员会专员可以暂停或罢免责任人的职权，还可以任命代理负责人（第100分部），但仅在适当且必要时才可以。如果被执行方对决定不服，可以寻求对该决定的内部审查（即提出异议）。

③撤销。《合规协议》是澳大利亚慈善机构和非营利委员会与科技社团协商制订的一项行动计划，其中规定了科技社团需要采取的一系列措施，以确保其不违反《澳大利亚慈善机构和非营利委员会法案》或《澳大利亚慈善机构和非营利委员会法规》。这些措施通常与改善科技社团的管理实践或治理安排有关，以降低违规风险。根据《澳大利亚慈善机构和非营利委员会法案》，《合规协议》不是正式的强制执行规定，科技社团自愿对《合规协议》做出承诺，并接受澳大利亚慈善机构和非营利委员会合规理事会的监督，以确保科技社团实施改进以使其步入正轨。

如果澳大利亚慈善机构和非营利委员会不满于科技社团在解决《合规协议》中有关问题的进展，澳大利亚慈善机构和非营利委员会将考虑采取进一步的合规行动，这可能导致该科技社团被撤销。如果有合理的证据表明科技社团存在下列情况，则可以根据《澳大利亚慈善机构和非营利委员会法案》第35-10（1）条撤销该科技社团的注册：科技社团不再以非营利性为基础开展业务；科技社团提供的与其注册申请有关的信息在重大细节上存在虚假或具有误导性；科技社团违反了《澳大利亚慈善机构和非营利委员会法案》或未遵守治理标准或外部行为标准；科技社团由于无法在到期时偿还所有债务，而由破产管理人、清算人或根据澳大利亚法律任命或授权的人来管理该科技社团的事务；科技社团向专员提出撤销注册要求并得到批准。撤销是一项严肃的行动，可能会影响科技社团获得税收优惠以及政府提供的其他利益，因此仅在最严重的情况下才会撤销。

澳大利亚慈善机构和非营利委员会会在网站上发布每个警告、指示、承诺、禁令以及中止或撤职责任人的详细信息。在发布之前，澳大利亚慈善机构和非营利委员会通常会给科技社团一个机会，对要发布的信息进行响应。澳大利亚慈善机构和非营利委员会非出于公共利益的考虑，不得在行使权力之日起14天内发布执法权有关的信息［第40-5（2）条］。在某些情况下，澳大利亚慈善机构和非营利委员会可能会等到内部审核期结束或做出审核决定后才发布信息。

《澳大利亚慈善机构和非营利委员会法》第40-10（2）条允许在下述情况下，在注册簿中保留或从中删除有关警告的信息：信息有可能损害科技社团或个人；实际或可能违反或未遵守警告通知的情况；已经解决或防止了实际或可能的违反或不遵守行为。如果执法信息已经在登记册中超过五年，并且认为公共利益不需要该信息，则可以将其从登记册中删除。唯一的例外是，出于公众利益的考虑，要求将该信息保留在注册簿中。

3. 投诉与处理方式

澳大利亚慈善机构和非营利委员会仅受理在澳大利亚慈善机构和非营利委员会注册的科技社团的投诉，投诉内容包括涉嫌违反《澳大利亚慈善机构和非营利委员会法案》、治理标准或外部行为标准。为了高效地解决问题，澳大利亚慈善机构和非营利委员会建议公众首先向科技社团提出争议。倘若科技社团的回应不充分，并且看起来仍然不符合《澳大利亚慈善机构和非营利委员会法案》，公众可以与澳大利亚慈善机构和非营利委员会联络。澳大利亚慈善机构和非营利委员会无法对科技社团的某些投诉开展调查，例如科技社团董事会成员之间存在意见分歧或雇用问题等内部纠纷，或是与服务质量有关的问题，但可以将投诉人转介给适当的政府机构。

澳大利亚慈善机构和非营利委员会接受匿名投诉。根据《澳大利亚慈善机构和非营利委员会法案》第150条的规定，投诉人的个人信息以及与科技社团有关的任何详细信息均为"受保护的澳大利亚慈善机构和非营利委员会信息"，澳大利亚慈善机构和非营利委员会通常禁止使用或披露此类信息。但是，在经有关信息的个人或组织同意的情况下，澳大利亚慈善机构和非营利委员会可以使用或披露受保护的澳大利亚慈善机构和非营利委员会信息来履行职责。投诉人可以在知情和自愿的情况下提供进一步的协助，在这种情况下，澳大利亚慈善机构和非营利委员会会向投诉人说明拟采取的措施、投诉人的权利以及提供协助可能造成的后果等信息。

澳大利亚慈善机构和非营利委员会获得的信息通常受到有关信息自由和隐私的法律的约束，在其"信息自由"和"隐私权"政策中有所规定。澳大利亚慈善机构和非营利委员会工作人员在数据库中记录科技社团的名称和投诉的性质，只有澳大利亚慈善机构和非营利委员会的工作人员可以使用此类信息，同时澳大利亚慈善机构和非营利委员会可以根据《澳大利亚慈善机构和非营利委员会法案》或其他执法政策，向其他澳大利亚政府机构披露此类信息。

4."一次报告，经常使用"框架

澳大利亚慈善机构和非营利委员会充分使用信息技术来不断创新管理方式。其中，慈善护照是重要的创新方式之一。慈善护照通过允许代理机构直接从澳大利亚慈善机构和非营利委员会访问科技社团数据，减少了科技社团必须向不同政府机构提供的信息量，遵循"一次报告，经常使用"的报告框架。澳大利亚慈善机构和非营利委员会还与其他监管机构合作，进一步协调科技社团的报告和其他要求。

慈善护照包含所有澳大利亚慈善机构和非营利委员会公开的信息，例如澳大利亚慈善机构和非营利委员会注册申请表和澳大利亚慈善机构和非营利委员会年度信息声明；自2014年起还包括提交年度信息声明的所有科技社团的财务信息、年度财务报告（中型和大型科技社团要求）以及其他详细信息（包括社团名称、澳大利亚商业号码、服务地址、电子邮件、电话号码和网站、负责人、登记信息、子类型、受益者、机构规模、财政年度、经营地点、管理制度等）。慈善护照中的一些信息也可以通过网站[①]访问。

为了保护隐私和信息安全，慈善护照中包括公开和非公开信息。在某些条件下，澳大利亚慈善机构和非营利委员会可以根据要求向授权的政府机构提供限制访问的信息。澳大利亚慈善机构和非营利委员会持有的数据的完整性受立法和行政程序的保护，使用慈善护照须遵守隐私法以及澳大利亚慈善机构和非营利组织委员会法案（2012）（澳大利亚慈善机构和非营利委员会法案）第7-1部分中的保密规定，授权的政府机构只能根据这些法律访问和使用相关信息。

根据《澳大利亚慈善机构和非营利委员会法案》，澳大利亚慈善机构和非营利委员会可以向其他澳大利亚政府机构提供慈善护照的访问权限，以减少不必要的监管义务。访问方式主要是通过文件传输协议，利用安全浏览器或通过传输协议客户端，向政府授权机构提供文件。访问机构必须发送电子邮件至指定邮箱来申请访问权限，申请成功后

---

① 指 data.gov.au 网站。

就可以将文件下载或复制到其系统中。信息按澳大利亚商业号码列出，允许对其进行过滤和匹配。

为了更好地为公民服务，澳大利亚慈善机构和非营利委员会建立便捷的网站，公布有关澳大利亚注册科技社团的信息、机构活动、受益人等信息，帮助公民找到希望捐助的科技社团。同时，澳大利亚慈善机构和非营利委员会网站还提供捐赠和志愿服务信息、众筹和公益项目信息等。

5. 上诉方式

根据《澳大利亚慈善机构和非营利委员会法案》和行政法，澳大利亚慈善机构和非营利委员会的决定接受审查和上诉，适用《信息自由法》。

根据《澳大利亚慈善机构和非营利委员会法案》的规定，"内部可审查的决定"主要包括：①注册决定，即是否注册为申请的机构类型的决定；②撤销决定，即是否撤销机构注册的决定；③澳大利亚慈善机构和非营利委员会方向决策，即是否改变正式的澳大利亚慈善机构和非营利委员会决定；④与责任人有关的决定，即暂停或免除某人在机构中的管理职位的决定；⑤行政处罚决定，即澳大利亚慈善机构和非营利委员会对机构、责任人或第三方施加的超过两个处罚项目的全部或部分行政处罚的决定。

科技社团可以在澳大利亚慈善机构和非营利委员会慈善门户网站上下载"质询澳大利亚慈善机构和非营利委员会审查决定"申请表，在澳大利亚慈善机构和非营利委员会给出原始决定的 60 天内提交填好的表格，详细解释反对该决定并寻求审查的原因。内部审查有 60 天的期限，科技社团仍可申请超过 60 天的审查，但需要向澳大利亚慈善机构和非营利委员会告知原因。澳大利亚慈善机构和非营利委员会一旦收到此类请求，会决定是否接受延迟内部审核的申请。如果澳大利亚慈善机构和非营利委员会同意接受延迟申请，会将其视为按时提交；如果不同意接受延迟申请，申请人可以要求行政上诉法庭审查澳大利亚慈善机构和非营利委员会的决定。

根据《澳大利亚慈善机构和非营利委员会法案》进行内部审查后做出的新决定称为"异议决定"，澳大利亚慈善机构和非营利委员会将以书面形式通知，并说明理由。如果申请人不同意澳大利亚慈善机构和非营利委员会的异议决定，可以与他们联系、讨论，也可以要求行政上诉法庭审核异议决定，或者向法院上诉。

四、澳大利亚科技社团联盟案例——澳大利亚科学技术联盟

澳大利亚科学技术联盟是 20 世纪 80 年代发展起来的重要科技联盟，其职责是代表所有科学家和技术人员参与公共政策的制定。科技联盟的前身是澳大利亚科学技术学会

第三章 澳大利亚科技社团发展现状及管理体制

联合会，由澳大利亚科学院、澳大利亚物理学会、澳大利亚计算机学会等社团组成，是澳大利亚科技社团的联合组织。目前，该联盟包括82个科技社团，7.5万名会员，并且依然在发展壮大中。

（一）科技联盟的整体结构与分工

科技联盟的治理结构分3个层面：①联盟层面。每年召开一次年度会员大会，每一个会员都有权在会议上投票。②管理层面。包括执行团队和群体代表。执行团队由理事长和8名选举出的代表组成；群体代表12人。③执行团队。包括理事长1人，副理事长1人，首席执行官1人，财务总监1人，秘书1人，政策主席1人，早期职业代表2人，普通代表1人。以上人员通过选举产生，任期较短，群体代表任期只有2年。执行团队一般要求提名，不同群组中的成员投票选出候选人。候选人必须是相关组别中至少一个组织的成员。具体规定可以参考科技联盟网站。[①] 管理和执行团队所做的具体工作由5个团队完成。这5个团队分别负责政策、会员、公平与包容、财务审计与风险、联盟规章审查。

截至2019年8月，澳大利亚科技联盟共由82个社团组成，[②] 其中有21个社团可以在澳大利亚慈善机构和非营利组织委员会的网站中查到。82个社团涉及的专业及行业领域包括：农业和食品科学（3个）、水产科学（5个）、生物科学（12个）、化学科学（3个）、普通科学技术（11个）、地理和地质科学（5个）、数学科学（6个）、医学和认知科学（11个）、物理科学（14个）、植物与生态科学（3个）、技术科学（9个）。这82个社团形成联盟最重要的原因是实现成本、效益最大化，因此，联盟主要负责拓展资源、公共服务、议价等工作，社团成员专注自身的发展。

82个社团中，全国青年科学论坛、贝克心脏病和糖尿病研究所、澳大利亚科学创新和澳大利亚生态学会属于大型组织，其余为中型和小型组织（表3-4）。

表3-4 澳大利亚科技联盟中的成员

名 称	中 文 名	成立时间/年	理事人数	会员人数	是否有学会期刊
Ecological Society of Australia	澳大利亚生态学会	1959	12	1 500+	是
Bioplatforms Australia	澳大利亚生物平台	2007	—	—	是

---

① GOVERNANCE［EB/OL］.［2019-12-21］. https://scienceandtechnologyaustralia.org.au/governance/.

② Cao J B. Scientific Association：Key to Sci-Tech Innovations［J］. Journal of Wuhan University of Science & Technology，2004（2）：24-37.

207

续表

名　　称	中　文　名	成立时间/年	理事人数	会员人数	是否有学会期刊
Australian Science Innovations	澳大利亚科学创新	—	8	—	—
Baker Heart and Diabetes Institute	贝克心脏病和糖尿病研究所	2007	12	—	是
National Youth Science Forum	全国青年科学论坛	1983	—	12 000+	—
High Blood Pressure Research Council of Australia	澳大利亚高血压研究委员会	1979	11	—	是
Society for Reproductive Biology	生殖生物学学会	1995	17	—	是
Professionals Australia	澳大利亚专业人士工会	—	—	—	—
Society of Environmental Toxicology and Chemistry Australasia	澳大利亚环境毒理学和化学学会	2011	11	约300	是
Australasian Genomic Technologies Association	澳大利亚基因组技术协会	2003	15	—	—
Australian Meteorological and Oceanographic Society	澳大利亚气象和海洋学会	—	32	500+	是
Australian Psychological Society	澳大利亚心理学会	1966	13	—	是
Australasian Neuroscience Society	澳大利亚神经科学学会	1971	16	—	是
Astronomical Society of Australia	澳大利亚天文学会	1966	10	—	是
Australian Nuclear Association Inc	澳大利亚核能协会	1983	9	—	—
Australian Mathematical Society	澳大利亚数学学会	1956	7	162	是
Australian Institute of Physics	澳大利亚物理学会	—	—	—	—
Institute of Australian Geographers	澳大利亚地理学家学会	1958	—	—	—
The Australian Society for Parasitology	澳大利亚寄生虫学学会	1964	15	65	是
Australasian Society of Clinical and Experimental Pharmacologists and Toxicologists	澳大利亚临床和实验药理学家和毒理学家学会	1966	16	—	—
Australian Society for Microbiology	澳大利亚微生物学会	1959	11	约2 000	—
The Nutrition Society of Australia	澳大利亚营养学会	1975	6	—	—
Australian Society of Viticulture and Oenology	澳大利亚葡萄栽培与酿酒学会	1980	9	700+	是
The Australian Freshwater Sciences Society	澳大利亚淡水科学协会	1961	17	400+	是
Australian Coral Reef Society	澳大利亚珊瑚礁学会	1922	14	250+	是

第三章 澳大利亚科技社团发展现状及管理体制

续表

名　称	中　文　名	成立时间/年	理事人数	会员人数	是否有学会期刊
Australian Society For Fish Biology	澳大利亚鱼类生物学协会	1971	8	—	是
The Australian Marine Science Association	澳大利亚海洋科学协会	1963	10	—	是
Australasian Society for Phycology and Aquatic Botany	澳大利亚生态和水生植物学学会	1980	10	—	—
Australian Mammal Society	澳大利亚哺乳动物社会	1958	14	—	是
Australian Society for Biophysics	澳大利亚生物物理学会	1975	4	—	—
Genetics Society of AustralAsia	澳大利亚遗传学学会	1970	14	—	—
Australian Museum Research Institute	澳大利亚博物馆研究所	1975	—	—	—
Australian Society for Biochemistry and Molecular Biology	澳大利亚生物化学和分子生物学学会	1955	15	—	是
Institute for Molecular Bioscience	分子生物科学研究所	2000	65	—	是
Australian Phenomics Network	澳大利亚表型组学网络	2007	—	—	—
Royal Australian Chemical Institute	澳大利亚皇家化学研究所	1917	—	3 500+	是
ARC Centre of Excellence in Exciton Science	ARC 激子科学卓越中心	—	27	—	是
Australian-American Fulbright Commission	澳大利亚与美国富布莱特委员会	1949	10	—	是
National Tertiary Education Union	全国高等教育联盟	1993	100	2.8 万+	是
CSIRO Staff Association	CSIRO（澳大利亚联邦科学与工业研究组织）员工协会	1985	10	—	是
Women in STEMM Australia	澳大利亚斯坦姆妇女协会	2014	10	—	是
Australian Council of Deans of Science	澳大利亚科学主任理事会	1995	13	36	—
STEM Matters	STEM 问题	—	—	—	—
Council of Australian Postgraduate Associations	澳大利亚研究生协会理事会	1979	15	40 万+	是
Australian Geoscience Council	澳大利亚地球科学委员会	—	—	—	是
International Ocean Discovery Program	国际海洋探测计划	—	15	—	—
Australasian Quaternary Association	澳大利亚第四纪协会	1985	10	—	是
Statistical Society of Australia	澳大利亚统计学会	—	—	—	—

法意澳新科技社团研究

续表

名　称	中　文　名	成立时间/年	理事人数	会员人数	是否有学会期刊
Australian Society For Operations Research	澳大利亚运筹学协会	—	7	200+	—
Mathematics Education Research Group of Australasia Incorporated	澳大利亚数学教育研究组	—	8	—	是
Australian Mathematical Sciences Institute	澳大利亚数学科学研究所	—	7	43	是
Stem Cells Australia	澳大利亚干细胞协会	—	6	300+	是
Medicines Australia	澳洲药品协会	—	10	41	是
Psychology Foundation of Australia	澳大利亚心理学基金会	—	9	—	是
Australian Cardiovascular Alliance	澳大利亚心血管联盟	—	11	—	—
Monash Biomedicine Discovery Institute	莫纳什生物医学发现研究所	—	—	140	—
Australian Physiological Society	澳大利亚生理社会	—	—	—	—
ARC Centre of Excellence for Climate Extremes	澳大利亚研究理事会极端气候卓越中心	—	9	—	是
Centre for Nanoscale BioPhotonics	纳米生物光子学中心	—	18	—	是
Australian Microscopy & Microanalysis Society	澳大利亚显微分析学会	—	18	19会员公司	—
Australian Optical Society	澳大利亚光学学会	—	—	9会员公司	是
ARC Centre in Future Low-Energy Electronics Technologies	澳大利亚研究理事会中心未来的低能源电子技术	—	11	174	是
Australasian Radiation Protection Society Inc	澳大利亚辐射保护协会	—	—	—	—
South Pacific Environmental Radioactivity Association	南太平洋环境放射性协会	—	6	—	—
Society of Crystallographers in Australia and New Zealand	澳大利亚和新西兰晶体学家协会	—	9	—	—
Australian Institute of Nuclear Science and Engineering	澳大利亚核科学与工程研究所	—	9	44	—
ARC Centre of Excellence for Engineered Quantum Systems	澳大利亚研究理事会工程量子系统卓越中心	—	6	—	是
Australian Society of Plant Scientists	澳大利亚植物科学家协会	—	5	510+	—

第三章 澳大利亚科技社团发展现状及管理体制

续表

名　　称	中 文 名	成立时间/年	理事人数	会员人数	是否有学会期刊
Australian Council of Environmental Deans and Directors	澳大利亚环境主任理事会	—	1	35	—
Australian Council of Deans of Information and Communications Technology	澳大利亚信息和通信技术院长理事会	—	—	—	—
Pawsey Supercomputing Centre	波西超级计算中心	—	8	51	—
Computing Research and Education Association of Australasia	澳大利亚计算机研究与教育学会	—	—	—	—
Australasian eResearch Organisations	澳大利亚网络调研组织	—	7	14	—
Australia's Academic and Research Network	澳大利亚学术和研究网络	1989	11	—	是
Australian Centre for Robotic Vision	澳大利亚机器人视觉中心	2014	8	96	是
Australasian Society for Biomaterials and Tissue Engineering	澳大利亚生物材料和组织工程学会	1989	8	—	—
National Computational Infrastructure	国家计算基础设施	2007	12	—	—

注：根据科技联盟网站 https://scienceandtechnologyaustralia.org.au/list/our-members/ 资料整理。

（二）科技联盟的主要工作

（1）与政府议员定期召开会议

1999—2019 年，科技联盟和政府议员每年举行一次会议，会期 2 天：第一天，与会代表听取来自政府、媒体、科学与技术发言人的观点，并通过小组讨论、演示和研讨会分享见解。根据传统，第一天的晚宴结束后，总理和反对党领袖将分别表明他们在科学、技术和创新方面的立场和计划。第二天，与会代表与议员们进行面对面会谈，分享科学家对科学研究的见解。每年约有 200 名会员参加这个会议，其目的是将澳大利亚的决策者和领先的科学技术专业人士聚集在一起，以促进科学、技术、工程和数学在不同政府部门中的应用。

（2）举行科学与工商交流会

科技联盟通过将科学界与商业界的人士聚集在一起，探讨双方如何更好地进行交叉融合。2018年10月召开的交流会的主要议题包括：大数据的应用、技术引发的立法挑战、健康领域的用户挑战、生物模拟和人工智能等。

（3）举行一系列研究人员与政策制定者的会议

科技联盟每年会举行一系列会议，以实现以下3个目的：①帮助政策制定者完善政策、寻找佐证，特别是在交叉领域；②通过演讲向不同部门政策制定者和科技人员传递相关信息；③增进科学技术与政策制定之间的理解，以促进彼此的合作。

（4）借助"议会科学之友"吸引投资者和应用者

"议会科学之友"是在澳大利亚科学技术联盟和澳大利亚科学院的支持下成立的，由联合主席理查德马勒斯议员和凯伦安德鲁斯议员于2012年9月推出。该组织每年在议会大厦举行四次会议，并在每次活动中重点推荐某个澳大利亚科学和技术的特定部门。

（5）打造科学、技术、工程和数学教育超级明星

科学、技术、工程和数学教育超级明星通过对女性科学家与技术专家进行宣传，提高该领域女性的公众知名度。科技联盟计划在2019—2024年打造150名科学、技术、工程和数学教育超级女性明星。

（6）通过超级科学、技术、工程和数学教育沟通研讨会提高合作效率

科技联盟通过举办为期一天的研讨会，邀请联盟成员、大学、研究机构、企业和其他公共和私营部门的组织，为其员工提供技能和信心培训，为学员提供沟通技巧，帮助其成为超级沟通者。科技联盟的会员可享受10%的优惠。

（7）科技联盟策划的"科学、技术、工程和数学教育大使"计划

该计划的主要目的是建立科学、技术、工程和数学教育大使与议员的长期合作关系。计划选择几名不同学科门类的大使，通过安排为期12个月的一系列活动，与议员保持长期联系。目前正在筹备中。

（8）组织编写报告和出版物

科技联盟的重要工作之一是组织编写相关报告和出版物，其中包括提交给政府的文件、与科学、技术、工程和数学教育专业人员有关的问题报告以及对澳大利亚科学和技术未来的想法和计划。联盟通过报告提案的形式表达对于澳大利亚相关政策的建议。2019年（截止到6月份）提交的报告包括：澳大利亚和新西兰标准研究分类审查；国家科学和研究优先事项的实施；澳大利亚工作场所性骚扰；基于绩效的联邦拨款计划资金；地区、农村和远程教育等。

（三）科技联盟的合作关系

科技联盟的对外合作关系包括五类。

①国际合作。科技联盟与美国科学促进会合作，推动澳大利亚和美国在科学、技术、

工程和数学教育领域进行更好的交流。该合作伙伴关系于2018年年初宣布，双方将联手在全球舞台上捍卫科学、技术、工程和数学教育，突出科学和技术在为所有人实现积极和富有成效的未来方面所发挥的作用。

②国家研究与创新联盟共同召集人。科技联盟是国家研究与创新联盟的共同召集人。从2013年开始，共同召集科学、研究和高等教育的高峰论坛。

③科学、技术、工程和数学教育超级明星服务合作者。科技联盟与通用电气、谷歌、澳大利亚科学媒体中心等机构合作，为科学、技术、工程和数学教育超级明星提供服务。

④澳大利亚创新经验分享平台合作者。在工业、创新和科学部的支持下，科技联盟与创新经验分享平台合作，以更有效地促进澳大利亚研究商业化。

⑤澳大利亚农业生物技术理事会成员。科技联盟是澳大利亚农业生物技术理事会的理事会成员，该理事会是澳大利亚农业生物技术部门的国家级协调组织，致力于向公众和政策制定者提供科学准确的信息；同时，该理事会帮助建立完善且负责任的生物技术法规，特别是在基因技术方面。

（四）科技联盟的二级学会组织

科技联盟通过节省社团成本、扩大社团收益来吸纳二级学会加入，科技联盟在政策倡议、融入行业、与科技界互动以及与公众沟通等方面，代表这些二级学会的利益，并努力促使各个学会所属的科技领域纳入国家方针政策的考量，以实现为所有澳大利亚人创造经济、环境、健康和社会效益。

科技联盟为二级学会提供的优惠服务主要包括：与会计、审计、公司治理、保险等服务公司谈判，获得独家优惠；为学会会员提供价格优惠的服务、免费的培训课程、高质量的专业建议和帮助，来支持会员在节省时间、金钱和资源的同时，更加高效地工作。

科技联盟为二级学会提供支持，二级学会需要提交会费。申请成为联盟会员须由一家会员学会提名，并经科技联盟董事会批准。成为联盟会员没有入会费，但是有年费，年费的数额由二级学会的宗旨和结构决定。

（五）科技联盟的财务预算

科技联盟同其他非营利组织一样，每年需要公开其财务报告和财务预算。本文通过分析科技联盟2019—2020年的预算，揭示其预算编制特征。

首先，科技联盟将预算支出分为4个部分。在该预算提交文件中，科技联盟概述了一系列有助于加强澳大利亚的科技部门，以满足现在和未来需要的举措，主要资助4个方面：研究投资，商业研究投资，科学、技术、工程和数学教育投资以及改善其公平性、多样性和包容性的研究队伍重塑投资。

其次，在每个资助方向中，科技联盟详细阐述了资助理由和具体的建议。例如，"科技联盟建议：变更研发税收激励政策，将节省下来的资金用于创建非医学研究翻译基金"。

最后，研究投资和科学、技术、工程和数学教育投资的份额远高于其他两项。在2019—2020年预算中，研究投资为27.5亿澳元，商业研究投资为125万澳元，科学、技术、工程和数学教育投资为23.65亿澳元，研究队伍重塑投资为2 386万澳元。

（六）科技联盟的会员与会费

科技联盟下的会员为团体会员，没有个人会员。所有的个人会员均属于某个学会。团体会员有两类：普通会员和特殊会员。

普通会员是专业性的科技学会，在会员大会上拥有完全投票权，其成员有权提名并投票支持联盟董事会或执行董事。普通会员的会费基于学会的非学生会员人数测算，2019—2020年年度费用为每人8.05澳元。

特殊会员资格适用于对科学和技术有浓厚兴趣、但不符合普通会员标准的组织。特殊会员在会员大会上拥有完全投票权，但其成员无权提名或投票支持联盟董事会或执行董事。特殊会员的会费根据以下3个类别确定：①学生组织（例如澳大利亚研究生学会理事会或国家青年科学论坛），每年580澳元；②成员为个人的正式组织和伞形组织（例如澳大利亚科学院院长、纳米级生物光子学中心、澳大利亚研究理事会极端气候卓越中心），每年5 528澳元；③行业性组织、峰会机构和成员为机构的伞形组织（例如国家高等教育联盟、澳大利亚专业人士等），每年7 367澳元。

五、澳大利亚科技社团组织运作案例

澳大利亚科技技术联盟只能代表澳大利亚科技社团的一部分。下面以单独的科技社团为例，介绍其组织和运作。

（一）澳大利亚与新西兰科学促进会[①]

1. 学会概况及历史沿革

1888年，当澳大利亚还是殖民地时，澳大利亚科学促进会作为英国科学促进会的一个分支成立，之后分离成为独立的学会。1930年，学会更名为澳大利亚与新西兰科学促进会，[②] 受澳大利亚管辖。

澳大利亚与新西兰科学促进会认为科学的进步对整个社会的福祉和进步是必不可少的，其存在是为了促进公众、科学和政府之间的对话和理解。学会的宗旨主要有3点：

---

① 资料来源：www.anzaas.org.au、https://www.thefreedictionary.com/Anzaas 以及 www.nature.com。
② WARE A, ANHETER H K, SETBEL W. The third sector: Comparative studies of nonprofit organizations [J]. Contemporary Sociology, 1992, 21（2）: 244.

①促进不同学科的科学家之间的交流和互动；②培养公众对科学和技术的兴趣，并认识到它们在日常生活中的作用；③激发孩子对周围自然和人造世界的好奇心。

1888年，澳大利亚与新西兰科学促进会第一届大会召开，由多个学科组组成。随着澳大利亚科学的发展，大多数学科组逐渐从学会分离并成了针对一门学科的专业学会。1998年，由于成员的减少以及无资金扶持而出现了资金紧张问题，澳大利亚与新西兰科学促进会大会未能成功举办，此后大会停办。同年，理事会解散学会的建议未获得足够的成员支持，理事会全体辞职，澳大利亚与新西兰科学促进会面临瓦解。此后，澳大利亚与新西兰科学促进会逐渐重组。1938年，澳大利亚与新西兰科学促进会创办杂志《搜索》，并于1970年停办；同年改办杂志《澳大利亚科学》，并于1999年停办。2001年，澳大利亚与新西兰科学促进会开展青年澳大利亚与新西兰科学促进会活动，强调青年培养以及教育并延续至今。2012年后，澳大利亚与新西兰科学促进会网站除青年澳大利亚与新西兰科学促进会、墨尔本讲座及奖章信息外其他信息停止更新。

2. 学会组织架构

澳大利亚与新西兰科学促进会是一个志愿者组织，在20世纪末由于资金短缺等原因经历瓦解的危机后，澳大利亚与新西兰科学促进会在2012年开始重组并筹备新的网站。学会在维多利亚、墨尔本等地区都设有分会。同时，学会按学科也划分有多个小组。学会的领导机构为理事会以及主席团，内设主席以及副主席，下设委员会以及各种科学交流部门（图3-12）。

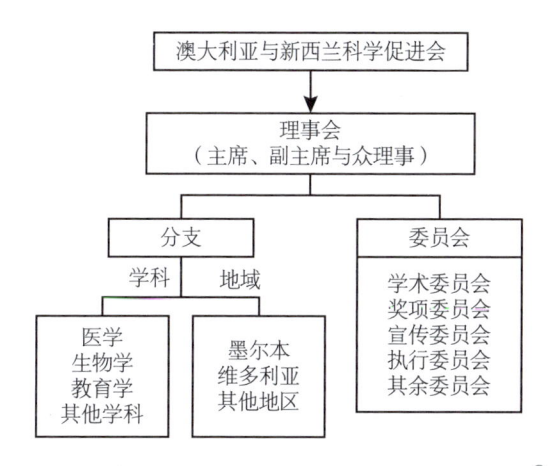

图3-12 澳大利亚与新西兰科学促进会基本组织框架[①]

① 根据澳大利亚与新西兰科学促进会网站 https://www.trove.nla.gov.au 整理。

（1）领导决策机构

澳大利亚与新西兰科学促进会理事会是其决策机构，通过会员投票产生，由全体理事以及主席、副主席构成，负责学会各部门、委员会的业务以及管理活动，审查各种研究报告，对各项事宜做出审议和决策，监督内部各个执行理事的职务履行。主席与副主席都从理事会的成员中进行提名，再由学会成员进行投票表决。同时，澳大利亚与新西兰科学促进会每年会进行澳大利亚与新西兰科学促进会以及米勒奖章的颁发，其最终都由决策领导机构的成员进行讨论，给出最后结果。理事会下设多个委员会，负责学会的学术管理、宣传、事项执行等工作。同时，委员会还会与分会联系，负责所有分会提交的报告的总结以及工作报告的整理。

（2）业务组织机构

随着澳大利亚科学的飞速发展，为了满足日益频繁的国际交流、出版等活动，专业领域研究逐渐细化，不同领域间横向研究和边缘学科研究也愈发活跃。澳大利亚与新西兰科学促进会是一个志愿性综合类科学学会，按照不同的学科以及地域设立分会。学会总部也划分有多个学科小组，分别对医学、植物学、教育等学科进行针对性研究。这些分会大多实行自我监管开展研究工作，研究成果经各分会委员会研究讨论后形成研究报告，并将最精彩的研究报告向总部提交。[①] 最终，总部会在众多报告中进行筛选后向公众发布。

3. 财务状况

澳大利亚与新西兰科学促进会作为一个志愿性组织，在21世纪进行重组。由于澳大利亚与新西兰科学促进会大会不再召开，资金压力得到了缓解。21世纪以来，澳大利亚与新西兰科学促进会的学术交流活动基本上都是与其他学会合办，例如新西兰皇家学会。除此之外，澳大利亚与新西兰科学促进会还得到了联邦教育以及科学部门的财政支持，财政状况得到了改善（表3-5）。

表3-5　澳大利亚与新西兰科学促进会资金来源和支出[②]

资金来源	支　　出
会员自主携带会费（不定）	青年澳大利亚与新西兰科学促进会费用
青年澳大利亚与新西兰科学促进会会议注册费——600澳元/人	奖章颁发
联邦教育与科学部门的财政支持	业务/管理费用

---

① 20世纪末有很多分会从澳大利亚与新西兰科学促进会中分离出来，故组织机构变化迅速。目前澳大利亚与新西兰科学促进会的组织机构是从相关议案中分析获得。
② 根据澳大利亚与新西兰科学促进会网站 https://www.trove.nla.gov.au 整理。

澳大利亚与新西兰科学促进会资金来源主要是各个学会的赞助以及政府与科学部门的财政支持。支出主要为研究以及相关活动的费用。澳大利亚与新西兰科学促进会作为一个志愿性组织，是由各个领域的科学家自主聚集而形成的。因此，为了科学事业的更好发展，澳大利亚与新西兰科学促进会每年都会向政府提交课题研究费用申请。

4. 主要业务活动

澳大利亚与新西兰科学促进会作为一个综合类科学学会，主要致力于促进科学、政府、公众、企业以及院校之间的对话以及理解（图 3-13）。澳大利亚与新西兰科学促进会希望通过这样的连接，让澳大利亚的科学事业得到更好的发展。澳大利亚与新西兰科学促进会是澳大利亚最古老的科学学会之一，在 20 世纪 80 年代有数千名成员。随着科学的发展，学科的细化，各个学科的科学家更加愿意参加与自身学科相同的学会并与相同学科的科学家进行交流，致使愿意参加澳大利亚与新西兰科学促进会的会员越来越少，至 1998 年，澳大利亚与新西兰科学促进会作为一个综合性学会，成员只剩 400 名左右，面临瓦解。21 世纪后，澳大利亚与新西兰科学促进会逐渐重组，成员逐渐增多。[①] 目前，为更好地服务社会，广泛吸纳会员，澳大利亚与新西兰科学促进会开展青年澳大利亚与新西兰科学促进会以及墨尔本讲座等学术交流活动，同时倡议建立科学家数据库，强调对青年的培养和教育。此外，学会也通过奖章的颁发表彰奖励杰出的科学家。

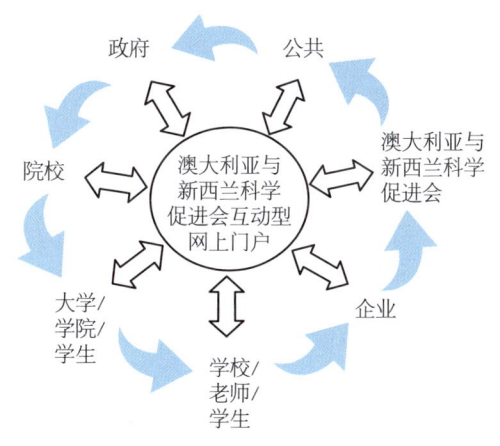

图 3-13　澳大利亚与新西兰科学促进会与社会活动联系结构[②]

[①] 会员的类型澳大利亚与新西兰科学促进会没有公布。服务由澳大利亚与新西兰科学促进会官网查询得到。
[②] 根据澳大利亚与新西兰科学促进会网站 https://www.trove.nla.gov.au 整理。

（1）学术交流

青年澳大利亚与新西兰科学促进会是一个为 10～12 岁的理科生举办的为期 5 天的年度国际论坛。论坛为学生认识科学目标和实践提供了广阔的视野，既满足了青少年的好奇心和探索动力，又帮他们认识到科学在现实世界中的应用。参加论坛的学生有机会参观正在开展相关研究的世界级设施，并与顶尖科学家见面，而这些经验通常是普通公众无法获得的。论坛还允许学生与志同道合的同龄人和其他年轻人见面，分享他们对科学的热情。论坛在促进不同学科科学家之间交流和互动的同时，也能培养公众对科学和技术的兴趣，鼓励青少年对周围自然和人造世界保持好奇心。每年活动费用的 70% 由与澳大利亚与新西兰科学促进会合作的财政部门支持。2019 年，澳大利亚与新西兰科学促进会与新西兰皇家学会合作，举办青年澳大利亚与新西兰科学促进会 2019，并得到了联邦教育以及科学部门的财政支持。

墨尔本讲座：墨尔本讲座是在基因技术访问中心举办的科学演讲，时间为每个月第三个星期三下午六点三十分。每个月访问中心都会迎来一位新的演讲者。演讲结束后，演讲者会和听众进行交谈。澳大利亚与新西兰科学促进会希望通过墨尔本讲座来激发公众对科学的兴趣，并让不同领域的科学家进行交流和互动。

国家社区科学对话是澳大利亚与新西兰科学促进会和第三纪合作建立的项目。国家社区科学对话的目的是建立一个由澳大利亚著名科学家组成的数据库。这些科学家来自不同的领域，他们愿意向公众发表演讲和演示。该数据库向公众开放。对话的一个独特之处是，首席科学家（演讲者）将由他的一些学生和研究人员陪同并进行演示。通过这种方式，该领域的几位专家能够使观众更密切地熟悉从业者以及他们在非正式互动期间进行的演示，从而增加公众对科学探索的兴趣。

澳大利亚与新西兰科学促进会新闻/澳大利亚与新西兰科学促进会辩论：澳大利亚与新西兰科学促进会每隔一段时间将会向公众发布澳大利亚与新西兰科学促进会新闻，以及对各个领域问题的讨论的澳大利亚与新西兰科学促进会辩论情况。同时，澳大利亚与新西兰科学促进会也会发布近期内部调整及其他媒体报道信息。

（2）表彰奖励

为了表彰对科学事业做出杰出贡献的会员，澳大利亚与新西兰科学促进会设有澳大利亚与新西兰科学促进会奖章以及米勒奖章。

澳大利亚与新西兰科学促进会奖章。每年颁发一次，以表彰在科学活动的管理与组织、澳大利亚与新西兰的科学教学以及在正常专业活动之外对科学做出贡献的人员。澳大利亚与新西兰科学促进会奖章由雕刻家安道尔·梅萨罗斯设计，于 1965 年首次颁发。2018 年，澳大利亚与新西兰科学促进会奖章颁发给了化学家克里蒂·格莱斯。

米勒奖章。该奖章在1904年澳大利亚与新西兰科学促进会第九次大会上发起设立，颁发给对人类学、植物学、地质学或动物学有特别贡献的科学家，每年颁发一次。

（3）提供就职信息

澳大利亚与新西兰科学促进会作为一个综合类科学学会，其研究与交流的内容与地方研究院以及各个大学的研究所密切相关。因此，澳大利亚与新西兰科学促进会也会帮助各个学科的研究机构如悉尼医学研究所等发出职位邀请，在网站提供详细的职位要求，其中包括所需能力、报酬以及职业性质等信息。

（4）发布学术研究报告

澳大利亚与新西兰科学促进会每隔一段时间就会将不同领域的研究报告进行公布，再选出有最大影响力的研究进行报道。

（二）澳大利亚基因组技术学会

1. 学会概况及历史沿革

澳大利亚基因组技术学会原称澳大利亚微阵列及相关技术协会，是在澳大利亚癌症研究基金会的支持下于2003年成立的。[1] 澳大利亚癌症研究基金会当时资助了一项脱氧核糖核酸项目，而正是该资助支持了澳大利亚脱氧核糖核酸微阵列的开发。2011年该学会决定将名称改为澳大利亚基因组技术学会，以反映基因组技术平台不断变化的现状。尽管学会名称有所改变，但学会的宗旨仍然不变。

学会的宗旨包括：①促进澳大利亚对基因组技术的理解和使用；②促进和加速澳大利亚基因组及相关技术的发展；③促进利用基因组技术的各研究小组之间的交流与合作；④支持并鼓励学生和早期职业研究人员，即未来基因组技术的领导者与参与者；⑤召开和资助成员年度会议，并促进成立关于使用基因组技术和分析基因组数据的讲习班，从而促进和加速澳大利亚基因组及相关技术的发展。

2. 学会的组织结构

理事会是澳大利亚基因组技术学会的决策机构，由全体理事构成，共有15人，负责本学会各部门、委员会的业务和管理并审查其报告，对各事项做出审议和决策，监督理事、业务执行理事的职务履行，根据学会章程，理事由会员投票选举产生理事会下设的顾问会由历任主席组成，围绕学会重要课题从宏观视角征求意见；顾问董事会由团体会员组成，围绕学会重要课题从产业角度征求意见。

澳大利亚基因组技术学会根据不同的研究方向，设立各个小组，每个小组的组长即为该

---

[1] DIMAGGIO P J, ANHEIER H K. The sociology of nonprofit organizations and sectors [J]. Annual review of sociology, 1990, 16（1）：137-159.

219

项目的负责人。小组主要包括网站和宣传工作组，秘书处，基因组技术小组，学生教育工作小组，小额资助计划工作小组，计算基因组学技术小组，细胞基因组中心，执行中心，奥克兰基因组学技术小组，澳大利亚基因组研究基金，生物信息学技术小组（图3-14）。各个小组各司其职，由秘书处协调分配，合作完成各项任务。

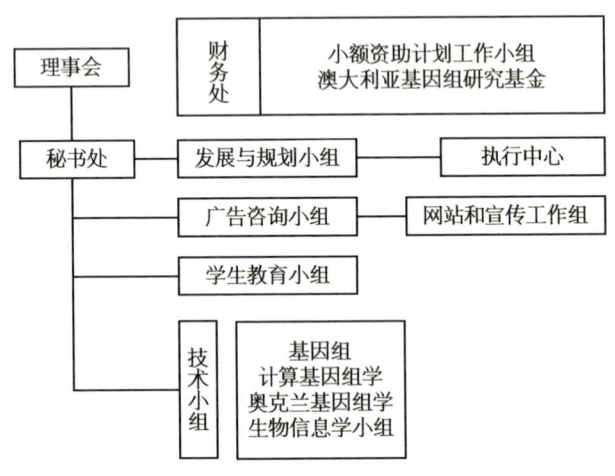

图 3-14　澳大利亚基因组技术学会组织结构图[①]

3. 会员组织与服务

澳大利亚基因组技术学会的会费如下：①3年会员，150澳元；②1年会员，55澳元；③学生会员，33澳元/年。

（1）针对所有会员的服务

会员福利主要包括：①澳大利亚基因组技术学会年度会议折扣注册；②澳大利亚基因组技术学会年度大会投票资格；③在会员自己的研究领域内使用点对点网络；④获得基因组学相关的网站、表格和文件的有用链接（如会议介绍，澳大利亚基因组技术学会的章程等）；⑤获得基因组学中的相关职位等信息；⑥获得小额资助（每人最多5000澳元）；⑦了解基因组技术和数据分析研讨会信息；⑧向决策者提交建议，在学会论坛中发言；⑨访问管理委员会；⑩向学会提供反馈，表达想法。

（2）针对部分会员的服务

针对学生及早期职业研究人员的服务包括：①获得旅费补助金；②获得折扣会员费（仅限学生）；③获得职业发展机会；④参加学生/早期职业讲习班；⑤获得参加澳大利亚基因组技术学会组织研讨会支持；⑥获得主要会议发言者介绍信息；⑦学生专用社交

---

① 根据澳大利亚与新西兰科学促进会网站 https://www.agtagenomics.org.au 整理。

第三章 澳大利亚科技社团发展现状及管理体制

和网络功能的辅导；⑧年度科学会议上进行口头介绍、海报奖励和差旅费资助。

4. 财务状况

作为澳大利亚几个大型的学会之一，澳大利亚基因组技术学会主要经济来源为会员的会费、政府资助、成果费用以及社会人士的捐款，支出主要用于学会内部的科学研究、对基因有关项目和人员的捐赠、奖金以及所需业务的管理费用（表3-6）。

表3-6 澳大利亚基因组技术学会收入支出情况[①]

资金来源	支　　出
会费	小额资助计划（约 10 500 澳元 / 年）
政府资助	会议费 / 旅行费（约 9 700 澳元 / 年）
研究成果费用	职业早期研究员奖金（约 1 500 澳元 / 年）
社会人士捐赠	学生奖金（约 3 000 澳元 / 年）

5. 学会举办的主要活动

澳大利亚基因组技术学会的主要日常活动是学会关于基因方面的研究，根据研究进展会进行一年一度的学术交流。同时会和其他国家各个与基因有关的学会进行合作，实现数据库和其他资源的共享，并开展高端机器测序共享服务。

（1）学术交流

澳大利亚基因组技术学会年会。澳大利亚基因组技术学会每年都会举办一次盛大的会议，会员及学会领导人齐聚一堂分享各组的研究成果，并制订下一年的目标及计划。

澳大利亚基因组技术学会面对面会议。由16人组成的强有力的执行委员会会面一整天，面对面讨论学会的目标，并集中讨论澳大利亚基因组技术学会的战略方向。会议场地一般在悉尼和墨尔本之间交替。

演讲或路演活动。为生物信息工作者和医学科学家举办临床基因组学路演或演讲，向大众传播基因组技术知识并展示在基因组技术方面取得的成就。

（2）组织参观活动

澳大利亚基因组技术学会和以下研究所及基金会达成合作，会员可以参观这些机构。

南澳大利亚健康与医疗研究所戴维·冈恩基因组学工具。可以为澳大利亚基因组技术学会提供基于伊利米纳的下一代测序服务，包括图书馆、测序和生物信息学。

澳大利亚基因组研究基金。可以为澳大利亚基因组技术学会提供基因组服务和解决

---

① 根据澳大利亚与新西兰科学促进会网站 https://www.agtagenomics.org.au 整理。

问题的方案，提供通往国家最先进设施、技术和专业知识网络的门户。

莫纳什卫生分局。可以让癌症基因组医学中心利用 Illumina Hi Seq 1500 基因测序仪和离子流系统提供下一代测序服务，使研究人员能够快速和可靠地分离、处理单个细胞进行基因组分析。

澳大利亚癌症研究基金会癌症基因组医学中心。可以利用最新的 Illumina Hi Seq 1500 基因测序仪和离子流系统提供下一代测序服务。

拉马西奥蒂基因组中心。向澳大利亚研究界提供具有国际竞争力的基因组服务，提供设备和专门知识，从而协助研究人员进行科研工作。

奥克兰基因组学。提供下一代文库的制作和测序以及使用几个平台的基因表达技术。

金律恩临床基因组中心。促进基因组信息在病人护理中的应用。

生物多样性分析中心。利用新的和正在出现的技术，发现、理解和保护澳大利亚独特的生物多样性。

澳大利亚癌症研究基金会生物分子资源设施。为研究人员提供最新的基于分子和遗传的研究技术，为澳大利亚基因组技术学会提供一系列下一代测序平台。

（3）开设奖项

澳大利亚基因组技术学会主要提供小额资助计划、旅行费资助、学生奖以及职业早期研究员奖。

（三）澳大利亚皇家化学会

1. 学会概况[①]

澳大利亚皇家化学会成立于 1917 年，并于 1932 年获得皇家宪章，是澳大利亚化学科学的专业机构。它既是澳大利亚专业化学家的资格认证机构，也是促进化学科学和实践的学术团体。澳大利亚皇家学会目前有约 4 000 名成员，还有广泛的全国性网络，遍布每个州和领地，并在澳大利亚所有工业部门、粮食和农业、气候和环境、能源和资源、健康和生物技术、教育和公共服务部门开展工作。它代表并满足所有化学家和对化学感兴趣人士的专业需求，提供涵盖澳大利亚化学专业的有针对性的活动和服务。澳大利亚皇家化学会通过对化学科学领域的领导来提高生活质量，通过支持创新研究、促进社区对化学科学作用的认识、激励和保护未来的从业者、在国家和全球层面建立有意义的联系和合作、为会员和行业提供有意义的职业发展，实现学会的价值所在。

（1）愿景

澳大利亚皇家化学会是澳大利亚化学的代言人，倡导化学对公众、教育机构、行业

---

① 资料来源：www.raci.org.au。

第三章 澳大利亚科技社团发展现状及管理体制

和政府的重要性。澳大利亚皇家化学会特别关注的领域主要包括：①向公众传达化学的所有积极方面；②使高等教育产出与工业部门要求保持一致；③通过化学教育提高学生的化学意识和兴趣；④为会员提供专业和职业发展机会；⑤提供强大的成员网络平台；⑥提供专业服务以满足成员需求。

（2）价值理念

澳大利亚皇家化学会价值理念主要包括信任、创新和包容（表3-7）。

表3-7 澳大利亚皇家化学会价值理念[①]

信　任	创　新	包　容
澳大利亚皇家化学会是化学科学领域值得信赖的信息、建议、观点和思想的领导者。澳大利亚皇家化学会以诚信、透明和非政治的方式进行沟通和运作	澳大利亚皇家化学会敏捷、前瞻，对化学科学可以产生积极影响的外部力量做出反应。澳大利亚皇家化学会积极推动和支持创新	澳大利亚皇家化学会拥有全球视野，并积极寻求所有利益相关方的参与 澳大利亚皇家化学会在所做的每一件事上都寻求多样性

2. 学会组织结构

澳大利亚皇家化学会由14个部门组成。同时，学会设有8个州和地区的分会，具体内容如下所示。

（1）部门

澳大利亚皇家化学会共有14个部门（图3-15），分别是分析与环境化学部，碳化学部，化学教育部，接口、胶体和纳米材料部，电化学部，健康、安全和环境部，工业化学部，无机化学部，材料化学部，药物化学与化学生物学部，有机化学部，物理化学部，高分子化学部和放射化学部。

（2）分会

澳大利亚皇家化学会由八个州和地区的分会构成（图3-16）。在这些组织内，还有一些特殊兴趣小组和基于特定地理区域的化学家组成的部门。[②]

（3）专门集团

澳大利亚皇家化学会超分子化学集团成立于2019年，旨在为该领域的科学家提供一个论坛，以便相互联系和了解该领域的新发展。该集团的创始委员会分别由主席、候任主席、秘书、出纳员、电子会员变更申请代表、研究生代表、委员会成员组成。

[①] 根据 https://www.raci.org.au 整理。
[②] MCDONALD C, MARSTON G. Patterns of governance: The curious case of non-profit community services in Australia [J]. Social Policy & Administration，2002，36（4）：376-391.

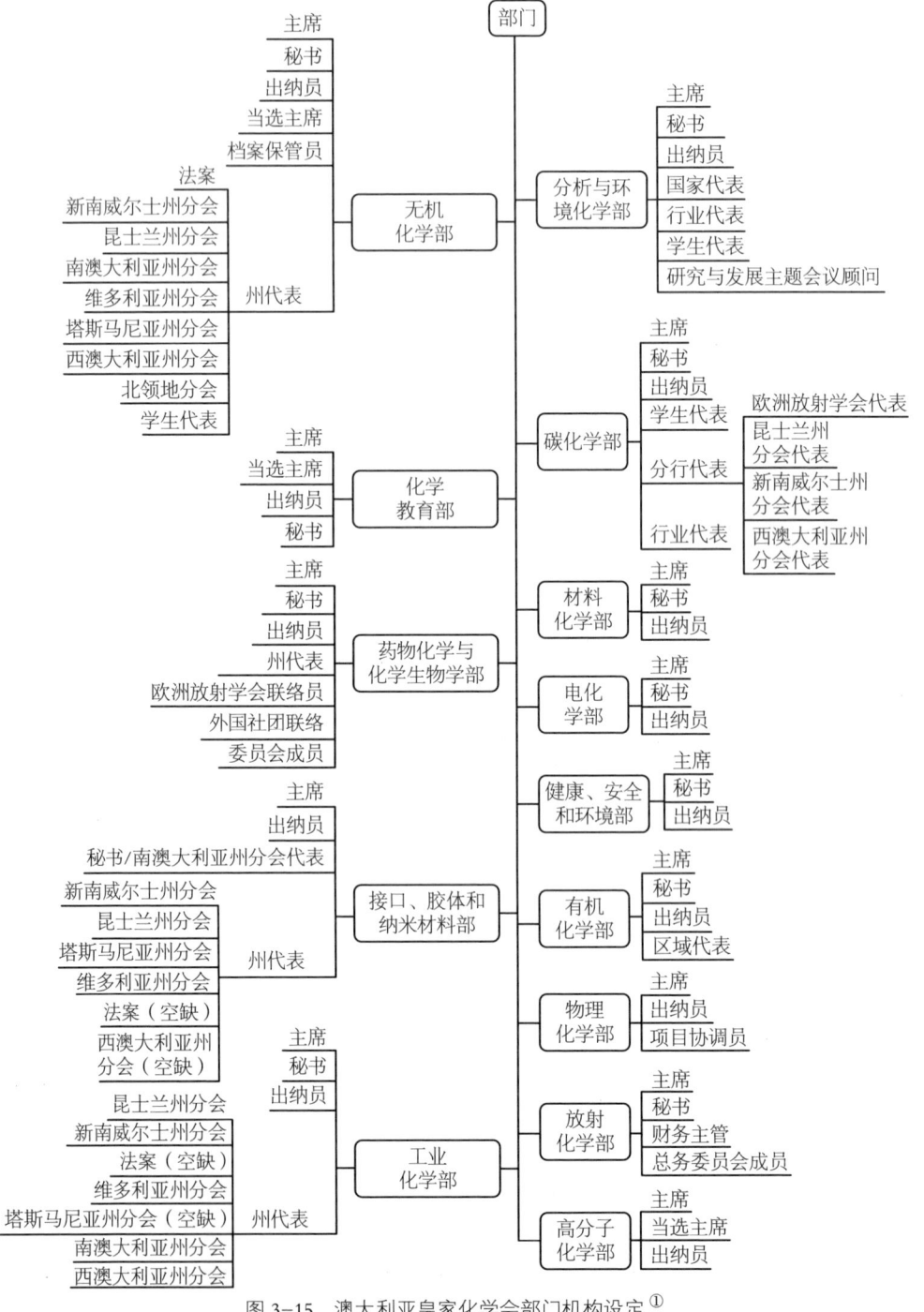

图 3-15 澳大利亚皇家化学会部门机构设定[1]

① 根据 https://www.raci.org.au 整理。

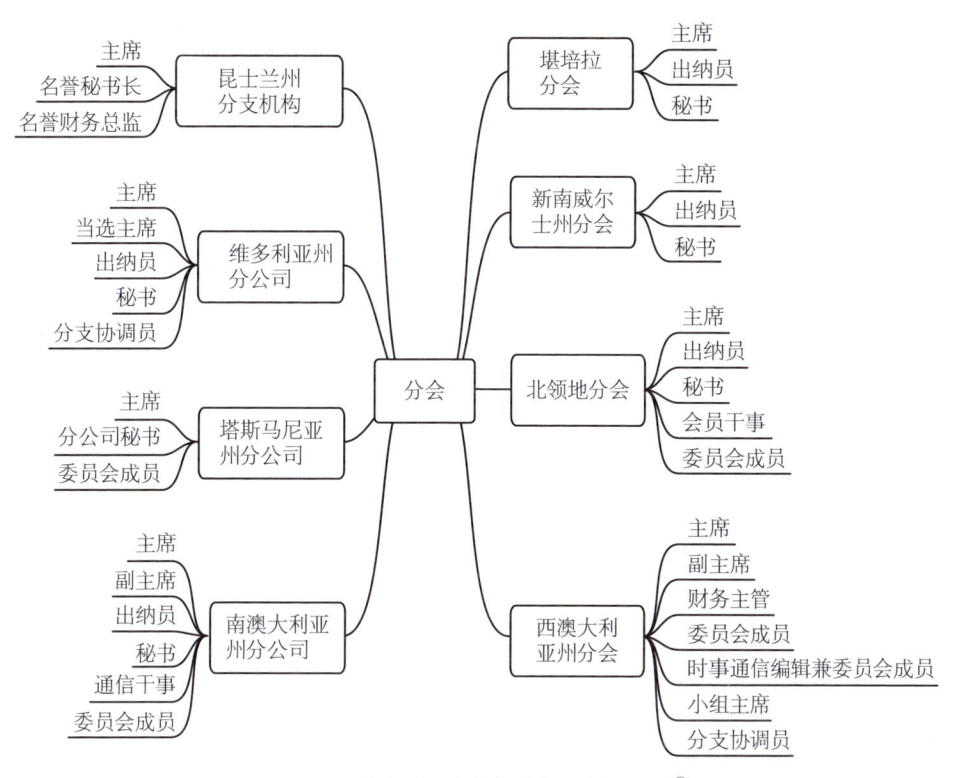

图 3-16　澳大利亚皇家化学会分会机构图 [①]

3. 会员组织与服务

（1）会员类型

澳大利亚皇家化学会提供一系列会员类型供人们自行选择加入。

学生会员：在澳大利亚化学相关课程中以证书、本科、荣誉或硕士学位学习的学生可以申请学生会员。

研究生会员：仅适用于博士研究生。

准会员：适用于对化学或化学相关学科感兴趣的个人，如分销实验室用品的组织中的业务经理。

研究生化学家会员：已经完成了本科学习且不会再继续深造的会员。

早期化学家会员：获得博士学位后 0～3 年的会员。

附属学校会员：作为澳大利亚皇家化学会的附属学校的会员。

正式会员：化学专业毕业生，或在化学领域拥有 3 年相关经验的非化学专业毕

---

① 根据 https://www.raci.org.au 整理。

业生。

会士：具有一定学历和荣誉、经验和地位，在化学方面取得创新成就，对化学科学做出重要贡献的正式会员，经澳大利亚皇家化学会相关委员会评估，可以成为会士。

行业会员：该类会员对学术机构和政府机构以外从事化学相关领域工作的商业或企业开放，机构中至少1名工作人员是澳大利亚皇家化学会的正式成员。

特许会员：具有化学领域研究生学位；已获得澳大利亚化学或化学相关学科学位，并且在化学领域具有3年相关工作经验的个人；没有化学学科学位，但在化学领域具有至少6年相关工作经验的个人。

特许会士：由特许会员提升而来，由澳大利亚皇家化学会相关委员会根据其向澳大利亚皇家化学会提供的服务、学历和荣誉、经验和地位、在化学方面的创新成就，以及对化学科学的责任与贡献等评估确定。

（2）会员福利

声望：加入澳大利亚和海外的化学专业人士组织网络，并成为世界著名的学院的一部分。

地位：在会员名字后可使用澳大利亚皇家化学会词缀表示本人的专业性和专业知识（仅限正式会员）。

预订折扣：打印威利图书（不包括学校用书）的最大范围的国际出版书籍和电子书，可以享受25%的折扣。

社交网络：参与各州立大学开展的活动，包括教育、工业、职业发展和社交活动。

推送信息：通过澳大利亚皇家化学会网站和电子邮件推送，及时了解研究国际新闻、教育等方面的最新信息。

会员折扣：享受澳大利亚皇家化学会赞助会议的会员折扣价。

特别兴趣网络：促进和推进其成员社区中各个化学领域间的联系。

澳大利亚皇家化学会会员目录：提供与澳大利亚和国际上化学专业人士建立联系的机会。

专业发展和认可：获得国家、州和部门奖励的资格。

独家会员福利和储蓄：通过会员优惠计划获得一系列生活上的福利，包括旅游、娱乐、保险和其他来自优质供应商的金融产品。

除了列出的福利外，澳大利亚皇家化学会还与其会员合作，为社会提供服务和建议，以反映不断变化的行业格局。

（3）国际纯粹与应用化学联合会会员资格

澳大利亚皇家化学会为成员提供成为国际纯粹与应用化学联合会附属机构会员的机会。国际纯粹与应用化学联合会成立于1919年，其目标是在最广泛的意义上促进化学的进步。许多国家的化学家通过国家化学依附组织与国际纯粹与应用化学联合会建立联系；在我们的案例中，国家化学依附组织是澳大利亚科学院。

国际纯粹与应用化学联合会的会员计划为会员提供：①《化学国际》季刊，其内容包含所有国际纯粹与应用化学联合会活动计划及其运作的信息，关于国际化学发展的一般新闻，以及关于当代科学问题的讨论文章。《化学国际》中还定期提供国际纯粹与应用化学联合会赞助会议的预告，并会在会议结束后刊登相关报告。《化学国际》的读者也可以及时了解当前最新的项目、临时建议或技术报告草案，以便在批准前提出一般性意见。②国际纯粹与应用化学联合会主办会议注册费的10%折扣。③所有国际纯粹与应用化学联合会出版物的25%成本折扣，如《纯粹与应用化学》以及许多国际纯粹与应用化学联合会赞助会议的报告。

4. 主要业务活动

学会的主要业务活动包括学术交流、公共服务以及奖项等方面。

（1）学术交流

1）澳大利亚皇家化学会昆士兰聚合物集团学生研讨会

澳大利亚皇家化学会昆士兰聚合物集团学生研讨会重点关注聚合物表征和聚合物加工。除了学生演示之外，还有工业代表介绍最先进的仪器。该活动将为所有在聚合物科学各个领域工作的学生提供交流机会，让他们在轻松的社交氛围中聚会，分享经验并扩展社交范围。

2）无机化学会议

无机化学会议是澳大利亚皇家化学会无机部门系列全国会议中的最新成员。其重点是为年轻研究人员提供展示无机化学子学科的最新研究成果的机会。

（2）公共服务——化学十年计划

澳大利亚科学院国家化学委员会目前正在实施第一个化学10年计划。10年计划的目标是了解化学在澳大利亚社会中的作用。该计划将概述化学学科在未来10年内如何向前发展，探索化学的教学和研究、政府的作用、与工业的关系、就业等内容。

（3）设置奖项

澳大利亚皇家化学会设立有国家奖（图3-17）、外部奖项（图3-18）、部门奖等（图3-19）。

法意澳新科技社团研究

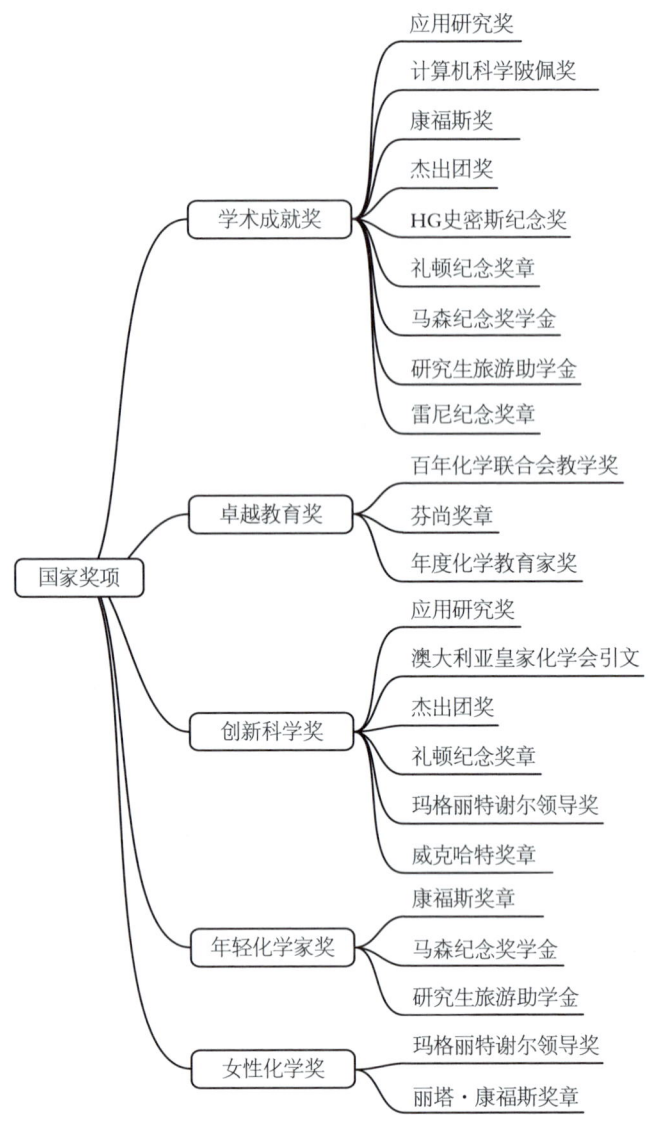

```
                          ┌─ 应用研究奖
                          ├─ 计算机科学陂佩奖
                          ├─ 康福斯奖
                          ├─ 杰出团奖
               ┌─ 学术成就奖 ─┼─ HG史密斯纪念奖
               │          ├─ 礼顿纪念奖章
               │          ├─ 马森纪念奖学金
               │          ├─ 研究生旅游助学金
               │          └─ 雷尼纪念奖章
               │
               │          ┌─ 百年化学联合会教学奖
               ├─ 卓越教育奖 ─┼─ 芬尚奖章
               │          └─ 年度化学教育家奖
               │
               │          ┌─ 应用研究奖
               │          ├─ 澳大利亚皇家化学会引文
  国家奖项 ──────┤          ├─ 杰出团奖
               ├─ 创新科学奖 ─┼─ 礼顿纪念奖章
               │          ├─ 玛格丽特谢尔领导奖
               │          └─ 威克哈特奖章
               │
               │          ┌─ 康福斯奖章
               ├─ 年轻化学家奖 ┼─ 马森纪念奖学金
               │          └─ 研究生旅游助学金
               │
               │          ┌─ 玛格丽特谢尔领导奖
               └─ 女性化学奖 ─┴─ 丽塔·康福斯奖章
```

图 3-17　澳大利亚皇家化学会国家奖细分情况[①]

（4）国际合作

亚洲药物化学联合会国际药物化学研讨会是亚洲药物化学联合会的最重要的国际活动，自 1997 年在日本举行的第一次会议以来每 2 年举办一次，会议为药物化学家提供

---

① 根据 https://www.raci.org.au 整理。

了一个非常重要和有益的交流机会，以促进药物设计和开发。澳大利亚皇家化学会是该国际会议成员组织之一。

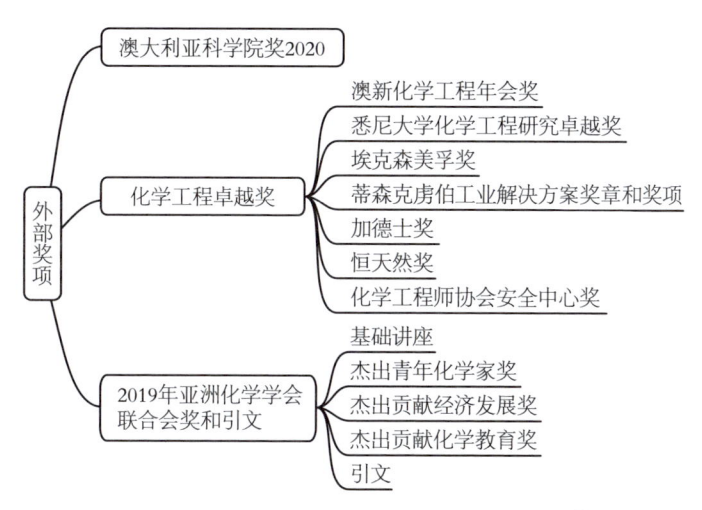

```
外部奖项
├── 澳大利亚科学院奖2020
├── 化学工程卓越奖
│   ├── 澳新化学工程年会奖
│   ├── 悉尼大学化学工程研究卓越奖
│   ├── 埃克森美孚奖
│   ├── 蒂森克虏伯工业解决方案奖章和奖项
│   ├── 加德士奖
│   ├── 恒天然奖
│   └── 化学工程师协会安全中心奖
└── 2019年亚洲化学学会联合会奖和引文
    ├── 基础讲座
    ├── 杰出青年化学家奖
    ├── 杰出贡献经济发展奖
    ├── 杰出贡献化学教育奖
    └── 引文
```

图 3-18　澳大利亚皇家化学会外部奖细分情况 [①]

（四）澳大利亚物理学会

1. 学会概况

澳大利亚物理学会，成立于 1963 年，它的成立取代了英国物理研究所的澳大利亚分所[②]。澳大利亚物理学会致力于促进物理在研究、教育、工业和社会中的作用，其宗旨是：①代表和促进物理学界与政府和其他立法或决策机构的交流；②举办有关研究及项目会议；③促进和支持中小学、高等学校物理教学和教育；④鼓励政府和工业研究的投资；⑤制定和支持物理学专业标准和资格；⑥推进物理学就业；⑦表彰对物理学的杰出贡献。

学会自 1963 年起出版《澳大利亚物理学》杂志。1976 年起，每年举行年度凝聚态与材料会议，至 2019 年已经举行了 43 届。同时，学会每两年组织一次全国代表大会，2020 年大会将在阿德莱德举行。

学会设有多个奖项。1984 年，首次颁发沃特·博阿斯奖章；1992 年，首次颁发布拉格卓越物理学奖章；1996 年，设立澳大利亚物理学杰出贡献奖；1997 年，创立物理

---

① 根据 https://www.raci.org.au 整理。

② Steane P, CHRISTIE M. Nonprofit boards in Australia: A distinctive governance approach [J]. Corporate Governance: An International Review, 2001, 9（1）: 48-58.

法意澳新科技社团研究

学讲师奖；1988年，设立哈利·梅西奖章；2002年，首次颁发艾伦·沃尔什工业服务奖章；2000年，设立AIP教育奖章；2013年，创办早期职业研究卓越奖；2018年，设立拉比杰出物理学奖。

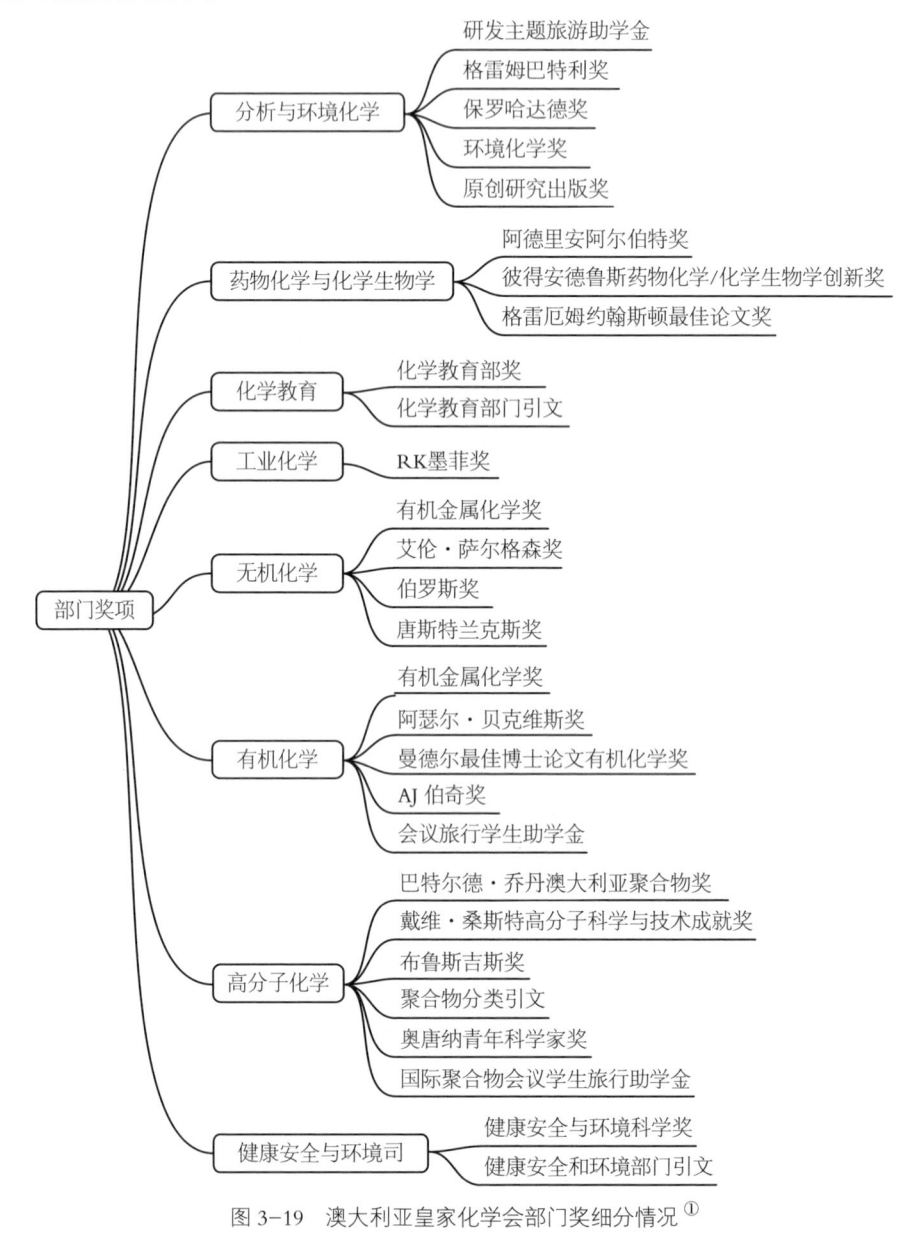

部门奖项
- 分析与环境化学
  - 研发主题旅游助学金
  - 格雷姆巴特利奖
  - 保罗哈达德奖
  - 环境化学奖
  - 原创研究出版奖
- 药物化学与化学生物学
  - 阿德里安阿尔伯特奖
  - 彼得安德鲁斯药物化学/化学生物学创新奖
  - 格雷厄姆约翰斯顿最佳论文奖
- 化学教育
  - 化学教育部奖
  - 化学教育部门引文
- 工业化学
  - RK墨菲奖
- 无机化学
  - 有机金属化学奖
  - 艾伦·萨尔格森奖
  - 伯罗斯奖
  - 唐斯特兰克斯奖
- 有机化学
  - 有机金属化学奖
  - 阿瑟尔·贝克维斯奖
  - 曼德尔最佳博士论文有机化学奖
  - AJ伯奇奖
  - 会议旅行学生助学金
- 高分子化学
  - 巴特尔德·乔丹澳大利亚聚合物奖
  - 戴维·桑斯特高分子科学与技术成就奖
  - 布鲁斯吉斯奖
  - 聚合物分类引文
  - 奥唐纳青年科学家奖
  - 国际聚合物会议学生旅行助学金
- 健康安全与环境司
  - 健康安全与环境科学奖
  - 健康安全和环境部门引文

图3-19 澳大利亚皇家化学会部门奖细分情况[①]

---

① 根据 https://www.raci.org.au 整理。

2. 学会组织架构

（1）领导决策机构

澳大利亚物理学会执行委员会是澳大利亚物理学会的领导决策机构，由主席、副总裁、名誉秘书、名誉司库、名誉注册官、前任主席、特别项目官员以及行政人员构成，负责本学会各部门、委员会的业务和管理活动，审查其报告，对各事项做出审议和决策，并监督理事、业务执行理事的履职。同时，秘书处、编辑处、广告处以及通信顾问处会辅助执行委员会进行工作。学会设有多个奖项，执行委员会进行提名、讨论，最后得出获奖者。[①]

（2）业务组织机构

随着澳大利亚科学的飞速发展，专业领域研究的细化，不同领域间横向研究和边缘学科研究也愈发活跃，因此，为了满足日益频繁的国际交流、出版活动等，学会设立了7个地区支部、8个专业小组。各个分会都有自己的主席、秘书、财务主管、分会委员会等（图3-20）。各个小组自行工作，同时参与总部的讨论。

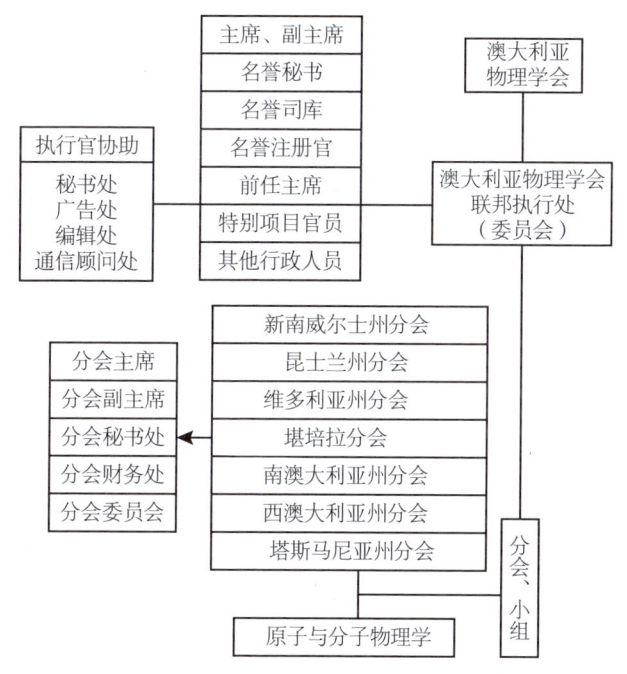

图3-20 澳大利亚物理学会组织结构[②]

[①] LYONS M. Defining the nonprofit sector: Australia [M]. Baltimore, MD: Johns Hopkins University Institute for Policy Studies, 1998.

[②] 根据 https://www.aip.org.au 整理。

总的来说，秘书处、编辑处、广告处、通信顾问处、分会财务处及各个分支的下属委员会的职责是辅助总部的执行官以及分会的理事会工作。

3. 会员组织与服务

（1）会员组织

澳大利亚物理学会提供4个级别的会员资格：

1）本科学生会员

物理学及相关专业本科生，包括学习物理的荣誉学生，是没有投票权的免费在线会员。已经获得物理专业本科学位的学生，即使在攻读博士、硕士学位和硕士课程，也不再被视为"学生会员"。

2）准会员

对物理有浓厚兴趣的相关学科（包括天文学和天体物理学、物理科学、化学、地球物理学、材料科学、工程学、数学）的应届毕业生可获准会员资格。

3）会员

这是职业物理学家的正常专业等级，任何完成了澳大利亚物理学会认证的本科学位的人都自动符合资格。

正式入会成员须具备以下条件：①物理为主要科目的学士学位或同等学力（或荣誉学士学位）；②具有相关学科（包括天文学、天体物理学、物理科学、化学、地球物理、材料科学、工程、数学）的学士学位或学历，并具有至少3年的物理学（包括教学）专业经验。

4）会士

会士的条件通常包括：①至少10年研究、教学方面的专业经验；②从事物理学研究及应用等相关工作；③工业界或政府的领导。

（2）会员服务

1）提供学术交流和专业社交机会

主要包括以下几点：①为物理学家提供发表意见的论坛，并使他们能够定期与同行会面，借此培养物理学家之间的专业认同和友谊；②通过讨论和评审高等物理课程，协助维持物理资格的标准；③向政府机构和其他雇主表达物理学家的观点和兴趣；④定期举行会议，发表会员意见及其他有关事项；⑤通过女性参与物理工作小组和物理系列讲座，支持和促进女性参与科学。

2）提供就职信息

学会对外提供澳大利亚与物理相关的工作链接，同时提供关于工作内容的信息、职业要求以及申请方式。例如：悉尼大学博士后研究员、气象局研究生等。

3）提供物理学研究进展、公开演讲和公开课信息学会的官网上会提供近期的物理研究相关的进展报告，以告知公众澳大利亚物理学会在物理学方面所取得的成果。同时，学会每年都会有很多的公开演讲、公开课、讨论大会等，这些公开演讲、公开课的信息都能够在官网上进行查看。

4）设立奖章、奖项以及奖品

设立奖章、奖项及奖品表彰学会会员，包括鼓励优秀的研究和教学的奖项，鼓励优秀学生的奖项等。

5）学生会议资助

在下列条件下澳大利亚物理学会的学生会员可申请出席会议的资助。

①在澳大利亚和新西兰举行的国内或国际会议上，或在大洋洲以外举行的国际会议上以口头或海报形式提交论文。会议或材料必须与物理学有本质的联系。

②会议地点在异地时，有机会获得旅费和住宿费的支持，但不包括注册费。

③申请人必须在截止申请日期前已成为澳大利亚物理学会会员最少6个月，并须在澳洲认可的大专院校修读更高学位。如没有其他资助来源，或不足以允许参加会议，学生可于毕业后3个月内向澳大利亚物理学会申请资助。

④必须在会前通过电子邮件申请，列出完整的行程、预算费用以及要展示的论文或海报的标题。每份申请必须附有由校长及学校或学科主管签署的证明文件。

⑤会议的最高资助额为500澳元。

⑥会议摘要将发布在澳大利亚物理学会网站上，并提供会议的简要信息。

6）经澳大利亚物理学会认证的大学课程

学会正在进行一个通过大学学位课程获得资格认证的项目。具有这些资格的毕业生自动有资格成为澳大利亚物理学会会员。

7）期刊

澳大利亚物理学会每年出版6期《澳大利亚物理学》的杂志并向会员提供。会员可向期刊投稿，也可给编辑写信。

8）澳大利亚物理学会会议支持计划

澳大利亚物理学会会议支持计划为在澳大利亚举行的国内和国际物理会议提供2种类型的支持：种子基金，以帮助会议实现最初的财政需求，通常为5 000～10 000澳元；提供帮助会议盈亏平衡或盈利的金融服务。

9）会员折扣

针对学会主办或赞助的会议提供会员折扣等。

4. 财务状况

澳大利亚的主要资金来源是会费以及研究报告的申请费（表3-8）。

表3-8 澳大利亚物理学会会员收费标准[①]

会员类别	2018年/澳元	2019年/澳元 提早付款	2019年/澳元 正常付款
研究员	273	268	278
相似领域研究员	247	242	252
退休/海外研究员	123	120	130
相似领域的退休/海外研究员	112	108	118
成员	212	206	216
相似领域成员	192	186	196
退休/海外成员	111	104	114
相似领域退休/海外成员	101	94	104
全日制学生成员	60	50	60
相似领域学生	55	46	56
助理	123	118	128
相似领域助理	112	104	114
退休或海外助理	67	58	68
相似领域退休/海外助理	61	52	62
全日制学生助理	60	50	60
本科全日制学生		免费	免费

2018年11月1日起加入的新成员按照2019年标准支付，并拥有至2019年12月31日的会员资格。2019年7月1日起入会的新成员按2019年费率的50%缴纳会费，并拥有至2019年12月31日的会员资格。

5. 主要业务活动

澳大利亚物理学会自1963年成立以来，一直致力于满足专业物理学家和对物理学感兴趣的人的需要。学会的业务活动主要在学术交流以及奖项方面。

（1）学术交流

1）澳大利亚物理学会大会

学会每2年举办一次澳大利亚物理学会大会，把澳大利亚的物理学界学者聚集在一

---

① 根据 https://www.raci.org.au 整理。

起。每届大会上会选出新一届澳大利亚物理学会主席，并听取各专题小组的意见。

2）凝聚态与材料年会

该会议自1976年起每年举行一届，截至2019年已经举行了43届。每年会议有约100名的与会者，包括来自世界各地的国际学者。会议期间，与会者可发表受邀论文以及自由投稿论文。

3）女性物理学家公开课/演讲

女性物理讲师凯蒂·麦克博士等每隔一段时间就会在澳大利亚的各所大学以及高中举行演讲或公开课，为学生讲述物理学的奥秘，引起学生对物理的浓厚兴趣。

(2) 设立奖项

1）沃特·博阿斯奖章

该奖章设立于1984年，旨在促进物理学研究的卓越性。该奖项颁予在得奖日期前五年内所进行的物理研究，已发表的论文及拟发表的论文均有获奖资格。

2）布拉格卓越物理学奖章

1992年，澳大利亚南澳分校为纪念劳伦斯·布拉格爵士和他的父亲威廉·布拉格爵士，设立了"澳大利亚大学最佳博士论文奖"，之后改为布拉格卓越物理学奖章，用于表彰澳大利亚博士生在物理学领域的杰出贡献。候选人只有一次提名机会，奖项只颁发一枚奖章。

3）拉比杰出物理学奖章

该奖项设立于2018年，用于表彰在澳大利亚获得硕士学位的学生所做的杰出工作。

4）澳大利亚物理学杰出贡献奖

该奖项于1996年设立，向澳大利亚物理学会成员开放，每年颁发不超过3个人。

5）女性物理学演讲家

澳大利亚物理学会通过巡回讲座以彰显女性对物理学进步的贡献。根据这项计划，在物理学领域做出重大贡献的女性，将获选派到澳大利亚物理学会各参与机构所安排的场地做讲座。

6）哈利·梅西奖章

梅西奖章是1988年澳大利亚物理学会大会上提议，并于1990年作为英国物理学会的礼物设立，以纪念1963年成为独立机构的澳大利亚物理学会成立25周年。该奖项每2年颁发一次，以表彰在世界各地工作的澳大利亚物理学家或居住在澳大利亚的非澳大利亚籍人士对物理学研究或应用的贡献。

235

7）艾伦·沃尔什工业服务奖章

该奖项由澳大利亚物理学会新南威尔士州分会发起，旨在表彰物理学家对澳大利亚工业界做出的重大贡献。

8）AIP 教育奖章

该奖项是在阿德莱德举行的 2000 年澳大利亚物理学会大会上由物理教育小组提出的，旨在表彰对澳大利亚大学物理教育做出杰出贡献的澳大利亚物理学会会员。被提名者必须在提名时有不少于 6 个月的澳大利亚物理学会会员资格。

9）鲁比·佩恩－斯科特早期职业研究卓越奖

2013 年，在庆祝澳大利亚物理学会成立 50 周年之际，澳大利亚物理学会高管提议设立该奖项，以表彰早期职业研究员的杰出贡献。

（五）澳大利亚数学学会

1. 学会概况

澳大利亚数学学会成立于 1956 年，其使命是促进和扩展数学知识及其应用。学会代表澳大利亚所有纯数学和应用数学[①]领域的专业数学家。

学会在澳大利亚的数学发展中发挥如下功能：①推广社区科学；②代表数学专业人士的利益；③发行出版物；④举行会议和研讨会；⑤颁发奖项，表彰对数学学科做出杰出贡献的人士。

学会有两个主要支部，[②]分别是澳大利亚和新西兰工业和应用数学学会、澳大利亚和新西兰数学物理学会。

学会设有如下奖项：1981 年，首次颁发澳大利亚数学学会奖章；1985 年首次颁发伯恩哈德·诺伊曼奖；1991 年创立马勒讲座奖；2001 年创立乔治·塞凯赖什奖章；2010 年创立澳大利亚数学学会升学奖学金；2011 年创立加文·布朗最佳论文奖、玛奥尼－诺伊曼－鲁姆奖和阿尔夫·范德波特旅行奖学金；2014 年创设谢丽尔 E. 普拉格旅游奖和安妮彭福斯街奖；2018 年设立卓越教学奖；2019 年创立玛丽安·米尔札哈尼奖。

2. 学会组织架构

澳大利亚数学学会的领导机构是理事会，下设学会委员会、特殊兴趣小组，以及各个支部委员会（图 3-21）。

[①] SALAMON L M, HEMS L C, Chinnock K. The nonprofit sector: for what and for whom? [M]. Baltimore, MD: Johns Hopkins University Institute for Policy Studies, 2000.

[②] JONES B O. Preparing for the future: science and technology in Australia [J]. International Journal of Technology Management, 1987, 2（1）: 5-24.

第三章 澳大利亚科技社团发展现状及管理体制

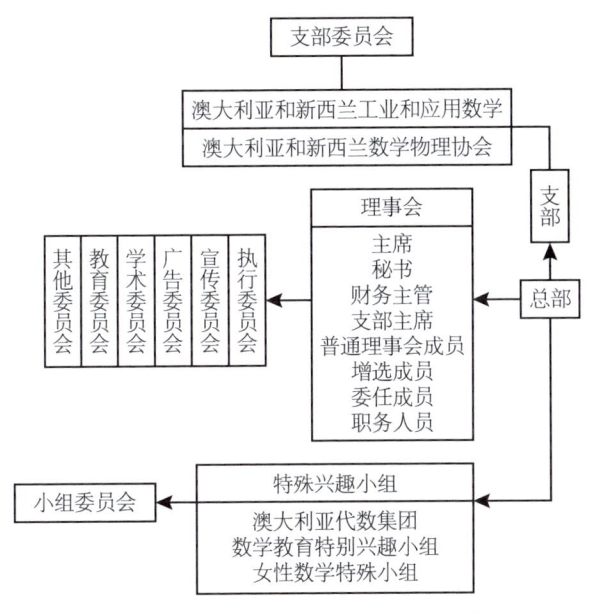

图 3-21 澳大利亚数学学会组织结构[①]

（1）理事会

理事会由主席、副主席、前任主席、秘书、财务主管以及支部主席组成。负责本学会各支部、委员会的业务和管理活动，审查相关报告，对各事项做出审议和决策，并监督理事、业务执行理事的职务履行。

（2）支部

学会除了主要部门之外还设有 2 大支部。

1）澳大利亚和新西兰工业和应用数学会

澳大利亚和新西兰工业和应用数学会的会员主要为应用数学研究、工业和商业数学应用以及高等数学教育领域的人员。学会定位如下：①推动数学在科学、工业和商业中的应用；②促进与数学应用相关的数学研究；③为应用数学家和数学用户在科学、工程和工业领域提供思想和信息交流；④推动工业和应用数学家的教育和培训。

2）澳大利亚和新西兰数学物理学会

学会成立于 2011 年，其宗旨是在澳大利亚和新西兰推广和扩展数学物理，特别是鼓励数学物理学家与数学物理相关领域学者之间的互动。

---

① 根据 https://www.austms.org.au 整理。

237

（3）特殊兴趣小组

1）维多利亚代数小组

自 1988 年成立以来，澳大利亚代数小组一直是澳大利亚数学学会的一个活跃的特殊兴趣小组，直到 2016 年改名为维多利亚代数小组。其主要任务之一是举办年度澳大利亚代数会议。

2）女性数学特殊小组

该小组的目标是支持女性在所有数学领域发挥潜力，促进妇女在数学职业中的就业，同时鼓励女性在数学科学领域积极开拓事业。

3）数学教育特别兴趣小组

数学教育特别兴趣小组成立于 2015 年 3 月，其任务是：①参与有关高等数学教育问题的全国讨论；②加强中、高等数学教育的关系；③促进高等数学教学和学习的创新；④促进对高等数学教育的探究和讨论；⑤为数学家和数学教育工作者提供交流、分享经验和讨论数学教育实践的机会。

3. 会员组织与服务

（1）会员类型

该学会有九个类别的个人会员，分别为职业生涯早期会员、名誉会员、普通会员、维持会员、互惠会员、优惠会员、退休会员、教育会员和学生会员。

1）优惠会员

学生和非全职工作的学生可以享受优惠会员资格。澳大利亚大学的全日制学生免费获得第一年的会员资格。

2）学生会员

在澳大利亚的一家机构注册的数学、统计学、计算机科学、物理学或金融数学的研究生都可以免费获得学生会员资格。

3）维持会员

愿意资助学会的会员，其会费的一半用于捐赠基金以资助大型项目，为学会提供了更实质的支持。

4）退休会员

55 岁或以下退休的会员在支付一笔费用后可以享受终身的会员资格。

5）名誉会员

为促进、推广和应用数学知识做出了很大贡献的会员，可由理事会选为该学会的名誉会员。

6）互惠会员

与澳大利亚数学学会签订互惠协议的社团，其各自的会员为对方的互惠会员。

7）教育会员

澳大利亚数学教师学会和澳大利亚数学教育研究小组的成员可以作为教育会员。

（2）会费标准

澳大利亚数学学会的会费标准按会员类型确定（表3-9）。

表 3-9 澳大利亚数学学会部分会员及其部门的会费[①]

会员类型	澳大利亚数学学会会费/澳元	澳大利亚和新西兰工业和应用数学学会会费/澳元	澳大利亚和新西兰数学物理学会会费/澳元	团体（每人）/澳元
普通会员	144	30	30	14.40
维持会员	288	30	30	14.40
互惠会员	72	30	15	7.20
教育会员	72	30	15	7.20
职业生涯早期会员	72	30	15	7.20
优惠会员	36	15	10	3.60
退休会员	36	15	10	3.60

（3）会员服务

1）会员福利

学会会员有以下权利：①成为近千名澳大利亚领先数学家的一员；②通过学会的认证计划获得专业数学家认证；③收到免费的资料（每年5次），其中包含所有数学家感兴趣的文章；④以较低的价格购买学会期刊；⑤在澳大利亚数学学会的系列讲座中以25%的折扣购买相关资料；⑥在由澳大利亚数学学会组织或赞助的许多会议上支付较少的注册费；⑦全日制数学研究生可获得12个月的免费会员资格；⑧学生会员可能有资格获得参加学会年会的差旅补助金。

2）互惠会员资格

澳大利亚数学学会与许多国外相关学会签订有协议。根据协议，澳大利亚数学学会的成员有资格以互惠会员身份加入这些社团，居住在澳大利亚境外的这些社团的成员也有资格以互惠会员的身份加入澳大利亚数学学会。

---

① 根据 https://www.austms.org.au 整理。

法意澳新科技社团研究

与澳大利亚数学学会签订互惠协议的社团包括美国数学学会、加尔各答数学学会、加拿大数学学会、捷克数学家和物理学家联盟、德国数学学会、爱丁堡数学学会、欧洲数学学会、国际应用数学与力学学会、格拉斯哥数学学会、印度数学学会、印度尼西亚数学学会、冰岛数学学会、韩国数学学会、日本工业与应用数学学会、伦敦数学学会、马来西亚数学学会、文莱达鲁萨兰国数学学会、日本数学学会、新西兰数学学会、巴基斯坦数学学会、西班牙皇家数学学会、工业与应用数学学会、新加坡数学学会、斯洛伐克数学家和物理学家联盟、墨西哥数学学会、加泰罗尼亚数学学会、比利时数学学会、法国数学学会、瑞士数学学会、东南亚数学学会、索米南数学学会、瑞典数学家学会、阿根廷联合学会、意大利联合学会和荷兰皇家数学学会。

3）提供就业信息

会员可从学会官网查询数学教师的培训信息以及其他有关数学研究方面的招聘信息，其中包括职业概况、信息简介、所需职能等。会员可以通过澳大利亚数学学会的官网找到职业招聘的网站并提供简历。

4）提供信息链接

网站会为会员提供澳大利亚各个大学数学系以及新西兰各个大学数学系的网站链接，这些链接直接导向各个大学的数学信息网站。学会希望通过这些网站让会员了解到有关研究以及教学活动的信息。

4. 主要业务活动

（1）学术交流

1）澳大利亚数学学会年会

澳大利亚数学学会每年举行年会，至2019年已举行63届。会议期间会邀请各个学科的嘉宾举行演讲。此外，大会还会举行众多专题会议，涉及数学学科中的各个方面。

2）特别兴趣会议

这项活动被视为在澳大利亚数学界塑造更强专业形象的一种手段，促进了分散在全国各地的具有相似兴趣的数学家之间更好地沟通。其中包括女性数学特殊兴趣小组研讨会、教育会议等。

3）澳大利亚科学与数学教育会议

澳大利亚科学和数学教育会议是为了让数学和其他高等教育工作者分享想法并不断创新而举办的。会议包括生物科学、化学、地球科学、健康科学、信息技术、学习和认知科学、数学和统计学、分子和微生物科学、物理学和心理学以及应用科学的各个领域。

4）澳大利亚代数会议

澳大利亚代数会议的主要目的是促进澳大利亚代数学家之间的沟通，领域涉及拓

第三章　澳大利亚科技社团发展现状及管理体制

扑代数、代数逻辑、图论和编码理论等。会议鼓励学生参与，为代数专业研究生提供首次公开演讲的机会。每次会议还会向最优秀的学生颁发戈登普雷斯顿奖。

（2）设置奖项

1）澳大利亚数学学会奖章

澳大利亚数学学会奖章于 1981 年首次颁发，授予该学会 40 岁以下的成员，用于表彰数学科学的杰出研究。

2）伯恩哈德·诺伊曼奖

该奖项于 1985 年首次颁发，以伯恩哈德·诺伊曼教授（1909—2002 年）的名字命名，授予澳大利亚数学学会年会上发表最杰出演讲的学生。

3）乔治·塞凯赖什奖章

乔治·塞凯赖什奖章创立于 2001 年，用以表彰学会会员的优秀研究成果。在 2002 年之前，学会奖项中没有职业奖，乔治·塞凯赖什奖章填补了这个空白。

4）加文·布朗最佳论文奖

加文·布朗最佳论文奖创立于 2011 年，旨在表彰在纯数学领域具有原创研究成果的优秀文章、专著或书籍。

5）玛奥尼－诺伊曼－鲁姆奖

玛奥尼－诺伊曼－鲁姆奖以学会期刊的创始编辑名字命名，旨在表彰对学会出版物所做出的杰出贡献。

6）马勒讲座奖

马勒讲座奖创立于 1991 年，每 2 年会授予 1 位与马勒教授研究领域相关的杰出数学家。

7）阿尔夫·范德波特旅行奖学金

阿尔夫·范德波特旅行奖学金创立于 2011 年，旨在帮助年轻的纯数学家在澳大利亚和海外旅行，以便他们通过与其他数学家的交流来丰富数学研究。奖学金根据学业成绩颁发，由已故的阿尔夫·范德波特教授的家人资助。

8）澳大利亚数学学会升学奖学金

澳大利亚数学学会升学奖学金创立于 2010 年，旨在帮助临近毕业的数学和统计学博士研究生在提交博士论文和获得第一份博士后职位之间的这段时间里，获得资金支持。升学奖学金根据学术成绩颁发，可以用于生活、参加会议、旅行和资助合作者的访问。

9）谢丽尔 E. 普拉格旅游奖

该奖项设立于 2014 年，目的是为澳大利亚女数学家出席会议或访问合作提供全部或部分支持。该奖项以谢丽尔 E. 普拉格教授的名字命名，以纪念她对支持和鼓励女性参与数学相关工作的贡献。

10）安尼·彭福斯奖

该奖项创立于2014年，旨在给澳大利亚数学家提供额外的资金支持，以帮助他们履行照顾家庭的责任。该奖项以安尼·彭福斯教授的名字命名，以表彰她对更广泛的数学社区中知识进步、促进中学和大学生的智力发展，并积极支持同龄人的进步做出的贡献。

11）玛丽安·米尔扎哈尼奖（数学女性组）

该奖项创立于2019年，旨在支持在澳大利亚攻读数学研究生学位的国际女学生。玛丽安·米尔扎哈尼（1977—2017年）是伊朗的数学家和斯坦福大学教授。2014年，她成为著名的菲尔兹奖的第一位女性获奖者。该奖章是表彰她的工作以及她取得的女性在数学界的最高成就。

12）卓越教学奖

卓越教学奖创立于2018年，旨在表彰和奖励对高等数学学科教学和学生学习的杰出贡献。

六、澳大利亚科技社团的管理与发展对我国的启示

通过对澳大利亚科技社团发展现状和管理体制的梳理，结合对我国科技社团发展现状的分析，本文归纳以下几点启示。

（一）以推动科学技术发展为目标，丰富科技社团的组织形式

在我国，依托于教育或研究机构的科技社团并不鲜见，但是依托于公司的科技社团较少。在澳大利亚，科技社团可以组织、俱乐部、公司的形式注册；可以短期存续或长期存在；可以仅为会员服务，也可以为政府、公众、企业提供教育、培训、咨询服务。只要对科学技术发展有益，而不是为社团中的某些人牟利，科技社团均可以得到政府的税收减免支持，以及获得捐助。

（二）以服务会员为核心，加强科技社团凝聚力建设

由于受到人员、编制、资金等因素的限制，我国很多科技社团的工作人员是兼职的，或者是志愿者。因此，没有时间、精力来系统设计会员服务的内容、方式，以及加强社团凝聚力的措施，结果导致各个学会活动方式雷同，会员与非会员享有权益的主要区别就是会议费有无优惠。甚至很多学者认为学会的主要作用就是召开年会。而澳大利亚的科技社团可以通过对外提供产品或服务获得收入，并且为理事或者工作人员提供合理的报酬。只要保证资金被用于社团未来发展的项目，就可以有盈余。这种模式使得社团的工作人员有时间和精力为会员提供需要的服务，加强了社团的凝聚力。

（三）充分发挥科技社团的学术评价功能，鼓励设置各类奖项

科技社团中的会员大多研究领域类似。通过领域内部人士评选奖项的公信力更强。对科技社团而言，评奖是激励科技人员努力创新的一种方式，同时也是吸引会员加入的方式。对于会员而言，获得奖项既是对自身学术水平的认可，也可以推动自身的学术发展。

（四）引导重点学科科技社团生态网络建设

加强科技社团之间的互动，鼓励科技社团成立联盟，引导重点学科科技社团生态网络建设。澳大利亚只有 2 000 多万人口，比我国大多数省份的人口还要少。但是，其在生物、健康领域的创新生态体系建设非常完善。澳大利亚对创新生态体系的支持是全方位的：第一，只要从事科学研究，即使只是一个创新项目，也可以获得减税；第二，监管机构会为有创新意愿的机构提供详细的检索信息，给出建立必要性、可行性以及资金筹措等方面的一系列建议；第三，尽量减少对创新机构的监控要求；第四，引导公众捐款，对捐款者实行税收减免；第五，通过建立统一平台，鼓励不同的科技社团同台竞争，披露信息，获得捐款；第六，提供宽松的申诉环境。

参考文献

[1] 廖鸿，石国亮. 澳大利亚非营利组织 [M]. 北京：中国社会出版社，2011.

[2] 冯瑄. 澳大利亚科学技术概况 [M]. 北京：科学出版社，2012.

[3] 郑德胜，胡勉. 澳大利亚科技社团运作与管理窥探——澳大利亚科技社团考察综述 [J]. 学会，2015（8）：36-39.

[4] 石国亮. 国外政府与非营利组织合作的新形式——基于英国、加拿大、澳大利亚三国实践创新的分析与展望 [J]. 四川师范大学学报（社会科学版），2012，39（3）：19-29.

[5] 石国亮. 非营利组织管理创新及其研究价值——从"全球性结社革命"和合作治理谈起 [J]. 理论与改革，2011（3）：33-37.

[6] 伊强. 国外非营利组织立法简析 [J]. 学理论，2011（1）：180-181.

[7] Science & Technology Australia.Who is STA? [EB/OL]. [2019-10-21]. https://scienceandtechnologyaustralia.org.au/about-us/.

[8] The Institution of Engineers Australia.EngineersAustralia [EB/OL]. [2019-10-21]. https://www.engineersaustralia.org.au/.

[9] Australian Charities and Not-for-profits Commission.HOW CAN WE HELP? [EB/OL]. [2019-10-21]. https://www.acnc.gov.au/.

[10] ANZAAS congress.About Trove [EB/OL]. https://www.trove.nla.gov.au, 2019-10-21.

[11] Encyclopedia of Australian Science.About the Encyclopedia [EB/OL]. [2019-10-21].

https://www.eoas.info.

[12] Wikipedia.ANZAAS [EB/OL]. [2019-10-21]. https://en.wikipedia.org.

[13] Australasian Genomic Technologies Association.ABOUT AGTA [EB/OL]. [2019-10-21]. https://www.agtagenomics.org.au1.

[14] The Australian & New Zealand Association for the Advancement of Science.Welcome to the ANZAAS Website [EB/OL]. [2019-10-21]. https://www.anzaas.org.au.

[15] Royal Australian Chemical Institute.The Raci [EB/OL]. [2019-10-21]. https://www.raci.org.au.

[16] Australian Institute of Physics.About The Aip [EB/OL]. [2019-10-21]. https://www.aip.org.au.

[17] Australian Mathematical Society.About us [EB/OL]. [2019-10-21]. https://www.austms.org.au.

[18] BURTON M, MARSH S, PATTERSON J. Community attitudes towards water management in the Moore Catchment, Western Australia [J]. Agricultural Systems, 2007, 92 (1-3): 157-178.

[19] MEASHAM T G, LUMBASI J A. Success Factors for Community-Based Natural Resource Management (CBNRM): Lessons from Kenya and Australia [J]. Environmental Management, 2013, 52 (3): 649-659.

[20] GILLIAN R D, DOWNES T, MARCHANT T. The extent and effectiveness of knowledge management in Australian community service organisations [J]. Journal of Knowledge Management, 2016, 20 (1): 49-68.

[21] CAO J B. Scientific Association: Key to Sci-Tech Innovations [J]. Journal of Wuhan University of Science & Technology, 2004 (2): 34-37.

[22] WAREA ANHEIER HK, SEIBELW. The third sector: Comparative studies of nonprofit organizations [J]. Contemporary Sociology, 1992, 21 (2): 34-37.

[23] DIMAGGIO P J, ANHEIER H K. The sociology of nonprofit organizations and sectors [J]. Annual review of sociology, 1990, 16 (1): 137-159.

[24] MCDONALD C, MARSTON G. Patterns of governance: The curious case of nonprofit community services in Australia [J]. Social Policy & Administration, 2002, 36 (4): 376-391.

[25] STEANE P, CHRISTIE M. Nonprofit boards in Australia: A distinctive governance approach [J]. Corporate Governance: An International Review, 2001, 9 (1): 48-58.

[26] Lyons M. Defining the nonprofit sector: Australia [M]. Battimone, MD: Johns Hopkins University Institute for Policy Studies, 1998.

[27] SALAMON L M, HEMS L C, CHINNOCK K. The nonprofit sector: for what and for whom? [M]. Baltimore, MD: Johns Hopkins University Institute for Policy Studies, 2000.

[28] JONES B O. Preparing for the future: science and technology in Australia [J]. International Journal of Technology Management, 1987, 2 (1): 5-24.

CHAPTER 4 第四章
新加坡科技社团发展现状及管理体制

新加坡是华人占主导地位的亚洲国家，虽然仅有570万人口，却拥有众多社会组织。科技社团作为社会组织的重要组成部分，为新加坡的科技与社会发展，以及同国际科技界的联络起到了良好效果，对我国科技社团发展也有一定借鉴作用。

一、新加坡科技社团的发展历程

（一）萌芽阶段

殖民地时期至20世纪60年代初是新加坡科技社团的萌芽阶段。在1965年宣布独立之前，新加坡经历了130多年的英属殖民地时期，其社会、经济、政治等多方面的发展都受到英国的影响，其中就包括科技社团及其相关管理体制的建立。殖民地时期和马来西亚联邦时期，由于受殖民、战争、种族等因素影响，新加坡科技社团的数量较少，且主要是以行业从业者，特别是在新加坡的英国从业者为主体自发组织的。这一时期科技社团数量虽然不多，但是却奠定了新加坡现代科技社团的发展基础。

第一次世界大战结束后，新加坡百废待兴，建筑业迅速发展。1923年，新加坡建筑师协会成立，[1]该协会是于1963年正式成立的新加坡建筑师学会的前身。和许多国家一样，鉴于医学的特殊实用价值，新加坡早期的科技社团也是以医学社团为主。1938年，E. K. 塔特曼教授提出成立一个专业学会来代表牙科工作者，于是发起成立了马来亚牙

---

[1] 新加坡建筑师学会. 历史时间表 [EB/OL]. [2019-12-12]. https://sia.org.sg/about-sia/historical-timeline/.

科协会，即新加坡牙科协会的前身。①1957年，新加坡护士协会的前身新加坡认证护士协会由两位英国护士 B. M. 格里芬和埃德娜·乔治发起成立。②同年7月，就职于新加坡中央医院 X 光部门的高级放射科医师 F. Y. 邱博士、高级放射技师 C. F. 莱因卡斯尔先生和 E.G. 史密斯先生发起成立了新加坡放射技师协会，该协会是新加坡放射技师学会的前身。③1959年，新加坡医学协会成立。④

同时，这一时期的新加坡科技社团对马来亚及马来西亚的科技社团也有一定影响。例如，上文提及的新加坡建筑师协会于1930年在吉隆坡成立了分支机构。1949年，吉隆坡分支机构成为一个独立自治机构——马来亚建筑师协会联合会。1963年，新加坡、马来亚、沙捞越和北婆罗洲联合组成马来西亚联邦，马来亚牙科协会也改名为马来西亚牙科协会。

（二）成长阶段

建国初期至20世纪80年代初是新加坡科技社团的成长阶段。1965年，新加坡脱离马来西亚联邦，成立新加坡共和国。1967年1月，新加坡公布《社团法令》，要求凡在新加坡注册的社团都应遵守该法令。建国初期，原来服务于马来西亚联邦的社团开始分拆或独立后在新加坡注册，部分科技社团也是如此。例如，1966年马来西亚牙科协会分拆为马来西亚牙科协会和新加坡牙科协会。1967年，新加坡牙科协会正式成立并注册。1967年，于1952年成立的马来亚和新加坡数学会更名为新加坡数学会。⑤

这一时期的新加坡科技社团发展有两个显著特点。第一，基础学科相关学会陆续成立，例如，新加坡国家化学会⑥、新加坡物理学会⑦、新加坡生物学会⑧分别于1965年、

---

① 新加坡牙科学会. 我们的故事 [EB/OL]. [2019-12-12]. http://sda.org.sg/about-singapore-dental-association/our-story/.
② 新加坡护士协会. 关于我们 [EB/OL]. [2019-12-12]. http://www.sna.org.sg/about-us/.
③ 新加坡放射技师学会. 我们的历史 [EB/OL]. [2019-12-12]. https://www.ssr.org.sg/History.
④ 新加坡医学协会. 关于新加坡医学协会 [EB/OL]. [2019-12-12]. https://www.sma.org.sg/aboutus/.
⑤ 新加坡数学会. 关于我们 [EB/OL]. [2019-12-12]. http://sms.math.nus.edu.sg/Aboutus/AboutUs.aspx.
⑥ 新加坡国家化学会. 关于新加坡国家化学会 [EB/OL]. [2019-12-12]. https://snic.org.sg/index.php/about-snic.
⑦ 新加坡物理学会. 新加坡物理学会的历史 [EB/OL]. [2019-12-12]. http://ipssingapore.org/aboutips/history.html.
⑧ 新加坡生物学会. 关于我们 [EB/OL]. [2019-12-12]. http://www.sibiol.org.sg/about-us.

1972年、1973年陆续成立。1967年，与中国科协类似的组织——新加坡国家科学院也得以成立，以推广和普及科学技术为目的，与其他基础学科学会并存。1975年，时任新加坡教育部部长李昭铭博士动议将新加坡国家科学院扩大为学会联盟，成为凝聚科技工作者的专业性学术团体。1976年，新加坡国家科学院正式变更为一个联盟组织[①]，之前的职能由1967年成立的新加坡科学促进会承担。[②] 第二，科技社团随国家经济和科技发展的战略变化应运而生。20世纪70年代开始，新加坡经济步入快速发展轨道，在转口贸易占经济主导的基础上，开始发展加工业，相关专业技术领域的学会陆续成立。例如，新加坡计算机学会[③]、新加坡造船工程师学会[④]、新加坡咨询工程师协会[⑤]、新加坡景观设计师协会[⑥]分别于1967年、1971年、1973年和1985年成立。这一时期成立的医学学会则向细分领域发展。例如，1983年成立了亚太临床生物化学与实验医学联盟[⑦]和新加坡生物化学与分子生物学学会。[⑧] 此外，一些国际组织也陆续落户新加坡。1978年，全球最大的专业学术组织电气和电子工程师协会在新加坡成立分会。1976年，英国专业组织英国工程技术学会在新加坡注册分会。

（三）蓬勃发展阶段

20世纪80年代至今是新加坡科技社团的蓬勃发展阶段。新加坡在建国后相当长时间内，由于执政党人民行动党政权的强大和为避免种族冲突而对社团组织发展的限制，以及国家社会服务部门功能的完善，包括科技社团在内的各种社团组织比较涣散。1984年，反对党新加坡民主党和工人党得到超过30%的选票，人民行动党面临选举挫败，激发了利益组织和志愿组织的复兴，政府逐渐开始允许社团组织发表不同意见。在这样的大背景下，新加坡科技社团较此前有了较快的发展。到2003年年末，科技社团数量已经由1983年年末的91个发展为209个。

[①] 新加坡国家科学院. 我们的历史［EB/OL］.［2019-12-12］. https://snas.org.sg/our-history.
[②] 新加坡科学促进会［EB/OL］.［2019-12-12］. https://snas.org.sg/members/saas.
[③] 新加坡计算机学会. 关于我们［EB/OL］.［2019-12-12］. https://www.scs.org.sg/about-us/about-us.php.
[④] 新加坡造船工程师学会. 关于我们［EB/OL］.［2019-12-12］. https://snames.org.sg/about-us/past-presidents-vps/.
[⑤] 新加坡咨询工程师协会. 关于［EB/OL］.［2019-12-12］. http://aces.org.sg/about/.
[⑥] 新加坡景观设计师协会. 我们是谁［EB/OL］.［2019-12-12］. https://www.sila.org.sg/who-we-are.
[⑦] 亚太临床生物化学与实验医学联盟. 关于我们［EB/OL］.［2019-12-12］. http://apfcb.org/about-us.html.
[⑧] 新加坡生物化学与分子生物学学会［EB/OL］.［2019-12-12］. https://snas.org.sg/members/ssbmb/.

▶▶ **法意澳新科技社团研究**

　　2004年，新加坡对社团法令进行了修改，从当年9月1日起实施社团自动注册，为那些不太可能引起法律、治安与保安问题的社团提供快捷注册的途径，社团可以在提交相关资料和缴纳注册费用后即刻注册。这项举措使新加坡科技社团进入快速增长期。一方面，随着全球科学技术向纵深、细分方向发展，聚焦于细分领域的科技社团，特别是航天、电子产业、能源与化学产业、信息与通信技术、物流与供应链管理、医疗技术、自然资源、石油和天然气设备与服务、制药与生物技术、精密工程、城市解决方案和可持续发展等新加坡重点发展领域的科技社团纷纷成立。另一方面，随着新加坡与中国经济贸易交往日渐频繁，一些与中国科技交流相关的科技社团陆续成立。例如，2010年和2012年，新加坡—中国科学技术交流促进协会和新加坡创业创新协会相继成立。截至2019年10月，新加坡科技社团的总量已经上升至386个，各时期科技社团数量变化较大（图4-1）。

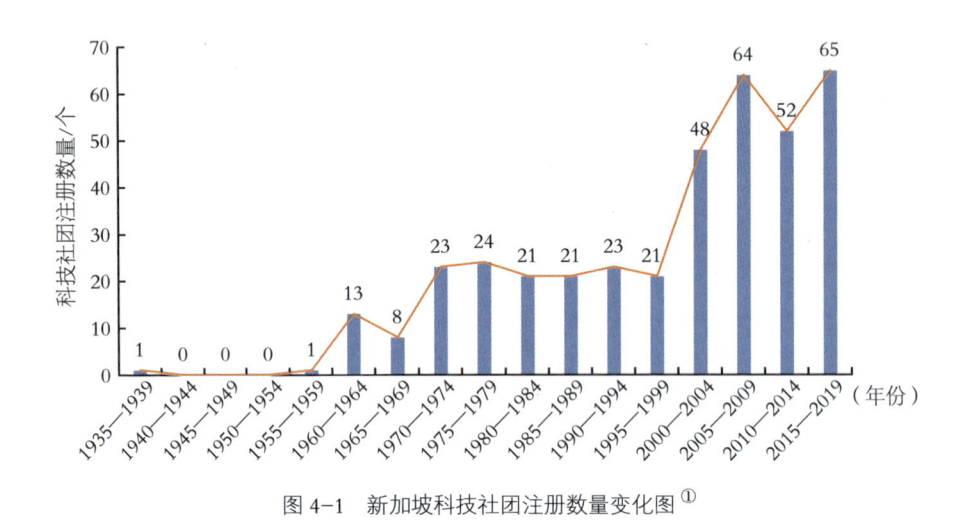

图4-1　新加坡科技社团注册数量变化图[①]

二、新加坡科技社团的发展现状

（一）规模估测

　　在新加坡，所有的社会组织都统称为志愿性福利组织，大部分志愿性福利组织以社团形式存在，涉及类别相当广泛，包括专业类、贸易类、文化与社交类、体育类、宗教类等。由于新加坡的科技社团分布在庞大的社团队伍当中，相关机构也没有设定特定

---

① 数据筛选自新加坡社团注册局公布的所有社团名单。

第四章 新加坡科技社团发展现状及管理体制

的部门对科技社团进行类别管理，因此，无法获得官方的统计数据。新加坡社团注册局是新加坡内务部下属的一个法定机构，负责依照新加坡《社团法令》管理社团的注册事宜。为方便社团和公众，从 2003 年 8 月开始，新加坡社团注册局建立了社团注册局电子系统实施网上注册。本文选择了社团注册局电子系统公布的新加坡社团组织信息数据库来估测新加坡科技社团规模。截至 2019 年 7 月，新加坡共有各类社团组织 7 858 个，数据库收录了社团组织的名称、UEN 代码、营业地和注册时间。

通过社团、协会、学会、研究所、机构、理事会等体现科技社团性质的高频词对数据库数据进行过滤，共搜索到 3 374 个潜在科技社团数据。① 对 3 374 个数据进行逐一分析，共找到 386 家科技社团。

（二）分布特点

新加坡有 386 家科技社团，其中社团类科技社团最多（图 4-2），占比 54%，理事会类科技社团最少，仅有 2 个。在所有科技社团中，学生科技社团数量为 20 个，占比 5%。

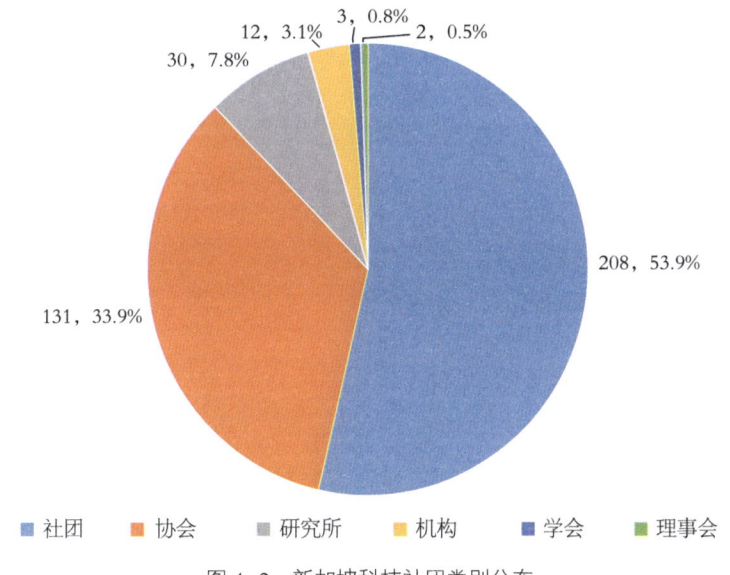

图 4-2 新加坡科技社团类别分布

按照与中国科技社团相似的理、工、农、医、交叉学科五大领域分类原则，新加坡各类科技社团中，工科和医科类科技社团最多（图 4-3），数量分别为 193 个和 148 个；

---

① 新加坡社团注册局. 寻找社团 [EB/OL]. [2019-10-30]. https://www.ros.mha.gov.sg/. https://www.ros.mha.gov.sg/egp/eservice/ROSES/FE_SocietySearch.

249

其次是理科，数量是 42 个；数量最少的是农科，仅有 3 个。

在 386 个科技社团中，注册为辐射东南亚、亚洲和亚太地区的科技社团共 58 家，占比 15%，其中 83% 的科技社团是在 2000 年以后注册成立的。工科类科技社团 20 家，理科类 8 家，医科类 30 家（图 4-4）。

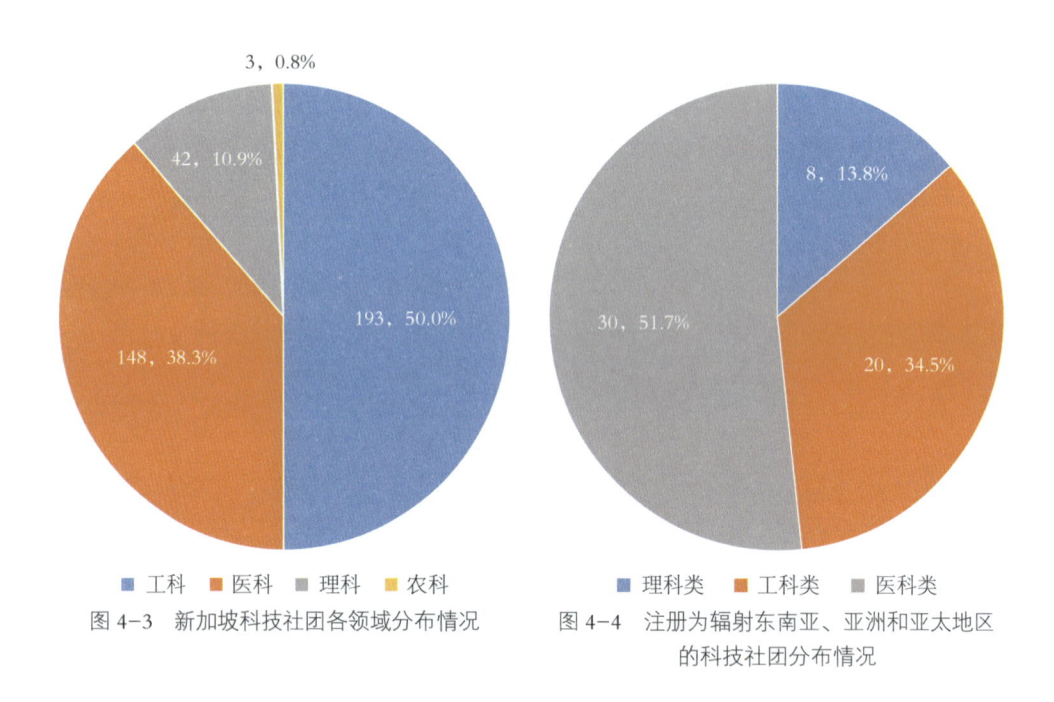

图 4-3　新加坡科技社团各领域分布情况

图 4-4　注册为辐射东南亚、亚洲和亚太地区的科技社团分布情况

三、新加坡科技社团的管理体制

依据《社团法令》第十四条，"未经登记的任何社团都被认定为非法社团"[1]，包括科技社团在内的所有新加坡社团都必须依法依规开展业务和活动，因此新加坡科技社团的管理体制与相关法律法规密不可分。

（一）科技社团管理法律体系

在新加坡，与科技社团最密切相关的法律共有 4 个（表 4-1），这些法规对科技社团的注册、终止、经营、监管和税收等进行了详细规定。

---

[1]《社团法令》. 非法社团［EB/OL］.（2014-02-28）［2019-12-12］. https://sso.agc.gov.sg/Act/SA1966#Sc-.

第四章 新加坡科技社团发展现状及管理体制

表 4-1 新加坡科技社团相关法律

序号	名　称	主管部门	管理内容
1	《社团法令》	社团注册局	注册、终止、经营
2	《公司法》	新加坡会计与企业管理局	注册、终止、经营等
3	《所得税法》	新加坡内陆税收局	税收
4	《慈善法》	慈善委员会	税收、经营

1.《社团法令》

在新加坡，绝大多数科技社团选择以社团形式注册，因此，《社团法令》是对科技社团影响最大的法律。

有关社团的最早法例是"1869年危险社团抑制条例"。该条例于1889年废除。取而代之的是"社团条例"，对社团的注册和管制等进行了规定。新加坡独立后不久，"社团条例"被废除，1967年颁布了新的《社团法令》。此后，该法令修订了10次，目前的《社团法令》是2004年修订的。

《社团法令》共有38条，对社团的注册、终止、解散、变更和违法行为的处罚都做了详细的规定，主要内容包括：社团释义、登记官的任命及其权力、拒绝登记的情况、年度登记的公布、社团的终止、自愿解散、分支机构登记、社团提供信息的规定、变更登记的情形、不得担任社团高级职员情形的规定、社团标识的使用、非法社团及其罚则等。[1] 其中，至少有66.7%的条款含有惩罚性的内容。

新加坡内务部下属的法定机构新加坡社团注册局[2]依照《社团法令》负责管理社团注册等事宜。该局设有20个职位，包括局长、助理局长、注册主任、注册副主任、社团执行员等。其职责为：执行社团法令和条令、防止不良团体成立为社团、注销不良的注册社团、支援执法机构。主要工作如下：

1）受理社团的注册申请；

2）受理注册社团修改章程、更改名称或营业地点、使用或更改社团标志的申请；

3）注销已经停止运作、没有开展活动的社团；

4）注销自愿解散的社团；

5）确保注册社团遵守《社团法令》和其他法规的相关规定。

2.《公司法》[3]

在新加坡，科技社团除以社团形式注册外，还可以公共担保有限责任公司的形式

---

[1] 社团法令 [EB/OL]. (2014-02-28) [2019-12-12]. https://sso.agc.gov.sg/Act/SA1966#Sc-.

[2] 社团注册局网站：https://www.ros.mha.gov.sg/。

[3] 参见 https://sso.agc.gov.sg/Act/CoA1967。

注册并开展业务。注册为担保有限责任公司的科技社团要严格按照《公司法》的规定注册、管理和开展经营业务。

《公司法》是公共担保有限责任公司注册需要遵守的法律，其管理部门是新加坡会计与企业管理局。[①]

《公司法》有 12 个部分，对公司的注册、管理、注销、转让等都进行了详细的规定。该法律的主要内容包括：公司章程；股权和股票发行；公司管理；财务报表和审计；拆分、重组与合并；司法管理；注销；转让；控制人和董事登记等。

新加坡会计与企业管理局是新加坡企业实体和公共会计的国家监管机构，所有新企业的注册都需要通过该局进行。

3.《所得税法》[②]

新加坡没有免税登记这一法定程序。因此，所有科技社团都必须按照《所得税法》的规定依法缴纳或减免部分或全部所得税。

《所得税法》是科技社团缴纳所得税时需要遵守的法律，其管理部门是新加坡内陆税收局。[③]

《所得税法》共有 21 个部分，规定了征收范围、税收减免、收入确定范围、税率等多项涉及所得税征收的内容。其中第 11 条和第 14ZB 条对社团的税收、经营状态的认定、税收减免范围和减免原则进行了详细的描述。[④]

新加坡内陆税收局（通常被简称为税务局）是隶属于新加坡财政部的一个政府法定机构，主要负责征税、提供税务管理服务，为政府提供咨询。社团税收也由其负责。

4.《慈善法》[⑤]

在新加坡，当科技社团需要设立独立运作的慈善基金或申请慈善地位时，都需要遵守《慈善法》。慈善基金和获得慈善地位的科技社团（公益机构）都可以享受免税待遇。

《慈善法》是科技社团开展慈善活动时需要遵守的法律，其管理人是慈善总监，指导机构是慈善委员会。[⑥]《慈善法》从 1994 年开始实行，现行的《慈善法》是 2007 年 3 月 1 日修订的。

---

① 《公司法》[EB/OL]．（2006-10-31）[2019-12-12]．https://sso.agc.gov.sg/Act/CoA1967．
② 参见 https://sso.agc.gov.sg/Act/ITA1947#P1IV-。
③ 参见：https://www.iras.gov.sg/irasHome/default.aspx。
④ 《所得税法》[EB/OL]．（2014-03-31）[2019-12-12]．https://sso.agc.gov.sg/Act/ITA1947．
⑤ 参见 https://sso.agc.gov.sg/Act/CA1994。
⑥ 慈善委员会．关于慈善委员会[EB/OL]．[2019-12-12]．https://www.charities.gov.sg/about/Pages/About-Charities-Council.aspx．

《慈善法》的主要内容包括：慈善委员任命和责任、慈善委员会、慈善组织的登记和查询、慈善账户和年度报告、小型慈善组织、资产的使用、慈善委员对慈善组织的协助和监督、筹集资金、管理部门等。①

慈善委员会的主要目标是推广和鼓励慈善组织采用良好的治理标准和最佳实践，增进公众对慈善组织的了解；帮助慈善组织提升治理能力，使其符合监管要求并对公众负责；针对关键监管问题向慈善委员提出建议。

（二）科技社团的成立

在新加坡，科技社团可以选择以社团形式注册或者以公共担保有限责任公司形式注册，注册形式的不同决定了其注册程序和注册机构的不同。社团向新加坡社团注册局申请注册，公共担保有限责任公司向新加坡会计与企业管理局申请注册。学生科技社团只能以社团形式注册。

1. 以社团形式注册

社团有两种注册方式，一种是非敏感性机构，采取简易自动注册方式；另一种是涉及宗教、政治、人权等的机构，按普通程序进行注册。

社团注册准则包括：

①申请团体是否符合社团的定义；

②申请团体是否有适当的名称和地址；

③所拟议的社团宗旨与名称是否相符；

④所拟议的社团宗旨与活动是否对国家利益构成威胁；

⑤所拟议的社团章程是否能够实现妥善的社团管理。

存在以下情况的科技社团不允许注册：

①可能被用于非法用途，或被用于危害新加坡公众安宁与福利或良好社会秩序等目的；

②违背国家利益；

③所拟议的章程未在社团管理与监督方面进行充分规定。

为方便社团和公众，从2003年8月开始，新加坡社团注册局实施网上注册，建立了社团注册局电子系统。社团可以在网上提交各类申请和报告，公众也可以上网查找注册社团，购买注册社团在网上提交的年度报告和章程。该系统每周七天、每天24小时面向公众开放查阅，减少了公众前来的次数，增加了透明度。

有意注册为社团的团体需要首先查看《社团法令》的附表，确定是否可以自动注

---

①《慈善法》[EB/OL]．（2007-10-31）[2019-12-12]．https://sso.agc.gov.sg/Act/CA1994.

册。该附表规定了不符合自动注册资格的社团类别，主要涉及宗教、政治、倡议人权、社团命名、与外国政府和机构有关联等。具备自动注册资格的社团在缴纳注册费并提交相关文件后就可以开展活动；属于《社团法令》附表所列不符合自动注册资格范围的团体依然可以申请注册为社团，但是需要按照普通程序方式申请，且只有申请获得批准后才能开展活动。

无论是以哪种方式注册，均需向社团注册局提供必要信息，具体包括：

①社团名称及备选名称；

②社团联系方式及注册地；

③社团章程及上级社团章程（如有）；

④其他部门（如学校、个人、其他社团）的推荐信（如有）；

⑤社团成员的必要个人信息。

新加坡对学生社团组织采取较为严格的管理措施，凡学校内学生组织的社团必须到政府进行注册登记。学生社团只能由在校学习的学生组织参与，学校教师和社会人员不能参加。学生社团必须获得学校的支持，且向社团注册局提供学校开具的推荐信，才能登记注册。

2. 以公共担保有限责任公司形式注册

在新加坡，社团可以公共担保有限责任公司形式注册，但其宗旨和会员要满足一定的要求，即社团要以促进艺术、科学的发展为宗旨开展非营利性活动，而且其会员同意向社团支付一定数额的资金以防社团倒闭。

以公共担保有限责任公司形式注册科技社团的程序相较于以社团形式注册更为复杂，甚至比注册一个私人有限责任公司还要复杂，且在名称中必须包含"有限"一词，但都是在新加坡会计与企业管理局的 BizFile+ 注册。2004 年，新加坡会计与企业管理局开始实施网上注册，公司通过 BizFile+ 系统进行在线注册、在线注销、年审材料递交、业务范围变更、信息查询等。

在以公共担保有限责任公司形式注册科技社团时，需要向会计与企业管理局提供如下信息：

①公共担保有限责任公司（即社团）名称及备选名称；

②联系方式及注册地；

③章程；

④董事成员（负责人、CEO、审计人员）信息；

⑤公司秘书；

⑥营业范围。

（三）科技社团的监管

在新加坡，根据科技社团的注册形式、类型以及是否涉及慈善事务等，对其采取不同的监管方式。

1. 以社团形式注册的科技社团的监管

在新加坡，政府原则上不对科技社团的实际活动和业务进行干涉，但是依据当地法律，对科技社团的活动范围进行严格规范，包括：

①凡在政府注册的社团都必须在该社团登记的宗旨范围内进行活动，不能从事章程规定以外的任何活动，如有违反，政府必予追究；

②不能以社团的名义进行任何政治活动，否则政府必然出面干涉；

③在新加坡开展业务但未经注册的社团被视为非法组织，一经发现则严惩不贷。惩罚措施包括：任何管理或者协助管理非法组织的人均属犯罪，一经定罪，可处以不超过5年的监禁；任何人如果是非法组织的会员或者参加非法组织的会议均属犯罪，一经定罪，可处以不超过3年的监禁或不超过5 000新加坡元的罚款或者两罚并处。参与非法组织活动而被处以的犯罪应是刑事诉讼法规定的不可保释的犯罪和可逮捕的案件。

在社团监管方面，社团注册局的主要职权有：

①命令自动注册的社团更改名称和章程，或者指示其通过普通程序重新申请注册；

②命令任何注册社团提供相关资料、文件、账目和账簿；

③只要有理由相信该地点被用来进行非法活动，就有权进入注册社团的任何运作地点进行搜查。社团注销则需由内政部长批准。

此外，社团注册局还可通过媒体报道、公众举报等线索掌握社团的违法行为，并协同警察、反贪机构等进行查处，发出警告信或解散社团。

虽然社团注册局是社团的管理部门，但并不对社团内部纠纷进行仲裁。在新加坡，社团要遵守新加坡的一切法律和条令，除此之外基本是自治的，社团依照其章程进行自我管理。在社团发生内部纠纷时，社团注册局并不进行仲裁，而是告知其根据章程或遵循法律途径解决。

在财务监管方面，社团每年都要向社团注册局提交年度管理报告和财务报告，资产50万新加坡元以上的社团，其财务报告需经独立审计事务所审计后才能提交。

2. 以公共担保有限责任公司形式注册的科技社团的监管

以公共担保有限责任公司形式注册的科技社团必须在注册时申请的营业范围内开展工作。由于其注册形式是公司，因此同其他所有公司一样，需要遵守《公司法》和其他相关法律。

在财务监管方面，这类科技社团每年必须聘请专业审计机构对其财务状况进行审计，并向新加坡会计与企业管理局提交年度报告。

3. 慈善基金和获得慈善状态的科技社团（公益机构）的监管

设有慈善基金或获得慈善状态的科技社团（公益机构）必须在其章程内规定资金的使用框架，受托人只能在框架范围内运作资金。政府原则上不对这些机构正常的资金运作和业务开展进行干预，但会对其合法性和筹款进行非常严格的监管。

慈善委员主要通过财务申明（或年度审计、账户检查）、年度报告、公众监督和审批筹款活动等方面监管慈善基金或获得慈善状态的科技社团（公益机构）的资金。获得慈善状态的科技社团必须向慈善委员提交财务申明和年度报告，详细说明所开展的活动和未来的计划。但财务申明的方式由慈善委员具体决定，包括提供收据和账户信息、财务报表、财务审计等。任何组织在未经豁免或者慈善委员认可的情况下，都不允许进行筹款活动。否则，这些组织将被视为违反法律，必须接受罚款和/或监禁的处罚。此外，新加坡政府鼓励公众监督慈善基金或获得慈善状态的科技社团（公益机构）的运行，任何人都可以查询这些机构的理事会成员信息、财务申明或账号等信息。如果理由合理，也可以查询这些机构的年度报告等。

（四）科技社团的纳税和免税资格

在新加坡，缴纳税收是科技社团应尽的义务。只有慈善基金和获得慈善状态的科技社团（公益机构）可以免缴所得税。

1. 科技社团纳税

在新加坡，根据《所得税法》规定，以社团形式注册和以公共担保有限责任公司形式注册的科技社团均需缴纳税收，且税收缴纳标准一致。

①如果科技社团总收入中来源于新加坡籍会员的会费收入占比达到或高于50%，则认定该社团未开展业务，只需要对会费外的其他收入缴纳所得税。

②如果科技社团总收入中来源于新加坡籍会员的会费收入低于50%，则认定该社团开展业务。除对会费外的其他收入缴纳所得税之外，该社团还需要对其经营盈余缴纳税收。目前，新加坡的企业所得税税率是17%，科技社团也要按这个比例缴纳所得税。

2. 科技社团免税资格

由科技社团成立的慈善基金可以豁免缴税。此外，处于慈善状态的科技社团也可以豁免缴税。

科技社团要申请慈善状态，必须在成立3个月内通过慈善总监网站（https://www.charities.gov.sg/Pages/Home.aspx）进行申请。申请慈善状态的科技社团必须满足如下条件：

①目的或宗旨完全是慈善性的；
②理事会至少有 3 名成员，其中至少 2 名是新加坡公民或永久居民；
③目的或宗旨对新加坡社区完全或实质上有益。

科技社团申请慈善状态后，依然可以进行一些商业活动，但是这些商业活动必须是对履行其慈善宗旨有直接贡献的活动，或者有助于履行其慈善宗旨的活动。

四、新加坡科技社团的内部治理

新加坡政府对于社团的理念是在社会稳定和公众期望之间维持一个平衡点，允许社团成立，合法参与公共事务，政府一般不对科技社团的内部治理进行干涉，不会干预理事会对社团的内部管理，也不会就会员大会决议事项的有效性提出质疑；在解决社团内部冲突方面，鼓励社团在章程范围内进行自主纠正和事务协调，在必要时可以寻求通过仲裁或诉诸法律来解决问题。因此，新加坡社团注册局要求社团在其章程中对社团的名称、宗旨、会员种类和权益、会员产生方式、会费、会员年会、理事会职责和产生方式、信托、审计、禁令、解散方式等进行详细的规定，以便会员大会和理事会能够依据章程进行内部治理。

（一）治理结构

按照新加坡社团注册局制定的《注册社团管理准则》和《章程制定指引》，新加坡科技社团治理结构相对固定，主要依靠会员大会和理事会开展内部治理。

会员大会是社团的最高权力机构，一般在社团财政年度结束后的三个月内举行。会员大会有两项基本且非常重要的职能，一是审议理事会上一个财年的账目和年度报告，二是在需要的时候组织选举下一任理事会成员和名誉审计师。会员大会的法定人数是指有选举权的会员总数的 25% 或者 30 个会员（以较少者为准）。

理事会是社团的日常事务执行机构，其成员一般由会员大会选举产生，少数社团的部分理事会成员可以由理事会任命。理事会的职责是组织和监督社团的日常活动，未经事先商议，理事会不得违反会员大会的决议。理事会的构成和数量相对灵活，但必须设置主席、副主席、秘书、财务主任这四个职位，助理秘书、助理财务主任等可根据需要进行设置。主席负责主持所有会员大会和理事会会议，并担任社团的发言人；副主席负责协助主席开展工作，并在主席不在时代理其工作；秘书负责保存社团的所有记录材料（财务除外）并对材料的正确性负责，包括所有会员大会和理事会会议的会议记录，同时对最新的会员名册进行维护；财务主任代表社团管理所有资金并收取和支付所有款项，同时记录所有资金收支并对其准确性负责。[1]

（二）财务管理

在新加坡，通常社团的日常财务管理工作是由财务主任负责开展，财务主任还可以代表社团每月支取一定数额的运营经费。从银行提款的支票需由财务主任和主席/副主席/秘书签署。

如果社团拥有不动产，则需要选择受托人对不动产进行管理，且必须经过信托声明。受托人由会员大会选举产生，数量不超过4个，不少于2个。未经过会员大会批准，受托人不得对任何不动产进行出售或抵押处理。

按照《社团法令》的规定，为促进社团更好地进行内部管理，所有社团都必须进行年度审计。所有社团账户记录、转账记录、业务记录都应保留至少5年。同时，社团必须在召开会员大会前的1个月内提交经审计的账目报表及社团年度报告。年度审计以社团收入或支出是否超出50万新加坡元为界，分为两类：一类是自主审查，即由社团会员开展审计工作；另一类是聘请专业审计公司进行审计。[2]

财政年度收入或支出少于50万新加坡元的社团，可以在会员大会上选举出两名非理事会成员且具有投票权的会员或一家注册会计师事务所担任该财年的荣誉审计师。该荣誉审计师负责对社团的财务情况进行年度审计且不可连任。

财政年度收入或支出超过50万新加坡元的社团，应该根据《社团法令》第4条的规定，聘请合格的审计公司对社团的账目进行审计。审计公司一方面负责审计社团的年度账目并向会员大会提交报告，另一方面可按照主席的要求在其任职期间的任何时间对社团的账目进行审计并向理事会提交报告。该审计公司可以连任。

（三）会员管理和服务

在新加坡，社团应在章程中明确申明会员类别及其相应的投票权和任职权。社团可以吸纳团体会员，也可以吸纳个人会员，或者两者皆收。团体会员和个人会员均可设置等级，团体会员可设置正式会员、联系会员、副会员等。个人会员可设置终身会员、荣誉会员、高级会员、会员、副会员、学生会员、海外会员等，会员等级通常与会员的学术成就和职业经历紧密联系。

任何社团的会员资格都是不允许主动授予的，必须是申请人向社团秘书提出申请且经过理事会认定其符合会员资格才能成为社团会员。在必要的情况下，社团还将公示申

---

[1]《章程制定指引》[EB/OL]. [2019-12-12]. https://www.ros.mha.gov.sg/egp/document/Constitution%20template%20with%20guidelines.docx.

[2]《注册社团管理准则》[EB/OL].（2015-06-01）[2019-12-12]. https://www.ros.mha.gov.sg/egp/process/SYSTEM/CM_CodeGovernance.

请人情况，理事会将参考公示意见作为判断是否允许其加入社团的依据。在年龄方面，未经父母或监护人的书面同意，社团不得接纳18岁以下的申请人为会员；只有21岁以上的会员才有权在社团中进行投票且担任职务。但对于团体会员来说，社团必须规定其代表人数。

新加坡科技社团特别重视会员服务。会费收入是科技社团的一项主要收入来源，为保证会员对本社团的认可，社团通过经验交流分享、继续教育、培训和认证、学术会议等活动，甚至是高尔夫等体育活动来紧密团结会员。同时，社团也会为会员提供其他多元化的服务，如会刊、会议资助、奖励、职业发展规划、专业工具和数据库等。

五、新加坡科技社团的主要业务活动

新加坡是城市国家，人口较少，截至2019年6月，总人口只有570万人。其重点发展的科技领域相对集中，科技社团特别是大型科技社团数量较少。与其他国家科技社团的业务活动类似，新加坡科技社团在学术交流、科技奖励、教育培训方面的业务相对突出。

（一）开展学术交流活动

学术交流是一个科技社团的立会和生存之本，是凝聚会员和科技工作者的基础，是科技社团发展的生命线。在新加坡，科技社团开展的学术交流活动具有鲜明的特色，主要表现为以下3方面。

①年会是科技社团的传统学术交流活动。按照新加坡《社团法令》的规定，科技社团每年都应该召开年会。因此，年会成为每个新加坡科技社团规模最大的交流活动。除讨论本社团管理相关事务外，年会更成为展示科技进展、发布行业白皮书、探讨领域前沿的平台。

②学术交流活动举办频繁。新加坡国土面积小、交通便利、科技发展迅速，科技社团举办学术交流活动的频率非常高。例如，新加坡计算机学会每周会举办2～3个交流活动。会员通过这些学术交流活动获取最新科研成果、科技资讯等信息，同时扩大科技社交圈，有利于职业发展和科研协作。

③学术交流活动形式多样。新加坡科技社团定期组织针对不同人群的、形式多样的学术交流活动。针对学生会员，组织夏令营、职业规划会、技能竞赛等活动；针对女科技工作者等特定群体，举办职业发展交流会、学术研讨会等；针对非专业会员和公众，组织带有科普性质的分享会等。

（二）实施科技奖励

在新加坡，除"总统科学与技术奖"等个别政府设立的科技奖励外，大部分科技奖励都由社会力量设立，特别是各专业领域内影响力较高的奖励和荣誉通常由科技社团设立。几乎所有的新加坡科技社团均设立科技奖项。

科技奖励的主要对象是在本领域或行业内的科学研究、技术实践、行业发展等方面做出杰出贡献的人，如新加坡国家科学院定期评选的青年科学家奖和新加坡护士协会设立的新加坡护士最高荣誉陈振传护士奖，均是奖励在科学研究和技术实践方面表现突出的个人，而新加坡计算机学会的IT领导者奖则是奖励对行业发展做出贡献的个人。通常来说，这些奖励的对象都是由若干名领域内权威的同行推荐，通过投票选举并经由理事会批准的方式产生。

新加坡科技社团也面向学生设立科技奖励和资助。针对学生的科技奖励，主要对象通常是学习成绩优秀或者在本领域做出较大贡献的学生。如新加坡国家科学院设立的新加坡国家科学院奖就是颁发给在基础学科学习成绩名列前茅的学生。此外，部分科技社团还为学生设有奖学金资助和工作生活类资助，通常是为了促进学生的学业、职业发展而设立，资助的形式包括参加学术会议等学术活动的差旅资助，针对贫困会员或刚进入职业领域的会员的经济援助等。如新加坡医学协会慈善基金就为家庭贫困的医学专业学生提供生活费或出国学习的经费资助。

（三）开展教育培训及资格认证

新加坡科技社团一项重要的社会职能就是为专业人士提供继续教育平台，总体而言，新加坡科技社团的教育培训服务大致可以分为三类：专业知识培训，学位教育，资格认证。

专业知识培训的目的主要是在知识和技术日新月异的背景下，协助专业从业人员不断更新专业知识，完善知识结构。如新加坡医学协会即为医生和学生提供丰富的线上和线下课程，其课程不仅覆盖基础专业知识，还包括领导力、医疗道德和专业精神方面的培训。

学位教育的目的主要是帮助专业从业人员获得相关的专业学位，这是新加坡科技社团的特色。如新加坡护士协会专门成立了子公司——护士学习中心，该中心致力于提供优质高等教育，培养和发展具有国际视野的护理界领导者。该中心开设护理学学士教育课程，课程包含与新加坡护理实践相关的核心专业内容，具有医疗或者护理文凭的注册护士可以通过学习获得专业学士学位。

资格认证的主要目的是对专业技术人员在某些专业领域的专业技能进行认定。资格认证已经拓展到各行各业，如建筑、IT、咨询等。获得资格认证的从业者相较没有获得认证的同行更具竞争优势。如新加坡建筑师学会开展建筑立面检查工程师认证；新加坡计算学会每年开展软件质量、信息安全、业务持续性、软件测试等方面的相关认证，每年总认证人数达4 000余人。

（四）参与社会治理

在新加坡，社团是社会治理的重要参与者，政府、社团、民众三者相互协调、相互配合，共同维护有序、和谐的社会治理体系。由于科技社团较少涉及民族和政治，因此他们的倡议和意见更容易被政府和民众采纳，也更容易说服媒体。

科技社团参与社会治理主要表现为两方面。一方面，科技社团在畅达民意中扮演重要角色。新加坡科技社团，特别是关系民生领域的科技社团，会经常举办讲座、慈善活动、对话活动等，向公众解释政府政策，消除公众顾虑，促进公众对政策的认可和支持，同时听取民众对政策和政府的意见，协调社会关系。另一方面，科技社团通过专业意见进行政策倡议。新加坡科技社团会发挥自身专业优势，组织会员在政策制定、改进和实践方面提供专业意见，从而推动政府更合理、高效地进行治理。例如，2018年新加坡医学协会向政府递交了6项政策建议，向媒体提交了4份声明，涉及普通医疗收费对标、医疗注册法案、电子医疗、收入与税收、医疗补偿金等多个方面。

（五）参加国际组织

公共外交是新加坡提升国际话语权的重要手段之一。新加坡的政治统治方式高度集中，但殖民和马来西亚联邦历史以及多民族融合的社会形态使得新加坡具有独特的国际政治视野。从建国初期的生存困境到成为亚洲四小龙之一，公共外交为新加坡带来了国家形象和国际话语权的提升，进而影响了国家经济发展和区域地位的提升。

新加坡立足本国的优势，积极参与其科学技术优势领域的公共外交活动，获得了很好的效果和国际声誉，对于国家身份的构建举足轻重。科技社团是科技领域公共外交活动的主力军，通过学术交流等多种形式发挥积极影响，尤其注重在区域性和国际性科技组织中发挥作用。新加坡科技社团，无论规模如何，均或多或少地加入对应领域的区域性或国际性组织。例如，新加坡国家科学院虽然会员规模不大且运行经费有限，但其代表新加坡加入了国际科学理事会、太平洋科学协会、亚洲科学院及其他学会、协会等多个国际组织。再如，新加坡医学协会代表新加坡加入了多个医学界大型国际组织，包括世界医学协会、亚洲和大洋洲医学协会联合会和东盟国家医学协会等。

（六）出版学术期刊和杂志

学术期刊是科技社团一项非常传统又古老的业务活动，也是服务会员的基本产品，但是新加坡科技社团在经营学术期刊方面的表现并不突出。在新加坡，大多数科技社团都运营学术期刊、对外发行的杂志和内部通讯杂志，但由于受到国际科技社团的学术期刊、国外出版集团和新加坡本国出版集团的冲击，新加坡科技社团运营的学术期刊数量少且影响力较低，科技社团主要以运营对外发行的杂志和内部通讯杂志为主。例如，新加坡护士协会出版有《新加坡护理杂志》和《新加坡护士协会通讯》，《新加坡护理杂志》是一本同行评议学术期刊,但并未被《科学引文索引(SCIE)》收录;而《新加坡护士协会通讯》则是一本内部通信杂志,主要收录护士职业发展和护理学科进展方面的文章。

在新加坡,唯一一本由科技社团运营且被《科学引文索引》收录的学术期刊是新加坡医学协会出版的《新加坡医学杂志》。根据 2019 年 11 月 20 日 Web of Science 公布的最新的《科学引文索引》,[①] 新加坡共有 71 种学术期刊被收录,其中 57 种都是由新加坡世界科技出版公司出版运营。新加坡世界科技出版公司成立于 1981 年,并于 1986 年进入期刊出版领域。截至 2019 年 11 月,该公司出版各类学术期刊 147 种,涉及数学、物理、化学等基础学科和计算机科学、生命科学、金融与商业管理科学等多个学科,还涉足迅速发展的生物医学前沿领域。

六、新加坡科技社团案例

(一)新加坡国家科学院

1. 发展历程

1967 年,新加坡国家科学院成立,最初成立的目的是在新加坡推广与普及科学和技术。此后,新加坡国家科学院又开展了出版业务,出版期刊,同时组织科学院年会。

1975 年,李昭铭博士(新加坡前任教育部部长和科技部部长)动议将新加坡国家科学院扩大为学会联盟,成为科技工作者的专业学术团体。1976 年,新加坡国家科学院正式变更为联盟组织,科学院的宗旨是:

①推动新加坡科学和技术的进步;

②代表会员的科学观点。[②]

新加坡国家科学院变更后,其原职责由新加坡科学促进会替代。

自 1998 年开始,新加坡国家科学院开始任命荣誉会士。但从 2011 年开始,才陆续有本地科学家获得这一荣誉。目前,该科学院在世的荣誉会士数量约 100 名。

2. 会员管理

(1)会员体系

新加坡国家科学院的会员是以单位会员为主,会员类别有发起会员、联系会员和副

---

① Web of Science 科学引文索引[EB/OL].(2019-11-20)[2019-12-12]. https://mjl.clarivate.com/collection-list-downloads.

② 新加坡国家科学院. 我们的历史[EB/OL].[2019-12-12]. https://snas.org.sg/our-history.

会员 3 类。①

1）发起会员

发起会员是指新加坡国家科学院最初成立时的 6 个发起会员，即新加坡物理学会、新加坡科学教师协会、新加坡科学促进会、新加坡生物学会、新加坡数学学会和新加坡国家化学会。

2）联系会员

所有以促进科学和技术进步为目的的在新加坡注册的专业和科学机构，以及注册的国家级科学院的分会都可以申请成为新加坡国家科学院的联系会员。

3）副会员

所有对推广科学和技术感兴趣的在新加坡注册的企业和机构都可以申请成为新加坡国家科学院的副会员。

目前，新加坡国家科学院的会员共有 11 个（表 4-2）。

表 4-2 新加坡国家科学院会员表

序号	中文名称	英文名称及简写	成立时间	加入时间
1	新加坡数学学会	Singapore Mathematical Society，SMS	1952 年	1976 年
2	新加坡科学教师协会	Science Teachers Association of Singapore，STAS	1965 年	1976 年
3	新加坡科学促进会	Singapore Association for the Advancement of Science，SAAS	1967 年	1976 年
4	新加坡国家化学会	Singapore National Institute of Chemistry，SNIC	1970 年	1976 年
5	新加坡物理学会	Institute of Physics Singapore，IPS	1972 年	1976 年
6	新加坡微生物与生物技术学会	Singapore Society for Microbiology and Biotechnology，SSMB	1972 年	2014 年
7	新加坡生物学会	Singapore Institute of Biology，SIBiol	1974 年	1976 年
8	新加坡统计学会	Singapore Institute of Statistics，SIS	1976 年	1980 年
9	新加坡生物化学与分子生物学学会	Singapore Society for Biochemistry and Molecular Biology，SSBMB	1983 年	1986 年
10	新加坡材料研究学会	Materials Research Society of Singapore，MRSS	1999 年	2014 年
11	新加坡医学科学院临床医生分会	Chapter of Clinician Scientists，Academy of Medicine，CCS	2012 年	2014 年

① 新加坡国家科学院. 会员［EB/OL］.［2019-12-12］. https://snas.org.sg/how-to-become-member.

（2）会员的产生和权利

在新加坡注册的任何合法科技社团都可以通过荣誉秘书长提出申请加入新加坡国家科学院，但必须通过理事会审议，发起会员讨论并一致同意后缴纳会费，才能成为新加坡国家科学院的会员。

新加坡国家科学院的发起会员和联系会员享有科学院的所有权益，特别是享有以下特别权益：

①选举；

②加入科学院理事会；

③提议修订科学院章程。

副会员则不享有上述 3 项权益。

新加坡国家科学院的所有会员都需要遵守其章程。任何理事会认为有损科学院名誉的会员，理事会都可以要求其辞职或以书面形式提出解释，如果该会员未能在 14 天内做出合理解释和响应，理事会有权召开会议进行表决，只要理事会三分之二以上会员同意停止其会员资格，其会员资格将被取消。[①]

3. 治理结构

（1）治理结构

新加坡国家科学院是一个由政府资助，管理相对松散的科技社团联盟组织，治理结构相对简单，主要靠理事会进行管理。

新加坡国家科学院的理事会由每个发起会员／联系会员的 2 名代表组成。理事会有权增选 3 名成员，他们应该是发起会员／联系会员的会员，任期不超过 3 年。理事会成员（增选成员除外）可提名候补成员代表他们出席理事会会议。

一般情况下，只有新加坡公民和永久居民可以成为理事会成员。必要情况下，理事会有权酌情放宽这项要求。

下列办公人员应从理事会成员中选出，任期不超过 3 年（荣誉财务主任任期不得超过一届，主席最多连任两届）：

①主席；

②前任主席；

③第一副主席；

④第二副主席；

⑤荣誉秘书长；

---

① 新加坡国家科学院.章程［EB/OL］.［2019-12-12］. https://snas.org.sg/our-constitution.

第四章 新加坡科技社团发展现状及管理体制

⑥荣誉助理秘书；

⑦荣誉财务主任。

（2）理事会职责

新加坡国家科学院理事会的职责包括：

①按照科学院宗旨组织相关的活动；

②控制和负责科学院的资金和财产；

③记录科学院的所有重要事件；

④为实现科学院的宗旨，有权按照需要委任各类委员会并规定其职责。

原则上，新加坡国家科学院的理事会每年召开一次会议，讨论科学院的业务和相关事务。如果情况不允许召开会议，可以通过通信方式来讨论事项。

理事会由主席主持，如果主席无法出席，由第一副主席或第二副主席主持。如果这3人都无法主持会议，由理事会推选1人来主持会议。出席理事会的法定人数应为理事会成员的50%以上。当理事会出席人数未达到法定人数时，理事会仍可召开，但不做出重大决定。[1]

新加坡国家科学院理事会目前组成人员包括：前任主席1人、即将卸任主席1人、主席1人、副主席1人、荣誉秘书长1人、荣誉财务主任1人，另有理事会成员24人。

4. 财务状况

（1）相关财务规定

新加坡国家科学院的财年是每年的4月1日到次年的3月31日。[2]

科学院的资金只能在理事会的授权下用于以下目的：

①科学院的管理费用，包括科学院资金的审计、出版物的发行和分发；

②按照科学院及其发起会员/联系会员的宗旨开展的科学活动、专业活动、教育活动、社交和其他活动。

科学院当前不需要支出的资金，理事会可以决定其用途，也可用理事会认可的方式以科学院的名义授予信托委员会，但需要进行信托声明。

存放于任何银行的科学院资金涉及的支票开支或提款都需经过2名办公人员签字才能执行，分别是主席（如果不在场，可由两个副主席中的一位代签）和荣誉财务主任。荣誉财务主任仅有权保留不超过20新加坡元的现金（零用现金）作为当期费用。

科学院的年度账目应由2名内部审计师进行审计，他们可以自由获取其担任审计师

---

[1] 新加坡国家科学院. 章程［EB/OL］.［2019-12-12］. https://snas.org.sg/our-constitution.

[2] 新加坡国家科学院. 章程［EB/OL］.［2019-12-12］. https://snas.org.sg/our-constitution.

所必需的所有书籍和文件。审计报告应提交年度大会审议。

（2）近4年财务情况

从近4年的收入和支出情况（图4-5）来看，新加坡国家科学院每年的经费很少。①从收入组成上来看（图4-6），其主要收入来源是会员缴纳的会费，占总收入的70%以上。有时会有捐赠收入。从支出组成上来说，活动、会费、奖金、出版是其主要支出（图4-7），这4项支出占其总支出的80%以上。

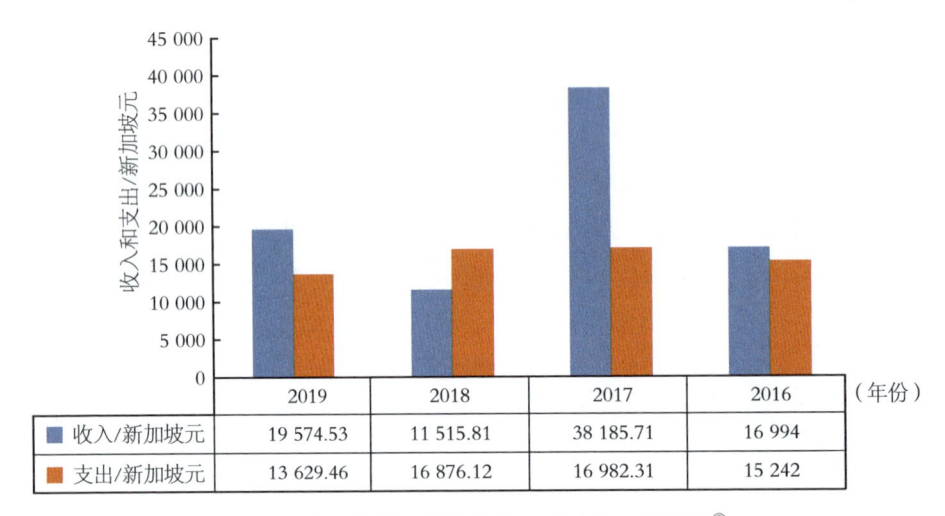

（年份）	2019	2018	2017	2016
收入/新加坡元	19 574.53	11 515.81	38 185.71	16 994
支出/新加坡元	13 629.46	16 876.12	16 982.31	15 242

图4-5 新加坡国家科学院近4年收入和支出情况②

5. 业务活动

（1）出版

新加坡国家科学院定期出版年度报告、论文集和期刊③。理事会任命一个副主席作为编辑委员会的主席。编辑委员会的政策由理事会决定。发起会员/联系会员有权获得年度报告、期刊和科学院的其他发行物并将其分发给各自的个人会员。副会员则只能获得5套科学院的所有发行物。

《新加坡国家科学院院刊》是新加坡国家科学院的主要发行物，着重介绍新加坡的科学研究，并发表旨在促进科学和数学的跨学科研究的受邀评论文章。一年发行一期或

---

① 新加坡国家科学院. 我们的报告［EB/OL］.［2019-12-12］. https://snas.org.sg/our-reports.
② 新加坡国家科学院 2018 年年报和 2019 年年报［EB/OL］.［2019-12-12］. https://snas.org.sg/our-reports.
③ 新加坡国家科学院. 出版［EB/OL］.［2019-12-12］. https://snas.org.sg/resources.

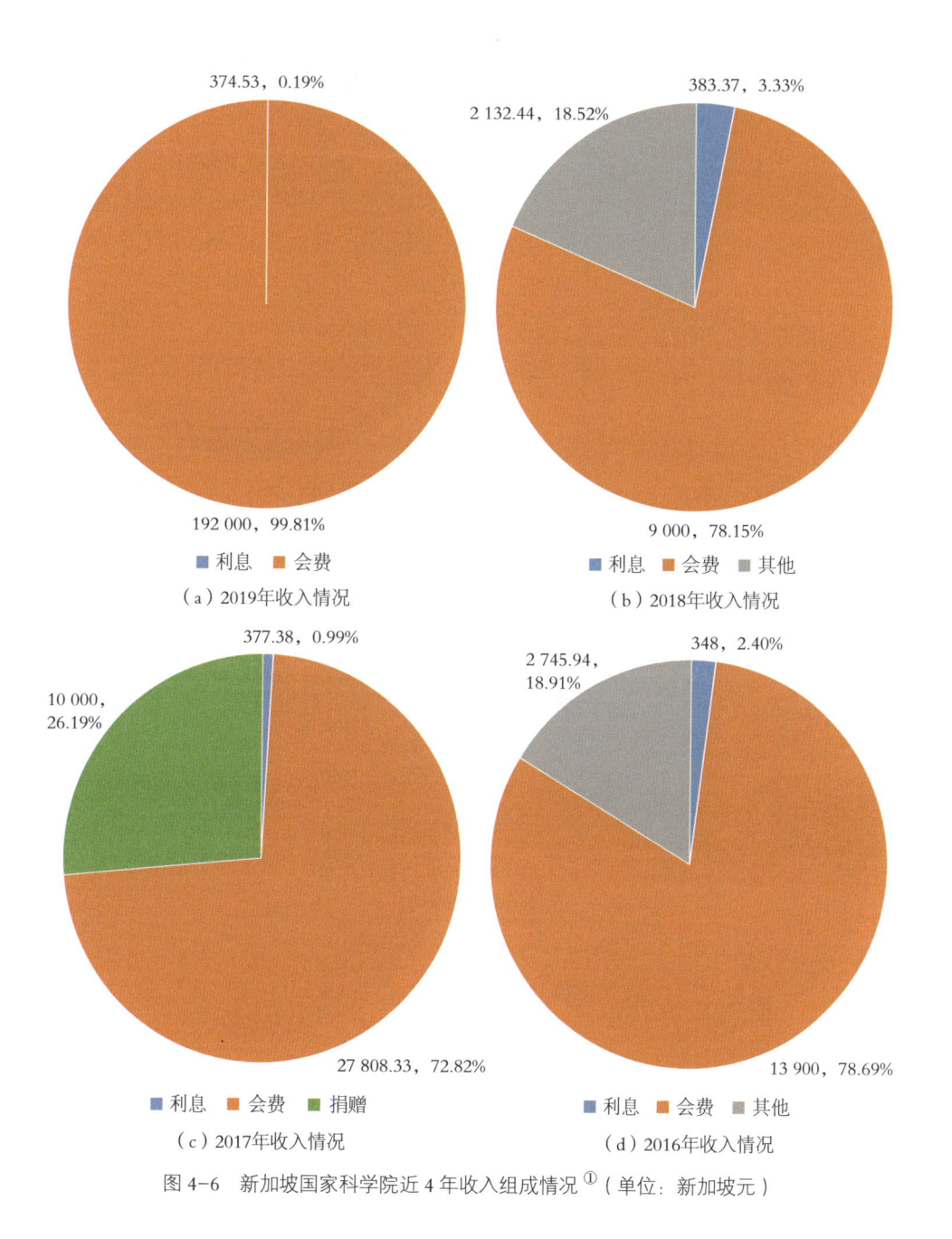

CHAPTER 4
第四章 新加坡科技社团发展现状及管理体制

(a) 2019年收入情况
- 利息 374.53, 0.19%
- 会费 192 000, 99.81%

(b) 2018年收入情况
- 利息 383.37, 3.33%
- 其他 2 132.44, 18.52%
- 会费 9 000, 78.15%

(c) 2017年收入情况
- 利息 377.38, 0.99%
- 捐赠 10 000, 26.19%
- 会费 27 808.33, 72.82%

(d) 2016年收入情况
- 利息 348, 2.40%
- 其他 2 745.94, 18.91%
- 会费 13 900, 78.69%

图 4-6 新加坡国家科学院近 4 年收入组成情况[①]（单位：新加坡元）

---

① 新加坡国家科学院 2018 年年报和 2019 年年报 [EB/OL]．[2019-12-12]．https://snas.org.sg/our-reports．

267

▶▎**法意澳新科技社团研究**

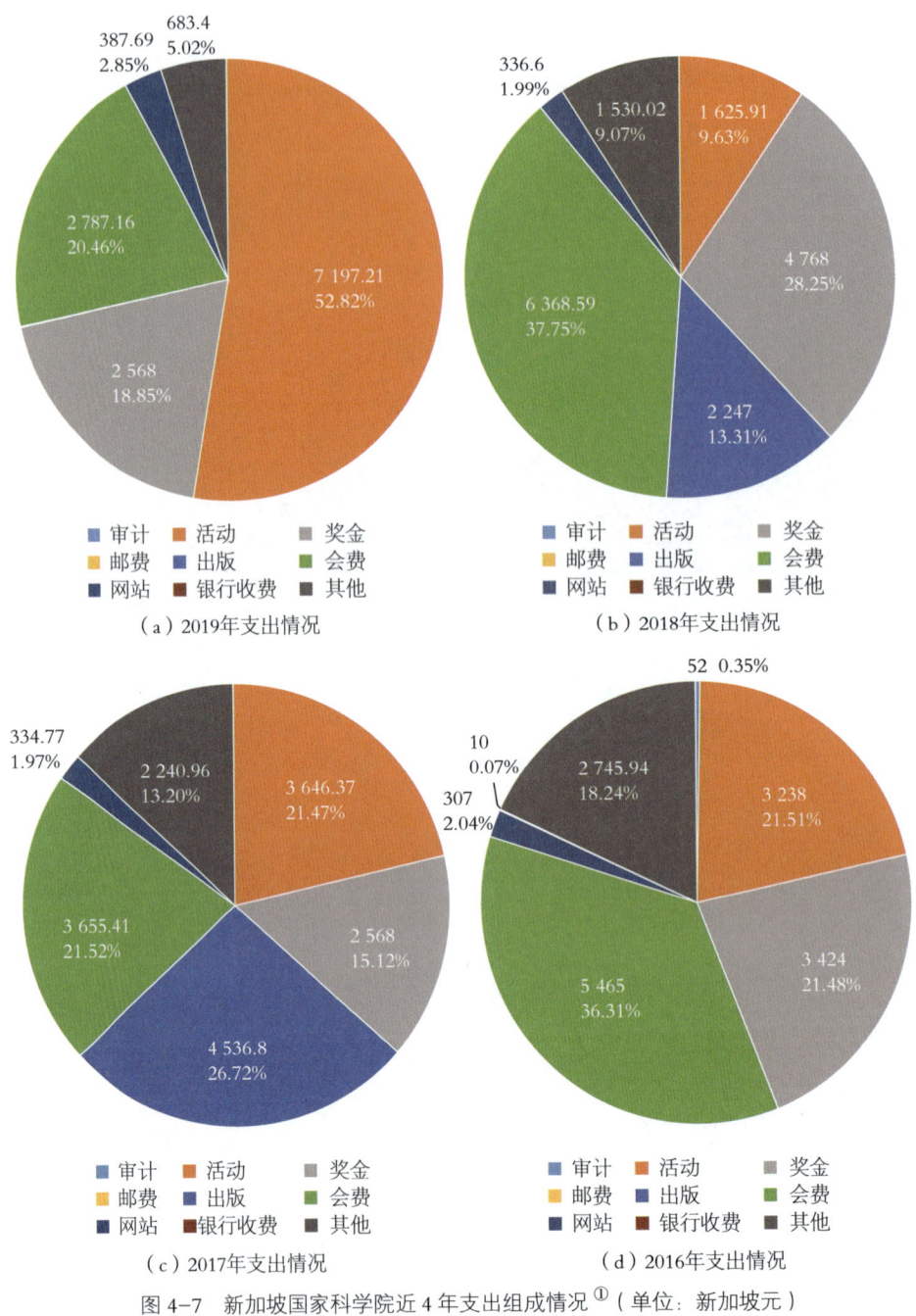

(a) 2019年支出情况

(b) 2018年支出情况

(c) 2017年支出情况

(d) 2016年支出情况

图 4-7　新加坡国家科学院近 4 年支出组成情况①（单位：新加坡元）

---

① 新加坡国家科学院 2018 年年报和 2019 年年报 [EB/OL]．[2019-12-12]．https://snas.org.sg/our-reports．

两期，聚焦于特定主题或领域。

自 2005 年以来，该刊物已出版 10 余期，涵盖了生态学、纳米材料、先进技术材料、生物医学应用中的配位配合物、统计、量子信息、纳米科学、化学的现代应用和材料科学等主题。除此之外，刊物还包含新加坡国家科学院新闻，新加坡的研究重点以及其他专题文章。

（2）会士评选

新加坡国家科学院授予理事会认为对科学技术或对促进和传播科学知识做出重大贡献的个人授予会士荣誉，会士享有理事会随时决定的特权。

会士的总数在任何时候均不得超过 100 人。在首次启动年之后，任何一年授予的会士不能超过 10 人。会士的年度会费是 200 新加坡元，终身会费是每人 2 000 新加坡元。

新加坡国家科学院目前拥有会士 37 人，荣誉会士 4 人。

（3）科技奖励

新加坡国家科学院定期评选青年科学家奖和新加坡国家科学院奖。[①]

青年科学家奖是由新加坡国家科学院管理，并由新加坡科技研究局资助的奖项。这项极具声望的年度奖项于 1997 年启动，以表彰那些具有高度创新和高产的新加坡科学家和工程师。参评人年龄要求在 35 岁或以下，在其专业领域表现出世界一流研究人员的巨大潜力。

青年科学家奖被提名人通常是新加坡公民和永久居民，并在新加坡积极从事研发活动。符合年龄要求并在申请时已在新加坡工作至少 3 年的外国公民也可参评。该奖项允许自荐。

青年科学家奖有生物与生物医学科学和物理、信息与工程科学两类。每个类别每次最多授予 2 个获奖者，每位获奖者将获得 10 000 新加坡元的现金奖励和奖状。

新加坡国家科学院奖旨在表彰在物理、化学、数学、统计学和生命科学（或生物学）学科的期末考试中表现出色的大学生。该奖项面向新加坡国立大学和南洋理工大学的学生开放。获奖者由大学确定，无须申请。该奖项由科学院主席在新加坡国家科学院的年度代表大会上颁发给学生。

（二）新加坡医学协会

1. 发展历程

新加坡医学协会成立于 1959 年，是代表全国公共和私营部门中大多数从业医生的国家及医学组织。该协会的宗旨是：

[①] 新加坡国家科学院. 奖励［EB/OL］.［2019-12-12］. https://snas.org.sg/young-scientist-award.

①在新加坡推广医学和相关科学；

②维护医学界的荣誉和利益；

③促进和维护整个医学界的团结和目标；

④代表医学界发声，并使政府和其他有关机构熟悉医学界的政策和态度；

⑤支持更高标准的医学道德和行为，启发和引导公众对新加坡的健康问题发表意见；

⑥为了实现以上目标而出版论文、期刊和其他材料。①

2. 会员管理

（1）会员规模

新加坡医学协会现有会员8 820名，其中全科医生和家庭医生占23%，专家占29%，医学专业学生占29%，住院医生占19%（图4-8）。同时，55%的会员来自公营领域。②

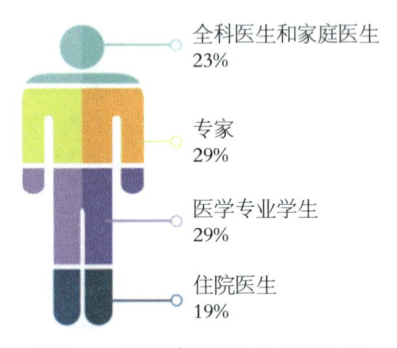

图4-8 新加坡医学协会会员比例

（2）会员体系

新加坡医学协会以个人会员为主，主要分为7类，分别为荣誉会员、正式会员、终身会员、学生会员、配偶会员、海外会员和副会员。③

1）正式会员

正式会员向新加坡医学理事会（新加坡卫生部下属的法定理事会，负责维护新加坡的医学从业人员登记册，管理强制性继续医学教育计划，管理和规范注册医生的职业操

---

① 新加坡医学协会. 关于新加坡医学协会［EB/OL］.［2019-12-12］. https://www.sma.org.sg/aboutus/.

② 新加坡医学协会. 出版［EB/OL］.［2019-12-12］. https://www.sma.org.sg/publications/index.aspx？ID=18.

③ 新加坡医学协会. 会员［EB/OL］.［2019-12-12］. https://www.sma.org.sg/membership/index.aspx？ID=266.

守和职业道德等）注册或临时注册的所有医生开放。

2）终身会员

终身会员可以授予以下几类人：①拥有连续至少 5 年会员资格，年满 55 岁且曾积极从事职业实践的已退休的正式会员；②具有连续会员资格至少 20 年的正式会员，并且按普通费率支付 10 年的年费；③连续拥有 30 年会员资格且无须进一步付费的正式会员。

3）荣誉会员

荣誉会员资格可以授予在公共生活中有杰出贡献或为医学界或为新加坡医学协会做出过杰出贡献的人：①荣誉会员将永久保留在荣誉会员名册中；②荣誉会员资格可以在被授予人去世后授予。

4）创始会员

所有在 1959 年 8 月 2 日成为英国医学协会马来亚分会会员并居住在新加坡的从业人员，以及在 1960 年 1 月 1 日之前申请加入会员资格的所有从业人员均视为创始会员。

5）学生会员

申请并缴纳年度订阅费后，所有医学专业的学生都将获得学生会员资格。

6）配偶会员

配偶会员资格向新加坡医学协会的现任正式会员的配偶开放，该配偶应该是在新加坡医药理事会注册或临时注册的人员。

7）海外会员

拥有新加坡医学协会正式会员身份，但离开新加坡并在新加坡境外定居的医学界从业者；或者具有新加坡《医疗注册法》规定的资格且通常在新加坡境外居住的医学界从业者都可以申请成为海外会员。如果没有新加坡《医疗注册法》规定的资格，则需要视情况而定。

任何人的海外会员资格在其返回或在新加坡永久居住时将被终止。

（3）会员的产生和权利

新加坡医学协会的正式会员、终身会员、配偶会员和海外会员的认定是由理事会进行的。每位申请正式会员、配偶会员和海外会员的候选人应填写申请表。①

荣誉会员的认定是根据理事会的推荐在会员大会上进行的。

在新加坡医药理事会注册或临时注册的荣誉会员，享有正式会员的所有权利和特权，包括投票和担任公职的权利。未在新加坡医药理事会注册或临时注册的荣誉会员，除无资格任职或投票外，享有正式会员的所有权利和特权。

---

① 新加坡医学协会. 关于新加坡医学协会［EB/OL］.［2019-12-12］. https://www.sma.org.sg/aboutus/.

终身会员享有正式会员的所有权利和特权，包括投票和担任公职的权利。

配偶会员享有与其配偶的会员身份相同的权利和特权，包括任职或投票的权利。

海外会员和学生会员除无资格任职或投票外，享有正式会员的所有权利和特权。

新加坡医学协会的任何会员都可以通过书面通知协会荣誉秘书的方式退会，但应该支付当年的协会会费。

3. 治理结构

（1）治理结构

新加坡医学协会由其理事会管理，理事会由主席，第一、第二副主席，荣誉秘书，荣誉助理秘书，荣誉财务主任，荣誉助理财务主任和最多13名普通理事会成员组成。[1]

1）理事会正式理事的任期

理事会理事任期为两年，且每年应有10名退任，并选出10名新理事会理事填补空缺，任期两年。理事会总人数不超过20名理事。退任理事有资格再次当选。

填补理事会空缺的候选人提名应该由2名正式会员或者终身会员签字，同时需要候选人签署认可，且在会员大会召开30天前送达给荣誉秘书。提名名单应该在年度会员大会召开前14天发给会员。如果被提名候选人数不超过理事会中空缺职位的数量，则被提名候选人在年度会员大会上正式当选，其余空缺职位应该在年度会员大会上通过选举增补。如果被提名候选人数超过空缺数，则在年度会员大会上以无记名投票的方式进行表决。选票应该按被提名候选人名字字母顺序编制，且选票应该在年度会员大会上分发给每个有权投票的会员。获得票数最多的前几位（即空缺职位数量）候选人当选。如果有两名或以上候选人的票数相等，则应再次进行无记名投票。

2）主要工作人员的任期

理事会选举完成后，年度会员大会应在理事会成员中选举产生主席，第一、第二副主席，荣誉秘书，荣誉助理秘书，荣誉财务主任，荣誉助理财务主任。

理事会主席任期1年，除非其在第二年再次当选主席或其他理事会职务，否则第二年将自动成为理事会正式理事。理事会主席有资格连任，最长连任3年。只有曾在理事会任职2年以上，且在新加坡医药理事会注册超过10年的协会正式会员才有资格参选主席。

如果主席，第一、第二副主席，荣誉秘书，荣誉助理秘书，荣誉财务主任，荣誉助理财务主任的职位出现临时空缺，理事会应在下次会议上或其后尽快选举填补空缺。

新当选的主席应该在年度会员大会后上任，上任日期是同年5月1日或者新主席举行就职仪式的时间，以较早者为准。

---

[1] 新加坡医学协会. 章程［EB/OL］.［2019-12-12］. https://www.sma.org.sg/aboutus/index.aspx? ID=63.

第四章 新加坡科技社团发展现状及管理体制

第一和第二副主席，荣誉秘书，荣誉助理秘书可连选连任。荣誉财务主任和荣誉助理财务主任可最多连续两次获得一年的任期。

任何无故连续 3 次缺席理事会会议的理事会成员，其理事会成员资格自动终止。因此丧失在理事会任职资格的成员，只有在下届年度会员大会上当选时才有资格再次任职。

（2）理事会职责

新加坡医学协会理事会每 3 个月至少召开一次会议，出席理事人数超过 5 名即达到法定人数，会议决议即可生效。协会理事会的职责包括：

①选举正式会员；
②如果有理事空缺，在下一次年度会员大会之前，任命一名会员填补理事会的空缺；
③任命和解散协会雇用的任何员工以及向他们支付报酬；
④可随时将荣誉秘书和荣誉财务主任的职责委托给付薪秘书兼财务主管；
⑤根据协会管理和业务需要废除或者修改协会内部分支或慈善信托基金的任何规则、法规和章程；
⑥代表协会处理协会章程和规章中未明确规定的所有事项；
⑦组建或解散在章程、财务、会员和行政上受协会管理的内部专业分支机构，也可将在适当的专业和其他事项上的权利授权给分支机构；
⑧针对任何具有重要意义的问题决定是否进行邮件投票；
⑨授权工作人员宣誓，反对在专业领域声名狼藉或不道德的医生；
⑩任命受托人管理慈善信托基金。

4. 财务状况

新加坡医学协会的财年是从每年的 1 月 1 日到 12 月 31 日。每年的会员大会都会审议上一年的会计报告，并指定本年度的专业审计组织。

（1）相关财务规定

新加坡医学协会的财务管理主要由荣誉财务主任和荣誉助理财务主任负责。

荣誉财务主任负责协会的所有资金的收取和核算，开具收据，开设银行账户。

协会所有的支出都必须有两个人签字：荣誉财务主任 / 荣誉助理财务主任，以及主席 / 荣誉秘书 / 荣誉助理秘书。

与《新加坡医学杂志》有关的支出，必须有两个人签字：荣誉财务主任 / 荣誉助理财务主任，主席 / 荣誉秘书 / 荣誉助理秘书 / 杂志主编。

荣誉助理财务主任的职责是协助荣誉财务主任开展工作。同时，在荣誉财务主任无法开展工作时代替他工作。

协会可以进行一定的投资行为，有时候会出现一定的亏损。如 2018 年，该协会投资即出现约 56 万新加坡元的亏损。

（2）近 3 年财务情况

新加坡医学协会每年的经费较多，每年收入经费都在 200 万新加坡元以上，从其近 3 年的收入和支出情况（图 4-9）来看，[①] 支出则相对稳定，最近 3 年都保持在 290 万新加坡元以内。

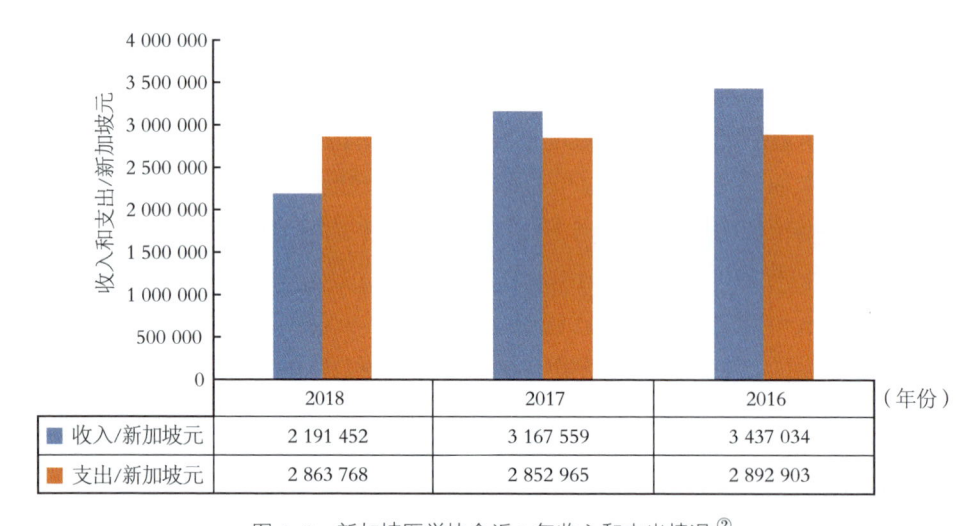

	2018	2017	2016
收入/新加坡元	2 191 452	3 167 559	3 437 034
支出/新加坡元	2 863 768	2 852 965	2 892 903

图 4-9　新加坡医学协会近 3 年收入和支出情况 [②]

从收入组成上看，其收入来源是会费、佣金、返利、课程和活动、投资、出版以及其他（图 4-10）。其中，会费、佣金、课程和活动、出版四部分业务的收入占总收入的 80% 以上。从支出组成上看，其支出分为管理费和营业费、课程和活动、出版、人员及相关费用（图 4-11），其中管理费和营业费、人员及相关费用为主要支出，占总支出的比例超过 70%。

5. 业务活动

（1）提供课程

新加坡医学协会下设新加坡医学协会学院，为医生和学生提供丰富的线上和线下课

[①] 新加坡医学协会（Singapore Medical Association）. 年报（Annual Report）［EB/OL］.［2019-12-12］. https://www.sma.org.sg/publications/index.aspx？ID=18.

[②] 新加坡医学协会 2017 年年报和 2018 年年报［EB/OL］.［2019-12-12］. https://www.sma.org.sg/publications/index.aspx？ID=18.

CHAPTER 4
第四章 新加坡科技社团发展现状及管理体制

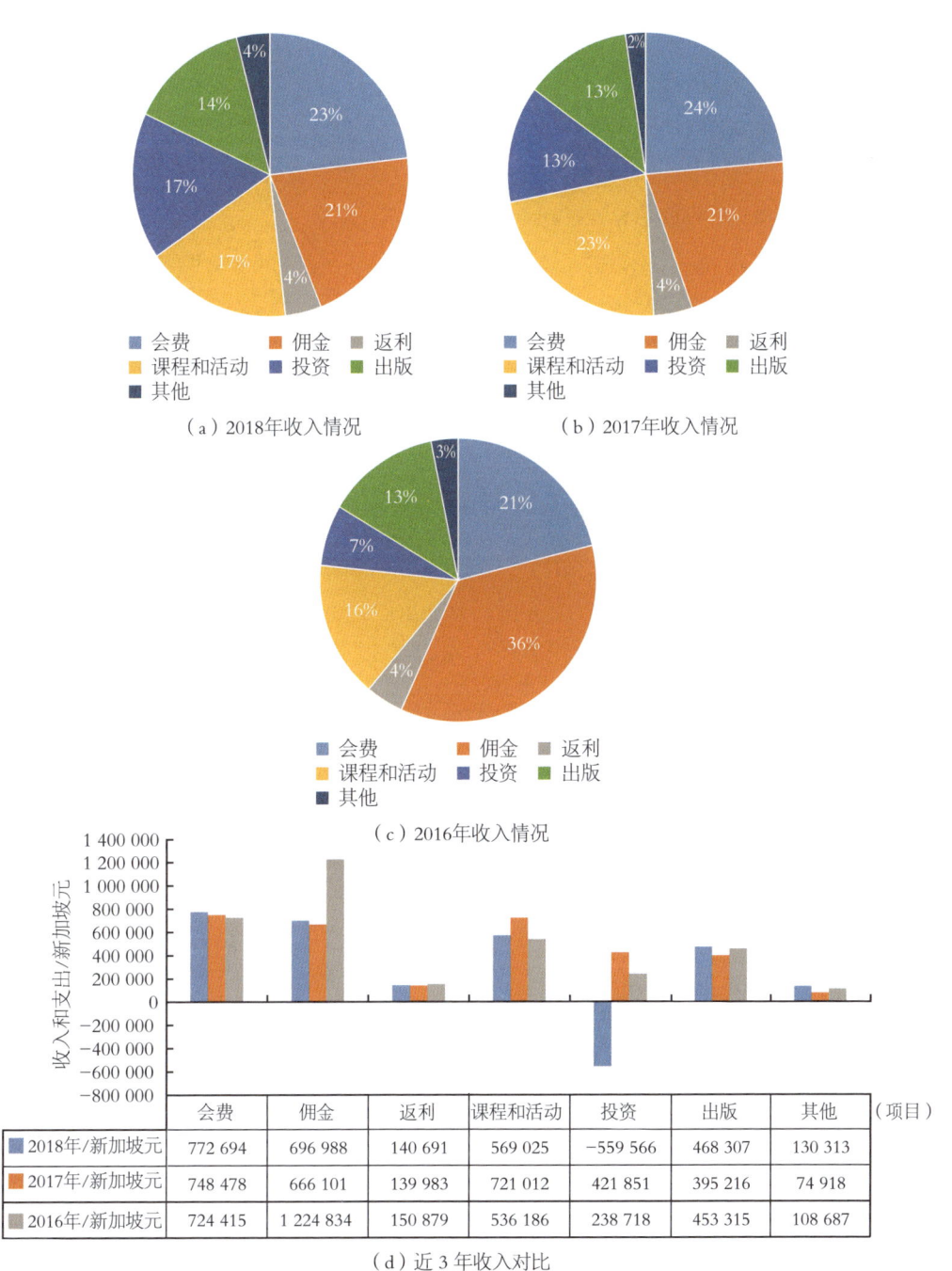

（a）2018年收入情况

（b）2017年收入情况

（c）2016年收入情况

（项目）	会费	佣金	返利	课程和活动	投资	出版	其他
2018年/新加坡元	772 694	696 988	140 691	569 025	−559 566	468 307	130 313
2017年/新加坡元	748 478	666 101	139 983	721 012	421 851	395 216	74 918
2016年/新加坡元	724 415	1 224 834	150 879	536 186	238 718	453 315	108 687

（d）近3年收入对比

图 4-10 新加坡医学协会近3年收入详情[①]

---

① 新加坡医学协会 2017 年年报和 2018 年年报［EB/OL］.［2019-12-12］. https://www.sma.org.sg/publications/index.aspx?ID=18.

法意澳新科技社团研究

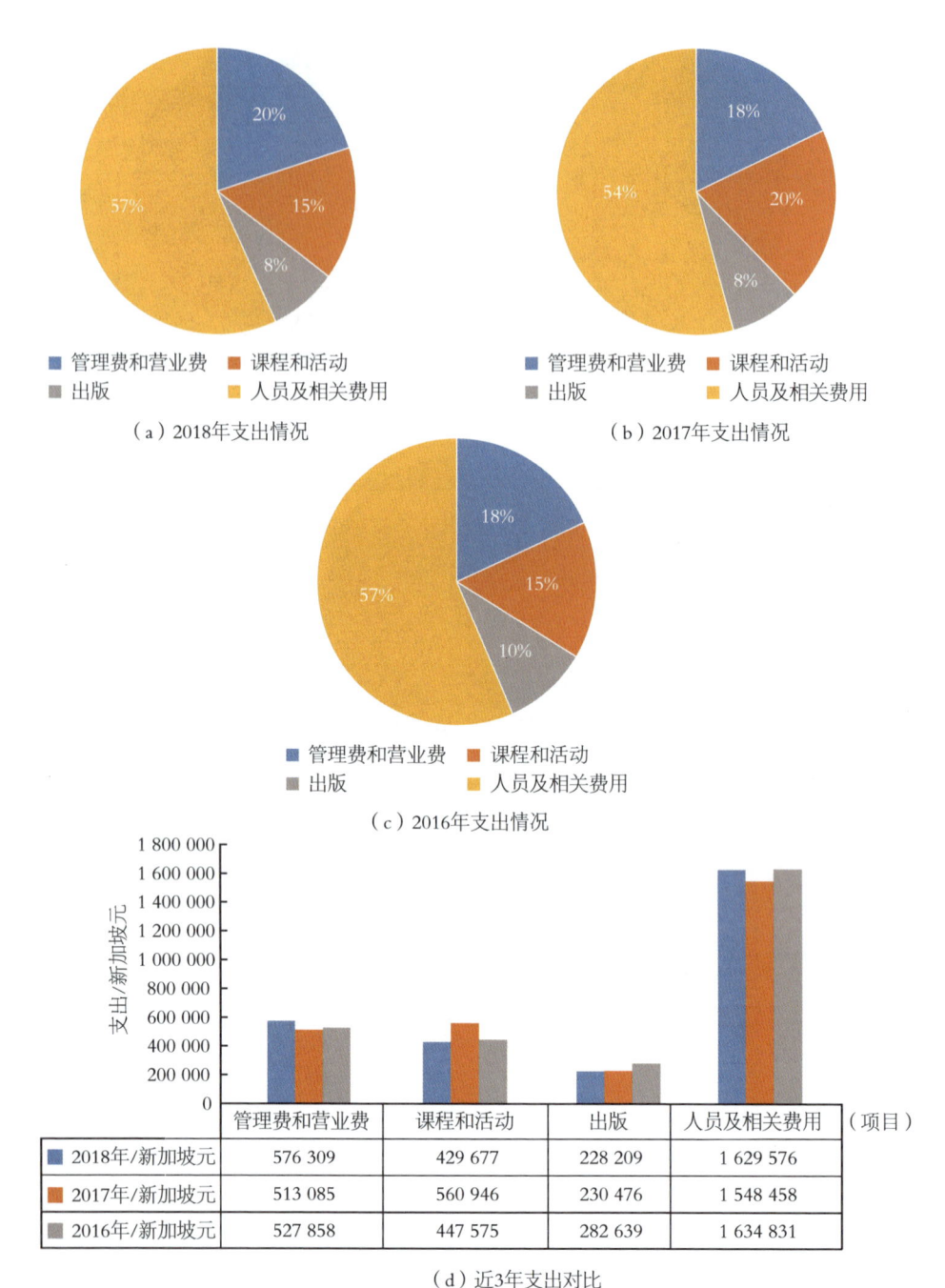

(a) 2018年支出情况

(b) 2017年支出情况

(c) 2016年支出情况

（项目）	管理费和营业费	课程和活动	出版	人员及相关费用
2018年/新加坡元	576 309	429 677	228 209	1 629 576
2017年/新加坡元	513 085	560 946	230 476	1 548 458
2016年/新加坡元	527 858	447 575	282 639	1 634 831

(d) 近3年支出对比

图4-11 新加坡医学协会近3年支出详情[①]

---

① 新加坡医学协会2017年年报和2018年年报［EB/OL］.［2019-12-12］. https://www.sma.org.sg/publications/index.aspx?ID=18.

程。该学院致力于成为一家教育机构，向医生传授为其带来成功的基本技能，而不仅仅是使之成为合格的临床医生。该学院的理念是，一个好的和成功的医生不仅仅是一个熟练的专业技术人员，而且还要具备良好的道德规范和专业精神，对健康法和医疗实践管理技能有深刻了解。

新加坡医学协会学院开设有3大类课程，分别是基础专业知识、临床医生的领导力、医学道德和专业精神。[①] 不仅仅是培训课程，还会定期组织研讨会和活动，其中，医学道德和专业精神方面的课程开展最为广泛。为此，新加坡医学协会专门设立了医学道德与专业精神中心。该中心成立于2000年，宗旨是发展和促进医疗道德和医疗保健，以改善病人护理和公共卫生，致力改善医患关系。该中心期望提供一个集医疗道德、专业精神、健康法、医学实践、学术培训和研究中的领导力等方面内容的终身学习平台。

（2）出版

新加坡医学协会出版两种刊物，《新加坡医学杂志》和《新加坡医学协会快讯》。[②]

《新加坡医学杂志》是新加坡医学协会的学术性月刊。自1959年创刊以来，一直是一本开放获取期刊。该杂志旨在通过发表高质量的文章来促进医学实践和临床研究，杂志文章增加了新加坡乃至全球医生的临床知识。

《新加坡医学杂志》是一本综合医学期刊，着重于人类健康的各个方面。杂志发表内容包括特邀评论、社论、原创研究、少量优秀案例报告、继续医学教育文章及短讯。

《新加坡医学协会快讯》是新加坡医学协会的新闻通信月刊，会员通过该刊就医疗保健环境中当前和普遍的问题分享想法和观点。

（3）慈善基金

新加坡医学协会下设一个独立运作的慈善基金——新加坡医学协会慈善基金。该慈善基金成立于2013年，是在新加坡慈善委员会合法登记的公益机构，由一家担保有限公司单独运作。新加坡医学协会慈善基金的宗旨是解决医疗和公共卫生领域的各种需求。同时，鼓励会员和协会、基金一起回馈社会。[③]

新加坡医学协会慈善基金致力于发展成为富有同情心的、为改善新加坡医疗健康状况做出贡献的医疗专业基金。主要支持方向包括：

①为家庭贫困的医学专业学生提供生活费的经济支持；

②在医学界倡导志愿服务；

---

① 新加坡医学协会. 新加坡医学协会课程［EB/OL］.［2019-12-12］. https://www.sma.org.sg/academy/.

② 新加坡医学协会. 出版［EB/OL］.［2019-12-12］. https://www.sma.org.sg/publications/.

③ 新加坡医学协会. 慈善基金［EB/OL］.［2019-12-12］. https://www.sma.org.sg/smacares/.

③为贫困学生提供获得国际交流和经验的平等机会；

④表彰和奖励对学生发展有重大贡献的导师。

新加坡医学协会慈善基金的主要收入来源是捐款和政府拨款，每年收入约35万新加坡元，其中约33.3%的经费来自捐赠，另外66.7%来自政府拨款。每年的支出约25万新加坡元。

（三）新加坡计算机学会

1. 发展历程

新加坡计算机学会成立于1967年，现在有33 000名会员，是新加坡信息通信与数字化媒体的领航者。新加坡计算机学会的宗旨是：

①致力于新加坡信息通信与数字化媒体产业，促进其繁荣发展；

②增加信息通信及数字化媒体行业的工作机会，促进个人职业发展；

③为信息通信及数字化媒体从业者发声。①

2. 会员管理

（1）会员体系

新加坡计算机学会现有会员超过33 000人，共分8类：荣誉会士、会士、高级会员、专业会员、副会员、联系会员、学生会员、海外会员。②

1）荣誉会士

无论是否符合学会专业会员资格，只要执行理事会认为该人在推动新加坡信息技术发展中做出卓越贡献，则可被授予荣誉会士；

荣誉会士可参加新加坡计算机学会的所有活动，但无投票权。

2）会士

在信息技术专业或领域做出典范性贡献的人可申请会士。申请资料应有任何其他4类会员提供支持材料；

执行理事会可以根据会员审查委员会的推荐决定是否通过申请。

3）高级会员

在信息技术专业或领域做出有价值贡献的人可申请高级会员。申请资料应有任何其他两类会员提供支持材料；

执行理事会可以根据会员审查委员会的推荐决定是否通过申请。

---

① 新加坡计算机学会. 关于我们 [EB/OL]. [2019-12-12]. https://www.scs.org.sg/about-us/about-us.php.

② 新加坡计算机学会. 会员 [EB/OL]. [2019-12-12]. https://www.scs.org.sg/membership/membership_join_now.php.

4）专业会员

持有执行理事会认可的学位，且参与信息技术领域的活动或工作，或在一段时间参加信息技术相关实践，且获得执行理事会的认可；

未持有执行理事会认可的学位，但长期在信息技术领域工作，且其经历获得执行理事会的认可；

是其他信息技术学会的会员，且其会员资质被执行理事会所认可，都可以成为专业会员。

5）副会员

持有学术或专业上的资格，参与信息技术领域工作或实践活动一段时间，且得到执行理事会认可，可成为副会员；

副会员可参加新加坡计算机学会的所有活动，但无投票权。

6）联系会员

不符合学会会员的资格申请，但根据执行理事会的意见能够参与信息技术类活动；

联系会员可参加新加坡计算机学会的所有活动，但无投票权。

7）学生会员

在受认可的海内外学校就读的学生，且有意获得新加坡计算机学会认可的资质；

学生会员可参加新加坡计算机学会的所有活动，但无投票权。

8）海外会员

获得执行理事会认可的其他信息技术学会的会员，可在满足申请条件的情况下申请成为海外会员，并享有与其他会员相同的权利；

海外会员可参加新加坡计算机学会的所有活动，但无投票权。

（2）会员的产生和权利

除荣誉会士和海外会员外，申请其他类别会员需向执行理事会提交申请表、准入费以及会费。执行理事会有通过或拒绝会员申请的权利。

除荣誉会士外，其他会员需缴纳会费。在新加坡学校就读且申请学生会员的学生，可免缴准入费。每年1月1日开始缴纳一年的会费，每年6月30日以后的申请，可半价缴费。

若会员离开新加坡不满12个月，可在此期间申请成为缺席会员。当返回新加坡时需告知学会，将其会员身份转为正常。会员年费减少，但可能会被要求提供此期间不在新加坡的证据。[1]

新加坡计算机学会与海外信息技术领域学会签有互惠协议。来自互惠学会的会员注

---

[1] 新加坡计算机学会. 章程［EB/OL］.［2019-12-12］. https://www.scs.org.sg/about-us/SCS_Constitution.pdf.

册成为新加坡计算机学会会员时，可享有 20% 的折扣。反之亦然。互惠学会分别是：澳大利亚计算机学会、计算机协会、英国计算机学会、加拿大 IT 专业人员协会、印度计算机学会、香港计算机学会、电气和电子工程协会计算机学会新加坡分会、新西兰 IT 专业人员协会、马来西亚国家计算机联合会。

（3）会员可享有的服务

①高质量的社交网络和更多就业机会；

②与资深信息通信专业人士建立联系；

③能够登录相应的网站，这些网站是新加坡计算机学会为本地专业人士建立的网上交流合作平台；

④有资格参加新加坡计算机学会的资格培训，提升专业技能；

⑤有资格获邀参加商业领袖论坛；

⑥可报名参加新加坡计算机学会兴趣小组；

⑦可获得新加坡计算机学会的出版物，如新加坡计算机 IT 协会季刊、定期电子时事报刊等；

⑧及时得到 IT 行业最新资讯；

⑨获得会员参会资格，如各种论坛、工作坊、参观、职业会议等。

3. 治理结构

（1）治理结构

新加坡计算机学会由其执行理事会管理，执行理事会由主席，3 位副主席，荣誉秘书，荣誉财务主任和最多 12 名普通理事会成员组成。前任主席在卸任后的第一年自动成为执行理事会的委员。[①]

1）主席

担任所有一般性例会和执行理事会议的主席，且按照章程主持会议议程。代表新加坡计算机学会与其他组织的事务。

2）副主席

主要协助主席完成上述内容。其中一位副主席由主席选出，担任高级副主席，在主席缺席时代表主席处理事务。

3）荣誉秘书

执行理事会的指示。向执行理事会报告违反学会规章制度的行为。参加所有理事会

---

① 新加坡计算机学会. 章程［EB/OL］.［2019-12-12］. https://www.scs.org.sg/about-us/SCS_Constitution.pdf.

和委员会的会议。负责撰写学会的一般性信件、整理并保留所有会议的记录。

4）荣誉财务主任

负责处理学会所有财务事务，管理学会的财务来源，财务主任的收据是唯一的解约手段。他负责制作和管理学会账目，提交季度财务报表，按季度补交执行董事的欠款。负责向审计师提交收据和付款声明，以及年度报表。可个人留存不超过500美元的公款，如果超过500美元，需经执行委员会批准后存入学会的账户。

执行理事会可邀请其他会员代表协助管理学会，但是获邀人员不在理事会担任职位。

执行理事会的成员从学会的会士、高级会员和专业会员中选出。执行理事会的成员每年选举一次，任期从本届年会开始到下届年会止。执行理事会成员可连选连任，最长可到6届。主席连任需在75%投票会员出席年会并就此项投票的情况下，连任1年，最多可连任3届。财务主任不可在同一职位上连任。

（2）执行理事会职责

新加坡计算机学会的执行理事会职责包括：

①负责计算机学会的管理和各项政策的执行。以学会的名义参加或举办活动。执行理事会的权利与指令等同于学会的权利与指令。

②有权制定任何条例以使学会细则生效，该条例应保持有效力，直至下一届年会。

③应确保学会遵守细则，并就不当细则做出决定，此决定适用于所有会员，直至下一届年会。

④有权运用法律程序提起法律诉讼，起诉个人/实体，或维护学会，如有人扣留任何书籍，错误或欺诈地使用任何属于协会的财产或款项。

⑤授权学会会员团队到其他组织交流访问，增加未来合作机会。

⑥有权雇用、解雇学会工作人员，并结算报酬。工作人员无投票权。

⑦组织会员代表学会参加新加坡或国际组织。

⑧可任命任何委员会。

⑨可指定章程，规范会员的职业操守。学会制定的《道德守则》，旨在向会员倡导合理的做法，预防非法或不道德行为，促进信息技术领域的进步。

⑩有权借贷或发放基金。

4. 业务活动

（1）资格认证

新加坡计算机学会提供基于行业的职业资格认证项目，且被国家信息通信能力框架收录，得到了合作伙伴和政府机构的广泛认可。资格认证包括：数字化能力认证、IT项

法意澳新科技社团研究

目管理资格认证、IT 外包管理资格认证、IT 业务持续性管理资格认证、软件测试专业认证、软件质量分析师认证、软件质量经理认证、首席信息安全官认证。①

（2）学术交流

新加坡计算机学会旨在为新加坡信息通信领域专业人才发声，持续建立丰富多样化的社交网络。该学会建有 10 个分会，6 个特别兴趣小组，1 个青年委员会，1 个学生分会。

新加坡计算机学会的分会包括：行业分析师分会、业务持续性分会、云计算分会、企业架构分会、信息交流安全分会、交互数字媒体分会、物联网社团、项社团目经理分会、质保分会、供应链分会。这 10 个分会涉及不同行业领域，为会员提供高效集中的交流平台。会员不仅可获得一手行业咨询，且有机会参加实践活动，强化专业知识，锻炼专业技能。

特别兴趣小组包括：人工智能和机器人、增强现实与虚拟现实、数据中心、免费和开源软件、科技创业、科技界女性等。特别兴趣小组帮助成员专注于新兴技术热点和发展趋势，扩大会员的专业网络和专业知识与技能。小组成员可获得与本领域领先人物交流的机会，有机会免费参加会议与活动，获得活动的优先注册权。

青年委员会致力于为青年科技工作者提供交流合作的平台。青年科技工作者通过该平台可获得更广泛的同业人社交网络更多工作机会，结识业内优秀领袖，参加持续进修培训等。

学生分会致力于为在读学生提供交流学习的平台。加入的学生可以获得企业的实习机会，参加信息通信领域行业大会，拜访参观 IT 企业，获得工作指导，获得学生奖牌和奖励等。

（3）科技奖励

新加坡计算机学会每年会颁发 IT 领导者奖，表彰那些在 IT 领域具有突出表现的个人。IT 领导者奖共包含五类奖项，分别是：①年度最佳 IT 领导者；②年度最佳企业家；③年度最佳专业工作者；④名人堂；⑤年度最佳青年工作者。②

年度最佳 IT 领导者为业界领袖，具有模范作用。本奖项授予在不同领域均具有出色领导示范作用的个人，包括：专业能力、商业头脑、领导力、指导示范能力和社区沟通技巧等。

年度最佳企业家为表彰在新加坡 IT 业成功卓越并且提供可持续发展的信息通信和

---

① 新加坡计算机学会. 认证 [EB/OL]. [2019-12-12]. https://www.scs.org.sg/certifications/certification.php.

② 新加坡计算机学会. IT 领袖奖 [EB/OL]. [2019-12-12]. https://www.scs.org.sg/it-leader-awards/IT-leader-Awards.php.

数字媒体业务的企业家。

年度最佳专业工作者旨在表彰具有高超专业技能的专业人士，他们运用自己的专业技能开发下一代技术，通过研发改变生活的产品或提供解决方案为社会做出杰出贡献。

名人堂旨在表彰为本地信息通信和数字媒体行业做出杰出贡献的个人，他们是行业的推动者和颠覆者。

年度最佳青年工作者旨在表彰在信息通信和数字媒体领域做出持续贡献并具有创新精神的年轻人。

候选人需有一名提议者和一名附议者，不可自荐。获奖者由选委会评选决定，选委会的评选结果即为最终结果。选委会的评委由来自商界、公共部门和学术界的优秀专家组成。

（四）亚太白内障与屈光外科医师协会

1. 发展历程

亚太白内障与屈光外科医师协会的前身是亚太地区眼内植入物协会，由林阿瑟教授于1987年创立。2003年，该协会在新加坡全国眼科中心设立常设秘书处，负责协会日常活动的组织工作。

学会的宗旨是满足亚太区域内的白内障与屈光手术需求，并迎接亚太地区的社会、经济和文化多样性的进一步挑战。学会的主要职能是在亚太地区传播各类眼前段手术专业知识，促进各类眼前段手术技术发展。为迎接挑战，亚太白内障与屈光外科医师协会开展多种多样的业务活动来履行职能，服务会员。[①]

亚太白内障与屈光外科医师协会与亚太地区及国际上的白内障和屈光手术学会在眼科教育方面保持紧密合作，并提供亚太区域行业交流平台。亚太白内障与屈光外科医师协会每年组织亚太区域年会，在业内享有盛名。

2. 会员管理

亚太白内障与屈光外科医师协会的会员学会分布在亚太地区的10个国家，分别为：孟加拉白内障与屈光外科医师学会、中国白内障学会、印尼白内障与屈光手术学会、印度眼内植入与屈光学会、日本白内障与屈光手术学会、韩国白内障与屈光手术学会、菲律宾白内障与屈光手术学会、泰国白内障与屈光手术学会、美国白内障与屈光手术学会、欧洲白内障与屈光外科医师学会。[②]除欧洲白内障与屈光外科医师学会外，亚太白内障与屈光外科医师协会为来自其他会员学会的35岁以下青年会员提供不超过1 355美

---

① 亚太白内障与屈光外科医师协会. 关于我们［EB/OL］.［2019-12-12］. https://www.apacrs.org/about.asp.

② 亚太白内障与屈光外科医师协会. 会员学会［EB/OL］.［2019-12-12］. https://www.apacrs.org/links.asp.

元的年会车旅补助，每个会员学会可提交 3 位候选人。

亚太白内障与屈光外科医师协会的会员分两类，即会员和副会员。亚太白内障与屈光外科医师协会的会员在业界享有很高声誉，成为该协会的会员，意味着获得了亚太地区眼科医师界的认可。会员身份必须获得理事会的认可通过。

（1）会员

成为会员的流程严格，申请材料需提请理事会通过，会员认证同样需获得理事会的通过，方可成为协会会员。会员的会费为每年 100 美元。

会员享有的权益包括：亚太白内障与屈光外科医师协会组织的会议的注册费减免；免费订阅 *EyeWorld* 亚太新闻杂志；有选举权等。

（2）副会员

副会员认证需获得理事会的通过。副会员的会费为 3 年 50 美元。

副会员享有的权益包括：成为协会会员满 3 年，可获得亚太白内障与屈光外科医师协会组织的会议的注册费减免；免费订阅 *EyeWorld* 亚太新闻杂志。但是副会员无选举权。

3. 治理结构

亚太白内障与屈光外科医师协会的治理结构简单，由 3 位监理委员会成员，15 位理事会成员及四位秘书处成员组成。秘书处成员为固定职位，不需参与选举，监理委员会成员每 5 年选举一次，理事会成员每 3 年选举一次，选举结果在官网公示。

（1）监理委员会

监理委员会的成员没有职务区分，其主要职能是为学会的发展提供智力支持，对学会事务进行指导和引领。2018—2023 年监理委员会的成员由 3 位监理委员组成。

（2）理事会

理事会包括主席、候任主席、副主席、秘书长、财务秘书各 1 人，理事会理事 9 人。

（3）秘书处

亚太白内障与屈光外科医师协会的常设秘书处于 2003 年 1 月成立，位于新加坡国家眼科中心。秘书处负责协会日常活动的组织。

4. 业务活动

（1）出版

亚太白内障与屈光外科医师协会共有两种出版物，一种是 *EyeWorld* 亚太新闻杂志，一种是实践指南系列丛书。[1]

---

[1] 亚太白内障与屈光外科医师协会. 出版［EB/OL］.［2019-12-12］. https://www.apacrs.org/publications.asp? info=1.

第四章 新加坡科技社团发展现状及管理体制

EyeWorld 亚太新闻杂志是亚太白内障与屈光外科医师协会为促进亚太区眼前段手术的专业知识交流与技术发展，联合美国白内障和屈光手术学会于2005年创办的，在亚太区眼科领域获得了很大的关注。

EyeWorld 亚太新闻杂志关注眼科各方面的最新发展资讯、亚太地区眼科发展的现状及前景，目前已有4个版本——亚太版、印度版、韩语版、汉语版。杂志除了介绍眼科专业知识及专业发展外，还展示赞助的医疗公司最新发明的医疗设备及医疗技术。目前，该杂志的订阅读者已超过3万名，遍布亚太地区的22个国家或地区。*EyeWorld* 亚太新闻杂志提供免费的电子订阅，向所有人开放，亚太区有18个国家或地区可以订阅购买纸质版本，包括：澳大利亚、孟加拉、文莱、柬埔寨、中国台北、中国香港、印度尼西亚、日本、马来西亚、缅甸、尼泊尔、新西兰、巴基斯坦、菲律宾、新加坡、斯里兰卡、泰国、越南。

在协会成立30周年之际，亚太白内障与屈光外科医师协会在医疗公司的赞助下出版了两套实践指南，分别是蔡司无限制教育补助金赞助出版的《白内障手术实践指南》和桑田无限制教育补助金赞助出版的《白内障和屈光手术后眼表管理实践指南》。这两本实践指南为亚太地区的眼科以及外科医师提供了翔实的案例指导。

（2）学术交流

作为区域性学会以及亚太区眼前段外科领域的领军组织，亚太白内障与屈光外科医师协会具有鲜明的国际性。作为有10个会员学会的组织，亚太白内障与屈光外科医师协会举办学术会议的地点每年选设在不同国家，充分调动各参与国的积极性，并促进了亚太区各国家和地区的学术交流。

亚太白内障与屈光外科医师协会年会历史悠久，从1987年第一届年会举办，经历32年，到2019年共举办了28届。会议大约有1 800名参会者，每年会轮流在亚太区各个国家举行（表4-3）。

表4-3 亚太白内障与屈光外科医师协会年会举办时间地点

年　份	举　办　地	年　份	举　办　地
1987	新加坡	1994	马来西亚吉隆坡
1988	日本名古屋	1995	印度尼西亚巴厘岛
1989	日本福冈	1996	澳大利亚珀斯
1991	韩国首尔	1997	印度新德里
1992	印度新德里	1998	新加坡
1993	中国天津	1999	中国天津

续表

年 份	举 办 地	年 份	举 办 地
2000	马来西亚吉隆坡	2010	澳大利亚凯恩斯
2001	西班牙巴塞罗那	2011	韩国首尔
2002	中国厦门	2012	中国上海
2003	澳大利亚道格拉斯港	2013	新加坡
2004	印度尼西亚巴厘岛	2014	印度斋浦尔
2005	中国北京	2015	马来西亚吉隆坡
2006	新加坡	2016	印度尼西亚巴厘岛
2007	越南河内	2017	中国杭州
2008	泰国曼谷	2018	泰国清迈
2009	日本东京	2019	日本东京

亚太白内障与屈光外科医师协会每年都会举办医学视频节，视频的内容主要是眼科手术过程。通过视频展示，使手术过程变得更加直观，便于眼科医生间的交流与学习，对促进学科技术的传播与发展起到了积极的推动作用。但获奖的视频只对会员公开。

(3) 科技奖励

亚太白内障与屈光外科医师协会共设有4个科技奖励，分别是亚太白内障与屈光外科医师协会奖章、亚太白内障与屈光外科医师协会LIM演讲、认证教育工作者奖和亚太白内障与屈光外科医师协会年会参会补助。[1]

亚太白内障与屈光外科医师协会奖章是亚太地区眼科久负盛名的奖项，从1991年起每年评选一次，每次仅颁发一个奖项，表彰亚太地区在白内障、屈光手术以及眼科领域做出了突出且杰出贡献的眼科医生。

亚太白内障与屈光外科医师协会LIM演讲是协会的最高荣誉。自1991年起，亚太白内障与屈光外科医师协会每年会邀请一位在推动白内障与屈光手术的发展中做出卓越贡献的杰出眼科医师参加亚太白内障与屈光外科医师协会年会，并在年会中发表演讲。

亚太白内障与屈光外科医师协会关注白内障及屈光手术领域的专业传承与发展，于2002年设立了认证教育工作者奖，鼓励眼科医师不仅在专业领域内不断进步，更鼓励他们发挥积极的促进作用，将最新的专业知识与技术与同事进行交流。该奖由亚太白内障与屈光外科医师协会与行业从业者们共同评选得出。

---

[1] 亚太白内障与屈光外科医师协会.奖励[EB/OL].[2019-12-12]. https://www.apacrs.org/awards.asp? info=1.

第四章　新加坡科技社团发展现状及管理体制

亚太白内障与屈光外科医师协会设有协会年会参会补助，为符合条件的参会人提供每笔高达 1 355 美元的参会津贴，包括 1 000 美元的车旅及食宿的报销费用，以及 355 美元的年会注册费。报销费通常于会议结束后支付。申请人需为 35 岁以下的眼科实习生或眼科研究员，且之前未接受过该项补助。申请人需来自亚太白内障与屈光外科医师协会的会员学会（欧洲白内障与屈光外科医师学会除外）所在的国家，即孟加拉国、中国、印度、印度尼西亚、日本、韩国、菲律宾、泰国以及越南。会员学会各自筛选来自本国的申请名单，每个会员学会最多可提交 3 位候选人。

（4）提供辅助专业公式

亚太白内障与屈光外科医师协会在其官网为眼科医生提供专业的巴雷特人工晶状体公式，该公式提供 4 类现今最复杂最准确的计算模型。巴雷特人工晶状体公式基于巴雷特博士的知识产权开发而成，为用户进行教育活动、开展临床操作等内部业务提供帮助，是医生更好服务病人的一种辅助工具。医生给准备植入人工晶体的白内障手术患者进行全面的眼科检查及相应的诊断测量时可配合巴雷特人工晶状体公式使用。但是通过此类公式获得的结果仅供参考，并非亚太白内障与屈光外科医师协会的医疗或手术建议，也非权威，医生需结合患者的个体情况自行做出诊断决定，需对手术和治疗结果承担全部责任。[①]

（五）新加坡工程师学会

1. 发展历程

新加坡工程师学会于 1966 年 7 月正式成立，是新加坡首屈一指的工程学会，经常应政府要求就专业工程和人才培养政策提供专业意见。通过与当地大学和理工学院的密切合作，新加坡工程师学会为工程师和学会会员组织课程、研讨会和讲座以促进工程师的持续发展。同时，新加坡工程师学会寻求通过与利益相关方的更紧密合作和对社会的贡献来提高工程专业的知名度，并提高本地和国际工程师的地位。

1987 年，新加坡工程师学会大楼建成并启用。1994 年，完成大楼扩建 2A 期。1997 年 2 月，完成扩建大楼 2B 期。1990 年，新加坡工程师学会成立了继续教育中心，为促进其成员和公众的职业发展，开始从事继续教育业务。新加坡工程师学会与建筑行业成员一起在 1997 年成立了建筑行业联合委员会。新加坡工程师学会于 2001—2002 年担任建筑行业联合委员会主席。2002 年，新加坡工程师学会成立了工程认证委员会以认证工程计划，通过该委员会，学会在 2006 年获得了《华盛顿协议》完全签署身份。2004 年，学会加入世界工程组织联合会。

新加坡工程师学会的使命是：作为新加坡全国工程师的协会，提高和促进工程科

---

① 亚太白内障与屈光外科医师协会. IOL 计算器 [EB/OL]. [2019-12-12]. https://www.apacrs.org/disclaimer.asp? info=2#.

学、艺术和工程专业发展以造福人类。

新加坡工程师学会的愿景是代表新加坡工程师发声，并将学会建设成为代表工程师的国家机构，建设工程师之家。[①]

新加坡工程师学会的目标是：①提高工程专业和从业者的地位，提高公众和从业者对工程专业的兴趣；②促进从业者的荣誉实践和相互尊重，并决定影响学会会员的所有工程实践；③为会员和国家提供优质服务；④为职业发展提供机会，并促进会员之间的团契。

新加坡工程师学会的定位是：①在国内和国际上代表工程师；②提高工程师的知识和专长；③维护工程师的地位和形象；④为工程师提供社交、业务发展，以及专业和职业发展的平台。

新加坡工程师学会的核心价值是廉洁、专业精神、热情，以及社会责任感。

2. 会员管理

（1）会员体系

新加坡工程师学会的会员分为个人会员和团体会员。[②]

1）个人会员

新加坡工程师学会的个人会员资格分为6个等级，分别是：荣誉会士、会士、高级会员、会员、准会员和学生会员。其中，荣誉会士、会士、高级会员和会员都称为"社团会员"。所有会员的姓名均应登记在新加坡工程师学会名单中（以下简称"名单"）。

荣誉会士授予理事会认为能够为增加学会声望和促进学会利益做出贡献的杰出人士。荣誉会员仅由理事会授予。

符合以下两个要求的会员可以当选会士：①年龄不小于35岁并且成为学会会员的时间不少于3年，如不满足这些条件，须经学会理事会特别许可；②担任工程领域高级职位超过5年且对工程专业做出杰出贡献，且理事会认为其满足会士要求。

高级会员要满足以下两个条件：①年龄不小于32岁并且成为学会会员的时间不少于3年，如不满足这些条件须经学会理事会特别许可；②从事工程工作至少10年并对专业做出杰出贡献，且理事会认为其满足高级会员要求。

要成为会员需要满足以下两个条件之一：①学会认可的大学或者学院的毕业生或者拥有同等学力的毕业生；②年龄不小于35岁受过一定的教育和培训的合格工程师，并且在重要的工程设计和执行工作方面拥有至少10年的全职经历，同时理事会认为其满

---

① 新加坡工程师学会. 使命和目标 [EB/OL].［2019-12-12］. https://www.ies.org.sg/About-IES/Mission-Statement-and-Objectives.

② 新加坡工程师学会. 会员 [EB/OL].［2019-12-12］. https://www.ies.org.sg/Membership/Membership-Grade.

第四章　新加坡科技社团发展现状及管理体制

足会员要求。

准会员应是拥有本地理工学院工程专业文凭的人，或者在工程岗位上工作至少5年且与工程、科学或艺术领域有联系的人，或者有能力与合格的工程师互动以促进工程发展的人。

2）团体会员

任何在新加坡从事工程实践、研发、承包和制造等的公司和组织都可以被吸纳为新加坡工程师学会的团体会员。团体会员可以提名2名员工代表他们参加学会，但2名员工需要满足高级会员、会员或准会员的条件。

（2）会员的产生和权利

荣誉会士的选择由理事会决定，并且决定后即可生效。

每项会士、高级会员、会员或准会员的申请都要提交给新加坡工程师学会的荣誉秘书，并由他提交给理事会，理事会将确定申请人是否符合资格或者是否符合所申请的会员级别。如果理事会决议认为候选人符合学会会员资格，那么理事会会议主席将签署该申请，并说明该申请人符合的会员级别。理事会会议召开后，会尽快向所有"社团会员"公布申请人的名单，公示期结束后，理事会宣布正式吸纳这些申请人为对应级别的会员。

按照理事会规定，会员要申请成为高级会员，必须提出申请且由至少2名高级会员/会士推荐后通过荣誉秘书提交给理事会，理事会认为符合要求即可成为高级会员。高级会员申请成为会士的程序和上述程序类似，但推荐人必须是至少2名会士。

新加坡工程师学会的"社团会员"具有选举权，其他会员没有选举权。

团体会员的指定员工可以参加学会的所有活动，例如研讨会、讲习班、培训课程、技术讲座、技术访问和社交活动，费用和普通会员一样。他们还将获得与"社团会员"相同的权利，但是没有选举权。

3. 治理结构

新加坡工程师学会的管理工作由理事会代表学会执行。理事会成员应由选举或者提名的方式产生的。理事会成员不能获得任何报酬或收取任何形式酬金或费用，也不能担任学会的任何带薪职务。理事会成员必须是在新加坡定居或者居住的会员。

新加坡工程师学会的理事会成员构成如下：[①]主席、1名候任副主席（在理事会任期第一年没有这个职位，只有6个副主席）、5名副主席、21名普通成员，包括荣誉秘书、助理荣誉秘书、荣誉财务主任、助理荣誉财务主任。

如果有需要，理事会最多可任命21名普通成员中的6名，但这样产生的成员任期

---

① 新加坡工程师学会. 组织结构[EB/OL].［2019-12-12］. https://www.ies.org.sg/About-IES/Organisational-Structure.

只有1届。除了理事会任命的这6名普通成员外，其他理事会成员都是从"社团会员"中选举产生的。理事会可任命学会的任何前任主席为名誉理事会成员。名誉理事会成员应参加理事会会议，但对理事会决议无表决权。

新加坡工程师学会的主席通常任期2届。在第二届任期结束时，候任副主席由理事会宣布当选。如果候任副主席无法接受主席的职务，荣誉秘书应通过理事会成员从现任和前任副主席中提名主席人选。提名必须由理事会中的3名成员签署才能生效。现任主席在任期内投票。新加坡工程师学会的主席可以连任并再次参加选举，但每次任期不超过两届。再次当选必须至少间隔1届。

候任副主席和5名副主席的选举是在主席当选之后进行的，应尽可能从不同的工程领域中选出。候任副主席通常任期1届，从6名副主席中选举产生。候任副主席通常是在主席任期的第一年年末选举产生。副主席通常任职2届，并应从曾任职或正在理事会任职的学会会士中选出。但是，6名副主席中的3名必须来自21名理事会普通会员。候任副主席和副主席由理事会成员以无记名投票方式选出。副主席可以连任并再次参加选举，但连任不能超过4届，再次当选必须至少间隔1届。

荣誉秘书、助理荣誉秘书、荣誉财务主任和助理荣誉财务主任每年由理事会从其成员中选出。荣誉秘书、助理荣誉秘书和助理荣誉财务主任有资格再度当选。荣誉财务主任通常应在上一年担任助理荣誉财务主任，在连续任期内不得再次当选。

理事会普通成员中至少4名是从土木与结构、机械和电气这3个主要工程领域中选出的，至少1名是从化学与电子和计算机这两个工程领域中选出的。除以上任命的普通成员外，其余的普通成员可以从任何工程领域中选出，但是从土木与结构、机械和电气这3个主要工程领域中选出的成员各不应超过1名。此外，应从不超过35岁的学会会员中选出1名理事会普通成员。普通成员任期2届。理事会普通成员不能连任超过4届，但理事会可以将他们增选为普通成员。

除任命外，理事会的成员都是无记名投票选举产生的。

4. 业务活动

（1）工程认证

2002年，新加坡工程师学会成立了工程认证委员会以认证工程计划。[①]2003年6月，该学会作为临时成员加入《华盛顿协定》。2006年6月，通过其工程认证委员会，新加坡工程师学会获得了《华盛顿协议》完全签署身份，成为签约组织。于是，新加坡成为

---

① 新加坡工程师学会. 工程认证［EB/OL］.［2019-12-12］. https://www.ies.org.sg/Accreditation/EAB10249.

东南亚地区第一个《华盛顿协议》签约组织，新加坡工程师学会代表新加坡在《华盛顿协议》互认框架下审查工程教育系统。2008年3月19日，新加坡工程师学会与国防科学技术局启动了认证系统工程专业人员认证计划。

（2）继续教育

1990年，新加坡工程师学会成立了继续教育中心，目标是促进其成员和公众的职业发展。[①]2007年8月3日，新加坡工程师学会与新跃大学启动了UniSIM-IES技术创业高级研究生文凭和技术创业高级硕士学位课程。新加坡工程师学会学院于2010年1月被国家环境局指定为新加坡认证能源经理课程的授权培训中心。同年，新加坡工程师学会被新加坡专业工程师委员会认定为培训合作伙伴，提供有关该委员会规定的工程学考试基础和土木工程专业工程考试实践的准备课程。新加坡工程师学会于2011年9月9日与新加坡工程学院签署了谅解备忘录，双方共同合作以提高工程技术水平并维护新加坡工程师的权益。新加坡工程师学会学院于2011年10月3日与新加坡建设局学院签署了谅解备忘录，以促进建筑环境工程专业人士的培训和继续教育。

（3）参与国际组织

新加坡工程师学会与区域内和世界各地的工程师专业组织保持着密切联系，这些组织包括澳大利亚、中国、日本、英国和美国的组织。2004年，学会代表新加坡加入世界工程组织联合会和东南亚及太平洋工程学会联合会。该学会还代表新加坡参加东盟工程组织联合会和亚洲及太平洋工程学会联合会，以促进地区和国际所有工程师之间的信誉和伙伴关系。

（4）从业者注册

新加坡工程师学会与政府部门、国际机构等广泛合作，开展从业者注册，以便进行供需对接。新加坡工程师学会共推出12种从业者注册项目，包括ABC水项目专家注册（针对个人）、东盟工程注册（针对东盟工程单位）、亚太工程师注册（针对个人）、项目经理注册（针对个人）、合格电气工程承包商注册（针对工程单位）、C&S驻地工程师和驻地技术人员注册（针对个人）、合格侵蚀控制专业人员注册（针对个人）、土地控制措施专业人员注册（针对个人）、M&E驻地工程师和驻地技术人员注册（针对个人）、新加坡认证能源经理注册（针对个人）、节能评估师注册（针对个人）、知识产权技术顾问注册（针对个人）。[②]这些从业者注册项目有效促进了专业人员的培养，有利于为企业

---

① 新加坡工程师学会. 学院［EB/OL］.［2019-12-12］. https://www.ies.org.sg/IES-Academy/Introduction.

② 新加坡工程师学会. 注册［EB/OL］.［2019-12-12］. https://www.ies.org.sg/Registries/ABC-Waters-Professional-Registry.

对接专业技术人才。

（5）科技奖励

新加坡工程师学会注重科技奖励，共设有 4 个奖项和 1 个奖学金。[①]4 个奖项为东盟杰出工程成就奖、新加坡工程师学会著名工程成就奖、新加坡工程师学会创新挑战奖、新加坡工程师学会终身工程成就奖。其中，东盟杰出工程成就奖旨在表彰东盟国家中杰出的工程成就。该奖项授予东盟地区负责杰出工程项目的团体或个人。著名工程成就奖旨在表彰工程师的杰出成就。该奖项授予新加坡国内负责杰出工程项目的团体或个人。该奖项表彰那些使用杰出的工程技术，对新加坡的工程进步和公众生活质量做出了重大贡献的工程技术成就。新加坡工程师学会终身工程成就奖是新加坡工程师学会颁发的最负盛名的奖项，旨在表彰那些对其所在工程学科、行业和社区产生深远影响的杰出工程领袖，以及曾为新加坡带来国家或国际荣誉的工程师。1 个奖学金是新加坡工程师学会 Yayasan Mendaki 奖学金。

（6）标准制定

自 2015 年 1 月起，新加坡工程师学会被国家标准机构——新加坡企业发展局认定为建筑标准委员会的标准制定组织。[②]在新加坡标准委员会的指导下，新加坡工程师学会的标准制定组织管理并支持标准的开发、推广和应用，从而满足行业和监管机构的需求。建筑标准委员会支持新加坡建筑业的质量、安全和生产力相关措施。该委员会还支持在新加坡新兴的重要领域（例如智能基础设施和绿色建筑）的标准开发。在建筑标准委员会领导下，成立了多个技术委员会和工作组，以研究制定和促进采用新标准和技术参考。这些委员会带头制定与建筑业有关的标准。他们还积极监督和参与对新加坡至关重要的国际标准的制定和审查。

七、新加坡科技社团的发展特色

（一）深受政治环境影响

新加坡政府一直都有很强的危机意识，并对国内事务进行全面的强势管理。其内阁资政李光耀在 2008 年举办的"新加坡透视论坛"上的发言说明了非政府组织在新加坡的政治地位。在他的眼中，人权组织、政府监督机构等非政府组织所能发挥的作用，是

---

① 新加坡工程师学会. 奖励 [EB/OL]. [2019-12-12]. https://www.ies.org.sg/About-IES/IES-Awards.
② 新加坡工程师学会. 标准制定 [EB/OL]. [2019-12-12]. https://www.ies.org.sg/About-IES/Standards%20Development.

收拾政府治理不当而出现的残局，因此他不认为在新加坡相对完善的体制中有增加这些"政治警察"的必要。这无形中影响了科技社团在新加坡的发展。虽然政府并没有严格的控制非政府组织的发展，但也并未提供自由宽松的发展环境。

由于历史上曾爆发过较为严重的种族冲突，新加坡政府对社团、集会的态度随种族问题和社会发展不断变化，科技社团也随之受到影响。新加坡坚决打击未进行注册的社团和当地法律所禁止的非法社会组织。受多民族政治环境的影响，新加坡对于学生科技社团的监管也非常严格，即使由学校内学生组织的社团也必须到政府进行注册登记。

（二）规范内部治理与政府监管相结合

在新加坡，包括科技社团在内的所有社团都受到政府的监管，需要遵守当地的相关法律。政府除了会对社会组织实行现场监管之外，还向社会提供电子网络服务，公众可以上网查询任意注册社团，验证其合法性。

在公司、社团和慈善等相关法律法规的指导下，新加坡注重激发社会组织自身内在的自律属性，强调社会组织依法、依章程运行。包括科技社团在内的各类社团不断进行内部治理改革，通过加强社团章程、业务活动、经营模式等信息的公开程度，提升会员和公众对社团的认可度，从而实现高质量、高透明、负责任的发展。

（三）政府主导与民办相结合

新加坡积极发挥政府的主导力量，促进科技社团的发展。政府通过设立基金等社会资本机构，运用直接资助、购买服务等手段，引导科技社团的健康发展。部分科技社团在政府的引导下，积极发挥自身优势，向社会提供相关科技服务，实现社会组织价值。政府与科技社团的互动较为频繁。

与此同时，伴随技术日新月异和产业迅猛发展，一部分高科技产业相关的科技社团，其市场化运营程度较高，更多地依靠会员活动、企业赞助和专业技术服务实现自我运转。

参考文献

［1］新加坡建筑师学会［EB/OL］.［2019-12-12］. https://sia.org.sg/.
［2］新加坡牙科学会［EB/OL］.［2019-12-12］. http://sda.org.sg/.
［3］新加坡护士协会［EB/OL］.［2019-12-12］. http://www.sna.org.sg/.
［4］新加坡放射技师学会［EB/OL］.［2019-12-12］. https://www.ssr.org.sg/.
［5］新加坡医药协会［EB/OL］.［2019-12-12］. https://www.sma.org.sg/.
［6］新加坡数学学会［EB/OL］.［2019-12-12］. http://sms.math.nus.edu.sg/.
［7］新加坡国家科学院［EB/OL］.［2019-12-12］. https://snas.org.sg/.

[8] 新加坡国家化学会 [EB/OL]. [2019-12-12]. https://snic.org.sg/.

[9] 新加坡物理学会 [EB/OL]. [2019-12-12]. http://ipssingapore.org/.

[10] 新加坡生物学会 [EB/OL]. [2019-12-12]. http://www.sibiol.org.sg/.

[11] 新加坡科学促进会 [EB/OL]. [2019-12-12]. https://snas.org.sg/members/saas.

[12] 新加坡计算机学会 [EB/OL]. [2019-12-12]. https://www.scs.org.sg/index.php.

[13] 新加坡造船工程师学会 [EB/OL]. [2019-12-12]. https://snames.org.sg/.

[14] 新加坡咨询工程师协会 [EB/OL]. [2019-12-12]. http://aces.org.sg/.

[15] 新加坡景观设计师协会 [EB/OL]. [2019-12-12]. https://www.sila.org.sg/.

[16] 亚太临床生物化学与实验医学联盟 [EB/OL]. [2019-12-12]. http://apfcb.org/.

[17] 新加坡生物化学与分子生物学学会 [EB/OL]. [2019-12-12]. https://snas.org.sg/members/ssbmb/.

[18] 新加坡社团注册局 [EB/OL]. [2019-12-12]. https://www.ros.mha.gov.sg/.

[19]《社团法令》[EB/OL]. [2019-12-12]. https://sso.agc.gov.sg/Act/SA1966#Sc-.

[20]《公司法》[EB/OL]. [2019-12-12]. https://sso.agc.gov.sg/Act/CoA1967.

[21]《所得税法》[EB/OL]. [2019-12-12]. https://www.iras.gov.sg/irasHome/default.aspx.

[22]《慈善法》[EB/OL]. [2019-12-12]. https://sso.agc.gov.sg/Act/CA1994.

[23] 慈善委员会 [EB/OL]. [2019-12-12]. https://www.charities.gov.sg/Pages/Home.asp.

[24] Web of Science 科学引文索引 [EB/OL]. [2019-12-12]. https://mjl.clarivate.com/collection-list-downloads.

[25] 亚太白内障与屈光外科医师协会 [EB/OL]. [2019-12-12]. https://www.apacrs.org.

[26] 新加坡工程师学会 [EB/OL]. [2019-12-12]. https://www.ies.org.sg/Home.